普通高等教育一流本科课程建设成果教材

国家级精品资源共享课教材

普通化学

General Chemistry

张淑华　黄红霞　刘 峥　主编

化学工业出版社

·北京·

内容简介

《普通化学》是国家级精品课程、国家级精品资源共享课、广西壮族自治区区级线下一流本科课程和自治区级线上一流本科课程的建设成果。

《普通化学》重视化学基本理论与知识，关注“可持续发展”和“污染控制”等社会、生活热点，注重素质培养。全书共分 8 章。第 1～4 章以化学反应基本原理及化学反应为主线，主要介绍了热化学、化学反应的基本原理、溶液化学和电化学，同时穿插介绍了能源、污染控制及化学电源；第 5～7 章以物质结构理论和物质性质为主线，运用理论化学的最新研究成就介绍原子、分子、晶体的结构与特性及其与周期系的关系，并介绍了配位化学、元素化学等；第 8 章以仪器分析为主线，主要介绍紫外-可见吸收光谱、红外吸收光谱、电分析化学、色谱分析法及原子发射光谱等。各章均有学习要求、知识扩展、思考题及习题，书后附有附录，还配有微课、扩展章节和习题答案等数字资源，以及全套电子书的增值服务，供读者扫码获取。

本书可作为材料科学与工程、高分子材料与工程、环境工程、土木工程、给排水科学与工程、冶金工程、地质工程、宝石及材料工艺、水文与水资源工程、机械类专业等非化学化工类专业的教材。

图书在版编目（CIP）数据

普通化学/张淑华，黄红霞，刘峥主编．—北京：化学工业出版社，2022.9

ISBN 978-7-122-41881-4

Ⅰ.①普…　Ⅱ.①张…②黄…③刘…　Ⅲ.①普通化学-高等学校-教材　Ⅳ.①O6

中国版本图书馆 CIP 数据核字（2022）第 129992 号

责任编辑：吕　尤　徐雅妮　　　　文字编辑：胡艺艺　陈小滔

责任校对：赵懿桐　　　　装帧设计：李子姮

出版发行：化学工业出版社（北京市东城区青年湖南街 13 号　邮政编码 100011）

印　　装：大厂聚鑫印刷有限责任公司

787mm×1092mm　1/16　印张 15½　字数 382 千字　2023 年 1 月北京第 1 版第 1 次印刷

购书咨询：010-64518888　　　　售后服务：010-64518899

网　　址：http：//www.cip.com.cn

凡购买本书，如有缺损质量问题，本社销售中心负责调换。

定　　价：49.00 元

前言

普通化学是高等学校材料科学与工程、高分子材料与工程、环境工程、土木工程、给排水科学与工程、冶金工程、地质工程、宝石及材料工艺、水文与水资源工程、机械类专业等非化学化工类专业开设的一门重要基础课，也是连接化学和工程技术的桥梁。根据教育部高等学校大学化学课程教学指导委员会对普通化学课程的基本要求，结合当前普通化学教育改革的发展趋势和化学学科最新发展现状，我们编写了本教材。本教材是桂林理工大学普通化学国家级精品课程、国家级精品资源共享课、广西壮族自治区区级线下一流本科课程和自治区区级线上一流本科课程的建设成果。普通化学是桂林理工大学首批建设的国家级精品课程。自 2005 年至今，化学化工教研室的老师们，一直致力于化学理论教学与实践教学的研究工作，并于 2006 年出版了实践教学的研究成果——《大学化学实验教程》，本教材则为理论教学的研究成果。

本课程的教学目的是使学生掌握必需的化学基本理论、基本知识和基本技能，了解这些理论、知识和技能在工程上的应用。学生学习本课程后，可以为学习后续课程及新理论、新技术打下坚实的化学基础，并学会分析和解决一些涉及化学的相关理论和工程技术实际问题。

本教材编写时注意与现行中学化学课程相衔接，且避免与其他化学课程内容（如分析化学、物理化学）及高中化学教学内容不必要的重复；教材内容力求精简、通俗易懂，便于培养学生的自学能力；对概念、理论叙述准确，重点突出。

本教材共分 8 章，以化学热力学基础和物质结构基础为主线，在详细介绍热化学、化学反应的基本原理、溶液化学、电化学及电极材料、物质结构基础、配位化学、元素化学、仪器分析基础等基础知识的同时，还编写了能源、化学电源与电极材料、配位化学研究、大气污染及其控制、水体污染及其控制等社会普遍关注的热点内容；每章均有学习要求及课后思考题、习题。此外，本书还配有微课、扩展章节和习题答案等数字资源，以及全套电子书的增值服务，供读者扫码获取。

本书是“广东石油化工学院高层次人才引进项目（No. 2020RC033）”的研究成果和桂林理工大学规划立项教材，由张淑华、黄红霞、刘峥任主编，张秀清、唐群、王凯、李光照任副主编。各章编写分工如下：张秀清编写第 1 章；王凯编写第 2 章；黄红霞编写第 3 章和第 7 章；唐群编写第 4 章；刘峥编写第 5 章；张淑华编写第 6 章；李光照编写第 8 章。全书由张淑华统稿。肖瑜、庞锦英、何敬文、陈雅婷、张宇杰、曾玉梅、陈钦、郭岫、李婷婷等在数据收集、资料整理等方面做了很多工作，并在教材内容的编写过程中提出了许多宝贵的意见及建议，在此一并表示感谢。

本书的编写参考了许多优秀教材和文献，参考文献列于书后，在此谨向各位作者表示深深的谢意。

由于编者水平有限，书中的疏漏及不妥之处敬请读者提出宝贵意见和建议。

编者

2022 年 9 月

目录

附录 / 225

参考文献 / 239

第 1 章
热化学

微信扫码获取本章微课

学习要求

（1）理解系统与环境、状态与状态函数、反应进度 ξ 等的概念。

（2）掌握热与功的概念和计算，掌握热力学第一定律的概念。

（3）掌握 $\Delta_f H_m^\ominus$、$\Delta_r H_m^\ominus$ 的概念及 $\Delta_r H_m^\ominus$ 的计算。

1.1　热化学

1.1.1　热化学基本概念

（1）系统与环境

为了研究问题方便，人们常常把一部分物体和周围的其他物体划分开来作为研究的对象，这部分划分出来的物体我们称之为**系统**，而系统以外的、与系统密切相关的部分则称为**环境**。例如，研究烧杯中锌与稀盐酸的反应，如果只研究锌在盐酸溶液中发生的化学变化，那么系统就是放有锌粒的盐酸溶液；液面上的空气、烧杯及其外部空间均为环境。一般来说，环境是指那些与系统密切相关的部分。应该指出，系统与环境只是为了研究问题方便而人为划分的，一经指定，在讨论问题的过程中就不能任意更改了。另外，系统与环境是共存的，缺一不可。

根据系统与环境之间是否有能量或物质的交换，可将系统分为三类。

敞开系统：也称开放系统，系统与环境之间既有物质交换又有能量交换。

封闭系统：系统与环境之间只有能量交换而无物质交换。

隔离系统：也称孤立系统，系统与环境之间既无物质交换又无能量交换，是一种理想化的系统。绝对隔离的系统实际上是不存在的，为了研究的方便，在某些条件下可近似地把一个系统视为隔离系统。

（2）状态与状态函数

状态是系统所有宏观性质如压力（p）、温度（T）、密度（ρ）、体积（V）、物质的量

(n) 及后面将要介绍的热力学能 (U)、焓 (H)、熵 (S)、吉布斯自由能 (G) 等宏观物理量的综合表现。状态有平衡态和非平衡态之分。当系统的所有宏观物理量都不随时间改变时，称系统处于一定状态。当系统处于一定状态时，这些宏观物理量也都具有确定值。用来描述系统状态的宏观物理量称为系统的**状态函数**。如压力 (p)、温度 (T)、体积 (V) 及后面将要介绍的热力学能 (U)、焓 (H)、熵 (S)、吉布斯自由能 (G) 等都是状态函数。

状态函数最重要的特点是它的数值仅仅取决于系统的状态，当系统状态发生变化时，状态函数的数值也随之改变。但状态函数的变化值只取决于系统的始态与终态，与系统变化的途径无关。

状态函数按其性质可分为两类：一类与物质的数量有关，如 n、V 等；另一类与物质的数量无关，如 T、p 等。前一类物理量称为容量性质，又称广度性质，具有加和性；后一类物理量称为强度性质，没有加和性。

(3) 过程和途径

系统由一个状态（始态）变为另一个状态（终态），称之为发生了一个热力学过程，简称**过程**。在过程中系统不一定时刻都处于平衡态，因而其状态未必都能确切描述。实现一个过程的具体步骤称为**途径**。例如，把 20℃ 的水烧开，要完成“水烧开”这个过程，可以有多种“途径”，如可以在水壶中常压烧开，也可以在高压锅中加压烧开。

(4) 相

系统中物理状态、物理性质和化学性质完全均匀的部分称为一个**相**。相与相之间存在明显的**界面**。在界面上宏观性质的改变是飞跃式的。

系统中相的总数目称为**相数**，根据相数不同，可以将系统分为单相系统和多相系统。

气体：一般是一个相，如空气，组分复杂。

液体：视其混溶程度而定，可有 1、2、3……个相。

固体：一般有几种物质就有几个相，如水泥生料。但如果是固溶体，则为一个相。

固溶体：固态合金中，在一种元素的晶格结构中包含其他元素的合金相称为固溶体。在固溶体晶格上各组分的化学质点随机分布均匀，其物理性质和化学性质符合相均匀性的要求，因而几种物质间形成的固溶体是一个相。

相和组分不是一个概念，例如，同时存在水蒸气、液态的水和冰的系统是三相系统，但这个系统里只有一个组分——水。一般而言，相与相之间存在着光学界面，光由一相进入另一相时会发生反射和折射，光在不同的相里行进的速度也不同。混合气体或溶液是分子水平的混合物，分子（离子也一样）之间是不存在光学界面的，因而是单相的。不同相的界面不一定都一目了然。更确切地说，相是系统里物理性质完全均匀的部分。

(5) 化学计量数和反应进度

对于任一化学反应

$$a\mathrm{A}+c\mathrm{C} = d\mathrm{D}+e\mathrm{E}$$

式中，a、c、d、e 为**化学计量数**，是量纲为 1 的量。

以上反应还可以写为 $0=-a\mathrm{A}-c\mathrm{C}+d\mathrm{D}+e\mathrm{E}$

若用 B 表示化学反应计量方程中任一物质的化学式，则上式可简写成

$$0=\sum_{\mathrm{B}}\nu_{\mathrm{B}}\mathrm{B} \tag{1-1}$$

式中，ν_{B} 是物质 B 的化学计量数，B 若是反应物，ν_{B} 为负值，B 若是产物，ν_{B} 为正值；

$\sum_B$ 表示对参与反应的所有物质求和。

对于同一个化学反应，化学计量数与化学反应方程式的写法有关。

例如：合成氨的反应写成 $N_2(g)+3H_2(g) \xlongequal{} 2NH_3(g)$

$$\nu(N_2)=-1, \nu(H_2)=-3, \nu(NH_3)=2$$

若写成 $$1/2N_2(g)+3/2H_2(g) \xlongequal{} NH_3(g)$$

则 $$\nu(N_2)=-1/2, \nu(H_2)=-3/2, \nu(NH_3)=1$$

化学计量数只表示反应时各物质转化的比例，并不是反应过程中各相应物质实际所转化的量。化学反应进行的程度用**反应进度**来描述，其量符号为 ξ，单位为 mol。

反应进度的定义为

$$d\xi=\frac{dn_B}{\nu_B} \tag{1-2}$$

式中，d 为微分符号；n_B 为物质 B 的物质的量；ν_B 为物质 B 的化学计量数。

若系统发生有限的化学反应，则

$$n_B(\xi)-n_B(\xi_0)=\nu_B(\xi-\xi_0) \quad 或 \quad \Delta n_B=\nu_B\Delta\xi \tag{1-3}$$

式中，$n_B(\xi)$、$n_B(\xi_0)$ 分别代表反应进度为 ξ 和 ξ_0 时物质 B 的物质的量；ξ_0 为反应起始的反应进度，一般为 0。令 ξ_0 为 0，则上式变为

$$\Delta n_B=\nu_B\xi$$

即 $$\xi={\nu_B}^{-1}\Delta n_B \tag{1-4}$$

随着反应的进行，反应进度逐渐增大，当反应进行到 Δn_B 的数值恰好等于 ν_B 值时，反应进度 $\xi={\nu_B}^{-1}\Delta n_B=1$mol，即为单位反应进度。在后面的各热力学函数变的计算中，都是以单位反应进度为计量基础的。

例如反应

	$N_2(g)$	+	$3H_2(g)$	$\longrightarrow$	$2NH_3(g)$	ξ
开始时 n_B/mol	3.0		10.0		0	0
t 时 n_B/mol	2.0		7.0		2.0	ξ

$$\xi=\frac{\Delta n(N_2)}{\nu(N_2)}=\frac{\Delta n(H_2)}{\nu(H_2)}=\frac{\Delta n(NH_3)}{\nu(NH_3)}$$

$$=\frac{2.0-3.0}{-1}=\frac{7.0-10.0}{-3}=\frac{2.0-0}{2}=1.0\text{mol}$$

$\xi=1.0$mol 时，表明按该化学反应计量式进行了 1.0mol 的反应，即表示 1.0mol 的 N_2 和 3.0mol 的 H_2 反应并生成了 2.0mol 的 NH_3。

从上面的计算可以看出，无论用反应物还是生成物物质的量的变化量（Δn_B）来计算反应进度 ξ，结果都是相同的。所以在计算反应进度时必须指明相应的计量方程式。

1.1.2 反应热及测量

（1）热效应

物理和化学过程中常见的热效应包括反应热（如生成热、燃烧热、中和热、分解热）、相变热（如熔化热、蒸发热和升华热）、溶解热和稀释热等。系统发生了化学变化之后，系

统的温度回到反应前始态的温度，系统放出或吸收的热量，称为该**反应的热效应**，简称**反应热**。研究化学反应中热与其他能量变化的定量关系的学科叫作**热化学**。

化学反应常在等容或等压条件下进行，因此化学反应热效应常分为等容热效应和等压热效应，即等容反应热和等压反应热。

（2）热效应的测量

热化学数据在实际生产中具有重要的理论和实用价值。热效应的大小与途径紧密相关。在等温条件下，若化学反应是在容积恒定的容器中进行，且为不做非体积功的过程，则该过程中与环境之间交换的热量就是等容反应热，用符号 Q_V 表示。

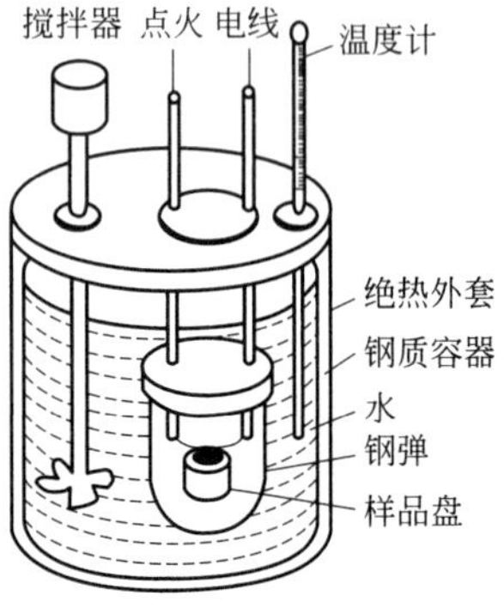

图 1-1　弹式量热计示意图

化学反应的等容反应热可以用图 1-1 所示的弹式量热计精确地测量。

弹式量热计的主要部件是一个用高强度钢制成的可密闭耐压钢弹，钢弹放在装有一定质量水的绝热容器中。测量反应热时，将已称重的反应物装入钢弹中，精确测定系统的起始温度后，用电火花引发反应。如果所测的是一个放热反应，则反应放出的热量使环境（包括钢弹及内部物质、水和钢质容器等）的温度升高，可用温度计测出系统的终态温度。计算出水和容器所吸收的热量即为反应热。

当需要测定某个热化学过程所放出或吸收的热量（如燃烧热、溶解热或相变热等）时，一般可通过测定一定组成和质量的某种介质（如溶液或水）的温度改变，再利用下式求得

$$Q=-c_s \cdot m_s \cdot (T_2-T_1)=-c_s \cdot m_s \cdot \Delta T=-C_s \cdot \Delta T \qquad (1\text{-}5)$$

式中，Q 表示一定量反应物在给定条件下的反应热，负号表示放热，正号表示吸热；c_s 表示吸热溶液的比热容；m_s 表示溶液的质量；C_s 表示溶液的热容；ΔT 表示溶液终态温度 T_2 与始态温度 T_1 之差。

弹式量热计中环境所吸收的热可分为两个部分：主要部分是加入的吸热介质水所吸收的热，另一部分是金属容器等钢弹组件所吸收的热。

水吸收的热用 $Q(H_2O)$ 表示，可按式(1-5) 计算，由于是吸热反应，用正号表示，即

$$Q(H_2O)=c(H_2O) \cdot m(H_2O) \cdot \Delta T=C(H_2O) \cdot \Delta T \qquad (1\text{-}6)$$

钢弹组件所吸收的热以 Q_b 表示，若钢弹组件的总热容以符号 C_b（C_b 值由仪器供应商提供，使用者一般再做校验）表示，则

$$Q_b=C_b \cdot \Delta T \qquad (1\text{-}7)$$

由于系统中反应所放出的热等于环境（即水和钢弹组件）所吸收的热，从而得出反应热

$$Q=-[Q(H_2O)+Q_b]=-[C(H_2O) \cdot \Delta T+C_b \cdot \Delta T]=-\sum C \cdot \Delta T \qquad (1\text{-}8)$$

【例 1-1】 0.7636g 苯甲酸在盛有 1850g 水的弹式量热计内完全燃烧，测得水温升高了 2.139K。已知钢弹组件的热容 C_b 为 $1703J \cdot K^{-1}$，水的比热容为 $4.184J \cdot g^{-1} \cdot K^{-1}$。计算此苯甲酸完全燃烧所放出的热量。

解： 钢弹组件和水吸收的总热量为

$$\begin{aligned} Q &=[C_b+C(H_2O)] \cdot \Delta T \\ &=(1703J \cdot K^{-1}+4.184J \cdot g^{-1} \cdot K^{-1} \times 1850g) \times 2.139K \\ &=20199.4326J \approx 20.2kJ \end{aligned}$$

即0.7636g苯甲酸完全燃烧所放出的热量为20.2kJ。

在等温条件下，若系统发生化学反应是在恒定压力下进行，且为不做非体积功的过程，则该过程中与环境之间交换的热量就是等压反应热，用符号 Q_p 表示。等压反应热可以用火焰量热计来测定，不能用弹式量热计直接测定，但可以由弹式量热计测定等容反应热，再通过计算得到等压反应热。

(3) 热化学方程式

同时标明热效应值及物质状态的化学反应方程式称为**热化学方程式**。因为热效应数值都与体系的状态有关，所以在热化学方程式中应标明物质的相态、温度、压力等。通常气态用g表示，液态用l表示，固态用s表示。若固态的晶型不同，则应注明晶型，如C（石墨）、C（金刚石）。若未注明温度和压力，则都是指温度为298.15K，压力为100kPa。

例如在298.15K和100kPa下，当反应进度为1mol时，下列反应的热化学方程式为

① $N_2(g)+3H_2(g) \longrightarrow 2NH_3(g)$ $\Delta_r H_m=-92.22\mathrm{kJ \cdot mol^{-1}}$

② $\frac{1}{2}N_2(g)+\frac{3}{2}H_2(g) \longrightarrow NH_3(g)$ $\Delta_r H_m=-46.11\mathrm{kJ \cdot mol^{-1}}$

③ $H_2(g)+I_2(s) \longrightarrow 2HI(g)$ $\Delta_r H_m=53.00\mathrm{kJ \cdot mol^{-1}}$

④ $2HI(g) \longrightarrow H_2(g)+I_2(s)$ $\Delta_r H_m=-53.00\mathrm{kJ \cdot mol^{-1}}$

⑤ $H_2(g)+I_2(g) \longrightarrow 2HI(g)$ $\Delta_r H_m=-9.44\mathrm{kJ \cdot mol^{-1}}$

由上述各例可见，当物质的状态、反应进行的方向和化学计量数等不同时，热效应的数值和符号也不相同。

1.2 反应热与焓

1.2.1 热力学第一定律

“自然界的一切物质都具有能量，能量有各种不同的形式，能够从一种形式转化为另一种形式，在转化的过程中，能量的总值不变。”这就是能量守恒定律。将能量守恒定律应用于宏观热力学体系即为热力学第一定律，它是人类长期实践的经验总结，由它导出的结论都毫无例外地与事实一致，这也有力地证明了它的正确性。

(1) 热

由于体系与环境温度的不同而产生的能量传递称为**热**，用符号 Q 来表示。热力学中以 Q 值的正、负号来表明热传递的方向。体系吸热，$Q>0$；体系放热，$Q<0$。热不是状态函数。

(2) 功

在热力学中，除热以外，体系与环境之间以其他一切形式传递和交换的能量称为**功**，用符号 W 来表示。功与热一样也是能量传递的一种形式，是与过程、途径密切相关的。功不是状态函数，也不是系统固有的性质。热力学规定，环境对系统做功，W 为正值，即 $W>0$；系统对环境做功，W 为负值，即 $W<0$。功分为体积功和非体积功两大类。

(3) 热力学能

热力学能又称**内能**，它是系统内各种形式的能量总和，包括组成系统的各种质点（如分子、原子、电子、原子核等）的动能（如分子的平动动能、转动动能、振动动能等）以及质点间相互作用的势能（如分子的吸引能、排斥能、化学键能等）。

热力学能 U 的单位是焦耳，简称焦，单位符号为 J。

热力学能的绝对值目前是无法确定的，即热力学只能求出热力学能的改变值 ΔU 而无法得到热力学能的绝对值。

热力学能变化只与始态、终态有关，与变化途径无关，即 ΔU 是状态函数。

(4) 热力学第一定律的数学表达式

若宏观上静止且无外力场存在的封闭体系经历某个过程，从状态 1 变为状态 2，在此过程中，若体系从环境吸收了热 Q，得到了功 W，根据能量守恒定律，体系内能的改变 ΔU 为

$$\Delta U = U_2 - U_1 = Q + W \tag{1-9}$$

这就是封闭系统的热力学第一定律的数学表达式。U_2 与 U_1 分别为体系在状态 2 和状态 1 下所具有的内能。

由热力学第一定律的数学表达式可得出如下推论：

① 封闭体系的循环过程，$\Delta U = 0$，所以 $Q + W = 0$，即 $Q = -W$。表明封闭体系的循环过程所吸收的热必定等于体系对环境所做的功。

② 隔离体系的内能为常数。因为是隔离体系，所以 $Q = 0$，$W = 0$，则 ΔU 必定等于零，隔离体系的内能始终不变。

1.2.2 热力学第二定律

热力学第一定律的实质是能量守恒，它是一普遍适用的定理，自然界发生的过程都遵守热力学第一定律。但是，遵守热力学第一定律的过程，在自然条件下并非都可发生。热力学第一定律只能得出孤立系统的总能量是守恒的，但无法说明热是从高温物体传向低温物体，还是恰恰相反。当然，热传导的例子过于简单，结果较明显，但对于另一些过程变化就不是显而易见的了，如在一定温度下，$H_2 + 1/2O_2 \xlongequal{} H_2O$，系统热力学能变化为 ΔU_1；根据热力学第一定律，$H_2O \xlongequal{} H_2 + 1/2O_2$，系统热力学能变化为 $-\Delta U_1$。至于在指定条件下，该反应向着水生成方向进行，还是向着水分解方向进行，以及进行到什么程度，热力学第一定律都不能做出回答。确定系统发生变化的方向以及变化进行到何种程度，这显然是独立于热力学第一定律的问题，要由热力学第二定律解决。

已知状态函数是体系的状态决定的热力学性质，系统经一循环过程恢复始态，其状态函数的改变为零，即

$$\oint \mathrm{d}(\text{状态函数}) = 0 \tag{1-10}$$

根据积分定理，若沿封闭曲线的环路积分为零，则所积分的变量应是某函数的全微分，且该函数的微分的积分值只取决于积分的上下限，即只取决于过程的始末态而与过程的途径无关。既然（$\delta Q_R/T$）的环路积分为零，则预示着有一状态函数存在，这个状态函数称为熵（entropy），记作 S，其微小的变化 dS 定义为

$$\mathrm{d}S = \delta Q_R / T \tag{1-11}$$

应特别注意，上式中的 Q 一定是可逆过程的热，S 的量纲为 $\mathrm{J\cdot K^{-1}}$。

熵是由大量粒子所组成的体系的热力学性质，且是广度性质。少量粒子所组成的体系无熵可言。体系从状态 A 变为状态 B，其熵值的改变 ΔS 为

$$\Delta S=\int_{A}^{B}\frac{Q_R}{T} \tag{1-12}$$

只要 B 与 A 的状态确定，ΔS 就具有确定的数值，与变化的具体途径无关。

（1）克劳修斯不等式

根据热力学第二定律，$\delta Q_R=T\mathrm{d}S$。当体系与环境有热和体积功交换时，根据热力学第一定律有

$$\mathrm{d}U=\delta Q+\delta W=\delta Q-p_{外}\mathrm{d}V \tag{1-13}$$

若体系经历一可逆过程，则体系的压力必等于外压，即 $p_{外}=p$，所以

$$\mathrm{d}U=T\mathrm{d}S-p\mathrm{d}V \tag{1-14}$$

式(1-14) 中的每个物理量均为状态函数，因而对可逆过程或不可逆过程都是适用的。

比较式(1-13) 与式(1-14) 可得

$$T\mathrm{d}S-p\mathrm{d}V=\delta Q-p_{外}\mathrm{d}V$$

移项可得

$$T\mathrm{d}S=\delta Q+(p-p_{外})\mathrm{d}V \tag{1-15}$$

① 如果体系膨胀，必须满足 $p>p_{外}$，$\mathrm{d}V>0$，过程不可逆。所以 $(p-p_{外})\mathrm{d}V>0$，$T\mathrm{d}S>\delta Q$。

② 如果体系收缩，必须满足 $p<p_{外}$，$\mathrm{d}V<0$，过程不可逆。所以 $(p-p_{外})\mathrm{d}V>0$，$T\mathrm{d}S>\delta Q$。

③ 如果体系经历可逆过程，$p=p_{外}$，$(p-p_{外})\mathrm{d}V=0$，$T\mathrm{d}S=\delta Q$。

综合上述三种情况可得

$$T\mathrm{d}S\geqslant\delta Q \tag{1-16}$$

$$\mathrm{d}S\geqslant\delta Q/T \tag{1-17}$$

式(1-16) 和式(1-17) 中，等号对应于可逆过程，大于号对应于不可逆过程。

式(1-16) 和式(1-17) 称为克劳修斯不等式，亦是热力学第二定律的数学表达式。它指出：封闭体系的熵变等于可逆过程的热温商（$\delta Q/T$）之和，恒大于不可逆过程的热温商之和。

（2）熵增原理

倘若封闭体系是绝热的，则体系中所发生的任何过程，δQ 必定为零，其热温商之和也必定为零。式(1-17) 成为

$$(\mathrm{d}S)_{绝热}\geqslant 0 \tag{1-18}$$

$$(\Delta S)_{绝热}\geqslant 0 \tag{1-19}$$

等号对应于可逆过程，大于号对应于不可逆过程。

可见，在绝热体系中，若发生可逆过程，熵值不变；若发生不可逆过程，熵值必定增大。该体系永远不会发生熵值减小的变化。

如果体系为隔离体系，体系中所发生的一切变化必然是绝热的，因而

$$(\mathrm{d}S)_{U,V}\geqslant 0 \tag{1-20}$$

$$(\Delta S)_{U,V}\geqslant 0 \tag{1-21}$$

式(1-20) 及式(1-21) 中的下标 U 与 V 表明隔离体系的内能与体积不变。

可见，在隔离体系中，若发生可逆变化，熵值不变；若发生不可逆变化，熵值增大。隔离体系永远不会发生熵值减小的变化。

隔离体系的平衡态是熵最大的状态，也是最无序的状态。隔离体系的一切自发的变化都趋向平衡态。隔离体系达到熵最大的平衡态之后所发生的一切变化都是可逆变化，其熵值不变，ΔS 为零。

从熵增原理可以看出：熵不是守恒量，绝热封闭体系和隔离体系的熵值总是随着时间的推移不断增大，直至体系达到平衡状态为止。

(3) 自发变化方向的总熵判据

隔离体系发生的自发变化均是不可逆的，熵值必然增大，它永远不会发生熵值减小的变化。因而 $(\Delta S)_{隔离}>0$ 可以作为判断隔离体系中能否自发进行变化的判据。

一般的封闭体系大都不是隔离体系，某个变化在热力学上是否发生，不能单凭封闭体系的熵变 $\Delta S_{体系}$ 来判断。由于体系与环境相互密切联系，通常将封闭体系与环境看成隔离体系，设发生某个过程的总熵变 $\Delta S_{总}$ 为

$$\Delta S_{总}=\Delta S_{体系}+\Delta S_{环境}\geqslant 0 \tag{1-22}$$

$\Delta S_{总}>0$ 时，该过程可自发进行；$\Delta S_{总}=0$ 时，该过程为可逆过程；$\Delta S_{总}<0$ 时，该过程不可能自发进行。

(4) 化学反应的标准摩尔熵变的计算

1912 年，普朗克（Planck）根据一系列的实验现象和进一步的推测，得出了热力学第三定律："温度趋于绝对零度时，任何纯物质的完美晶体的熵值也趋近于零。"完美晶体是指晶体中的原子或分子只有一种排列方式。基于热力学第三定律，可以算出物质在其他条件下的熵值。由于 0K 时的熵值被规定为零，因此把这样求得的熵值称为**规定熵**。在某温度下（通常为 298.15K），1mol 某物质 B 在标准状态（$p^{\ominus}=100\text{kPa}$）下的规定熵称为**标准摩尔熵**，用符号 $S_{\mathrm{m}}^{\ominus}$（B，相态，T）表示，单位为 $\mathrm{J\cdot mol^{-1}\cdot K^{-1}}$。

微信扫码阅读扩展章节热力学第三定律和标准熵

熵变等于可逆过程的热温商，这是计算各类过程熵变的出发点。熵是状态函数，是广度性质，对于化学反应，反应前后体系的熵变化应等于反应后产物的规定熵之和减去参加反应的反应物的规定熵之和。这样，在 100kPa 及反应温度下，反应体系的熵变化是

$$\Delta_{\mathrm{r}}S_{\mathrm{m}}^{\ominus}(298.15\mathrm{K})=\sum_{\mathrm{B}}\nu_{\mathrm{B}}S_{\mathrm{m}}^{\ominus}(\mathrm{B}，相态，298.15\mathrm{K}) \tag{1-23}$$

1.2.3 反应热与焓

化学反应热通常指等温过程热，即系统发生了变化后，反应产物的温度在回到反应前始态温度的过程中，系统放出或者吸收的热量。如前所述，主要有等容反应热（Q_V）和等压反应热（Q_p）两种。

(1) 等容反应热与热力学能

根据热力学第一定律 $\mathrm{d}U=\delta Q+\delta W_V+\delta W'$

只做体积功时 $\mathrm{d}U=\delta Q+\delta W_V=\delta Q_V-p_{\mathrm{ex}}\mathrm{d}V$

定容 $\mathrm{d}U=\delta Q_V$

在等容、不做非体积功的条件下

$$Q_V=\Delta U \tag{1-24}$$

(2) 等压反应热与焓

根据热力学第一定律 $\mathrm{d}U=\delta Q+\delta W_V+\delta W'$

只做体积功时（定压，$p_1=p_2=p_{ex}$）

$$\mathrm{d}U=\delta Q+\delta W_V=\delta Q-p_{ex}\mathrm{d}V=\delta Q_p-p\,\mathrm{d}V=\delta Q_p-\mathrm{d}pV$$

再根据 $$\Delta U=U_2-U_1=Q_p-\Delta pV=Q_p-(p_2V_2-p_1V_1)$$

所以 $$Q_p=(U_2+p_2V_2)-(U_1+p_1V_1)$$

令 $$H=U+pV$$

则 $$Q_p=H_2-H_1=\Delta H \tag{1-25}$$

H 是状态函数 U、p、V 的组合，所以焓 H 也是状态函数。显然，H 的 SI（国际单位制）单位为 J。式(1-25) 表明，等压且不做非体积功的反应热在数值上等于系统的焓变。$\Delta H<0$ 表示系统放热，$\Delta H>0$ 则表示系统吸热。

(3) Q_p 和 Q_V 的关系

设某等温化学反应分别在恒压和恒容的条件下实现：

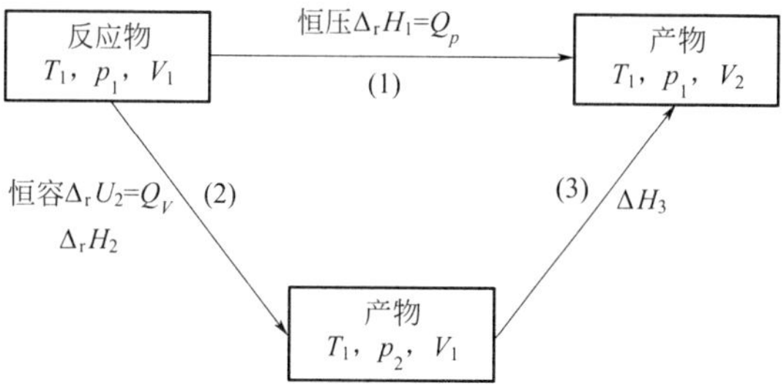

恒容反应与恒压反应的产物相同，但产物的状态不同。恒容反应产物的状态可经等温膨胀（或压缩）至恒压反应产物的状态。

因为焓 H 为状态函数，所以

$$\Delta_r H_1=\Delta_r H_2+\Delta H_3=\Delta_r U_2+\Delta(pV)_2+\Delta H_3 \tag{1-26}$$

式中 $$\Delta(pV)_2=p_2V_1-p_1V_1=V_1(p_2-p_1) \tag{1-27}$$

对于反应体系中的固态与液态物质，其体积与气态物质相比要小得多，且反应前后的体积变化很小，因此固、液态物质的 $\Delta(pV)$ 可略而不计，只需考虑气态物质的 $\Delta(pV)$。假设气体可视为理想气体，则

$$\Delta(pV)=p_2V_1-p_1V_1=n_pRT_1-n_rRT_1=(\Delta n)RT_1 \tag{1-28}$$

式中，n_p、n_r 为该反应的气体产物与气体反应物的物质的量；Δn 为气体产物与气体反应物的物质的量之差。对于理想气体，过程（3）为恒温过程，$\Delta H_3=0$；对于产物中的固态与液态物质，ΔH_3 一般不为零，但与 $\Delta_r H_2$ 相比要小得多，可略而不计，因此

$$\Delta_r H_1=\Delta_r U_2+(\Delta n)RT$$

即 $$Q_p=Q_V+(\Delta n)RT \tag{1-29}$$

1.2.4 反应标准摩尔焓变

等温等压下化学反应的热效应 $\Delta_r H$ 等于产物焓的总和减去反应物焓的总和

$$\Delta_r H=Q_p=(\sum H)_{产物}-(\sum H)_{反应物} \tag{1-30}$$

若能知道参加反应的各个物质的焓值，则可利用式(1-30) 方便地求得等温等压下任意化学反应的热效应。但如前所述，物质的焓的绝对值无法求得。为此，人们采用了一个相对标准，规定在标准压力 $p^{\ominus}$ (100kPa) 和指定温度 T 下，由最稳定的单质生成标准状态下 1mol 化合物产生的焓变称为该化合物在此温度下的**标准摩尔生成焓** (standard molar enthalpy of formation)，用 $\Delta_f H_m^{\ominus}$ 表示。

纯固体和纯液体的标准状态为标准压力 $p^{\ominus}$、指定温度 T 下的纯固体和纯液体；气态物质的标准状态为标准压力 $p^{\ominus}$、指定温度 T 下的具有理想气体性质的纯气体。通常标准状态下的状态函数用上标"$\ominus$"来表示。

定义中的最稳定单质是指在标准压力 $p^{\ominus}$ 及指定温度 T 下最稳定形态的物质。例如，碳的最稳定形态是石墨而不是金刚石。根据上述定义，规定最稳定单质在指定温度 T 时，其标准摩尔生成焓为零，即 $\Delta_f H_m^{\ominus}$ (最稳定单质，$p^{\ominus}$)$=0$。

例如，在 298.15K 时

$$\frac{1}{2}H_2(g,p^{\ominus})+\frac{1}{2}Cl_2(g,p^{\ominus})\longrightarrow HCl(g,p^{\ominus}) \quad \Delta_r H_m^{\ominus}=-92.3kJ\cdot mol^{-1}$$

显然，在 298.15K 时 HCl(g) 的标准摩尔生成焓 $\Delta_f H_m^{\ominus}=-92.3kJ\cdot mol^{-1}$。可见，一个化合物的生成焓并不是这个化合物的焓的绝对值，而是相对于合成它的稳定单质的相对焓。一些物质在 298.15K 时的标准摩尔生成焓见附录 3。由物质的标准摩尔生成焓，可以方便地计算标准状态下的化学反应的热效应。

例如，某化学反应可设计成

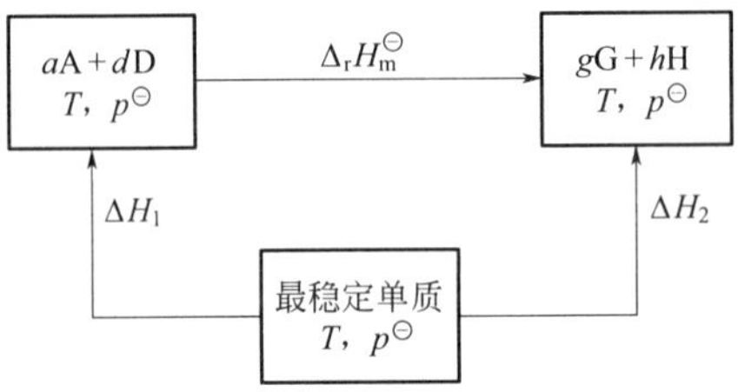

因为焓是状态函数，所以

$$\Delta H_1+\Delta_r H_m^{\ominus}=\Delta H_2$$

则

$$\Delta_r H_m^{\ominus}=\Delta H_2-\Delta H_1 \tag{1-31}$$

而

$$\Delta H_1=a\Delta_f H_m^{\ominus}(A)+d\Delta_f H_m^{\ominus}(D)=\sum_B(r_B\Delta_f H_m^{\ominus})_{反应物}$$

$$\Delta H_2=g\Delta_f H_m^{\ominus}(G)+h\Delta_f H_m^{\ominus}(H)=\sum_B(p_B\Delta_f H_m^{\ominus})_{产物}$$

代入式(1-31) 得

$$\begin{aligned}\Delta_r H_m^{\ominus}&=\sum_B(p_B\Delta_f H_m^{\ominus})_{产物}-\sum_B(r_B\Delta_f H_m^{\ominus})_{反应物}\\&=\sum_B(\nu_B\Delta_f H_m^{\ominus})\end{aligned} \tag{1-32}$$

扩展章节1.3能源 微信扫码阅读

式中，p_B 和 r_B 分别表示产物和反应物在化学计量方程式中的计量系数，均为正值；ν_B 与前述一致，对反应物为负，对产物为正。可见，任一反应的标准摩尔焓变（等压反应热）等于产物的标准摩尔生成焓总和减去反应物的标准摩尔生成焓总和。

知识扩展

第一类永动机与热力学第一定律

13世纪时，法国的亨内考提出了著名的永动机设计方案。他在一个轮子边缘上等距离地安装12个可活动的短杆，每个短杆的一端装有一个铁球。他认为，轮子顺时针转动时，右边的球比左边的球离轴远些，因此，右边的球产生的转动力矩要比左边的球产生的转动力矩大，这样轮子就会永无休止按顺时针方向转动下去，并且带动机器转动。这个设计被不少人以不同的形式复制出来，但从未实现不停息的转动。仔细分析一下就会发现：虽然右边每个球产生的力矩大，但是球的个数少；左边每个球产生的力矩虽小，但是球的个数多。所以轮子不会持续转动而对外做功，只会摆动几下便停下来。

之后这类设计方案越来越多。文艺复兴时期达·芬奇的滚珠式永动机、16世纪意大利的泰斯·尼尔斯设计的磁石永动机、意大利的机械师斯特尔利用轮子的惯性和水的浮力设计的永动机等都无一例外地以失败告终。通过不断地实践和尝试，人们逐渐认识到：任何机器对外界做功，都要消耗能量；不消耗能量，机器是无法做功的。19世纪中叶，一系列科学工作者为正确认识热和功的能量转化和其他物质运动形式的相互转化关系做出了巨大贡献，不久，伟大的能量守恒定律被发现了。人们认识到：自然界的一切物质都具有能量，能量有各种不同的形式，可从一种形式转化为另一种形式，从一个物体传递给另一个物体，在转化和传递的过程中能量的总和保持不变。能量守恒定律为辩证唯物主义提供了更精确、更丰富的科学基础，有力地打击了那些认为物质运动可以随意创造和消灭的唯心主义观点，彻底打破了永动机的幻梦。

思考题

1-1 什么叫系统、环境？在敞口容器里进行的化学反应是什么系统？

1-2 若系统经下列变化过程，则 Q、W、$Q+W$ 和 ΔU 是否已完全确定？为什么？

（1）使一封闭系统由某一始态经不同途径变到某一终态。

（2）在绝热的条件下使系统从某一始态变到某一终态。

1-3 判断下列说法是否正确。

（1）状态函数改变后，状态一定改变。

（2）状态改变后，状态函数一定都改变。

（3）系统的温度越高，向外传递的热量越多。

（4）系统向外放热，则其热力学能必定减少。

（5）孤立系统内发生的一切变化过程，其 ΔU 必定为零。

（6）因为 $\Delta H=Q_p$，而 H 是状态函数，所以 Q_p 也是状态函数。

（7）系统经一循环过程对环境做1kJ的功，它必然从环境吸热1kJ。

1-4 状态函数是怎样定义的？它具有哪些特性？

1-5 在373.15K和101.325kPa下，1mol水等温蒸发为水蒸气（假设水蒸气为理想气体）。因为此过程中系统的温度不变，所以 $\Delta U=0$，$Q_p=\int C_p\,dT=0$。这一结论是否正确？为什么？

1-6 热力学第一定律的内容及意义是什么？

习 题

1-1 (1) 若某系统从环境接受了 160kJ 的功，热力学能增加了 200kJ，则系统将吸收或是放出多少热量？(2) 如果某系统在膨胀过程中对环境做了 100kJ 的功，同时系统吸收了 260kJ 的热，则系统热力学能变化为多少？

1-2 已知化学反应方程式：$3/2H_2 + 1/2N_2 \longrightarrow NH_3$。试问：当反应过程中消耗掉 2mol N_2 时，分别用 N_2、H_2、NH_3 进行计算，该反应的反应进度为多少？如果把上述化学方程式改成 $3H_2 + N_2 \longrightarrow 2NH_3$，其反应进度又为多少？

1-3 已知化学反应方程式：$O_2 + 2H_2 \longrightarrow 2H_2O$。反应进度 $\xi = 1mol$ 时，消耗掉多少 H_2？生成了多少 H_2O？

1-4 在 373K、101.325kPa 下，1mol 水全部蒸发为 30.200cm^3 的水蒸气，求此过程的 Q、W、ΔU 和 ΔH。已知水的汽化热为 40.7$kJ \cdot mol^{-1}$。

1-5 求下列反应在 298.15K 的标准摩尔反应焓 $\Delta_r H_m^{\ominus}$。

(1) $Fe(s) + Cu^{2+}(aq) \longrightarrow Fe^{2+}(aq) + Cu(s)$

(2) $AgCl(s) + Br^-(aq) \longrightarrow AgBr(s) + Cl^-(aq)$

(3) $Fe_2O_3(s) + 6H^+(aq) \longrightarrow 2Fe^{3+}(aq) + 3H_2O(l)$

(4) $Cu^{2+}(aq) + Zn(s) \longrightarrow Cu(s) + Zn^{2+}(aq)$

1-6 已知 298.15K 时下列热效应：

$$N_2(g) + 3O_2(g) + H_2(g) \xlongequal{} 2HNO_3(aq) \qquad \Delta_r H_m^{\ominus} = -414.8kJ \cdot mol^{-1}$$

$$N_2O_5(g) + H_2O(l) \xlongequal{} 2HNO_3(aq) \qquad \Delta_r H_m^{\ominus} = -140.0kJ \cdot mol^{-1}$$

$$2H_2(g) + O_2(g) \xlongequal{} 2H_2O(l) \qquad \Delta_r H_m^{\ominus} = -571.6kJ \cdot mol^{-1}$$

求反应 $2N_2(g) + 5O_2(g) \xlongequal{} 2N_2O_5(g)$ 在 298.15K 时的热效应 $\Delta_r H_m^{\ominus}$。

1-7 利用热力学数据表求下列反应的 $\Delta_r S_m^{\ominus}$ (298K)。

(1) $FeO(s) + CO(g) \xlongequal{} CO_2(g) + Fe(s)$

(2) $CH_4(g) + 2O_2(g) \xlongequal{} CO_2(g) + 2H_2O(l)$

第2章

化学反应的基本原理

获取本章微课 微信扫码

学习要求

（1）掌握熵与吉布斯函数等概念，并会用 ΔG（等温等压不做非体积功）判断过程的方向。

（2）掌握热力学判断反应方向和限度的方法和原理。

（3）掌握化学反应速率的表示方法。

（4）掌握基元反应和简单级数反应的化学反应速率方程的表示方法；了解不同级数反应的反应特征，如速率常数的单位、反应物浓度与速率的关系、半衰期的大小等；了解反应级数的测定方法。

（5）了解温度和活化能对反应速率的影响、反应速率理论和催化反应动力学理论。

2.1 化学反应方向和吉布斯函数

化学反应的方向和限度是化学工作者最为关心的问题之一，它直接影响到人们对一个反应的应用与否。由于化学反应种类繁多，反应条件也千差万别，如果对每一个反应在每一个条件下都进行自发性试验，不仅消耗人力、物力和大量的时间，而且有些反应条件还不能简单地创造出来。第1章介绍了人们根据热力学第二定律简单地判断反应的方向（自发性）及限度的焓与熵判据，接下来要讨论的是判断化学反应方向的另一个判据——吉布斯（Gibbs）函数。

2.1.1 熵与吉布斯函数

虽然物质的标准熵随温度的升高而增大，但如果温度升高时没有引起物质聚集状态的改变，则当升高一定温度时，每个产物标准熵与其化学计量数乘积的和相比每个反应物的标准熵与其化学计量数乘积的和之间通常相差不是很大，因此可认为反应的熵变基本不随温度而变。即

$$\Delta_r S_m^{\ominus}(T) \approx \Delta_r S_m^{\ominus}(298.15\text{K}) \qquad (2\text{-}1)$$

【例 2-1】 试计算 $CaCO_3$ 热分解反应的 $\Delta_r S_m^{\ominus}$（298.15K）和 $\Delta_r H_m^{\ominus}$（298.15K），并初步分析该反应的自发性。

解： 写出 $CaCO_3$ 热分解的反应方程式，并从附录表 3 查出反应物和产物的 $\Delta_f H_m^{\ominus}$（298.15K）和 $S_m^{\ominus}$（298.15K）的值，标示如下

	$CaCO_3(s)$	$=\!=\!=$	$CaO(s)$	$+$	$CO_2(g)$
$\Delta_f H_m^{\ominus}(298.15K)/kJ \cdot mol^{-1}$	-1206.92		-635.09		-393.509
$S_m^{\ominus}(298.15K)/J \cdot K^{-1} \cdot mol^{-1}$	92.9		39.75		213.74

因此 $\Delta_r H_m^{\ominus} = \sum_B \nu_B \Delta_f H_m^{\ominus}$（B，相态，298.15K）$=(-393.509)+(-635.09)-(-1206.92)$

$=178.321 kJ \cdot mol^{-1}$

而 $\Delta_r S_m^{\ominus} = \sum_B \nu_B S_m^{\ominus}$（B，相态，298.15K）$=213.74+39.75-92.9=160.59 J \cdot K^{-1} \cdot mol^{-1}$

反应的 $\Delta_r H_m^{\ominus}$（298.15K）为正值，表明此反应为吸热反应，从系统倾向于取得最低的能量这一因素来看，吸热不利于反应自发进行。但是，反应的 $\Delta_r S_m^{\ominus}$（298.15K）为正值，表明反应过程中系统的熵值增大，从系统倾向于取得最大的混乱度这一因素来看，熵值增大，有利于反应的自发进行。可见，根据 $\Delta_r H_m^{\ominus}$ 或 $\Delta_r S_m^{\ominus}$ 还不能简单地判断这一反应的自发性，应将它们综合考虑。

热力学研究结果表明，要准确判断反应的自发性，可借助于 Gibbs 函数。

根据 $\Delta S_{隔} = \Delta S_{系统} + \Delta S_{环境}$ 和 $\Delta S_{环境} = -\dfrac{Q}{T}$，设以 ΔS 表示 $\Delta S_{系统}$，定温定压下过程或反应的 $Q=\Delta H$，则有

$$\Delta S_{隔} = \Delta S - \frac{\Delta H}{T} \tag{2-2}$$

可见，由系统的熵变 ΔS 和焓变 ΔH，同样可以得到总的熵变。这与综合考虑焓变和熵变对化学反应自发性的影响是一致的。

将两边乘热力学温度 T，得 $$T\Delta S_{隔} = T\Delta S - \Delta H \tag{2-3}$$

令 $$\Delta G = -T\Delta S_{隔} \tag{2-4}$$

则 $$\Delta G = \Delta H - T\Delta S \tag{2-5}$$

该式称为 Gibbs-Helmhotz 公式或吉布斯等温方程，是化学上最重要和最有用的方程之一。其中 G 为 Gibbs 函数，是由著名的美国理论物理学家 J. W. Gibbs（1839—1903）最先提出的，其定义为

$$G \overset{\text{def}}{=\!=} H - TS \tag{2-6}$$

由 G 的定义可见，G 是指体系总焓中具有最大有用功的那部分能量，因这部分能量能自由地转变为其他形式的能量，故 G 又称 Gibbs 自由能。ΔG 为 Gibbs 函数变或 Gibbs 自由能变。因 H、T、S 都是状态函数，故 G 也是状态函数，且与 H 有相同的量纲。

2.1.2 反应的自发性判断

根据式(2-6)，可以由 Gibbs 函数得到 ΔG 来判别反应过程或反应自发性

$$
\begin{cases}
\Delta S_{隔}>0，则\ \Delta G<0，自发过程，即正向自发进行 \\
\Delta S_{隔}=0，则\ \Delta G=0，平衡状态 \\
\Delta S_{隔}<0，则\ \Delta G>0，非自发过程，即逆向自发进行
\end{cases}
\tag{2-7}
$$

式(2-7) 即 Gibbs 函数推断反应过程或反应自发性的判据。它表明，在不做非体积功和定温定压下，任何自发变化总是伴随着系统的 Gibbs 自由能的减小（即 $\Delta G<0$）。这一判据可用来判断封闭系统反应进行的方向。

表 2-1 将熵判据与 Gibbs 函数变判据进行了比较，由于常用的化学反应大多是在恒温、恒压、不做非体积功条件下进行的，所以用 Gibbs 函数变判据判断化学反应的方向更方便适用。

表 2-1 熵判据和 Gibbs 函数变判据的比较

项目	熵判据	Gibbs 函数变判据
系统	隔离(孤立)系统	封闭系统
过程	任何过程	恒温、恒压、不做非体积功
自发变化的方向	熵值增大，$\Delta S>0$	Gibbs 函数值减小，$\Delta G<0$
平衡条件	熵值最大，$\Delta S=0$	Gibbs 函数值最小，$\Delta G=0$
判据法原理	熵增原理	最小自由能原理

应当指出，如果化学反应在恒温恒压条件下，除体积功之外还做非体积功 W'，则 Gibbs 函数变判据就变为（热力学可推导，此略）

$$
\begin{cases}
-\Delta G>-W' & 自发过程 \\
-\Delta G=-W' & 平衡状态 \\
-\Delta G<-W' & 非自发过程
\end{cases}
\tag{2-8}
$$

此式的意义是在等温、等压下，一个封闭系统所能做的最大非体积功（$-W'$）等于其 Gibbs 函数（自由能）的减小（$-\Delta G$）。如电源和燃料电池中的最大电功 W'_{max} 与电池反应的 $-\Delta G$ 相等，即 $-\Delta G=W'_{max}$。

由于温度 T 对 ΔH 和 ΔS 的影响基本可以忽略，因此，由式(2-8) 可见，温度 T 对 ΔG 的影响非常显著。由于 ΔH 和 ΔS 均既可为正，又可为负，在不同的温度下反应进行的方向取决于 ΔH 和 $T\Delta S$ 的相对大小，因而可能出现四种情况，见表 2-2。

表 2-2 ΔH、ΔS 及 T 对反应自发性的影响

ΔH	ΔS	$\Delta G=\Delta H-T\Delta S$	(正)反应的自发性	反应实例
−	+	−	自发(任意温度)	① $H_2(g)+Cl_2(g)=\!=\!=2HCl(g)$
+	−	+	非自发(任意温度)	② $CO(g)=\!=\!=C(s)+\frac{1}{2}O_2(g)$
+	+	升高到某温度时由正值变为负值	升高温度有利于反应自发进行	③ $CaCO_3(s)=\!=\!=CaO(s)+CO_2(g)$
−	−	降低至某温度时由正值变为负值	降低温度有利于反应自发进行	④ $3H_2(g)+N_2(g)=\!=\!=2NH_3(g)$

大多数反应属于 ΔH 和 ΔS 同号的表 2-2 中③和④两类反应，此时温度对反应的自发性有决定性影响，存在一个自发进行的最低或最高温度，称为转变温度 T_c（此时 $\Delta G=0$）

$$
T_c=\frac{\Delta H}{\Delta S} \tag{2-9}
$$

可见，反应的转变温度 T_c 决定于 ΔH 和 ΔS 的相对大小，即 T_c 决定于反应的本性。如果忽略温度、压力的影响，$\Delta_r H_m \approx \Delta_r H_m^{\ominus}$（298.15K），$\Delta_r S_m \approx \Delta_r S_m^{\ominus}$（298.15K），则转变温度 T_c 为

$$T_c = \frac{\Delta_r H_m^{\ominus}(298.15\text{K})}{\Delta_r S_m^{\ominus}(298.15\text{K})}$$

在标准状态下，式(2-5) 的 Gibbs 等温方程可表示为

$$\Delta_r G_m^{\ominus} = \Delta_r H_m^{\ominus} - T\Delta_r S_m^{\ominus} \tag{2-10}$$

式中，$\Delta_r G_m^{\ominus}$ 称为反应的标准摩尔 Gibbs 函数变，它指的是温度一定时，当某化学反应在标准状态下按照反应计量式完成由反应物到产物的转化，相应的 Gibbs 函数的变化。热力学中规定，在温度为 T、压力为 $p^{\ominus}$ 的条件下，由参考状态单质生成 1mol 化合物 B（$\nu_B=1$ 时）的反应的标准摩尔 Gibbs 函数变，称为物质 B 的标准摩尔生成 Gibbs 函数，记为 $\Delta_f G_m^{\ominus}$（B，相态，T）。其中所规定的参考状态单质与前面讨论 $\Delta_f H_m^{\ominus}$ 时的定义是一致的。显然，参考状态单质的 $\Delta_f G_m^{\ominus}$ 也为零，即 $\Delta_f G_m^{\ominus}$（参考状态单质，T）$=0$。

$\Delta_r G_m^{\ominus}$ 的定义也可描述为：反应“a 参考单质 1＋b 参考单质 2＋……＝B（相态）”的 $\Delta_r G_m^{\ominus} = \Delta_f G_m^{\ominus}$（B,相态,$T$）。其中 a、b……分别为参考单质 1、参考单质 2……的化学计量系数。目前，许多物质的 $\Delta_f G_m^{\ominus}$ 已被测定出来，见附录 3。

G 是状态函数，赫斯（Hess）定律也适用于化学反应的 Gibbs 函数（变）的计算。根据附录 3 中的 $\Delta_f G_m^{\ominus}$ 可以计算出 $\Delta_r G_m^{\ominus}$，即对于反应 $0=\sum_B \nu_B B$ 来说

$$\Delta_r G_m^{\ominus}(298.15\text{K}) = \sum_B \nu_B \Delta_f G_m^{\ominus}(298.15\text{K}) \tag{2-11}$$

由于一般热力学数据表中只能查到 $\Delta_f G_m^{\ominus}$（B，相态，298.15K），根据式(2-11) 只能计算 298.15K 下的 $\Delta_r G_m^{\ominus}$。要计算 $T \neq 298.15\text{K}$ 下的 $\Delta_r G_m^{\ominus}(T)$，可根据式(2-12)，得出近似计算式

$$\Delta_r G_m^{\ominus}(T) = \Delta_r H_m^{\ominus}(298.15\text{K}) - T\Delta_r S_m^{\ominus}(298.15\text{K}) \tag{2-12}$$

【例 2-2】 试计算 $CaCO_3$ 热分解反应的 $\Delta_r G_m^{\ominus}$(298.15K) 和 $\Delta_r G_m^{\ominus}$(1273K) 及转变温度 T_c，并分析该反应在标准状态时的自发性。

解： 写出 $CaCO_3$ 热分解的反应方程式，并从附录 3 查出反应物和产物的 $\Delta_f G_m^{\ominus}$(298.15K) 值，标示如下

	$CaCO_3(s)$ ══	$CaO(s)$ ＋	$CO_2(g)$
$\Delta_f G_m^{\ominus}(298.15\text{K})/\text{kJ}\cdot\text{mol}^{-1}$	−1128.79	−604.03	−394.359

(1) $\Delta_r G_m^{\ominus}$（298.15K）的计算

方法Ⅰ

利用 $\Delta_f G_m^{\ominus}$（298.15K）数据和 Hess 定律，根据式(2-11) 可得

$$\begin{aligned}\Delta_r G_m^{\ominus}(298.15\text{K}) &= \sum_B \nu_B \Delta_f G_m^{\ominus}(298.15\text{K}) = (-604.03)+(-394.359)-(-1128.79) \\ &= 130.4\text{kJ}\cdot\text{mol}^{-1}\end{aligned}$$

方法Ⅱ

利用 $\Delta_f H_m^{\ominus}$(298.15K) 和 $S_m^{\ominus}$(298.15K) 的数据，先求出 $\Delta_r H_m^{\ominus}$（298.15K）和 $\Delta_r S_m^{\ominus}$

(298.15K)，再根据式(2-12) 可得

$$\Delta_r G_m^{\ominus}(298.15K)=\Delta_r H_m^{\ominus}(298.15K)-T\Delta_r S_m^{\ominus}(298.15K)=178.321-298.15\times160.59\times10^{-3}$$
$$=130.4kJ\cdot mol^{-1}$$

(2) $\Delta_r G_m^{\ominus}$ (1273K) 的计算

$$\Delta_r G_m^{\ominus}(1273K)=\Delta_r H_m^{\ominus}(298.15K)-T\Delta_r S_m^{\ominus}(298.15K)=178.321-1273\times160.59\times10^{-3}$$
$$=-26.1kJ\cdot mol^{-1}$$

(3) 转变温度 T_c 的计算

将 $\Delta_r H_m^{\ominus}$ (298.15K) 和 $\Delta_r S_m^{\ominus}$ (298.15K) 的值代入式(2-9) 得

$$T_c=\frac{\Delta_r H_m^{\ominus}(298.15K)}{\Delta_r S_m^{\ominus}}=\frac{179.4kJ\cdot mol^{-1}}{163.9\times10^{-3}kJ\cdot mol^{-1}\cdot K^{-1}}=1094K$$

(4) 反应自发性的分析

(1) 和 (2) 的计算结果表明，298.15K 的标准状态时，由于 $\Delta_r G_m^{\ominus}(298.15K)>0$，所以 $CaCO_3$ 的热分解反应不能自发进行，但 1273K 的标准状态时，由于 $\Delta_r G_m^{\ominus}(1273K)<0$，故 $CaCO_3$ 的热分解反应能自发进行。由 (3) 的结果可知，当温度高于 1094K 时，$CaCO_3$ 的热分解反应就能自发进行。

须指出的是，自发过程的判断标准是 ΔG，而不是 $\Delta G^{\ominus}$，$\Delta G^{\ominus}$ 表示标准状态时反应或过程的吉布斯函数变，它只能用来判断标准状态下反应的方向，实际应用中，反应混合物很少处于相应的标准状态。反应进行中，气体物质的分压或溶液中溶质的浓度均在不断变化之中，直至达到平衡，即 $\Delta_r G_m=0$。$\Delta_r G_m$ 表示任意态或指定态时反应或过程的吉布斯函数变，$\Delta_r G_m$ 不仅与温度有关，而且与系统组成有关。对于一般反应式 $0=\sum_B \nu_B B$，由热力学推导可得出 ΔG 与 $\Delta G^{\ominus}$ 的关系式如下

$$\Delta_r G_m(T)=\Delta_r G_m^{\ominus}(T)+RT\ln\prod_B(p_B/p^{\ominus})^{\nu_B} \tag{2-13a}$$

式中，R 为摩尔气体常数；p_B 为参与反应的物质 B 的分压力；$p^{\ominus}$ 为标准压力；Π 为连乘运算符号。习惯上将 $\prod_B(p_B/p^{\ominus})^{\nu_B}$ 称为反应商 Q，$p_B/p^{\ominus}$ 称为相对分压，故式(2-13a) 也可写成

$$\Delta_r G_m(T)=\Delta_r G_m^{\ominus}(T)+RT\ln Q \tag{2-13b}$$

式(2-13a) 或式(2-13b) 称为热力学等温方程。显然，若所有气体的分压均处于标准状态，即 $p_B=p^{\ominus}$，$p_B/p^{\ominus}=1$，$\ln Q=0$，则式(2-13a) 或式(2-13b) 变为 $\Delta_r G_m(T)=\Delta_r G_m^{\ominus}(T)$。这时，任意态变成了标准态，便可用 $\Delta_r G_m^{\ominus}(T)$ 判断反应的自发性。但在一般情况下，只有根据热力学等温方程求出指定态的 $\Delta_r G_m(T)$ 值，方可从其值是否小于零来判断此条件下反应的自发性。

对于水溶液中有水合离子（或分子）参与的多相反应，由于此类物质变化的不是气体的分压 p，而是相应溶质的浓度 c，根据化学热力学的推导，此时各物质的 $p_B/p^{\ominus}$ 将会换成各相应溶质的浓度 $c_B/c^{\ominus}$，$c_B/c^{\ominus}$ 称为相对浓度。若有参与反应的固态或液态的纯物质，则不必列入反应商式子中。若反应中同时有气相物质和溶质物质，则反应商式子中气相物质用相对分压、溶质物质用相对浓度表示。例如，对于化学反应式 $aA(l)+bB(aq)=\!=\!=gG(s)+dD(g)$，其热力学等温方程可表示为

$$\Delta_r G_m(T)=\Delta_r G_m^{\ominus}(T)+RT\ln[(p_D/p^{\ominus})^d \cdot (c_B/c^{\ominus})^{-b}] \tag{2-14}$$

或

$$\Delta_r G_m(T)=\Delta_r G_m^{\ominus}(T)+RT\ln\frac{(p_D/p^{\ominus})^d}{(c_B/c^{\ominus})^b} \tag{2-15}$$

2.2 化学反应的限度和化学平衡

利用 Gibbs 函数不仅可以判断反应的自发方向（$\Delta_r G_m<0$，正向自发进行），而且可以判断化学反应进行的限度。因为自发反应具有明显的方向性，总是单向地趋向于平衡状态，所以化学平衡状态是化学反应进行的最大限度。

2.2.1 平衡常数和反应的限度

在各类化学反应中，仅有少数反应的反应物能全部转化为产物。如氯酸钾的分解反应：$2KClO_3(s)\xrightarrow{MnO_2}2KCl(s)+3O_2(g)$，该反应逆向进行的趋势很小，即通常认为 KCl 不能直接和 O_2 反应生成 $KClO_3$。像这类实际上只能向一个反应方向进行到底的反应，叫不可逆反应。放射性元素蜕变反应也是典型的不可逆反应。

但大多数化学反应在一定的温度、压力、浓度等条件下，可以同时向正、逆两个方向进行，例如在某密闭的容器中，充入氢气和碘蒸气，在一定温度下，两者能自动地反应生成气态的碘化氢

$$H_2(g)+I_2(g)\longrightarrow 2HI(g) \tag{2-16}$$

在另一密闭容器中，充入气态碘化氢，同样条件下，它能自动地分解为氢气和碘蒸气

$$2HI(g)\longrightarrow H_2(g)+I_2(g) \tag{2-17}$$

上述两个反应同时发生并且方向相反，可以写成下列形式

$$H_2(g)+I_2(g)\rightleftharpoons 2HI(g) \tag{2-18}$$

习惯上，把反应式中从左向右进行的反应叫作正反应，从右向左进行的反应叫作逆反应。这种在一定条件下既能正向进行又能逆向进行的反应被称为可逆反应。由于可逆反应中正、逆反应共处于同一系统，因而在密闭容器中可逆反应不能进行到底，即反应物不能全部转化为产物，只能部分转化为产物。

现以式(2-16) 反应为例讨论化学平衡的基本特征。将氢气和碘蒸气混合加热，考察各物质浓度和反应速率随时间的变化规律，结果如表 2-3 所示。

表 2-3　425.4℃ $H_2(g)+I_2(g)\rightleftharpoons 2HI(g)$ 的反应速率

时间 t /s	$c(H_2)$ /(mol·dm^{-3})	$c(I_2)$ /(mol·dm^{-3})	$c(HI)$ /(mol·dm^{-3})	v_f /(mol·dm^{-3}·s^{-1})	v_r /(mol·dm^{-3}·s^{-1})
0	0.0100	0.0100	0	7.60×10^{-6}	0
1000	0.00568	0.00568	0.00864	2.45×10^{-6}	1.04×10^{-7}
2000	0.00397	0.00397	0.0121	1.20×10^{-6}	2.04×10^{-7}

续表

时间 t /s	$c(H_2)$ /(mol·dm^{-3})	$c(I_2)$ /(mol·dm^{-3})	$c(HI)$ /(mol·dm^{-3})	v_f /(mol·dm^{-3}·s^{-1})	v_r /(mol·dm^{-3}·s^{-1})
3000	0.00305	0.00305	0.0139	7.07×10^{-7}	2.69×10^{-7}
4000	0.00248	0.00248	0.0150	4.67×10^{-7}	3.13×10^{-7}
4850	0.00213	0.00213	0.0157	3.45×10^{-7}	3.43×10^{-7}

从表 2-3 可以看出，随着反应的进行，$c(H_2)$ 和 $c(I_2)$ 逐渐减小，$c(HI)$ 逐渐增大，因而正反应过程渐渐变慢，逆反应过程渐渐加快，直到正、逆反应速率相等。此时系统中各物质浓度（或分压）不再随时间变化而改变，即系统的组成不变，这种状态称为平衡状态。

由此可知，化学平衡有如下基本特征：一是从宏观上看系统中化学反应好像停止了，但微观上看正、逆两个方向的反应并未停止，仍进行着正、逆反应速率相等的两个反应过程。因而化学平衡是一种动态平衡。二是平衡时系统中各物质浓度（或分压）不再随时间变化而改变，即系统的组成不变。三是平衡是在一定条件下建立的，一旦建立平衡的条件被改变，则平衡将被打破，并重新建立新的平衡，因而平衡状态是相对的，不是绝对的，它会随条件的改变而改变。四是不管是从正反应开始，还是从逆反应开始，只要温度相同，反应的限度都相同（或者说平衡状态与达到平衡的途径无关）。

平衡状态是可逆反应所能达到的最大限度，对于不同的化学反应（或是不同条件下的同一反应）来说，反应所能达到的限度不同。为了描述反应的限度，引入平衡常数（K）和标准平衡常数（$K^{\ominus}$）的概念。

仍以式(2-16) 的反应为例，其典型的实验数据见表 2-4。

表 2-4　425.4℃ $H_2(g)+I_2(g) \rightleftharpoons 2HI(g)$ 系统的组成

序号	开始时各组分分压 p/kPa			平衡时各组分分压 p/kPa			平衡时 $\frac{[p(HI)]^2}{p(H_2)\cdot p(I_2)}$
	$p(H_2)$	$p(I_2)$	$p(HI)$	$p(H_2)$	$p(I_2)$	$p(HI)$	
1	64.74	57.78	0	16.88	9.914	95.73	54.76
2	65.95	52.53	0	20.68	7.260	90.54	54.60
3	62.02	62.50	0	13.08	13.57	97.87	53.96
4	61.96	69.49	0	10.64	18.17	102.64	54.49
5	0	0	62.10	6.627	6.627	48.85	54.34
6	0	0	26.98	2.877	2.877	21.23	54.45

注：本表数据取自 A. H. Taylor，R. H. Crist. J. Am. Chem. Soc.，1941，63，1377～1385。各物理量的单位经过了换算。

从表 2-4 的实验数据可以看出，平衡组成取决于开始时系统的组成。不同的开始组成可以得到不同的平衡组成。尽管不同平衡状态的各种组成不同，但平衡时 $\frac{[p(HI)]^2}{p(H_2)\cdot p(I_2)}$（表 2-4 最右边一列）是一常量。425.4℃下，其平均值为 54.43[1]，该常量被称为实验平衡常数。由于热力学中对物质的标准态作了规定，平衡时各物质均以各自标准态为参考，热力

[1] 在多数情况下，实验平衡常数不是量纲为一的量，它与标准平衡常数的数值往往不相等，对该反应来说，由于 $\sum\nu_B=0$，故两者相等，这仅是一种巧合。

学中的平衡常数称为标准平衡常数，以 $K^\ominus$ 表示。反应式(2-16) 表示的气相反应的标准平衡常数可写为

$$K^\ominus=\frac{[p(\mathrm{HI})/p^\ominus]^2}{[p(\mathrm{H_2})/p^\ominus]\cdot[p(\mathrm{I_2})/p^\ominus]}=54.43 \tag{2-19}$$

对一般的可逆化学反应

$$a\mathrm{A(g)}+b\mathrm{B(aq)}+c\mathrm{C(s)}\rightleftharpoons x\mathrm{X(g)}+y\mathrm{Y(aq)}+z\mathrm{Z(l)}$$

其标准平衡常数表达式为

$$K^\ominus=\frac{[p(\mathrm{X})/p^\ominus]^x\cdot[c(\mathrm{Y})/c^\ominus]^y}{[p(\mathrm{A})/p^\ominus]^a\cdot[c(\mathrm{B})/c^\ominus]^b} \tag{2-20}$$

在标准平衡常数表达式中，各物质均以各自的标准态为参考态。如果某物质 B 是气体，要用其平衡时的相对分压 [即 $p(\mathrm{B})/p^\ominus$] 表示；若某物质是溶液中的某溶质 B，则要用其平衡时的相对浓度 [即 $c(\mathrm{B})/c^\ominus$] 表示；若是纯液体（常把水溶液中的水看成纯液体）或固体，因其标准态为相应的纯液体或固体，因此纯液体或固体的浓度项不出现在标准平衡常数的表达式中。

式(2-20) 说明，在一定温度下，可逆反应达到平衡时，产物的相对浓度（或相对分压）以其化学方程式的计量系数为指数的幂的乘积，除以反应物的相对浓度（或相对分压）以其反应方程式中的计量系数为指数的幂的乘积，其商为一常数 $K^\ominus$。$K^\ominus$ 量纲为一。

标准平衡常数是个重要的物理量，在书写标准平衡常数表达式时应注意如下几点。

① 反应商 Q 和标准平衡常数 $K^\ominus$ 的表达式很相像，它们的区别在于：反应商 Q 表达式中各物质的浓度或分压均为非平衡时各物质的浓度 c_B 或分压 p_B，而 $K^\ominus$ 表达式中各物质的浓度或分压均为平衡时各物质的浓度 $c(\mathrm{B})$ 或分压 $p(\mathrm{B})$。

② $K^\ominus$ 的数值与化学计量方程式的写法（即反应方程式的配平方式）有关。由于 $K^\ominus$ 表达式中各物质的相对浓度或相对分压均以其化学计量系数 ν_B 为幂指数，同一反应以不同的计量式(ν_B 不同) 表示时，其 $K^\ominus$ 的数值不同。因此，$K^\ominus$ 的数值必须与化学反应式“配套”。没有具体反应方程式的 $K^\ominus$ 数值是毫无意义的。例如只说“合成氨反应在 500℃时的标准平衡常数为 7.9×10^{-5}”是不科学的，因为对于合成氨反应的方程式，既可以写成

$$\mathrm{N_2(g)}+3\mathrm{H_2(g)}\rightleftharpoons 2\mathrm{NH_3(g)}\qquad K_1^\ominus=\frac{[p(\mathrm{NH_3})/p^\ominus]^2}{[p(\mathrm{N_2})/p^\ominus][p(\mathrm{H_2})/p^\ominus]^3}$$

也可以写成

$$\frac{1}{2}\mathrm{N_2(g)}+\frac{3}{2}\mathrm{H_2(g)}\rightleftharpoons \mathrm{NH_3(g)}\qquad K_2^\ominus=\frac{[p(\mathrm{NH_3})/p^\ominus]}{[p(\mathrm{N_2})/p^\ominus]^{\frac{1}{2}}[p(\mathrm{H_2})/p^\ominus]^{\frac{3}{2}}}$$

显然，$K_1^\ominus\neq K_2^\ominus$。如果已知 500℃ 时 $K_1^\ominus=7.9\times10^{-5}$，则 $K_2^\ominus=(K_1^\ominus)^{1/2}=8.9\times10^{-3}$。

③ $K^\ominus$ 不随压力和组成而变（实例见表 2-4），但 $K^\ominus$ 与 $\Delta_\mathrm{r}G_\mathrm{m}^\ominus$ 一样都是温度 T 的函数。所以 $K^\ominus$ 的值应与温度相对应，通常表示为 $K^\ominus(T)$，如 $K^\ominus(773\mathrm{K})=7.9\times10^{-5}$。若未注明温度 T，一般指 $T=298.15\mathrm{K}$。

【例 2-3】 写出温度 T 时下列反应的标准平衡常数表达式，并确定反应 (1)、(2) 和 (3) 的 $K_1^\ominus$、$K_2^\ominus$ 和 $K_3^\ominus$ 的数学关系式。

(1) $\mathrm{CH_4(g)}+\mathrm{H_2O(g)}\rightleftharpoons \mathrm{CO(g)}+3\mathrm{H_2(g)}$ $\qquad K_1^\ominus$

(2) $\frac{1}{2}CH_4(g)+\frac{1}{2}H_2O(g) \rightleftharpoons \frac{1}{2}CO(g)+\frac{3}{2}H_2(g)$ $K_2^\ominus$

(3) $2CO(g)+6H_2(g) \rightleftharpoons 2CH_4(g)+2H_2O(g)$ $K_3^\ominus$

(4) $2MnO_4^-(aq)+3H_2O_2(aq) \rightleftharpoons 2MnO_2(s)+3O_2(g)+2H_2O(l)+2OH^-(aq)$ $K_4^\ominus$

解： 上述各反应对应的标准平衡常数表达式如下

$$K_1^\ominus=\frac{[p(CO)/p^\ominus][p(H_2)/p^\ominus]^3}{[p(CH_4)/p^\ominus][p(H_2O)/p^\ominus]}$$

$$K_2^\ominus=\frac{[p(CO)/p^\ominus]^{\frac{1}{2}}[p(H_2)/p^\ominus]^{\frac{3}{2}}}{[p(CH_4)/p^\ominus]^{\frac{1}{2}}[p(H_2O)/p^\ominus]^{\frac{1}{2}}}$$

$$K_3^\ominus=\frac{[p(CH_4)/p^\ominus]^2[p(H_2O)/p^\ominus]^2}{[p(CO)/p^\ominus]^2[p(H_2)/p^\ominus]^6}$$

$$K_4^\ominus=\frac{[p(O_2)/p^\ominus]^3[c(OH^-)/c^\ominus]^2}{[c(H_2O_2)/c^\ominus]^3[c(MnO_4^-)/c^\ominus]^2}$$

分析反应（1）、（2）、（3）的化学反应计量式和 $K_1^\ominus$、$K_2^\ominus$、$K_3^\ominus$ 的数学表达式，可以看出：当反应计量式(1) 乘以 1/2，就是反应式(2)，则 $K_2^\ominus=(K_1^\ominus)^{1/2}$；当反应计量式(2) 乘以−4，就得到反应式(3)，则 $K_3^\ominus=(K_2^\ominus)^{-4}$。所以$\sqrt{K_1^\ominus}=K_2^\ominus=\frac{1}{\sqrt[4]{K_3^\ominus}}$。由此可以得出结论：反应计量式乘以 $m(m\neq0)$，则其标准平衡常数由 $K^\ominus$ 变为（$K^\ominus$）^{m}。

如果两个反应的计量式相加（或相减）可以得到第三个反应的计量式，或者多个反应方程式的线性组合可以得到一个总反应方程式，则总反应的标准平衡常数将等于多个分反应标准平衡常数的积（或商）。这一结论被称为多重平衡规则，它是利用已知标准平衡常数求未知标准平衡常数的重要方法。当尝试设计某产品新的合成路线，而又缺乏实验数据时，这常常是很有用的。

【例 2-4】 已知下列两个反应的标准平衡常数

(1) $XeF_6(g)+H_2O(g) \rightleftharpoons XeOF_4(g)+2HF(g)$ $K_1^\ominus$

(2) $XeO_4(g)+XeF_6(g) \rightleftharpoons XeOF_4(g)+XeO_3F_2(g)$ $K_2^\ominus$

计算反应（3）$XeO_4(g)+2HF(g) \rightleftharpoons XeO_3F_2(g)+H_2O(g)$的标准平衡常数 $K_3^\ominus$。

解： 确定反应（1）、（2）与反应（3）间的关系为：反应（2）−反应（1）=反应（3）。

根据反应标准平衡常数表达式，可列出它们的表达式为

$$K_1^\ominus=\frac{[p(XeOF_4)/p^\ominus)]\cdot[p(HF)/p^\ominus]^2}{[p(XeF_6)/p^\ominus]\cdot[p(H_2O)/p^\ominus]}$$

$$K_2^\ominus=\frac{[p(XeOF_4)/p^\ominus)]\cdot[p(XeO_3F_2)/p^\ominus]}{[p(XeO_4)/p^\ominus]\cdot[p(XeF_6)/p^\ominus]}$$

$$K_3^\ominus=\frac{[p(H_2O)/p^\ominus)]\cdot[p(XeO_3F_2)/p^\ominus]}{[p(XeO_4)/p^\ominus]\cdot[p(HF)/p^\ominus]^2}$$

经比较，可以确定它们之间的 $K^\ominus$ 关系为：$K_3^\ominus=K_2^\ominus/K_1^\ominus$。

结合上述讨论的结果，可以将多重平衡规则归纳为：

① 若反应(4)=反应(1)+反应(2)−反应(3)，则 $K_4^{\ominus}=K_1^{\ominus}\cdot K_2^{\ominus}/K_3^{\ominus}$；

② 若反应(4)=m 反应(1)+n 反应(2)−h 反应(3)，则 $K_4^{\ominus}=(K_1^{\ominus})^m\cdot(K_2^{\ominus})^n/(K_3^{\ominus})^h$。

确定标准平衡常数数值的最基本的方法是通过实验测定，即通过实验测定平衡时各物质的浓度或分压，将其直接代入 $K^{\ominus}$ 表达式进行计算，求得 $K^{\ominus}$ 的数值。表 2-4 所提供的数据就是很好的实例。通常在实验中只要确定最初各反应物的分压或浓度以及平衡时某一物质的分压或浓度，根据化学反应的计量关系，再推算出平衡时其他反应物和产物的分压或浓度，最后计算出标准平衡常数 $K^{\ominus}$。

【例 2-5】 $GeWO_4(g)$ 是一种不常见的化合物，可在高温下由相应氧化物生成

$$2GeO(g)+W_2O_6(g)\rightleftharpoons 2GeWO_4(g)$$

某容器中充有 $GeO(g)$ 与 $W_2O_6(g)$ 的混合气体。反应开始前，它们的分压都为 100.0kPa，在定温定容下达到平衡时，$GeWO_4(g)$ 的分压为 98.0kPa。试确定平衡时 $GeO(g)$ 和 $W_2O_6(g)$ 的分压及该反应的标准平衡常数。

解： 该反应是在定温定容下进行的，假设各物质可按理想气体处理，则各物质分压与其物质的量成正比。

	$2GeO(g)$ +	$W_2O_6(g)$ ⇌	$2GeWO_4(g)$
开始 p/kPa	100.0	100.0	0
平衡 p/kPa			98.0

根据各物质的计量关系，可得平衡时

$$p(GeO)=100.0-98.0=2.0\text{kPa}$$

$$p(W_2O_6)=100.0-\frac{98.0}{2}=51.0\text{kPa}$$

$$K^{\ominus}=\frac{[p(GeWO_4)/p^{\ominus}]^2}{[p(GeO)/p^{\ominus}]^2\cdot[p(W_2O_6)/p^{\ominus}]}=\frac{\left(\frac{98.0}{100.0}\right)^2}{\left(\frac{2.0}{100.0}\right)^2\cdot\left(\frac{51.0}{100.0}\right)}=4.7\times10^3$$

2.2.2 化学平衡有关计算

标准平衡常数是化学反应系统处于平衡状态时的一种数值标志。它常用来判断反应程度（或限度）、预测反应方向以及计算平衡组成等。

(1) 判断反应程度

在一定条件下，化学反应达到平衡状态时，由于正、逆反应速率相等，净反应速率等于零，平衡组成不再改变。这表明在这种条件下反应物向产物转化达到了最大限度。如果该反应的标准平衡常数 $K^{\ominus}$ 值愈大，则 $K^{\ominus}$ 表达式中分子项（产物的浓度或分压）比分母项（反应物的浓度或分压）大得愈多，说明反应物转化为产物的量也就愈多，反应进行得就愈完全。反之，$K^{\ominus}$ 值愈小，反应进行得就愈不完全。所以，可以用 $K^{\ominus}$ 值的大小判断反应（严格地讲是同类型反应，即反应中各计量数相同的反应）进行的程度。一般认为，当 $K^{\ominus}>10^3$ 时，反应进行得较完全；当 $K^{\ominus}<10^{-3}$ 时，反应进行的程度较小；当 $10^{-3}<K^{\ominus}<10^3$ 时，平衡混合物中产物和反应物的分压（或浓度）相差不大，反应物部分地转化为产物。

反应进行的程度也常用平衡转化率来表示。反应物 A 的平衡转化率 $\alpha(A)$ 定义为

$$\alpha(\mathrm{A}) \xlongequal{\mathrm{def}} \frac{n_0(\mathrm{A})-n_{\mathrm{eq}}(\mathrm{A})}{n_0(\mathrm{A})} \tag{2-21}$$

式中，$n_0(\mathrm{A})$ 为反应开始时（$\xi=0$）A 的物质的量；$n_{\mathrm{eq}}(\mathrm{A})$ 为平衡时（$\xi=\xi_{\mathrm{eq}}$）A 的物质的量。$K^{\ominus}$ 愈大，往往 $\alpha(\mathrm{A})$ 也愈大。

（2）预测反应方向

对于某给定反应

$$a\mathrm{A(g)}+b\mathrm{B(aq)}+c\mathrm{C(s)} \rightleftharpoons x\mathrm{X(g)}+y\mathrm{Y(aq)}+z\mathrm{Z(l)}$$

$$K^{\ominus}=\frac{[p(\mathrm{X})/p^{\ominus}]^x \cdot [c(\mathrm{Y})/c^{\ominus}]^y}{[p(\mathrm{A})/p^{\ominus}]^a \cdot [c(\mathrm{B})/c^{\ominus}]^b}$$

在给定温度 T 下，其 $K^{\ominus}$ 有一确定值。其反应的方向可由热力学判据［$\Delta_r G_m(T)$ 是否小于零］来判断。根据热力学等温方程

$$\Delta_r G_m(T)=\Delta_r G_m^{\ominus}(T)+RT\ln Q \tag{2-22}$$

其中反应商 $Q=\dfrac{[p_{\mathrm{X}}/p^{\ominus}]^x \cdot [c_{\mathrm{Y}}/c^{\ominus}]^y}{[p_{\mathrm{A}}/p^{\ominus}]^a \cdot [c_{\mathrm{B}}/c^{\ominus}]^b}$。当反应达到平衡时，$\Delta_r G_m(T)=0$ 且 $Q=K^{\ominus}$，于是热力学等温方程变为

$$0=\Delta_r G_m^{\ominus}(T)+RT\ln K^{\ominus}$$

即

$$\Delta_r G_m^{\ominus}(T)=-RT\ln K^{\ominus} \tag{2-23}$$

再把式(2-22)代入热力学等温方程，有

$$\Delta_r G_m(T)=-RT\ln K^{\ominus}+RT\ln Q$$

于是

$$\Delta_r G_m(T)=RT\ln\frac{Q}{K^{\ominus}} \tag{2-24}$$

由式(2-24)可知

$$\begin{cases}\text{当 } Q<K^{\ominus} \text{ 时，} \Delta_r G_m(T)<0\text{，反应正向自发进行} \\ \text{当 } Q=K^{\ominus} \text{ 时，} \Delta_r G_m(T)=0\text{，反应达到平衡} \\ \text{当 } Q>K^{\ominus} \text{ 时，} \Delta_r G_m(T)>0\text{，反应逆向自发进行}\end{cases} \tag{2-25}$$

式(2-25)就是应用标准平衡常数预测反应方向的反应商判据，它与吉布斯函数判据是一致的。

由式(2-23)可以得出

$$\ln K^{\ominus}=-\frac{\Delta_r G_m^{\ominus}(T)}{RT} \tag{2-26}$$

式(2-26)定量地反映了标准平衡常数 $K^{\ominus}$ 与 $\Delta_r G_m^{\ominus}(T)$ 及温度 T 的关系。它表明，$K^{\ominus}$ 只与 $\Delta_r G_m^{\ominus}(T)$ 及温度有关，而与各物质的浓度或压力无关，通过热力学数据 $\Delta_r G_m^{\ominus}(T)$ 及温度 T，可直接求取反应的 $K^{\ominus}$。

（3）计算平衡组成

平衡组成是许多重要的化学工程最为关心的内容之一，借助平衡组成及平衡产率可以衡量实践过程的完善程度。利用标准平衡常数可以计算平衡时系统的组成。

【例 2-6】 将 1.20mol SO_2 和 2.00mol O_2 的混合气体，在 800K 和 100kPa 的总压力下，缓慢通过 V_2O_5 催化剂使生成 SO_3，在恒温恒压下达到平衡后，测得混合物中生成的 SO_3 为 1.10mol。试利用上述实验数据求该温度下反应 $2SO_2(g)+O_2(g) \rightleftharpoons$

$2SO_3(g)$的 $K^{\ominus}$、$\Delta_r G_m^{\ominus}(800K)$ 及 SO_2 的转化率。

解:

	$2SO_2(g)$	+ $O_2(g)$	$\rightleftharpoons$ $2SO_3(g)$
起始时物质的量/mol	1.20	2.00	0
反应中物质的量的变化/mol	−1.10	−1.10/2	+1.10
平衡时物质的量/mol	0.10	1.45	1.10
平衡时的摩尔分数 x	$\frac{0.10}{2.65}$	$\frac{1.45}{2.65}$	$\frac{1.10}{2.65}$

根据分压定律，求得各物质的平衡分压

$$p(SO_2)=p_{总}\cdot x(SO_2)=100\times\frac{0.10}{2.65}=3.77\text{kPa}$$

$$p(O_2)=p_{总}\cdot x(O_2)=100\times\frac{1.45}{2.65}=54.72\text{kPa}$$

$$p(SO_3)=p_{总}\cdot x(SO_3)=100\times\frac{1.10}{2.65}=41.51\text{kPa}$$

$$K^{\ominus}=\frac{[p(SO_3)/p^{\ominus}]^2}{[p(SO_2)/p^{\ominus}]^2\cdot[p(O_2)/p^{\ominus}]}=\frac{[p(SO_3)]^2\cdot p^{\ominus}}{[p(SO_2)]^2\cdot[p(O_2)]}=\frac{(41.51)^2\times100}{(3.77)^2\times54.72}=222$$

根据式(2-23) 得

$$\Delta_r G_m^{\ominus}(800K)=-RT\ln K^{\ominus}=-8.314\text{J}\cdot\text{mol}^{-1}\cdot\text{K}^{-1}\times800\text{K}\times\ln222=-3.59\times10^4\text{J}\cdot\text{mol}^{-1}$$

$$SO_2\text{ 的转化率}=\frac{\text{平衡时}SO_2\text{ 已转化的量}}{SO_2\text{ 的起始量}}\times100\%=\frac{1.10}{1.20}\times100\%=91.7\%$$

有关平衡组成计算中，应特别注意：

① 写出配平的化学反应方程式，这对正确书写 $K^{\ominus}$ 的表达式十分重要；

② 当涉及各物质的初始量、变化量、平衡量时，关键是要搞清各物质的变化量之比即为反应式中各物质的化学计量数之比。

2.2.3 化学平衡移动

一切平衡都只是相对的和暂时的。化学平衡也是一定条件下的相对平衡，当外界条件改变时，系统中各物质的分压或液态溶液中各溶质的浓度就会发生变化，直到与新的条件相适应并达到新的平衡。这种因系统条件的改变使化学平衡从原来的平衡状态转变到新的平衡状态的过程，叫化学平衡移动。

为什么改变条件化学平衡会移动呢？这是因为从能量的角度来看，可逆反应达到平衡时，$\Delta_r G_m(T)=0$，$Q=K^{\ominus}$；从质的角度来看，化学平衡是可逆反应正、逆反应速率相等时的状态，宏观上反应不再进行，但是微观上正、逆反应仍在进行，并且两者的速率相等。因此，一旦影响 $\Delta_r G_m(T)$、Q 或反应速率的外界因素（如浓度、压力和温度）等发生改变，那么 $\Delta_r G_m(T)\neq0$ 或 $Q\neq K^{\ominus}$，正、逆反应速率也将不再相等［v(正)$\neq v$(逆)］。即向某一方向进行的反应速率将会大于向相反方向进行的反应速率，这样原来的平衡状态就被破坏，直到正、逆反应速率再次相等。此时系统的组成也会跟着改变，从而建立起与新条件相适应的新的平衡。

那么外界条件是如何影响化学平衡移动的呢？下面主要从热力学、动力学两方面定量地讨论浓度、压力、温度等对化学平衡移动的影响。

(1) 浓度(或分压)对化学平衡的影响

对于任一反应 $a\mathrm{A(g)}+b\mathrm{B(aq)}+c\mathrm{C(s)} \rightleftharpoons x\mathrm{X(g)}+y\mathrm{Y(aq)}+z\mathrm{Z(l)}$

任意态时
$$Q=\frac{[p_{\mathrm{X}}/p^{\ominus}]^{x}\cdot[c_{\mathrm{Y}}/c^{\ominus}]^{y}}{[p_{\mathrm{A}}/p^{\ominus}]^{a}\cdot[c_{\mathrm{B}}/c^{\ominus}]^{b}}$$

平衡时
$$K^{\ominus}=\frac{[p(\mathrm{X})/p^{\ominus}]^{x}\cdot[c(\mathrm{Y})/c^{\ominus}]^{y}}{[p(\mathrm{A})/p^{\ominus}]^{a}\cdot[c(\mathrm{B})/c^{\ominus}]^{b}}=Q$$

对于已达平衡的上述反应，如果增加反应物的浓度(或分压)或减少产物的浓度(或分压)，则从热力学方面看，$Q<K^{\ominus}$，根据式(2-25)的反应商判断，此时平衡向正反应方向移动，使Q增大，直到Q重新等于$K^{\ominus}$，系统又建立新的平衡；从动力学方面看，若增大c(反应物)或减小c(产物)，则反应速率v(正)$>v$(逆)，反应的净结果是平衡向正反应方向移动，随着移动不断进行，c(反应物)逐渐减小，c(产物)逐渐增大，因而v(正)随之逐渐减小，c(产物)随之逐渐增大，直到v(正)重新等于v(逆)，系统又建立新的平衡。反之，如果减小反应物的浓度(或分压)或增加产物的浓度(或分压)，同理可从热力学和动力学两方面推知，平衡将向逆反应方向移动。

(2) 压力对化学平衡的影响

由于压力对固体或液体的体积影响甚微，因而压力的变化只对有气体参与的反应的平衡产生影响。由于改变系统压力的方法不同，因而压力对平衡移动的影响也不同，下面分三种情况介绍。

1) 部分物质分压的变化

如果保持反应在定温定容下进行，只是增大(或减小)一种(或多种)反应物的分压，或者减小(或增大)一种(或多种)产物的分压，能使反应商Q减小(或增大)，导致$Q<K^{\ominus}$(或$Q>K^{\ominus}$)，或使反应速率v(正)$>v$(逆)[或v(正)$<v$(逆)]，平衡向正(或逆)方向移动。这种情形与上述浓度(或分压)对化学平衡的影响是一致的。

2) 体积改变引起压力的变化

对于有气体参与的化学反应，反应系统体积的变化将导致系统总压和各物质分压的变化。例如
$$a\mathrm{A(g)}+b\mathrm{B(g)} \rightleftharpoons y\mathrm{Y(g)}+z\mathrm{Z(g)}$$

平衡时
$$K^{\ominus}=\frac{[p(\mathrm{Y})/p^{\ominus}]^{y}\cdot[p(\mathrm{Z})/p^{\ominus}]^{z}}{[p(\mathrm{A})/p^{\ominus}]^{a}\cdot[p(\mathrm{B})/p^{\ominus}]^{b}}=Q$$

当定温下将反应系统压缩到$1/n$($n>1$)时，系统的总压力增大到n倍，相应各组分的分压也都同时增大到n倍，此时反应商为
$$Q=\frac{[np(\mathrm{Y})/p^{\ominus}]^{y}\cdot[np(\mathrm{Z})/p^{\ominus}]^{z}}{[np(\mathrm{A})/p^{\ominus}]^{a}\cdot[np(\mathrm{B})/p^{\ominus}]^{b}}=n^{\sum v_{\mathrm{B(g)}}}K^{\ominus}$$

对于气体分子数增加的反应，$\sum\nu_{\mathrm{B}}(\mathrm{g})>0$，此时$Q>K^{\ominus}$，平衡向逆反应方向移动，即平衡向气体分子数减少的方向移动；对于气体分子数减少的反应，$\sum\nu_{\mathrm{B}}(\mathrm{g})<0$，此时$Q<K^{\ominus}$，平衡向正反应方向移动，即平衡向气体分子数减少的方向移动；对于气体分子数不变的反应，$\sum\nu_{\mathrm{B}}(\mathrm{g})=0$，此时$Q=K^{\ominus}$，平衡不发生移动。

同理可以推知，定温下系统若膨胀，总压将减小，各组分分压也减小相同倍数，平衡将

向气体分子数增加的方向（即增大压力的方向）移动。总之，定温压缩（或膨胀）只能使 $\sum\nu_B(g)\neq 0$ 的平衡发生移动，而不能使 $\sum\nu_B(g)=0$ 的平衡发生移动。

3）惰性气体的影响

惰性气体为不参与化学反应的气态物质，通常为 $H_2O(g)$ 或 $N_2(g)$ 等。它对平衡移动的影响也有下列三种情况。

① 若某一反应在有惰性气体存在下已达到平衡，此时体积的改变引起压力的变化从而使化学平衡移动的情形与上述“2）体积改变引起压力的变化”相同。

② 若反应在定温定容下进行，反应已达到平衡时，引入惰性气体，系统的总压力增大，但各反应物和产物的分压不变，因而 $Q=K^{\ominus}$，平衡不移动。

③ 若反应在定温定压下进行，反应已达到平衡时，引入惰性气体，为了保持总压不变，系统的体积将相应增大。在这种情况下，各组分气体的分压将相应减小相同倍数，$\sum\nu_B(g)\neq 0$，$Q\neq K^{\ominus}$，平衡向气体分子数增加的方向移动。

可见，压力对平衡移动的影响，关键在于各反应物和产物的分压是否改变，同时要考虑反应前、后气体分子数是否改变。基本判据是反应商判据。

（3）温度对化学平衡的影响

浓度和压力对平衡移动的影响是通过改变系统的组成，使 Q 改变，但是 $K^{\ominus}$ 并不改变。温度对化学平衡的影响则不然，温度的改变引起标准平衡常数 $K^{\ominus}$ 的改变从而使化学平衡发生移动。这可从热力学方面给予描述，也可从动力学方面给予描述。

从热力学方面看，对于放热反应，$\Delta_r H_m^{\ominus}<0$，温度升高（$T_1<T_2$），根据 van't Hoff（范托夫）方程 $\ln\dfrac{K_2^{\ominus}}{K_1^{\ominus}}=\dfrac{\Delta_r H_m^{\ominus}}{R}\left(\dfrac{1}{T_1}-\dfrac{1}{T_2}\right)$（式中，$K_1^{\ominus}$、$K_2^{\ominus}$ 分别为温度 T_1、T_2 时的标准平衡常数，$\Delta_r H_m^{\ominus}$ 为可逆反应的标准摩尔焓变），可以得到 $\ln\dfrac{K_2^{\ominus}}{K_1^{\ominus}}<0$，故 $K_1^{\ominus}>K_2^{\ominus}$。这说明对放热反应，标准平衡常数随温度升高而减小，此时得到 $Q=K_1^{\ominus}>K_2^{\ominus}$，平衡向逆反应（吸热）方向移动。而降低温度（$T_1>T_2$），$Q=K_1^{\ominus}<K_2^{\ominus}$，将使平衡向正反应（放热）方向移动。同理，对于吸热反应，$\Delta_r H_m^{\ominus}>0$，温度升高（$T_1<T_2$），则 $Q=K_1^{\ominus}<K_2^{\ominus}$，平衡向正反应（吸热）方向移动；降低温度（$T_1>T_2$），则 $Q=K_1^{\ominus}>K_2^{\ominus}$，平衡向逆反应（放热）方向移动。可见，不管是放热反应还是吸热反应，升高温度平衡都向吸热反应方向移动，反之，降低温度平衡将向放热反应方向移动。

从动力学方面看，对于放热反应，$\Delta_r H_m^{\ominus}<0$，由于正反应活化能 E_a(正）小于逆反应活化能 E_a(逆)，根据 Arrhenius（阿伦尼乌斯）方程 $\ln\dfrac{k_2}{k_1}=\dfrac{E_a}{R}\left(\dfrac{1}{T_1}-\dfrac{1}{T_2}\right)$（式中，$R_1$、$R_2$ 分别代表 T_1 与 T_2 温度下的反应速率常数），温度升高（$T_1<T_2$），k_2(正)$<k_2$(逆)，由反应的速率方程 $\nu=kc_A^{\alpha}c_B^{\beta}$ 知，ν(正)$<\nu$(逆)，故平衡向逆反应（吸热）方向移动。反之，降低温度（$T_1>T_2$），k_2(正)$>k_2$(逆)，平衡向正反应（放热）方向移动。同理，对于吸热反应，E_a(正)$>E_a$(逆)，温度升高（$T_1<T_2$），k_2(正)$>k_2$(逆)，ν(正)$>\nu$(逆)，平衡向正反应方向（吸热）方向移动。反之，降低温度，平衡向逆反应（放热）方向移动。这个结论与热力学所描述的结论是一致的。

综上所述，改变化学平衡的条件，使 $Q\neq K^{\ominus}$ 或 ν(正)$\neq\nu$(逆)，则平衡一定会发生移动，移动的规律是：假如改变平衡系统的条件之一，如浓度、压力或温度，平衡就向能减弱这个改变的方向移动。这就是平衡移动原理——勒夏特列（Le Chatelier）原理。利用这个原理，可以改变条件，使所需的反应进行得更完全。

Le Chatelier 原理从定性的角度解释了平衡移动的普遍原理，它非常简洁适用，但使用时要特别注意：Le Chatelier 原理只适用于已处于平衡状态的系统，而不适用于未达到平衡状态的系统。如果某系统处于非平衡状态且 $Q<K^{\ominus}$，反应向正方向进行，若适当减小某种反应物的浓度或分压，同时仍维持 $Q<K^{\ominus}$，则反应方向是不会因此而改变的；另外，催化剂因能同程度提高 ν(正) 和 ν(逆)，仍能维持 ν(正)$=\nu$(逆)，因而催化剂的加入不能改变化学平衡，只能缩短化学反应达到平衡所需的时间。

2.3 化学反应速率

在研究化学反应的过程中，研究化学反应的反应速率以及影响因素，确定反应速率与各影响因素之间的关系，无论在理论上还是在实践上都是极其重要的，它将指导我们在科学研究和实际生产中如何通过控制反应条件，最终达到控制合理的反应速率，提高反应效率的目的。

化学动力学和化学热力学是物理化学重要的两大分支学科，它们各有不同的研究内容。化学热力学的任务是讨论化学过程中能量转化以及解决在一定条件下进行某一化学反应的方向和限度问题。在化学热力学的研究中没有考虑时间因素，即没有考虑化学反应进行的速率及化学反应达到最大限度（平衡）所需的时间，而时间因素通常是至关重要的。例如，298K、100kPa 下进行的合成氨反应

$$N_2(g)+3H_2(g)=\!=\!=2NH_3(g) \quad \Delta_r G_m^{\ominus}(298K)=-33kJ\cdot mol^{-1},\ K^{\ominus}(298K)=6.1\times10^5$$

从化学热力学的角度来看，在常温常压下这个反应的转化率是很高的，可是它的反应速率太慢，以至于毫无工业价值。至今尚未找到一种合适的催化剂，使合成氨反应能在常温常压条件下顺利进行。又例如 CO 和 NO 是汽车尾气中两种有毒的气体，若它们发生下列反应

$$CO(g)+NO(g)=\!=\!=CO_2(g)+\frac{1}{2}N_2(g) \quad \Delta_r G_m^{\ominus}(298K)=-334kJ\cdot mol^{-1},\ K^{\ominus}(298K)=1.9\times10^{60}$$

使之变成 CO_2 和 N_2，将大大改善汽车尾气对环境的污染，可惜由于反应极慢而不能付诸使用。研究这个反应的催化剂是当今关注环境保护的工作者非常感兴趣的课题。

上述两个例子说明，化学热力学只解决了化学反应是否可能发生和可能进行到什么程度，即可能性问题，而不能确定反应能否以实际上有意义的速率进行，即没有回答反应的现实性问题。

认识到化学反应速率对化学反应的重要实际意义后，也不能否定热力学的作用。因为反应速率的作用虽然大，但只能研究如何实现或接近实现热力学对反应所预示的平衡状态。如果在一定的条件下，经热力学判断某一反应为不可能进行的反应，就不需要研究如何实现这个反应了。在化工生产和化学实验过程中，化学平衡和反应速率的变化以及外界条件对它们的影响是错综复杂的，因此，许多实际问题需要从两方面综合考虑。

化学动力学除了研究化学反应速率以及各种因素对反应速率的影响外，还探讨化学反应

进行的机理。反应机理也称反应历程，是化学反应实际经历的步骤。一个化学反应以何种反应机理进行对反应的快慢起着决定性的作用。大多数化学反应的化学计量式只反映了反应物与最终产物之间的化学计量关系，并不代表反应机理，它只是一系列化学反应步骤的总结果。当然，也有的化学反应是一步进行的，只有在这种情况下，化学计量式才能代表反应机理。例如下面两种反应

(1) $$CH_3COOC_2H_5 + NaOH = CH_3COONa + C_2H_5OH$$

(2) $$H_2 + Br_2 = 2HBr$$

反应（1）按所写的化学计量式一步完成，而反应（2）的反应机理为下列一系列连续步骤

$$Br_2 \longrightarrow 2Br\cdot$$
$$Br\cdot + H_2 \longrightarrow HBr + H\cdot$$
$$H\cdot + Br_2 \longrightarrow HBr + Br\cdot$$
$$2Br\cdot \longrightarrow Br_2$$

化学反应的速率与反应机理密切相关。弄清反应机理可以更好地了解影响反应速率的因素，从而全面地把握反应速率的变化规律。

通过两个或多个反应步骤而完成的反应叫复合反应，也叫非基元反应。复合反应的每一个反应步骤叫一个基元反应。基元反应为组成一切化学反应的基本单元。通常确定反应机理就是确定化学反应由哪些基元反应组成。像上面所举的皂化反应，一步完成，所写的化学计量式就是反应的实际步骤。这种一步进行的反应，其总反应的化学计量式就是基元反应的化学计量式，总反应就是基元反应。而 H_2 与 Br_2 的反应则由多个基元反应组成，$H_2 + Br_2 = 2HBr$ 是总反应的化学计量式，它是多个基元反应按一定规律组合后的总结果，因此这类反应的总反应是非基元反应。

化学动力学研究的目的和任务就是研究影响化学反应速率的各种影响因素，进而研究反应速率及反应机理，最终控制反应速率以加快生产过程或延长产品的使用寿命，更好地为人类的生产和生活服务。

2.3.1 化学反应速率表示方法

目前，国际纯粹与应用化学联合会（IUPAC）推荐用反应进度 ξ 随时间 t 的变化率来表示反应进行的快慢。

对于任意化学反应

$$0 = \sum_B \nu_B B$$

该反应的转化速率 r 定义为

$$r \overset{\text{def}}{=} d\xi/dt \tag{2-27}$$

式中，ξ 为反应进度；t 为反应时间。按照反应进度的定义，$d\xi = dn_B(\xi)/\nu_B$，将此式代入式(2-27)，并将 $n_B(\xi)$ 简写为 n_B，则

$$r = \frac{1}{\nu_B}\left(\frac{dn_B}{dt}\right) \tag{2-28}$$

此式说明，转化速率是反应组分物质的量随时间的变化率。

对于等容反应，反应系统的体积 V 不变，反应速率 v 定义为

$$v \overset{\text{def}}{=\!=} r/V \tag{2-29}$$

或

$$v \overset{\text{def}}{=\!=} \frac{1}{\nu_B V}\left(\frac{\mathrm{d}n_B}{\mathrm{d}t}\right) \tag{2-30}$$

多数液相反应或者在密闭容器中进行的气相反应均可视为等容反应。

用 c_B 表示反应体系中任一反应组分 B 的浓度，则 $\mathrm{d}n_B/V=\mathrm{d}c_B$，因此式(2-30) 可变为

$$v \overset{\text{def}}{=\!=} \frac{1}{\nu_B}\left(\frac{\mathrm{d}c_B}{\mathrm{d}t}\right) \tag{2-31}$$

如非特别说明，本章所讨论的反应均为等容反应。

化学反应的快慢也可以采用某种反应物的消耗速率或者某种产物的生成速率来表示，同时规定：单位体积、单位时间内，某反应物 A 的物质的量的减少为反应物 A 的消耗速率 v_A，即

$$v_A \overset{\text{def}}{=\!=} -\frac{1}{V}\left(\frac{\mathrm{d}n_A}{\mathrm{d}t}\right) \tag{2-32}$$

式(2-32) 等号右端加负号是因为 $\mathrm{d}n_A<0$，加负号后可使 v_A 总为正值。

规定单位体积、单位时间内，某产物 P 物质的量的增加为产物 P 的生成速率 v_P，即

$$v_P \overset{\text{def}}{=\!=} \frac{1}{V}\left(\frac{\mathrm{d}n_P}{\mathrm{d}t}\right) \tag{2-33}$$

对于等容反应，消耗速率及生成速率均可用单位时间内反应物或产物浓度的变化来表示

$$v_A=-\mathrm{d}c_A/\mathrm{d}t \tag{2-34}$$

$$v_P=\mathrm{d}c_P/\mathrm{d}t \tag{2-35}$$

反应速率是用化学反应的反应进度来定义的，所以它与选用哪种反应组分无关，而 v_A 和 v_P 则需指明是以哪种反应物或产物表示的消耗速率或生成速率，即对同一反应，因选用的反应组分不同，v_A 和 v_P 可能有不同的数值，它们与计量方程中反应组分的化学计量数有关，如将任意化学反应写成如下形式

$$a\mathrm{A}+b\mathrm{B} \longrightarrow y\mathrm{Y}+z\mathrm{Z}$$

对此反应，反应速率、消耗速率和生成速率之间的关系为

$$v=-\frac{1}{a}\frac{\mathrm{d}c_A}{\mathrm{d}t}=-\frac{1}{b}\frac{\mathrm{d}c_B}{\mathrm{d}t}=\frac{1}{y}\frac{\mathrm{d}c_Y}{\mathrm{d}t}=\frac{1}{z}\frac{\mathrm{d}c_Z}{\mathrm{d}t} \tag{2-36}$$

把式(2-34)、式(2-35) 代入到式(2-36)，得

$$v=\frac{v_A}{-\nu_A}=\frac{v_B}{-\nu_B}=\frac{v_Y}{\nu_Y}=\frac{v_Z}{\nu_Z}$$

即反应速率 v 与任意组分 B 的反应速率 v_B 间的关系为

$$v=v_B/|v_B|$$

由此可见，对指定的化学反应来讲，在某一时刻无论选用哪种反应组分的浓度变化来表示速率，v 是唯一值，而 v_B 则随选用的反应组分不同而可能有不同的值。但用不同反应组分浓度变化表示的消耗速率或生成速率与各自化学计量数绝对值的比值相等，且等于该化学反应的反应速率，以合成氨反应为例。

$$N_2(g)+3H_2(g) =\!=\!= 2NH_3(g)$$

该反应有两种消耗速率

N_2 的消耗速率 $\qquad v_{N_2}=-dc_{N_2}/dt$

H_2 的消耗速率 $\qquad v_{H_2}=-dc_{H_2}/dt$

产物的生成速率只有一种，为

$$v_{NH_3}=dc_{NH_3}/dt$$

几种速率与其化学计量数的绝对值之比相等，且等于该反应的反应速率，即

$$v=\frac{1}{\nu_B}\left(\frac{dc_B}{dt}\right)=\frac{1}{1}\left(-\frac{dc_{N_2}}{dt}\right)=\frac{1}{3}\left(-\frac{dc_{H_2}}{dt}\right)=\frac{1}{2}\left(\frac{dc_{NH_3}}{dt}\right)$$

$$v=\frac{v_{N_2}}{1}=\frac{v_{H_2}}{3}=\frac{v_{NH_3}}{2}$$

反应速率、消耗速率和生成速率的单位都是浓度 · 时间$^{-1}$，如 $mol\cdot dm^{-3}\cdot s^{-1}$、$mol\cdot m^{-3}\cdot s^{-1}$、$mol\cdot dm^{-3}\cdot min^{-1}$ 等。

测定反应速率的方法是：测定一定温度下不同反应时间 t 时，某反应组分 B 的浓度 c_B。以 c_B 对 t 作图，得到反应组分 B 的浓度 c_B 随时间 t 的变化曲线，这种曲线称为反应动力学曲线，如图 2-1 所示。如组分 B 为反应物 A，则动力学曲线向下弯曲，由线上各点的斜率可确定 A 的消耗速率 $v_A=-dc_A/dt$；如组分 B 为产物 P，则动力学曲线向上弯曲，由线上各点的斜率可确定 P 的生成速率 $v_P=dc_P/dt$，根据式(2-36)，由 v_A 或 v_P 可确定 v。由此可见，测定反应速率实际上是测定不同反应时间某种反应组分的浓度。

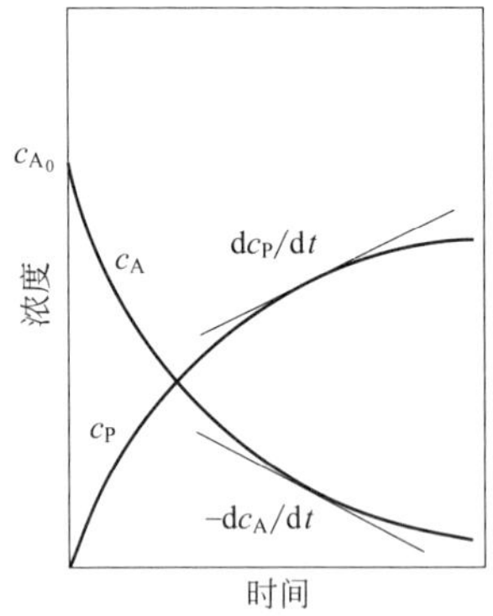

图 2-1　反应动力学曲线示意图

原则上，测定各种物质的浓度有化学和物理两种方法。用化学方法测定反应速率一般要从反应系统中取样，然后用化学分析的方法测定某反应组分的浓度。为保证试样中的化学反应终止在取样的那个瞬间，需要用适当的方法将试样的反应状态固定下来。常用方法有骤冷、稀释、加入阻化剂及除去催化剂等。物理方法是观测与物质浓度有确定关系的某种物理性质，如体积、压力、折射率、吸光度、旋光度及电导率等，以间接获得反应过程中反应组分浓度变化的信息。使用物理方法测定反应速率通常不必从反应系统中取样，可以一边让反应系统进行化学反应，一边对它进行观测，正因为这种优点，所以在反应速率的测定中广泛采用物理方法。

2.3.2 化学反应速率方程

速率方程是由实验确定的反应速率与物质浓度间的关系式。对任意化学反应 $aA+bB+cC \longrightarrow xX+yY+zZ$，其速率方程可以表示为如下形式

$$v=kc_A^{\alpha}c_B^{\beta}c_C^{\gamma} \tag{2-37}$$

α、β、γ 等分别称为组分 A、B、C 等的分级数。各分级数之和 $n=\alpha+\beta+\gamma+\cdots$ 称为反应的总级数，简称级数。n 可以为整数、分数、零，也可以为负数，它的大小反映了物质浓度对反应速率影响的程度。由实验确定了各组分的分级数，则反应级数及反应的速率方程也就确定了。式中的 k 称为速率常数。

反应级数与反应分子数是两个不同的概念。反应级数是由实测数据归纳速率方程而得到的经验常数，而反应分子数是与基元反应的机理相联系的，它是参与基元反应的分子（或其

他微粒）的数目。尽管有少数复合反应总反应级数与参与总反应的分子数目相等，例如 $H_2+I_2=\!=\!=2HI$ 的反应级数为 2，但这并不是普遍规律，多数情况下，其反应级数与反应分子数并不相等。在复合反应总反应的速率方程中，有时不仅有反应物浓度项，还包括产物、催化剂或不直接参与反应的惰性组分的浓度项。

(1) 质量作用定律

一定温度下，反应速率与反应组分或其他组分（例如催化剂）浓度的关系式称为反应的速率方程。

基元反应的速率方程比较简单，通常符合质量作用定律，即反应速率与各反应物浓度的幂乘积成正比，各反应物浓度对应的指数分别为其相应的化学计量数的绝对值。

基元反应可按参与反应的反应物分子（或其他微粒）的数目而分为单分子反应、双分子反应和三分子反应。大多数基元反应为双分子反应；有些分解反应或异构化反应为单分子反应；三分子反应很少。三个以上的分子（或其他微粒）同时撞到一起而发生反应的机会很少，所以至今尚未发现三分子以上的基元反应。

按质量作用定律，单分子反应 $A \longrightarrow$ 产物，其速率方程为

$$v=kc_A$$

双分子反应 $2A \longrightarrow$ 产物，其速率方程为

$$v=kc_A^2$$

双分子反应 $A+B \longrightarrow$ 产物，其速率方程为

$$v=kc_Ac_B$$

以上各式中 k 为速率常数，其大小除决定于反应本性外，还受温度、溶剂和催化剂等因素的影响。有时为强调 k 是温度的函数，将其写作 $k(T)$。但 k 与各反应组分的浓度无关。当各种反应物的浓度均为单位浓度（$c_B=1\text{mol}\cdot\text{dm}^{-3}$）时，反应速率数值上与速率常数相等，故速率常数也称比速率。比较不同反应的 k，也就是在相同反应组分浓度的条件下比较各反应进行的快慢，k 值较大的反应进行得快。

通常速率方程左端不是用反应进度变化率表示的反应速率 v，而是某反应组分浓度变化率的消耗速率 v_A 或生成速率 v_P。在一定温度下，对某反应来说，采用不同反应组分浓度变化表示的 v_A 或 v_P 并不一定相同，它们符合 (2-36) 简单的比例关系。例如某基元反应

$$A+2B=\!=\!=3C$$

按质量作用定律，用不同组分浓度表示的速率方程为

$$v_A=-dc_A/dt=k_Ac_Ac_B^2$$
$$v_B=-dc_B/dt=k_Bc_Ac_B^2$$
$$v_C=dc_C/dt=k_Cc_Ac_B^2$$

根据式(2-36)，$v=v_A=\dfrac{v_B}{2}=\dfrac{v_C}{3}$，故

$$k_A=k_B/2=k_C/3$$

写成通式

$$k=k_B/|\nu_B| \quad (2\text{-}38)$$

式中，k 为以反应进度表示的速率常数；k_B 为以任意组分 B 的浓度表示的速率常数。当反应式中各反应组分的化学计量数不同时，要注明是用哪种组分浓度表示的速率常数。

基元反应的反应分子数与它的计量数绝对值相等，而且质量作用定律仅适用于基元反

应，所以对基元反应来说，通常几分子反应就是几级反应。但是也有例外情况，例如双分子反应 A+B ══C，若反应系统中 $c_B \gg c_A$，则反应过程中 c_B 可近似看作常数并可归并到速率常数中，即

$$v_A = k_A c_A c_B = k'_A c_A$$

式中，$k'_A = k_A c_B$。这种情况下，二级反应可近似地按一级反应来处理，这样的反应称为准一级反应。k'_A 近似为常数，称为准速率常数。

复合反应由多个基元反应组成，尽管各步基元反应符合质量作用定律，但复合反应的总反应一般不符合质量作用定律，例如反应 $H_2 + Cl_2 \longlongequal 2HCl$ 的速率方程为

$$v = k c_{H_2} c_{Cl_2}^{1/2}$$

反应 $2O_3 \longlongequal 3O_2$ 的速率方程为

$$v = k c_{O_3}^2 / c_{O_2}$$

反应 $H_2 + Br_2 \longlongequal 2HBr$ 的速率方程就更为复杂，经测定为

$$v = \frac{k c_{H_2} c_{Br_2}^{1/2}}{1 + k' c_{HBr} c_{Br_2}^{-1}}$$

(2) 反应级数和反应的速率常数

本节讨论速率方程形式比较简单的反应，其中包括基元反应和级数简单的复合反应总反应，讨论这类反应在一定温度下，反应组分浓度与反应时间之间的关系以及相应的速率常数。

1）零级反应

反应速率与物质浓度无关的反应为零级反应，其速率方程为

$$v_A = k$$

对于零级反应来讲，反应速率是常数，因此无论反应物的浓度如何，单位时间内物质发生化学反应的数量总相同。例如一些光化学反应，它们的反应速率仅取决于照射光的强度，而与反应物的浓度无关。光强度恒定的情况下，这种光化学反应即为零级反应。还有些气-固相催化反应，在一定条件下其反应速率只与催化剂的表面状态有关，与反应物的浓度（或分压）无关，也是零级反应。

零级反应的反应物消耗速率为

$$-\mathrm{d}c_A/\mathrm{d}t = k$$

此式移项，积分

$$-\int_{c_{A_0}}^{c_A} \mathrm{d}c_A = k\int_0^t \mathrm{d}t$$

式中，c_{A_0} 和 c_A 分别为反应开始时和反应时间 t 时系统中 A 的浓度。积分后则得到零级反应的动力学方程

$$\begin{cases} c_{A_0} - c_A = kt \\ c_A = c_{A_0} - kt \end{cases} \tag{2-39}$$

由式(2-39) 知，用 $(c_{A_0} - c_A)$ 或 c_A 对 t 作图均可得到一条直线，其截距为 0 或 c_{A_0}，斜率为 k 或 $-k$。

零级反应具有以下特征：

① 反应速率与反应物浓度无关，所以单位时间内发生反应的物质数量（或单位时间内

反应物浓度的变化）总是恒定的。

② 反应掉的反应物浓度 $c_{A_0}-c_A$ 与反应时间 t 成正比，以 c_A 对 t 作图得直线。

③ 速率常数的单位为浓度·时间$^{-1}$，如 $mol \cdot m^{-3} \cdot s^{-1}$。

2）一级反应

反应速率与物质浓度成正比的反应为一级反应，其速率方程为

$$v_A = kc_A \tag{2-40}$$

单分子基元反应为一级反应。许多分解反应虽然是复合反应，但其总反应仍表现为一级反应，一级反应的反应物消耗速率为

$$-dc_A/dt = kc_A$$

移项，积分

$$-\int_{c_{A_0}}^{c_A} \frac{dc_A}{c_A} = k\int_0^t dt$$

则得一级反应的动力学方程

$$\ln \frac{c_{A_0}}{c_A} = kt \tag{2-41}$$

或

$$c_A = c_{A_0} \cdot \exp(-kt) \tag{2-42}$$

此式的对数形式为

$$\ln c_A = \ln c_{A_0} - kt \tag{2-43}$$

若以 $\ln c_A$ 对 t 作图，可得一直线，直线的截距为 $\ln c_{A_0}$，斜率为 $-k$。

反应物 A 的转化率 x_A 规定为

$$x_A = \frac{c_{A_0} - c_A}{c_{A_0}} \tag{2-44}$$

$c_A = c_{A_0} \cdot (1-x_A)$ 代入式(2-43) 后，则得

$$\ln \frac{1}{1-x_A} = kt \tag{2-45}$$

式(2-45) 是用转化率来表征的一级反应动力学方程，可以看出，一级反应达到一定转化率所需的反应时间与反应物初始浓度无关。反应物初始浓度消耗掉一半，即转化率 $x_A = 0.5$ 所需的反应时间叫半衰期，用 $t_{1/2}$ 表示，将 $x_A = 0.5$ 代入到式(2-45)，则一级反应的半衰期为

$$t_{1/2} = \ln 2/k = 0.693/k \tag{2-46}$$

式(2-46) 表明，半衰期与反应物浓度无关，这是一级反应的重要特征。

一级反应具有以下特征：

① 反应速率与物质的浓度成正比。

② 以 $\ln c_A$ 对 t 作图得直线。

③ 半衰期与反应物的初始浓度无关，为常数。

④ 速率常数的单位为时间$^{-1}$，如 s^{-1}。

【例 2-7】 已测得 20℃ 时乳酸在酶的作用下，氧化反应过程中不同反应时间 t 的乳酸浓度 c_A 的数据如下：

t/min	0	5	8	10	13	16
$c_A/(\mathrm{mol \cdot dm^{-3}})$	0.3200	0.3175	0.3159	0.3149	0.3133	0.3113

（1）考察此反应是否为一级反应。

（2）计算反应的速率常数及半衰期。

解：（1）根据一级反应的特征，若以 $\ln c_A$ 对 t 作图应为一直线。由实验数据对 c_A 取对数，得到如下数据：

t/min	0	5	8	10	13	16
$\ln c_A$	−1.139	−1.147	−1.152	−1.156	−1.161	−1.167

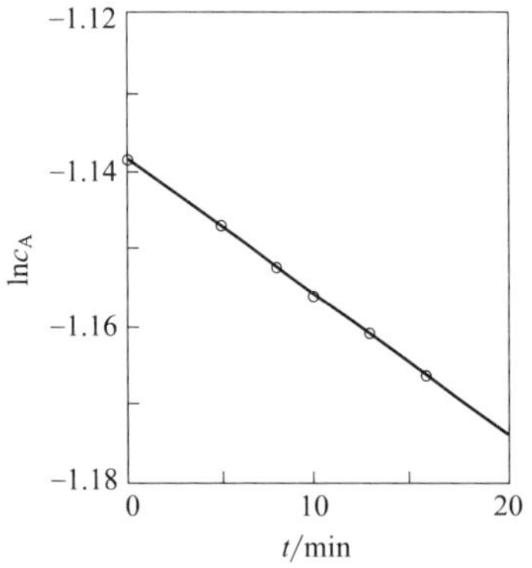

图 2-2 乳酸氧化反应的 $\ln c_A$-t 图

用 $\ln c_A$ 对时间 t 作图，得图 2-2 所示的直线，说明此反应为一级反应。

（2）由图 2-2 的直线读出斜率

$$b=[-1.173-(-1.139)]/(20-0)$$
$$=-1.70\times10^{-3}\,\mathrm{min^{-1}}$$

根据一级反应的动力学方程，即式(2-43)，该反应的速率常数为：

$$k=-b=1.70\times10^{-3}\,\mathrm{min^{-1}}$$

将 k 代入式(2-46)，反应的半衰期为：

$$t_{1/2}=\ln2/k=0.693/(1.70\times10^{-3})=408\mathrm{min}$$

具有简单级数反应的速率方程，动力学方程及半衰期汇总于表 2-5 中。

表 2-5 简单级数反应的动力学关系

级数	反应类型	速率方程	动力学方程	半衰期
0	A ⟶ 产物	$v_A=k$	$c_{A_0}-c_A=kt$	$t_{1/2}=c_{A_0}/(2k)$
1	A ⟶ 产物	$v_A=kc_A$	$\ln(c_{A_0}-c_A)=kt$	$t_{1/2}=\ln2/k$
2	2A ⟶ 产物	$v_A=kc_A^2$	$\frac{1}{c_A}-\frac{1}{c_{A_0}}=kt$	$t_{1/2}=\frac{1}{kc_{A_0}}$
$n(n\neq1)$	nA ⟶ 产物	$v_A=kc_A^n$	$\frac{1}{n-1}\left(\frac{1}{c_A^{n-1}}-\frac{1}{c_{A_0}^{n-1}}\right)=kt$	$t_{1/2}=\frac{2^{n-1}-1}{(n-1)kc_{A_0}^{n-1}}$

2.3.3 温度对反应速率的影响

(1) 温度对反应速率常数的影响

大多数化学反应，不管是吸热反应还是放热反应，升高温度反应速率都会显著增大。例如，H_2 与 O_2 在常温下几年也观察不到反应的迹象，但温度升高至 873K 时，反应即可迅速进行，甚至发生爆炸。

研究温度对反应速率的影响，就是研究温度对反应速率常数的影响。温度升高，速率常数 k 增大，反应速率相应加快。1884 年范托夫归纳了许多实验结果，提出一条经验规则：

在反应物浓度相同的情况下，温度每升高 10K，反应速率（或反应速率常数）约增加至原来的 2～4 倍，这一规则称范托夫规则。但随后的研究发现，并不是所有的反应都符合范托夫规则。

1889 年阿伦尼乌斯（Arrhenius）对反应速率常数 k 与温度 T 的关系提出了一个较准确的经验公式即 Arrhenius 公式

$$k=A\cdot e^{-E_a/(RT)} \tag{2-47}$$

写成对数式为

$$\ln k=-\frac{E_a}{RT}+\ln A \tag{2-48}$$

或

$$\lg k=-\frac{E_a}{2.303RT}+\lg A \tag{2-49}$$

式中，k 为速率常数；T 为热力学温度；R 为摩尔气体常数（8.314J·mol^{-1}·k^{-1}）；E_a 为反应的活化能；A 为指前因子或频率因子，是只与反应有关的特性常数。

例如，实验测得反应 $NO_2+CO \longrightarrow NO+CO_2$ 在不同温度下的 k。

T/K	$1/T$/K^{-1}	k/(dm^3·mol^{-1}·s^{-1})	$\lg k$
600	1.67×10^{-3}	0.028	−0.55
650	1.54×10^{-3}	0.220	−0.66
700	1.43×10^{-3}	1.300	0.11
750	1.33×10^{-3}	6.000	0.78
800	1.25×10^{-3}	23.00	1.36

以 k 对 T 作图可得一曲线（见图 2-3）。由该曲线可以看出，反应温度 T 略有升高，反应速率常数 k 显著增大。以 $\lg k$ 对 $1/T$ 作图得一直线（见图 2-4），由直线的斜率和截距可分别求得该反应的活化能 E_a 和指前因子 A：

斜率$=\dfrac{-E_a}{2.303R}=-6.99\times10^3$，$E_a=134\text{kJ}\cdot\text{mol}^{-1}$

截距$=\lg A=10.1$，$A=1.26\times10^{10}\text{dm}^3\cdot\text{mol}^{-1}\cdot\text{s}^{-1}$

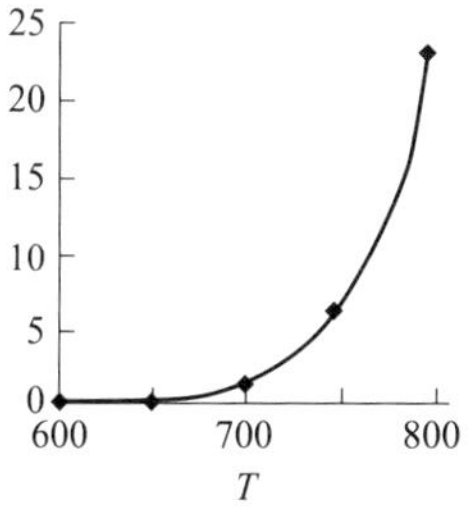

图 2-3　k-T 关系图

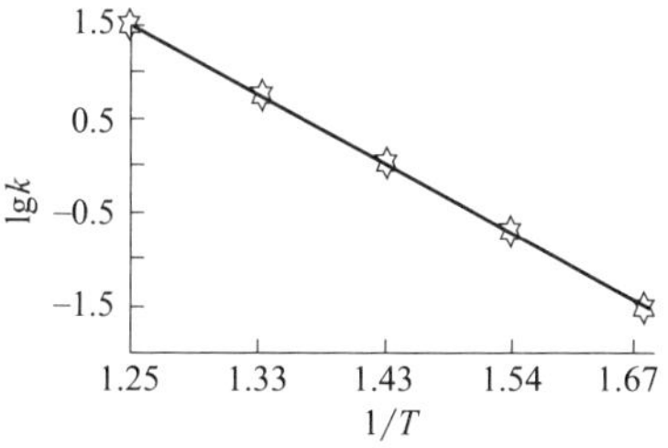

图 2-4　$\lg k$-T^{-1} 关系图

若某一给定反应，温度为 T_1 时的反应速率常数是 k_1，T_2 时的反应速率常数是 k_2，根据式(2-48) 则有

$$\ln k_1=-\frac{E_a}{RT_1}+\ln A,\ \ln k_2=-\frac{E_a}{RT_2}+\ln A$$

两式相减得

$$\ln\frac{k_2}{k_1}=\frac{E_a}{R}\left(\frac{1}{T_1}-\frac{1}{T_2}\right)=\frac{E_a}{R}\left(\frac{T_2-T_1}{T_2T_1}\right) \tag{2-50}$$

式(2-50) 也称 Arrhenius 公式。若已知 T_1、T_2、k_1、k_2、E_a 五个量中的四个量，则可求得第五个量。

(2) 活化能 E_a 对反应速率常数的影响

活化能对反应速率的影响主要是通过 E_a 对反应速率常数 k 的影响实现的。由式(2-47)可以看出，E_a 在指数项内，对于同一个反应，E_a 的值有较小的改变，则反应速率常数 k 就会有显著的变化，因而反应速率也会有显著变化。由式(2-50) 还可以看出，对于不同反应，若指前因子 A 相同，温度 T_1、T_2 一定时，活化能 E_a 较大的反应 $\ln(k_2/k_1)$ 也大，即温度变化对活化能较大的反应的反应速率常数 k 的值影响较大。

(3) 反应活化能和催化剂

1) 碰撞理论

对于不同的化学反应，反应速率的差别很大。爆炸反应在一瞬间即可完成，慢的反应可能数年后也看不出有什么变化。为什么反应速率有快有慢呢？碰撞理论最早对反应速率作出较为成功的解释。

碰撞理论认为，如果将反应物分子相互隔开，就不会有任何反应发生。所以，化学反应发生的首要条件是反应物分子必须相互碰撞。一个化学反应的反应速率 v 与单位体积、单位时间内分子碰撞的次数 Z 成正比，即 $v \propto Z$。Z 是一个相当大的数值。例如，碘化氢气体在 450℃时的分解反应

$$2HI(g) \longrightarrow H_2(g) + I_2(g)$$

若 HI 气体的起始浓度为 $1\times10^{-3}\,mol \cdot dm^{-3}$，通过理论计算，分子间每秒中每立方分米的碰撞次数约为 3.5×10^{28} 次，如果每次碰撞都能发生反应，那么 HI 的分解速率应是 $1.2\times10^{5}\,mol \cdot dm^{-3} \cdot s^{-1}$，但实际测得的反应速率为 $1.2\times10^{-8}\,mol \cdot dm^{-3} \cdot s^{-1}$。为什么根据碰撞频率计算出来的反应速率与实际速率之间有如此大的差别呢？碰撞理论认为这可归结于以下两个原因。

① 能量因素。从以上的计算可以看出，在反应分子的成千上万次碰撞中，大多数碰撞并不能引起化学反应，只有很少数碰撞对于反应才是有效的。这种能够发生反应的碰撞称为有效碰撞。碰撞理论认为发生有效碰撞的分子与普通分子的不同之处在于他们具有较高的能量，只有具有较高能量的分子相互碰撞时，才能克服电子云之间的相互排斥作用而相互接近，从而打破原有的化学键形成新的分子，即发生化学反应。这些具有较高能量的分子叫活化分子。使普通分子变为活化分子所需的最小能量，叫作活化能，用 E_a 表示。也就是说，从能量的角度看，只有那些能量大于或等于活化能的高能分子即活化分子的碰撞，才能引起化学反应。

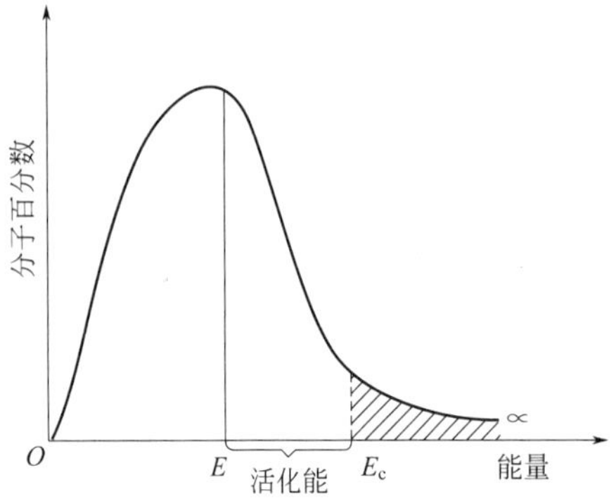

图 2-5 分子能量分布图

根据分子能量分布图 2-5 可知，在一定温度下，这种高能量的活化分子数总是非常少的，若用 f 表示一定温度下活化分子在分子总数中所占的比例，假设能量的分布符合麦克斯韦-玻尔兹曼分布，则

$$f = \frac{有效碰撞频率}{总的碰撞频率} = e^{-\frac{E_a}{RT}} \qquad (2\text{-}51)$$

在碰撞理论中，f 称为能量因子，于是反应速率可表示为 $v = fZ$。

② 方位因素。碰撞理论认为，分子通过碰撞发生化学反应，不仅要求分子要有足够的能量，而且要求这些分子要有适当的取向。例如，在下列反应中

$$CO(g)+NO_2(g)\longrightarrow CO_2(g)+NO(g)$$

当 CO 和 NO_2 分子碰撞时，如果 C 原子与 N 原子相碰撞或 CO 分子中的 O 原子与 NO_2 分子中的 O 原子相碰撞，都不可能发生 O 原子的转移。而当 C 原子与 NO_2 分子中的 O 原子相碰撞时，由于它们彼此间的取向适当，使 NO_2 分子中的 O 原子有可能转移到 CO 分子上，从而生成 CO_2 和 NO 分子，有利于发生以上的反应。对于复杂的分子，方位因素的影响更大。因此在上述反应速率表达式中，还应增加一个校正因子 P，即

$$v=PfZ \tag{2-52}$$

式中，P 为概率因子。

在气体分子运动论的基础上建立起来的碰撞理论，比较成功地解释了某些实验事实，例如反应物浓度、反应温度对反应速率的影响等，但也存在一些局限性。碰撞理论把反应分子看成没有内部结构的刚性球体，显然这个模型过于简单，因而对一些分子结构比较复杂的反应，如某些有机反应、配合反应等，常常不能解释。

2）过渡态理论

20 世纪 30 年代中期，在量子力学和统计力学发展的基础上，埃林等人提出了反应速率的过渡态理论。这一理论认为，化学反应的发生是具有足够大能量的反应物分子在有效碰撞后首先形成了一种称为活化配合物的过渡态，然后再分解为产物。例如，反应 $CO+NO_2\longrightarrow NO+CO_2$ 在温度高于 498K 时是一基元反应，按照过渡态理论这一基元反应的历程可用图 2-6 表示：

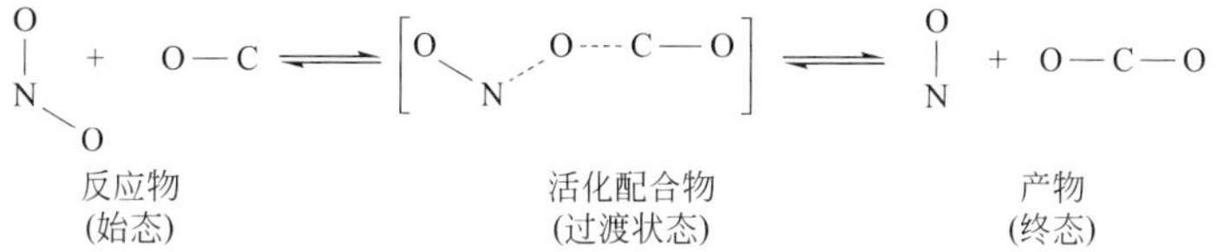

图 2-6　基元反应的历程

即具有足够高能量的反应物 NO_2 和 CO 分子发生有效碰撞后，首先形成活化配合物 [ONOCO]。在该活化配合物中，原有的靠近 C 原子的 N—O 键变长将断裂而尚未断裂，新的化学键（C—O）将形成而尚未形成，这是一种不稳定的、高活性的过渡态，它既可以生成产物，又有可能转变为原反应物。当活化配合物 [ONOCO] 中靠近 C 原子的 N—O 键完全断开，新形成的 C—O 键中 C 与 O 之间的距离进一步缩短而成键，即有产物 NO 和 CO_2 形成，达到反应的终态。

可将整个反应历程中反应体系能量的变化用图解表示，详见图 2-7。图中 c 点对应的能量为基态活化配合物 [ONOCO] 的势能，a、b 点对应的能量分别为基态反应物（NO_2+CO）和基态产物（$NO+CO_2$）的势能。基态活化配合物与基态反应物的势能差称为正反应的活化能（$E_a=132kJ\cdot mol^{-1}$），基态活化配

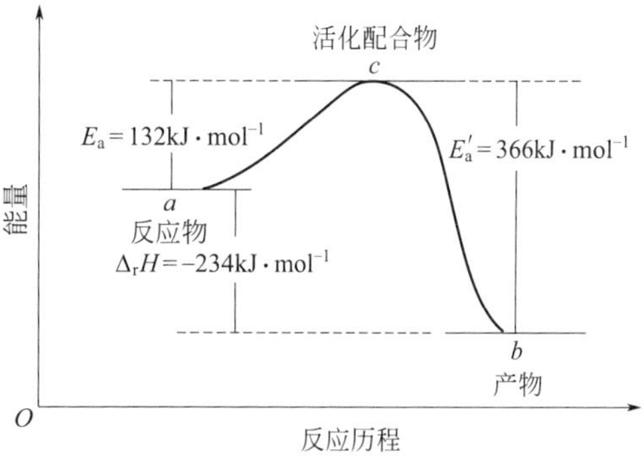

图 2-7　过渡态势能示意图

合物与基态产物的势能差称为逆反应的活化能（$E'_a = 366kJ \cdot mol^{-1}$）。

由图 2-7 不难理解，在化学反应中，反应物分子必须具有足够大的碰撞动能，才有可能转化为足够高的势能去克服反应的能量高峰，很显然，所谓反应的活化能，实质上是化学反应进行所必须克服的势能垒。在一定温度下，反应的活化能越大，可能爬上能垒的分子数越少，反应速率就越慢。实验测定结果表明，大多数化学反应的活化能为 $60kJ \cdot mol^{-1}$～$250kJ \cdot mol^{-1}$。活化能小于 $40kJ \cdot mol^{-1}$ 的反应（如：$Zn + 2HCl \longrightarrow ZnCl_2 + H_2$），反应速率很快，可瞬间完成。活化能大于 $420kJ \cdot mol^{-1}$ 的反应，反应速率则很慢。

可逆反应的反应热（$\Delta_r H$）与其正、逆反应的活化能的关系为

$$\Delta_r H = E_a - E'_a \tag{2-53}$$

若 $E_a < E'_a$，则 $\Delta_r H < 0$，正反应为放热反应，逆反应为吸热反应。上例中反应 $NO_2 + CO \longrightarrow NO + CO_2$，$E_a < E'_a$，$\Delta_r H = 132 - 366 = -234kJ \cdot mol^{-1}$，表明该反应的正向为放热反应。

由于过渡态的寿命极短（一般为 $10^{-12}s$ 左右），对过渡态进行观测非常困难。20 世纪 60 年代后，特别是近十几年来，随着激光技术、分子束技术以及光电子能谱等实验技术的出现，对过渡态的探测和研究向前推进一大步，过渡态的实验研究取得了可喜的成果。当然也还存在不少困难和问题，然而，也正因为这些困难和问题的存在，促使并激励着无数科学工作者去探索物质结构与化学反应速率间更深一层的奥秘。

3）催化反应动力学

凡能改变反应速率而自身在反应前后的数量和化学性质都不发生变化的物质称为催化剂。能加快反应速率的催化剂叫正催化剂；能降低反应速率的催化剂叫负催化剂或阻化剂。正催化剂使用得非常普遍，如不特别指明，一般所说的催化剂均指正催化剂。催化剂改变化学反应速率的作用叫催化作用。有催化剂参与的化学反应称为催化反应。

可从不同角度对催化反应进行分类。催化剂与反应组分处于同一相中的反应称为均相催化反应，如气相催化反应和液相催化反应。催化剂与反应组分处于不同相中的反应称为多相催化反应或非均相催化反应，如气-液相催化反应、气-固相催化反应和液-固相催化反应等。催化反应也可按催化剂的特征分类，可分为酸碱催化反应、酶催化反应、络合催化反应、金属催化反应和半导体催化反应等。

催化反应十分普遍。许多化工产品的生产都采用了催化反应。自然界及生物体内发生的许多化学反应也有催化剂的介入。对催化反应的研究是化学动力学的重要内容。

催化剂能加快化学反应且自身并不消耗。这是因为催化剂与反应物生成不稳定的中间物，改变了反应途径，降低总活化能或增大指前因子，从而使反应总速率增加。例如 NO 能加速 SO_2 的氧化反应，经研究，反应机理为

$$NO + \frac{1}{2}O_2 \longrightarrow NO_2 \tag{1}$$

$$NO_2 + SO_2 \longrightarrow NO + SO_3 \tag{2}$$

NO 在步骤（1）中消耗掉，但在步骤（2）中重新生成，所以反应前后 NO 的总量并没减少。这两步反应的总效果是

$$SO_2 + \frac{1}{2}O_2 \longrightarrow SO_3$$

这个例子具有代表性。一般催化反应均可看作反复进行的下列链反应

$$反应物+催化剂 \longrightarrow 中间物(或中间物+产物)$$

$$中间物(或中间物+反应物) \longrightarrow 催化剂+产物$$

这种链传递过程反复进行，使反应物不断变成产物，而催化剂反复使用，又反复再生。经过化学反应后，虽然催化剂的化学性质及数量未变，但它的某些物理性质（如颗粒大小、形状等）常常会改变，这也说明催化剂实际上参与了化学反应。催化剂可以反复再生，所以通常催化剂的用量很少。

若催化剂 K 能加速反应 $A+B \longrightarrow AB$。其一般机理为

$$A+K \underset{k_{-1}}{\overset{k}{\rightleftharpoons}} AK$$

$$AK+B \xrightarrow{k_2} AB+K$$

由于中间物 AK 不稳定，反应能很快地接近于平衡。根据平衡态近似法，总反应速率由最后一步所控制

$$\mathrm{d}c_{AB}/\mathrm{d}t = k_2 c_{AK} c_B$$

以 $c_{AK}=(k_1/k_{-1})c_A c_K$ 代入

$$\mathrm{d}c_{AB}/\mathrm{d}t = (k_1 k_2/k_{-1}) c_K c_A c_B$$

由于 c_K 不变，可令 $k=(k_1 k_2 c_K/k_{-1})$，并代入上式，则得

$$\mathrm{d}c_{AB}/\mathrm{d}t = k c_A c_B$$

式中，k 为催化反应的总速率常数。若各基元反应及总反应均符合阿伦尼乌斯方程，前已证明，总活化能与各基元反应的活化能之间有如下关系

$$E_a = E_{a,1} + E_{a,2} - E_{a,-1}$$

总反应的指前因子与各基元反应的指前因子之间有如下关系

$$A = A_1 A_2 / A_{-1}$$

如果催化反应的总活化能小于非催化反应的活化能，假设指前因子变化不大，则催化反应即可加速化学反应。催化剂降低反应总活化能的原因可用两种反应途径与活化能关系的示意图（图 2-8）来说明。

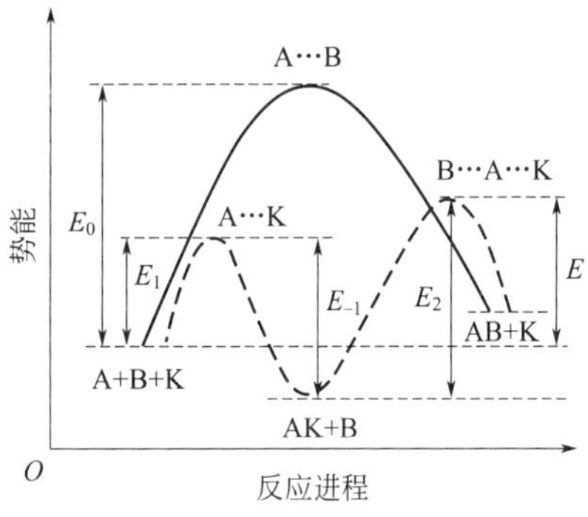

图 2-8 催化反应与非催化反应的比较

图中用实线表示非催化反应的反应途径，用虚线表示催化反应的反应途径。比较两条反应途径可以看出，非催化反应必须要克服比较高的能垒 E_0 才能生成产物 AB，而催化反应所需克服的能垒 $E=E_1+E_2-E_{-1}$，是比较低的，所以能发生反应的活化分子数目就要多得多，反应速率也就快得多。

若反应系统中加入催化剂后，活化能和指前因子同时改变，就要同时考虑二者对速率常数的影响。由于在阿伦尼乌斯方程中活化能处于指数位置，所以一般它对速率常数的影响更重要。

根据对催化作用本质的了解，可以总结出催化剂的以下几个特点：

① 催化剂参与化学反应，但反应前后催化剂的化学性质及数量均不改变。

② 催化剂只能缩短达到化学平衡的时间，而不能改变平衡状态。反应系统的平衡状态是与反应的 $\Delta_r G_m^{\ominus}$ 相联系的，G 是状态函数，它的变值只取决于始、终态，与变化经历的途径无关。催化剂虽然能改变反应途径，因而改变反应进行的速率，但它不能改变反应的始、终态，也就不会改变反应的 $\Delta_r G_m^{\ominus}$，所以不能使化学平衡移动。催化剂的作用只改变反

应的动力学性质，而不改变反应的热力学性质，所以它在加速正反应进程的同时，也以同样的倍数加速逆反应，故正、逆向反应的速率常数之比不因催化剂的加入而改变。正因为如此，凡能加速正向反应的催化剂也必是能加速逆向反应的催化剂。例如合成氨反应的催化剂也是氨分解反应的催化剂。合成氨反应需在高压下进行，而氨的分解反应在常压下即可发生。由于氨分解反应的催化剂可用于合成氨反应，因此给研究工作带来了方便。

③ 催化剂不会改变反应热，因为反应的 ΔH，也是状态函数 H 的变值。这一特点可应用于反应热的测定。许多需要在高温下进行的反应可以加入适当的催化剂，使其在常温下进行。测定常温、催化下进行的反应的热效应，然后通过热力学计算就可获得高温下同一非催化反应的反应热。

微信扫码阅读 扩展章节2.4污染控制

④ 催化剂对反应的催化作用有选择性。不同的反应需要不同的催化剂，同一种催化剂对不同反应的催化作用不同。在一个反应系统中可能同时发生多种反应，选择适当的催化剂只加速所需的主反应，就可提高产量及改进质量。

知识扩展

三元催化器

三元催化器是安装在汽车排气系统中最重要的一种机外净化装置。当高温的汽车尾气通过该装置时，尾气中的CO、HC（碳氢化合物）和 NO_x（氮氧化物）三种主要有害的污染性气体，被氧化或还原为无害的其他气体。其中CO在高温下氧化成无色、无毒的 CO_2 气体；HC在高温下氧化成 H_2O 和 CO_2；NO_x 还原成 N_2 和 O_2。由于该装置可同时将上述废气中的三种主要有害物质转化为无害物质，因而被称为三元催化器。

(1) 三元催化器的历史

此项技术最早源自欧洲，其发明者为沃尔沃汽车公司的工程师斯蒂芬·沃尔曼，所以沃尔沃是最早采用三元催化器的公司。不过，在含铅汽油开始逐步淘汰之前，三元催化器并未在汽车工艺中普及。其原因主要在于早期大量使用含铅汽油，其燃烧产生的排放物很大程度上破坏了三元催化器转化废气的能力。而自无铅汽油普及后，三元催化器作为汽车排放控制方面最重要的发明之一，成为各类汽车的标配。目前几乎高达90%的汽车排放废气都被三元催化器中和，其在大气污染控制中扮演了十分重要的角色。

(2) 三元催化器的组成

三元催化器外形与消声器十分类似，外面由双层不锈钢薄板制成筒形，且双层薄板夹层中装有石棉纤维毡绝热材料。而其内部没有活动部件，主要包含细密的多层网格状横截面隔板，用以固定由载体和催化剂组成的净化剂。载体一般由 Al_2O_3 制成，而催化剂则一般是金属铂、铑或钯。将其中一种催化剂喷涂在 Al_2O_3 载体上，就构成了净化剂。也正因为如此，三元催化器较为昂贵。

(3) 三元催化器的失效

三元催化器在常温下不具备催化能力。通常催化转化器的起燃温度在250～350℃，正常工作温度则一般在400～800℃。但是当温度超过1000℃时，其内涂层的催化剂就会烧结坏死。点火时间过迟或点火次序错乱、断火等，都会使未燃烧的混合气进入三元催化器，造成排气温度过高，影响催化转化器的效能。

和本章中所介绍的催化剂一样，三元催化器中的催化剂也存在所谓的“中毒”现象。三元催化器中的贵金属催化剂对硫、铅、磷、锌等元素非常敏感。因此，若使用的燃油含有这些元素，如含铅汽油等，其在发动机中燃烧后形成的氧化物易被吸附在催化剂的表面，使催化剂无法与废气接触，由此失去了催化活性。

须指出的是，三元催化器对废气的转化能力有一定的限度。若发动机排放的废气各成分的浓度过大，就会影响三元催化器的转化能力，降低其催化效率。如废气的高浓度HC和CO进入催化器后，会在其中产生过度的氧化反应，进而产生大量热量而导致催化剂失活。因此三元催化器需要和发动机机内净化技术协同使用，以将原始排气量降到最低。

思考题

2-1 说明下列符号的含义。

S、$S_m^\ominus$(l，298.15K)、$\Delta_r S_m^\ominus$(298.15K)、G、ΔG、$\Delta_r G_m^\ominus$(298.15K)、$\Delta_r G_m^\ominus(T)$、$\Delta_f G_m^\ominus$(298.15K)、Q、$K^\ominus$

2-2 判断反应能否自发进行的标准是什么？能否用反应的焓变或熵变作为衡量的标准？为什么？

2-3 H、S与G之间，$\Delta_r H$、$\Delta_r S$与$\Delta_r G$之间，$\Delta_r G_m$与$\Delta_r G_m^\ominus$之间各存在哪些重要关系？试用公式表示出来。

2-4 何谓基元反应？如何书写基元反应的速率方程？

2-5 何谓反应级数？如何确定反应级数？

2-6 举例说明影响反应速率的主要因素有哪些。

2-7 某反应相同温度，不同起始浓度下的反应速率是否相同？速率常数是否相同？

习 题

2-1 判断下列说法是否正确。

(1) 标准平衡常数大，反应速率常数也一定大。

(2) 在定温条件下，某反应系统中，反应物开始时的浓度和分压不同，则平衡时系统的组成不同，标准平衡常数也不同。

(3) 在标准状态下反应商与标准平衡常数相等。

(4) 对放热反应来说温度升高，标准平衡常数$K^\ominus$变小，反应速率常数k(正) 变小，k(逆) 变大。

(5) 催化剂使正、逆反应速率常数增大相同的倍数，而不改变平衡常数。

(6) 在一定条件下，某气相反应达到平衡。若温度不变的条件下压缩反应系统的体积，系统总压增大，各物质的分压也增大相同倍数，则平衡必定移动。

(7) 反应$H_2(g)+S(s) \xlongequal{} H_2S(g)$的$\Delta_r H_m^\ominus$就是$H_2S(g)$的标准生成焓$\Delta_f H_m^\ominus$($H_2S$，g，298.15K)。

(8) 单质的$\Delta_f H_m^\ominus$(298.15K)、$\Delta_f G_m^\ominus$(298.15K) 均为零。

（9）自发反应必使系统的熵值增加。

（10）自发反应一定是放热反应。

（11）如果反应在一定温度下其 $\Delta_r G_m^{\ominus}(T)<0$，则此反应在该条件下一定会发生。

（12）非基元反应是由多个基元反应组成的。

2-2 写出下列反应的标准平衡常数 $K^{\ominus}$ 的表达式。

（1）$CH_4(g)+H_2O(g) \rightleftharpoons CO(g)+3H_2(g)$

（2）$C(s)+H_2O(g) \rightleftharpoons CO(g)+H_2(g)$

（3）$2MnO_4^-(aq)+5H_2O_2(aq)+6H^+(aq) \rightleftharpoons 2Mn^{2+}(aq)+5O_2(g)+8H_2O(l)$

（4）$VO_4^{3-}(aq)+H_2O(l) \rightleftharpoons [VO_3(OH)]^{2-}(aq)+OH^-(aq)$

（5）$2NO_2(g)+7H_2(g) \rightleftharpoons 2NH_3(g)+4H_2O(l)$

（6）$CO(g)+2H_2(g) \rightleftharpoons CH_3OH(l)$

（7）$BaCO_3(s)+C(s) \rightleftharpoons BaO(s)+2CO(g)$

（8）$Ag^+(aq)+Cl^-(aq) \rightleftharpoons AgCl(s)$

（9）$HCN(aq) \rightleftharpoons H^+(aq)+CN^-(aq)$

2-3 利用标准热力学函数估算反应 $CO_2(g)+H_2(g) \rightleftharpoons CO(g)+H_2O(g)$ 在 873K 时的标准摩尔吉布斯函数变 $\Delta_r G_m^{\ominus}$ 和标准平衡常数 $K^{\ominus}$。若此时系统中各组分气体的分压为 $p(CO_2)=p(H_2)=127kPa$、$p(CO)=p(H_2O)=76kPa$，计算此条件下反应的摩尔吉布斯函数变 $\Delta_r G_m$，并判断反应的方向。

2-4 反应 $PCl_5(g) \rightleftharpoons PCl_3(g)+Cl_2(g)$，求：

（1）523K 时，将 0.700mol 的 PCl_5 注入容积为 2.00L 的密闭容器中，平衡时有 0.500mol PCl_5 被分解了。试计算该温度下的标准平衡常数 $K^{\ominus}$ 和 PCl_5 的分解率。

（2）若在上述容器中已达到平衡后，再加入 0.100mol Cl_2，则 PCl_5 的分解率与（1）的分解率相比相差多少？

（3）如开始时在注入 0.700mol 的 PCl_5 的同时，就注入了 0.100mol Cl_2，则平衡时 PCl_5 的分解率又是多少？比较（2）、（3）所得结果，可以得出什么结论？

2-5 已知反应 $\frac{1}{2}H_2(g)+\frac{1}{2}Cl_2(g) \rightleftharpoons HCl(g)$ 在 298K 时的 $K_1^{\ominus}=4.9\times10^{16}$，$\Delta_r H_m^{\ominus}=-92.31kJ\cdot mol^{-1}$，求在 500K 时的 $K_2^{\ominus}$ 值［近似计算，不查 $S_m^{\ominus}(298.15K)$ 和 $\Delta_f G_m^{\ominus}(298.15K)$ 数据］。

2-6 在一定温度下 $Ag_2O(s)$ 和 $AgNO_3(s)$ 受热均能分解，反应为

$$Ag_2O(s) \rightleftharpoons 2Ag(s)+\frac{1}{2}O_2(g)$$

$$2AgNO_3(s) \rightleftharpoons Ag_2O(s)+2NO_2(g)+\frac{1}{2}O_2(g)$$

假定反应的 $\Delta_r H_m^{\ominus}$ 和 $\Delta_r S_m^{\ominus}$ 不随温度的变化而改变，估算 Ag_2O 和 $AgNO_3$ 按上述反应方程式进行分解时的最低温度，并确定分解的最终产物。

2-7 对于制取水煤气的反应 $C(s)+H_2O(g) \rightleftharpoons CO(g)+H_2(g)$，$\Delta_r H_m^{\ominus}>0$，问：

（1）欲使平衡向右移动，可采取哪些措施？

（2）欲使正反应进行得较快且较完全（平衡向右移动）可采取哪些措施？这些措施对 $K^{\ominus}$ 及 k(正)、k(逆) 的影响各如何？

2-8 反应 $SO_2Cl_2 \longrightarrow SO_2+Cl_2$ 为一级气相反应，593.15K 时 $k=2.2\times10^{-5}s^{-1}$，问在该温度下加热 90min，SO_2Cl_2 的分解率为多少？

2-9 298K 时 $N_2O_5(g)$ 分解反应半衰期 $t_{1/2}$ 为 5.7h，此值与 N_2O_5 的起始浓度无关，试求：

（1）该反应的速率常数；

（2）作用完成 90%时所需要的时间（h）。

2-10 反应 $CH_3NNCH_3(g) \longrightarrow C_2H_6(g) + N_2(g)$ 为一级反应，560.15K 时，一密闭容器中 CH_3NNCH_3（偶氮甲烷）原来的压力为 21332Pa，1000s 后总压力为 22732Pa，求 k 及 $t_{1/2}$。

2-11 313.5K 时 N_2O_5 在 CCl_4 溶液中进行的分解反应为一级反应，测得初速率 $v_{A(0)} = 3.26 \times 10^{-5} mol \cdot dm^{-3} \cdot s^{-1}$，1h 时的瞬时反应速率 $v_{A(t)} = 1.00 \times 10^{-5} mol \cdot dm^{-3} \cdot s^{-1}$。试求：（1）反应速率常数 k_A；（2）半衰期 $t_{1/2}$；（3）初始浓度 c_{A_0}。

2-12 某一级反应在 340K 时完成 20%需用 3.2min，而在 300K 时同样完成 20%需用 12.6min，试计算该反应的实验活化能。

第3章
溶液化学

微信扫码
获取本章微课

学习要求

（1）了解近代酸碱理论的基本概念。

（2）掌握一元弱酸弱碱、多元弱酸弱碱、离子酸、离子碱的平衡计算方法。

（3）熟悉缓冲溶液的 pH 计算方法。

（4）掌握溶度积的概念、溶度积与溶解度的换算，能用溶度积规则判断沉淀的生成及溶解。

酸和碱是日常生活、科学研究及工农业生产常见而又重要的物质。例如，胃中消化液含胃酸，胃酸的主要成分是稀盐酸，胃酸过多会引起溃疡，过少又可能引起贫血；人在激烈运动后肌肉中产生的乳酸会使人感到疲倦；土壤和水的酸碱性对某些植物和动物的生长具有重要作用；药物阿司匹林、维生素 C 是酸性的，小苏打等是碱性的。现代酸碱理论有电离理论、质子理论、电子理论等。1884 年，瑞典化学家阿仑尼乌斯（S. Arrhenius）根据电解质溶液理论定义了酸和碱：在水溶液中解离出的阳离子全部是 H^+ 的化合物就是酸，解离出的阴离子全部是 OH^- 的化合物就是碱。1923 年，丹麦化学家布朗斯特（J. N. Brønsted）和英国化学家劳里（T. M. Lowry）同时提出了酸碱质子理论：凡能给出质子的物质都是酸，凡能接受质子的物质都是碱。1923 年美国化学家路易斯（G. N. Lewis）提出了酸碱电子理论：任何可以接受电子对的物质（有可接受电子对的空轨道）称为酸，任何可以给出电子对的物质（有未共用的孤对电子）称为碱。酸碱质子理论既适用于水溶液系统，也适用于非水溶液系统和气体状态，所以得到广泛应用。本章主要讲述酸碱质子理论。

3.1 酸碱质子理论

3.1.1 质子酸、质子碱的定义

酸碱质子理论认为：凡能给出质子的物质都是酸，酸被看成质子给予体；凡能接受质子的物质都是碱，碱为质子接受体。酸碱质子理论的酸碱概念不只局限于分子，可以有分子

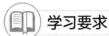

酸、分子碱，也可以有离子酸、离子碱。HCO_3^-、H_2O 等既能给出质子，也能接受质子，这类物质称两性物质。

3.1.2 共轭酸碱概念

由酸碱质子理论的酸碱定义可以看出，酸给出质子后可以再结合质子，因此酸给出质子后就变为碱。酸失去质子后形成的碱被称为该酸的共轭碱；碱结合质子后形成的酸被称为该碱的共轭酸。共轭酸与其共轭碱称为共轭酸碱对。

$$酸 \rightleftharpoons 质子 + 碱$$

$$HF \rightleftharpoons H^+ + F^-$$

$$H_2PO_4^- \rightleftharpoons H^+ + HPO_4^{2-}$$

$$NH_4^+ \rightleftharpoons H^+ + NH_3$$

以上方程式中，F^-、HPO_4^{2-}、NH_3 分别为 HF、$H_2PO_4^-$、NH_4^+ 的共轭碱；HF、$H_2PO_4^-$、NH_4^+ 分别为 F^-、HPO_4^{2-}、NH_3 的共轭酸。由于酸解离出质子就变成它的共轭碱，所以酸比其共轭碱在组成上多一个质子，共轭的酸碱必定同时存在。

3.2 水的解离平衡和溶液的 pH

3.2.1 水的解离平衡

水是一种弱电解质，按照酸碱质子理论，水的自身解离平衡可表示为

$$H_2O(l) + H_2O(l) \rightleftharpoons H_3O^+(aq) + OH^-(aq)$$

或简写为

$$H_2O(l) \rightleftharpoons H^+(aq) + OH^-(aq)$$

该解离反应很快达到平衡，根据热力学中对溶质和溶剂标准状态的规定，水解离反应的标准平衡常数表达式为

$$K_w^\ominus = \frac{c(H_3O^+)}{c^\ominus} \cdot \frac{c(OH^-)}{c^\ominus} \tag{3-1}$$

通常简写为

$$K_w^\ominus = c(H_3O^+) \cdot c(OH^-) \tag{3-2}$$

$K_w^\ominus$ 被称为水的离子积常数，简称水的离子积。表达式中，$c(H_3O^+)$、$c(OH^-)$ 是解离达平衡时以浓度单位 $mol \cdot dm^{-3}$ 表示浓度时的数值。25℃时，$K_w^\ominus = 1.0 \times 10^{-14}$。在稀溶液中，水的离子积常数不受溶质浓度的影响，但随温度的升高而增大。

3.2.2 溶液的 pH

H_3O^+ 或者 OH^- 浓度的改变能够引起水的解离平衡的移动。25℃纯水中，$c(H_3O^+) = c(OH^-) = 1.0 \times 10^{-7} mol \cdot dm^{-3}$，如果在纯水中加入少量的 HCl 或 NaOH，平衡发生移动，$c(H_3O^+)$ 和 $c(OH^-)$ 将发生改变，当达到新的平衡时，$c(H_3O^+) \neq c(OH^-)$。但只

要温度不变，$K_w^\ominus = c(H_3O^+) \cdot c(OH^-)$ 仍保持不变。若已知 $c(H_3O^+)$，可根据式(3-2)求得 $c(OH^-)$，反之亦然。

溶液中 H_3O^+ 浓度或 OH^- 浓度的大小反映了溶液酸碱性的强弱。在化学科学中，通常以 $c(H_3O^+)$ 的负常用对数来表示其很小的数量级。即

$$pH = -\lg c(H_3O^+) \tag{3-3}$$

与 pH 对应的还有 pOH，即

$$pOH = -\lg c(OH^-) \tag{3-4}$$

25℃的水溶液中 $\quad K_w^\ominus = c(H_3O^+) \cdot c(OH^-) = 1.0 \times 10^{-14}$

将上式两边分别取负常用对数，得

$$-\lg K_w^\ominus = -\lg c(H_3O^+) - \lg c(OH^-) = 14.00$$

令
$$pK_w^\ominus = -\lg K_w^\ominus$$

则
$$pK_w^\ominus = pH + pOH = 14.00 \tag{3-5}$$

用 pH 的大小来表示水溶液酸碱性的大小，pH 越小，$c(H_3O^+)$ 越大，溶液的酸性越强，碱性越弱。实际应用中常用 pH 试纸和 pH 计测定 pH，再计算 H_3O^+ 浓度或 OH^- 浓度。

3.3 弱酸、弱碱的解离平衡

强电解质在水中几乎全部解离成离子。弱电解质在水中仅部分解离成离子，大部分仍保持分子状态。

3.3.1 一元弱酸的解离平衡

一元弱酸 HA 的水溶液存在如下解离平衡

$$HA(aq) + H_2O(l) \rightleftharpoons H_3O^+(aq) + A^-(aq)$$

达到平衡时，反应的标准平衡常数称为弱酸 HA 的解离常数 $K_a^\ominus(HA)$，仅与温度有关。根据标准平衡常数的定义

$$K_a^\ominus(HA) = \frac{[c(H_3O^+)/c^\ominus][c(A^-)/c^\ominus]}{c(HA)/c^\ominus} \tag{3-6}$$

或简写为
$$K_a^\ominus(HA) = \frac{c(H_3O^+) \cdot c(A^-)}{c(HA)} \tag{3-7}$$

同类型弱酸的相对强弱可根据 $K_a^\ominus$ 的大小进行比较。例如 HF($K_a^\ominus = 3.53 \times 10^{-4}$) 和 HAc($K_a^\ominus = 1.76 \times 10^{-5}$) 均为一元弱酸，HF 的酸性比 HAc 强。

【例 3-1】 计算 25℃ 时，0.1mol·dm^{-3} 的 HAc 溶液中 H_3O^+、Ac^-、HAc、OH^- 浓度以及溶液的 pH。已知 HAc 的 $K_a^\ominus = 1.76 \times 10^{-5}$。

解： 设平衡时 HAc 解离了 x mol·dm^{-3}。

$$HAc(aq) + H_2O(l) \rightleftharpoons Ac^-(aq) + H_3O^+(aq)$$

初始浓度/($mol \cdot dm^{-3}$)	0.10		0	0
平衡浓度/($mol \cdot dm^{-3}$)	$0.10-x$		x	x

$$K_a^{\ominus}(HAc)=\frac{c(H_3O^+)\cdot c(Ac^-)}{c(HAc)}$$

$$1.76\times10^{-5}=\frac{x^2}{0.10-x}$$

解出 $x=1.3\times10^{-3}$。

$$c(H_3O^+)=c(Ac^-)=1.3\times10^{-3}mol\cdot dm^{-3}$$

$$c(HAc)=0.10-1.3\times10^{-3}\approx0.1mol\cdot dm^{-3}$$

溶液中的 OH^- 来自水的解离，根据 $K_w^{\ominus}=c(H_3O^+)\cdot c(OH^-)$，计算得出

$c(OH^-)=7.7\times10^{-12}mol\cdot dm^{-3}$，$pH=-\lg c(H_3O^+)=-\lg1.3\times10^{-3}=2.89$

可以看出，由水本身解离产生的 H_3O^+ 浓度 $c(H_3O^+)=c(OH^-)=7.7\times10^{-12}mol\cdot dm^{-3}$，远小于 HAc 解离产生的 $c(H_3O^+)=1.3\times10^{-3}mol\cdot dm^{-3}$，因此忽略水解离产生的 H_3O^+ 完全合理。

除解离常数 $K_a^{\ominus}$ 外，还常用解离度 α 表示弱电解质在水溶液中的解离程度。解离度是指达到解离平衡时，已解离的分子浓度占解离前分子浓度的百分数，用公式表示为

$$\alpha=\frac{\text{已解离的酸(碱)浓度}}{\text{酸(碱)溶液的初始浓度}}\times100\% \tag{3-8}$$

以初始浓度为 c 的一元弱酸 HA 的解离平衡为例，α 与 $K_a^{\ominus}$ 间的定量关系推导如下

$$HA(aq) + H_2O(l) \rightleftharpoons A^-(aq) + H_3O^+(aq)$$

初始浓度	c		0	0
平衡浓度	$c(1-\alpha)$		$c\alpha$	$c\alpha$

$$K_a^{\ominus}(HA)=\frac{(c\alpha)\cdot(c\alpha)}{c(1-\alpha)}=\frac{c\alpha^2}{1-\alpha} \tag{3-9}$$

当 $\frac{K_a^{\ominus}(HA)}{c}<10^{-4}$ 时，$\alpha<10^{-2}$，$1-\alpha\approx1$

$$K_a^{\ominus}(HA)\approx c\alpha^2$$

$$\alpha\approx\sqrt{K_a^{\ominus}/c} \tag{3-10}$$

$$c(H_3O^+)=c\alpha\approx\sqrt{K_a^{\ominus}\cdot c} \tag{3-11}$$

式(3-10)表明在一定温度下，$K_a^{\ominus}$ 保持不变，溶液越稀，其解离度 α 越大，该关系称为稀释定律。α 和 $K_a^{\ominus}$ 都可用来表示酸的强弱，但 α 随浓度 c 变化；在一定温度时 $K_a^{\ominus}$ 是一个常数，不随浓度变化。

3.3.2 一元弱碱的解离平衡

一元弱碱的解离平衡组成的计算与一元弱酸的相似。一元弱碱 B 的解离平衡

$$B(aq)+H_2O(l)\rightleftharpoons BH^+(aq)+OH^-(aq)$$

设一元弱碱 B 的浓度为 c，解离度为 α。

$$K_b^{\ominus}(B)=\frac{[c(BH^+)/c^{\ominus}][c(OH^-)/c^{\ominus}]}{c(B)/c^{\ominus}}$$

或简写为

$$K_b^{\ominus}(B)=\frac{c(BH^+)\cdot c(OH^-)}{c(B)} \tag{3-12}$$

式中，$K_b^{\ominus}(B)$ 为弱碱的解离常数，仅与温度有关。

对于一元弱碱，当 $\frac{K_b^{\ominus}(B)}{c}<10^{-4}$ 时，$\alpha<10^{-2}$，$1-\alpha\approx 1$

$$K_b^{\ominus}(B)\approx c\alpha^2$$

$$\alpha\approx\sqrt{K_b^{\ominus}/c} \tag{3-13}$$

$$c(OH^-)=c\alpha\approx\sqrt{K_b^{\ominus}\cdot c} \tag{3-14}$$

【例 3-2】 已知 25℃时，$0.200\text{mol}\cdot\text{dm}^{-3}$ 氨水的解离度为 0.95%，求 $c(OH^-)$、pH 和氨的解离常数。

解：

	$NH_3(aq)$ + $H_2O(l)$ $\rightleftharpoons$	$NH_4^+(aq)$	+ $OH^-(aq)$
初始浓度/($\text{mol}\cdot\text{dm}^{-3}$)	0.200	0	0
平衡浓度/($\text{mol}\cdot\text{dm}^{-3}$)	0.200(1−0.95%)	0.200×0.95%	0.200×0.95%

$$c(OH^-)=0.200\times0.95\%=1.9\times10^{-3}\text{mol}\cdot\text{dm}^{-3}$$

$$pH=14-pOH=14-(-\lg 1.9\times10^{-3})=11.28$$

$$K_b^{\ominus}(NH_3)=\frac{c(NH_4^+)\cdot c(OH^-)}{c(NH_3)}=\frac{(1.9\times10^{-3})^2}{0.200-1.9\times10^{-3}}=1.8\times10^{-5}$$

3.3.3 多元弱酸、弱碱的解离平衡

一元弱酸（碱）的解离平衡的原理完全适用于多元弱酸（碱）的解离平衡。多元弱酸（碱）的解离分级进行，每一级解离都有一个解离常数。以硫化氢为例来讨论多元弱酸的解离平衡。第一步解离反应为 $H_2S(aq)+H_2O(l)\rightleftharpoons HS^-(aq)+H_3O^+(aq)$

$$K_{a1}^{\ominus}(H_2S)=\frac{c(H_3O^+)\cdot c(HS^-)}{c(H_2S)}=9.1\times10^{-8}$$

第二步解离反应为 $HS^-(aq)+H_2O(l)\rightleftharpoons H_3O^+(aq)+S^{2-}(aq)$

$$K_{a2}^{\ominus}(H_2S)=\frac{c(H_3O^+)\cdot c(S^{2-})}{c(HS^-)}=1.1\times10^{-12}$$

因为 $K_{a1}^{\ominus}\gg K_{a2}^{\ominus}$，所以在 H_2S 水溶液中，H_3O^+ 主要来自第一步解离反应，忽略第二步解离出来的 H_3O^+，即在数值上 $c(H_3O^+)\approx c(HS^-)$。因此，在 H_2S 水溶液中，$c(S^{2-})$ 近似等于 H_2S 的第二步解离常数 $K_{a2}^{\ominus}(H_2S)$。即

$$c(S^{2-})\approx K_{a2}^{\ominus}(H_2S)=1.1\times10^{-12}\text{mol}\cdot\text{dm}^{-3}$$

【例 3-3】 已知 H_2CO_3 的 $K_{a1}^{\ominus}=4.30\times10^{-7}$，$K_{a2}^{\ominus}=5.61\times10^{-11}$。计算 $0.0200\text{mol}\cdot\text{dm}^{-3}$ 的 H_2CO_3 溶液中 $c(H_3O^+)$、$c(CO_3^{2-})$ 以及 pH。

解： 因为 $K_{a1}^{\ominus}\gg K_{a2}^{\ominus}$，求 $c(H_3O^+)$ 只需考虑 H_2CO_3 的一级解离。

$$c(H_3O^+) = c\alpha \approx \sqrt{K_{a1}^{\ominus} \cdot c} = \sqrt{4.30 \times 10^{-7} \times 0.0200} = 9.27 \times 10^{-5}\ mol \cdot dm^{-3}$$

$$pH = -\lg(9.27 \times 10^{-5}) = 4.03$$

$$H_2CO_3(aq) + H_2O(l) \rightleftharpoons H_3O^+(aq) + HCO_3^-(aq)$$

$$HCO_3^-(aq) + H_2O(l) \rightleftharpoons H_3O^+(aq) + CO_3^{2-}(aq)$$

H_2CO_3 的第一步解离生成的 H_3O^+ 抑制了第二步解离，因此 $c(HCO_3^-) \approx c(H_3O^+) \approx 9.27 \times 10^{-5}\ mol \cdot dm^{-3}$

$$K_{a2}^{\ominus}(H_2CO_3) = \frac{c(H_3O^+) \cdot c(CO_3^{2-})}{c(HCO_3^-)}$$

$$c(CO_3^{2-}) = K_{a2}^{\ominus} = 5.61 \times 10^{-11}\ mol \cdot dm^{-3}$$

3.3.4 共轭酸碱对的对立统一的辩证关系

一般手册不列出离子酸和离子碱的解离常数，可根据分子酸的 $K_a^{\ominus}$（或分子碱的 $K_b^{\ominus}$），算出其共轭离子碱的 $K_b^{\ominus}$（或共轭离子酸的 $K_a^{\ominus}$）。以 A^- 为例

$$A^-(aq) + H_2O(l) \rightleftharpoons HA(aq) + OH^-(aq)$$

$$K_b^{\ominus}(A^-) = \frac{c(HA) \cdot c(OH^-)}{c(A^-)}$$

A^- 的共轭酸为 HA：$HA(aq) + H_2O(l) \rightleftharpoons H_3O^+(aq) + A^-(aq)$

$$K_a^{\ominus}(HA) = \frac{c(H_3O^+) \cdot c(A^-)}{c(HA)}$$

$$K_a^{\ominus} \cdot K_b^{\ominus} = c(H_3O^+) \cdot c(OH^-) = K_w^{\ominus} = 1.0 \times 10^{-14}(25℃)$$

任何一对共轭酸碱的解离常数都符合这一关系，可简化为通式

$$K_a^{\ominus} \cdot K_b^{\ominus} = K_w^{\ominus} \tag{3-15}$$

将等式两边分别取负常用对数，得到

$$pK_a^{\ominus} + pK_b^{\ominus} = pK_w^{\ominus} \tag{3-16}$$

25℃时

$$pK_a^{\ominus} + pK_b^{\ominus} = 14.00 \tag{3-17}$$

上述关系适用于水溶液中的任何共轭酸碱对。可以看出，$K_a^{\ominus}$ 与 $K_b^{\ominus}$ 成反比，酸越强，其共轭碱越弱，反之亦然。利用式(3-15) 可以求得离子酸、离子碱的 $K_a^{\ominus}$、$K_b^{\ominus}$，再用计算一元弱酸、一元弱碱平衡组成的方法，就可以确定溶液的平衡组成和 pH。

(1) 离子酸

通常，强酸弱碱盐在水中完全解离生成的阳离子，在水溶液中发生质子转移反应，它们的水溶液呈酸性，这类溶液也叫离子酸。例如 NH_4Cl 在水中全部解离

$$NH_4Cl(s) \xrightarrow{H_2O(l)} NH_4^+(aq) + Cl^-(aq)$$

$Cl^-(aq)$ 不水解，而 $NH_4^+(aq)$ 与水反应

$$NH_4^+(aq) + H_2O(l) \rightleftharpoons NH_3(aq) + H_3O^+(aq)$$

该质子转移反应中 NH_4^+ 是酸，其共轭碱为 NH_3。反应的标准平衡常数为离子酸 NH_4^+

的解离常数，其表达式为

$$K_a^{\ominus}(NH_4^+)=\frac{c(H_3O^+)\cdot c(NH_3)}{c(NH_4^+)}$$

$K_a^{\ominus}(NH_4^+)$ 与其共轭碱 NH_3 的解离常数 $K_b^{\ominus}(NH_3)$ 之间有一定的联系

$$K_a^{\ominus}(NH_4^+)\cdot K_b^{\ominus}(NH_3)=K_w^{\ominus}$$

【例 3-4】 计算 $0.10mol\cdot dm^{-3}$ NH_4Cl 溶液的 pH 和 NH_4^+ 的解离度。已知 $K_b^{\ominus}(NH_3)=1.8\times10^{-5}$。

解： 设平衡时 NH_3 的浓度为 $x\,mol\cdot dm^{-3}$。

$$K_a^{\ominus}(NH_4^+)=\frac{K_w^{\ominus}}{K_b^{\ominus}(NH_3)}=\frac{1.0\times10^{-14}}{1.8\times10^{-5}}=5.6\times10^{-10}$$

	$NH_4^+(aq)$ + $H_2O(l)$	$\rightleftharpoons$	$NH_3(aq)$	+ $H_3O^+(aq)$
初始浓度/$(mol\cdot dm^{-3})$	0.10		0	0
平衡浓度/$(mol\cdot dm^{-3})$	$0.10-x$		x	x

$$\frac{x^2}{0.10-x}=5.6\times10^{-10}$$

$$x=7.5\times10^{-6}$$

$$c(H_3O^+)=7.5\times10^{-6}mol\cdot dm^{-3},pH=5.12$$

解离度

$$\alpha=\frac{x}{c}=\frac{7.5\times10^{-6}}{0.10}\times100\%=0.0075\%$$

(2) 离子碱

NaAc、NaCN 等盐在水中完全解离生成的阳离子（如 Na^+、K^+）往往并不发生水解，而阴离子在水中发生水解反应，使溶液显碱性，故这类溶液也叫离子碱。

如在 NaAc 水溶液中

$$Ac^-(aq)+H_2O(l)\rightleftharpoons HAc(aq)+OH^-(aq)$$

$$K_b^{\ominus}(Ac^-)=\frac{c(HAc)\cdot c(OH^-)}{c(Ac^-)}$$

【例 3-5】 计算 $0.10mol\cdot dm^{-3}$ NaAc 溶液的 pH。已知 $K_a^{\ominus}(HAc)=1.76\times10^{-5}$。

$$Ac^-(aq)+H_2O(l)\rightleftharpoons HAc(aq)+OH^-(aq)$$

解： 因为 $$K_b^{\ominus}(Ac^-)=\frac{1.0\times10^{-14}}{1.76\times10^{-5}}=5.68\times10^{-10}$$

又因为 $\frac{K_b^{\ominus}(Ac^-)}{c}<10^{-4}$，可以做近似计算

$$c(OH^-)=c\alpha\approx\sqrt{K_b^{\ominus}\cdot c}=\sqrt{5.68\times10^{-10}\times0.10}=7.54\times10^{-6}mol\cdot dm^{-3}$$

$$pOH=-\lg7.54\times10^{-6}=5.12$$

$$pH=14.00-5.12=8.88$$

3.4 缓冲溶液

3.4.1 同离子效应和缓冲溶液

(1) 同离子效应

弱电解质的解离平衡是一种相对、暂时的动态平衡，当外界条件改变时，平衡将发生移动。如向 HAc 溶液中加入 NaAc，NaAc 是强电解质，在溶液中全部解离成 Na^+ 与 Ac^-，溶液中存在以下平衡

$$HAc(aq)+H_2O(l) \rightleftharpoons Ac^-(aq)+H_3O^+(aq)$$

$$NaAc \longrightarrow Na^+ + Ac^-$$

由于溶液的 Ac^- 浓度大大增加，使 HAc 的解离平衡向左移动，从而降低 HAc 的解离度，这种在弱电解质的溶液中，加入与弱电解质具有相同离子的易溶强电解质，使弱电解质解离度降低的现象，叫同离子效应。

【例 3-6】 在 $0.10mol \cdot dm^{-3}$ HAc 溶液中，加入 NaAc 晶体，使 NaAc 浓度为 $0.10mol \cdot dm^{-3}$，计算该溶液的 pH 和 HAc 的解离度 α。已知 $K_a^{\ominus}(HAc)=1.76\times10^{-5}$。

解： 设平衡时 H_3O^+ 浓度为 $x\,mol \cdot dm^{-3}$

	HAc(aq)	+ $H_2O(l)$ $\rightleftharpoons$	$Ac^-(aq)$	+ $H_3O^+(aq)$
初始浓度/($mol \cdot dm^{-3}$)	0.10		0.10	0
平衡浓度/($mol \cdot dm^{-3}$)	$0.10-x$		$0.10+x$	x

$$K_a^{\ominus}(HAc)=\frac{c(H_3O^+)\cdot c(Ac^-)}{c(HAc)}$$

$$1.76\times10^{-5}=\frac{x(0.10+x)}{0.10-x}$$

$0.10\pm x\approx0.10$，解出 $x=1.76\times10^{-5}$

$$c(H_3O^+)=1.76\times10^{-5}mol \cdot dm^{-3}, pH=4.75$$

$$\alpha=\frac{1.76\times10^{-5}}{0.10}\times100\%=0.0176\%$$

在 $0.10mol \cdot dm^{-3}$ HAc-$0.10mol \cdot dm^{-3}$ NaAc 溶液中，pH=4.75，$\alpha=0.0176\%$。在 $0.10mol \cdot dm^{-3}$ HAc 溶液中，$\alpha=1.3\%$，pH=2.89，显然同离子效应使 HAc 的解离度降低。

(2) 缓冲溶液

为了了解缓冲溶液的概念，先分析表 3-1 所列实验数据。

表 3-1 缓冲溶液与非缓冲溶液的比较实验

实验	加入 1 滴($0.05cm^3$) $1mol \cdot dm^{-3}$ HCl 溶液	加入 1 滴($0.05cm^3$) $1mol \cdot dm^{-3}$ NaOH 溶液
$50cm^3$ 纯水(pH=7)	pH=3	pH=11
$50cm^3$ HAc-NaAc①	pH=4.74	pH=4.76

① $c(HAc)=c(NaAc)=0.10mol \cdot dm^{-3}$(pH=4.75)。

像 HAc-NaAc 这种能保持 pH 相对稳定的溶液，即不因加入少量强酸、强碱或稍加稀释而显著改变 pH 的溶液，称缓冲溶液。注意：当加入大量强酸或强碱，溶液中 Ac^- 或 HAc 耗尽，溶液将失去缓冲能力，故缓冲溶液的缓冲能力不是无限的。

从组成上来看，缓冲溶液由一对共轭酸碱对组成，也称缓冲对，如 HAc-Ac^-、NH_4^+-NH_3、H_3PO_4-$H_2PO_4^-$。

(3) 缓冲原理

缓冲溶液为什么可以保持 pH 相对稳定，不因加入少量的强酸、强碱或者适当的稀释而引起 pH 有较大的改变呢？假如缓冲溶液由浓度相对较大的弱酸 HA 和它的共轭碱 A^- 组成，在溶液中存在的质子转移反应为

$$HA(aq)+H_2O(l) \rightleftharpoons A^-(aq)+H_3O^+(aq)$$

$$K_a^{\ominus}(HA)=\frac{c(H_3O^+) \cdot c(A^-)}{c(HA)}, \quad c(H_3O^+)=\frac{K_a^{\ominus}(HA) \cdot c(HA)}{c(A^-)}$$

$c(H_3O^+)$ 取决于 $c(HA)/c(A^-)$。当加入少量 NaOH 时（不考虑引起的溶液体积变化），OH^- 与原体系解离出的 H_3O^+ 结合生成 H_2O，平衡向右移动，但由于 HA、A^- 的初始浓度较大，所以使 $c(A^-)$ 略有增大，$c(HA)$ 略有减小，但是 $c(HA)/c(A^-)$ 改变不大，$c(H_3O^+)$ 改变较小，故溶液 pH 基本保持不变；当外加少量酸时，加入的 H_3O^+ 与 HAc 解离出的 H_3O^+ 产生同离子效应，解离平衡向左移动，$c(HA)$ 略有增大，$c(A^-)$ 略有减小，$c(HA)/c(A^-)$ 改变不大，溶液 pH 基本保持不变。正如有两个分别装有 HA 和 A^- 的大仓库，加入少量强碱和强酸，仓库中 HA 和 A^- 基本不变，由两者的比值所决定的 $c(H_3O^+)$ 当然也不会有大的变化。

当溶液加入 H_2O 稀释时，H_3O^+、A^-、HA 的浓度同时减小，但 HA 解离度 α 增大，其所产生的 H_3O^+ 也可保持溶液的 pH 基本不变。

3.4.2 缓冲溶液的 pH 计算

对弱酸与其共轭碱组成的缓冲溶液

$$HA(aq)+H_2O(l) \rightleftharpoons A^-(aq)+H_3O^+(aq)$$

$$K_a^{\ominus}(HA)=\frac{c(H_3O^+) \cdot c(A^-)}{c(HA)}$$

$$c(H_3O^+)=\frac{K_a^{\ominus}(HA) \cdot c(HA)}{c(A^-)}$$

将等式两边分别取负常用对数得

$$pH = pK_a^{\ominus}(HA) - \lg \frac{c(HA)}{c(A^-)} \tag{3-18}$$

对共轭酸碱来说，25℃时 $pK_a^{\ominus} + pK_b^{\ominus} = 14.00$

$$pH = 14.00 - pK_b^{\ominus}(A^-) - \lg \frac{c(HA)}{c(A^-)} \tag{3-19}$$

常用式(3-18) 计算酸性缓冲溶液如 HAc-NaAc 的 pH，用式(3-19) 计算碱性缓冲溶液如 NH_3-NH_4Cl 的 pH。应当指出的是，式(3-18)、式(3-19) 中共轭酸、共轭碱的浓度应该是平衡时的 $c(HA)$ 和 $c(A^-)$，但由于同离子效应的存在，通常用初始浓度 $c_0(HA)$ 和 $c_0(A^-)$ 代替平衡时的 $c(HA)$ 和 $c(A^-)$，计算缓冲溶液的 pH 时不会产生较大误差。

【例 3-7】 若在 $50.00cm^3$ 含有 $0.1000mol \cdot dm^{-3}$ HAc 和 $0.1000mol \cdot dm^{-3}$ NaAc 的缓冲液中加入 $0.050cm^3$ $1.000mol \cdot dm^{-3}$ 盐酸，求溶液 pH。

解： $50.00cm^3$ 缓冲溶液中加入 $0.050cm^3$ 盐酸后总体积为 $50.05cm^3$，加入的 $1.000mol \cdot dm^{-3}$ 盐酸由于稀释，浓度变为

$$\frac{0.050}{50.05} \times 1.000 \approx 0.0010mol \cdot dm^{-3}$$

由于加入的 H^+ 的量相对于溶液中的 Ac^- 的量来说很少，可以认为加入的 H^+ 完全与 Ac^- 反应生成 HAc，所以

$$c(HAc) = 0.1000 \times \frac{50}{50.05} + 0.0010 = 0.101mol \cdot dm^{-3}$$

$$c(Ac^-) = 0.1000 \times \frac{50}{50.05} - 0.0010 = 0.099mol \cdot dm^{-3}$$

$$pH = pK_a^{\ominus}(HAc) - \lg \frac{c(HAc)}{c(Ac^-)} = 4.75 - \lg \frac{0.101}{0.099} = 4.74$$

未加盐酸时 $pH = pK_a^{\ominus}(HAc) - \lg \frac{c(HAc)}{c(Ac^-)} = 4.75$

3.4.3 缓冲溶液的配制

衡量缓冲溶液缓冲能力大小的尺度称缓冲容量。缓冲容量与组成缓冲溶液的共轭酸碱对浓度有关，浓度越大缓冲容量越大，同时也与缓冲组分的比值有关。当共轭酸碱对浓度比值为 1 时，缓冲容量最大。所以，缓冲体系中共轭酸碱对之间的浓度比在 0.1～10 之间时，缓冲溶液的缓冲范围为 $pH = pK_a^{\ominus} \pm 1$。

缓冲溶液的选择和配制原则：

① 弱酸的 $pK_a^{\ominus}$（或弱碱的 $14 - pK_b^{\ominus}$）值尽可能接近或等于所需 pH。

② 若 $pK_a^{\ominus}$ 或 $14 - pK_b^{\ominus}$ 与所需 pH 不相等，依所需 pH 调整 $\frac{c(\text{共轭酸})}{c(\text{共轭碱})}$。

③ 所选择的缓冲溶液，除了参与和 H^+ 或 OH^- 有关的反应以外，不能与反应系统中的其他物质发生副反应。

④ 几种常见缓冲溶液见表 3-2。

表 3-2 常见缓冲溶液

缓冲溶液	共轭酸碱对	$pK_a^{\ominus}$	pH(缓冲范围)
HAc-NaAc	$HAc-Ac^-$	4.75	3.75～5.75
$NaH_2PO_4-Na_2HPO_4$	$H_2PO_4^--HPO_4^{2-}$	7.21	6.21～8.21
$B(OH)_3-NaB(OH)_4$	$B(OH)_3-B(OH)_4^-$	9.24	8.24～10.24
$NH_4Cl-NH_3 \cdot H_2O$	$NH_4^+-NH_3$	9.25	8.25～10.25
$NaHCO_3-Na_2CO_3$	$HCO_3^--CO_3^{2-}$	10.25	9.25～11.25

【例 3-8】 现有 $125cm^3$ $1.0mol \cdot dm^{-3}$ 的 NaAc 溶液，欲配制 pH 为 5.0 的缓冲溶液 $250cm^3$，需加入多少浓度为 $6.0mol \cdot dm^{-3}$ 的 HAc 溶液？

解： $HAc-Ac^-$ 缓冲溶液中，已知 pH＝5.0，$pK_a^{\ominus}=4.75$，设需加 HAc 溶液体积为 $x\,cm^3$。

$$pH=pK_a^{\ominus}(HAc)-\lg\frac{c(HAc)}{c(Ac^-)}$$

$$5.0=4.75-\lg\frac{6.0x/250}{1.0\times125/250}$$

$$x=12cm^3$$

3.4.4 缓冲溶液的应用

土壤由于硅酸、磷酸、腐殖酸等及其共轭碱的缓冲作用，得以使 pH 保持在 5～8 之间，适宜农作物的生长。在动植物体内也都有复杂和特殊的缓冲体系在维持生命的正常活动，如人体血液中有几对缓冲体系相互制约，使血液 pH 始终保持在 7.35～7.45 范围内，超出这个范围就会不同程度地导致“酸中毒”或“碱中毒”，严重时患者就有生命危险。pH 偏低将引起中枢神经系统的抑郁症，pH 偏高将导致兴奋。

3.5 难溶电解质的多相离子平衡

水溶液中的酸碱平衡是均相反应，除此之外，另一类重要的离子反应是难溶电解质在水中的溶解，即在含有固体难溶电解质的饱和溶液中，存在着电解质与由它解离产生的离子之间的平衡，称为沉淀-溶解平衡，这是一种多相离子平衡。

3.5.1 沉淀-溶解平衡和溶度积

难溶物质溶解度较小，但并不是完全不溶，绝对不溶的物质是没有的。例如将 AgCl 放在水溶液中，此时 Ag^+、Cl^- 会不断地由固体表面溶于水中，已溶解的 Ag^+ 和 Cl^- 也会不断地从溶液中回到固体表面而沉淀。一定条件下，当溶解的速度与沉淀的速度相等时，溶液达饱和状态，便建立了固体和溶液之间的一种动态的多相离子平衡，可表示为

$$AgCl(s) \underset{\text{沉淀}}{\overset{\text{溶解}}{\rightleftharpoons}} Ag^{+}(aq) + Cl^{-}(aq)$$

该反应的标准平衡常数表达式为

$$K^{\ominus} = K_{sp}^{\ominus}(AgCl) = \frac{c(Ag^{+})}{c^{\ominus}} \cdot \frac{c(Cl^{-})}{c^{\ominus}}$$

或简写为 $$K_{sp}^{\ominus}(AgCl) = c(Ag^{+}) \cdot c(Cl^{-})$$

$K_{sp}^{\ominus}$ 是沉淀-溶解平衡的标准平衡常数，称为难溶电解质的溶度积常数，简称溶度积，只受温度的影响。$c(Ag^{+})$ 和 $c(Cl^{-})$ 是饱和溶液中 Ag^{+} 和 Cl^{-} 的浓度。

对于一般的沉淀反应来说

$$A_nB_m(s) \rightleftharpoons nA^{m+}(aq) + mB^{n-}(aq)$$

则溶度积的通式为 $$K_{sp}^{\ominus}(A_nB_m) = [c(A^{m+})]^n[c(B^{n-})]^m$$

溶度积等于沉淀-溶解平衡时离子浓度幂的乘积，每种离子浓度的幂与反应计量式中的计量数相等。要特别指出的是，在多相离子平衡系统中，必须有未溶解的固相存在，否则就不能保证系统处于平衡状态。

3.5.2 溶度积和溶解度之间的换算

难溶电解质在水中的溶解度很小，饱和溶液很稀，可以认为溶解了的固体完全解离成离子，所以饱和溶液中难溶电解质离子的浓度可以代表它的溶解度。溶解度可以用指定温度下，某物质可溶于一定量水中的最高浓度（$mol \cdot dm^{-3}$）来表示。根据难溶电解质的溶解度就可以知道溶液中离子的浓度，从而可以计算出它的溶度积，反之根据溶度积也可以计算溶解度。溶度积是未溶解的固相与溶液中相应离子达到平衡时的离子浓度的乘积，只与温度有关。溶解度不仅与温度有关，还与系统的组成、pH 的改变等因素有关。在有关溶度积的计算中，离子浓度必须是物质的量浓度，其单位为 $mol \cdot dm^{-3}$。对于溶度积，需要注意以下几点：

① 溶度积大小反映了难溶电解质的溶解能力；

② 同类型的难溶电解质，在相同温度下，$K_{sp}^{\ominus}$ 较大，溶解度较大，$K_{sp}^{\ominus}$ 较小，溶解度较小；

③ 对不同类型的难溶电解质，不能认为 $K_{sp}^{\ominus}$ 小的，溶解度一定小。如 $K_{sp}^{\ominus}(AgCl) > K_{sp}^{\ominus}(Ag_2CrO_4)$，但 $s(AgCl) < s(Ag_2CrO_4)$。

【例 3-9】 25℃，已知 $K_{sp}^{\ominus}(Ag_2CrO_4) = 1.1 \times 10^{-12}$，求同温度下 Ag_2CrO_4 的溶解度 $s(g \cdot dm^{-3})$。

解： 设其溶解度为 $x\,mol \cdot dm^{-3}$

	$Ag_2CrO_4(s)$	$\rightleftharpoons$	$2Ag^{+}(aq)$	+	$CrO_4^{2-}(aq)$
平衡浓度/($mol \cdot dm^{-3}$)			$2x$		x

$$K_{sp}^{\ominus}(Ag_2CrO_4) = c(Ag^{+})^2 c(CrO_4^{2-})$$

$$1.1 \times 10^{-12} = 4x^3, x = 6.5 \times 10^{-5}$$

$$M(Ag_2CrO_4) = 331.7, s = 6.5 \times 10^{-5}\,mol \cdot dm^{-3} \times 331.7\,g \cdot mol^{-1} = 2.2 \times 10^{-2}\,g \cdot dm^{-3}$$

3.5.3 溶度积规则及其应用

难溶电解质的沉淀-溶解平衡与其他动态平衡一样，遵循 Le Chatelier 原理。当条件改变，可以使溶液中离子转化为固相——沉淀生成；或者使固相转化为溶液中的离子——沉淀溶解。

(1) 溶度积规则

对于任意的难溶电解质的多相离子平衡系统

$$A_nB_m(s) \rightleftharpoons nA^{m+}(aq) + mB^{n-}(aq)$$

其反应商 Q（也称难溶电解质的离子积）可写作

$$Q = [c(A^{m+})]^n[c(B^{n-})]^m$$

依据平衡移动原理，将 Q 与 $K_{sp}^{\ominus}$ 比较，可以得出沉淀-溶解平衡的反应商判据，即溶度积规则：

① $Q > K_{sp}^{\ominus}$，溶液为过饱和溶液，平衡向左移动，沉淀从溶液中析出。

② $Q = K_{sp}^{\ominus}$，溶液为饱和溶液，溶液中的离子与沉淀之间处于平衡状态。

③ $Q < K_{sp}^{\ominus}$，溶液为不饱和溶液，无沉淀析出；若原来系统中有沉淀，平衡向右移动，沉淀溶解。

(2) 沉淀的生成

1）加入沉淀剂生成沉淀

【例 3-10】 将 $0.1mol \cdot dm^{-3}$ $BaCl_2$ 溶液与 $0.01mol \cdot dm^{-3}$ Na_2SO_4 溶液等体积混合后，有无 $BaSO_4$ 沉淀生成。已知 $K_{sp}^{\ominus}(BaSO_4) = 1.1 \times 10^{-10}$。

解：

$$c(Ba^{2+}) = 0.1/2 = 0.05mol \cdot dm^{-3}$$

$$c(SO_4^{2-}) = 0.01/2 = 0.005mol \cdot dm^{-3}$$

$$Q = c(Ba^{2+})c(SO_4^{2-}) = 0.05 \times 0.005 = 2.5 \times 10^{-4} > K_{sp}^{\ominus}(BaSO_4)$$

所以有 $BaSO_4$ 沉淀生成。

【例 3-11】 25℃时，腈纶纤维生产的某种溶液中，$c(SO_4^{2-})$ 为 $6.0 \times 10^{-4} mol \cdot dm^{-3}$。若在 $40.0dm^{-3}$ 该溶液中，加入 $0.010mol \cdot dm^{-3}$ $BaCl_2$ 溶液 $10.0dm^3$，问是否能生成 $BaSO_4$ 沉淀？如果有沉淀生成，问能生成 $BaSO_4$ 多少克？最后溶液中 $c(SO_4^{2-})$ 是多少？已知 $K_{sp}^{\ominus}(BaSO_4) = 1.1 \times 10^{-10}$。

解：

$$c_0(SO_4^{2-}) = 6.0 \times 10^{-4} \times \frac{40.0}{50.0} = 4.8 \times 10^{-4} mol \cdot dm^{-3}$$

$$c_0(Ba^{2+}) = 0.010 \times \frac{10.0}{50.0} = 2.0 \times 10^{-3} mol \cdot dm^{-3}$$

$$Q = c_0(SO_4^{2-})c_0(Ba^{2+}) = 4.8 \times 10^{-4} \times 2.0 \times 10^{-3} = 9.6 \times 10^{-7}$$

$K_{sp}^{\ominus}(BaSO_4) = 1.1 \times 10^{-10}$，$Q > K_{sp}^{\ominus}$，所以有 $BaSO_4$ 沉淀析出。

	$BaSO_4(s)$	$\rightleftharpoons$	$Ba^{2+}(aq)$	+	$SO_4^{2-}(aq)$
起始浓度/$(mol \cdot dm^{-3})$			2.0×10^{-3}		4.8×10^{-4}
变化浓度/$(mol \cdot dm^{-3})$			$4.8 \times 10^{-4} - x$		$4.8 \times 10^{-4} - x$
平衡浓度/$(mol \cdot dm^{-3})$			$1.52 \times 10^{-3} + x$		x

平衡时 $K_{sp}^{\ominus}(BaSO_4)=c(Ba^{2+})c(SO_4^{2-})$

$$(1.52\times10^{-3}+x)\times x=1.1\times10^{-10}$$

$$x=7.3\times10^{-8}, c(SO_4^{2-})=7.3\times10^{-8}\text{mol}\cdot\text{dm}^{-3}$$

$$m(BaSO_4)=(4.8\times10^{-4}-x)\text{mol}\cdot\text{dm}^{-3}\times50.0\text{dm}^{-3}\times233\text{g}\cdot\text{mol}^{-1}$$

$$\approx4.8\times10^{-4}\text{mol}\cdot\text{dm}^{-3}\times50.0\text{dm}^{-3}\times233\text{g}\cdot\text{mol}^{-1}=5.6\text{g}$$

2）利用同离子效应生成沉淀

在难溶电解质的饱和溶液中，加入含有相同离子的强电解质时，难溶电解质的多相离子平衡将发生移动，使其溶解度降低，这称为同离子效应。

例如 $AgCl(s) \rightleftharpoons Ag^+(aq)+Cl^-(aq)$

若加入一些含 Cl^- 的盐，使溶液中 Cl^- 浓度增加，平衡向左移动，AgCl 溶解度变小。

【例 3-12】 求 25℃时 $Mg(OH)_2$ 在水中的溶解度和在 $0.5\text{mol}\cdot\text{dm}^{-3}$ 氨水中的溶解度，并与其在水中的溶解度进行比较。已知 $K_{sp}^{\ominus}[Mg(OH)_2]=5.61\times10^{-12}$。

解： ① 设 $Mg(OH)_2$ 在纯水中的溶解度为 $s_1\text{mol}\cdot\text{dm}^{-3}$

$$Mg(OH)_2(s) \rightleftharpoons Mg^{2+}(aq) + 2OH^-(aq)$$

平衡浓度/$(\text{mol}\cdot\text{dm}^{-3})$ $\qquad s_1 \qquad 2s_1$

$$K_{sp}^{\ominus}[Mg(OH)_2]=c(Mg^{2+})\cdot[c(OH^-)]^2$$

$$5.61\times10^{-12}=s_1(2s_1)^2=4s_1^3$$

$$s_1=1.1\times10^{-4}\text{mol}\cdot\text{dm}^{-3}$$

② $0.5\text{mol}\cdot\text{dm}^{-3}$ 氨水中

$$c(OH^-)=c\alpha\approx\sqrt{K_b^{\ominus}\cdot c}=\sqrt{1.8\times10^{-5}\times0.5}=0.003\text{mol}\cdot\text{dm}^{-3}$$

设 $Mg(OH)_2$ 在 $0.5\text{mol}\cdot\text{dm}^{-3}$ 氨水中的溶解度为 $s_2\text{mol}\cdot\text{dm}^{-3}$

$$Mg(OH)_2(s) \rightleftharpoons Mg^{2+}(aq) + 2OH^-(aq)$$

起始浓度/$(\text{mol}\cdot\text{dm}^{-3})$ $\qquad\qquad 0.003$

平衡浓度/$(\text{mol}\cdot\text{dm}^{-3})$ $\qquad s_2 \qquad 0.003+2s_2$

$$5.61\times10^{-12}=s_2(0.003+2s_2)^2, s_2=6.22\times10^{-7}\text{mol}\cdot\text{dm}^{-3}$$

由以上计算可知，同离子效应使 $Mg(OH)_2$ 的溶解度大大降低。在实际应用中，不能认为沉淀剂过量越多沉淀越完全而大量使用沉淀剂。实际上，加入沉淀剂太多时，不仅不会产生明显的同离子效应，往往还会因其他副反应的发生，反而使沉淀溶解度增大。

（3）分步沉淀

若一种溶液中同时存在着几种离子，而且它们又都能与加入的同一种离子生成难溶电解质，由于难溶电解质溶解度不同，可先后生成不同的沉淀，这种先后生成沉淀的现象，叫作分步沉淀。

实验：1dm^3 溶液中含 Cl^- 和 I^-，浓度均为 $1.0\times10^{-3}\text{mol}\cdot\text{dm}^{-3}$，往其中滴加 $1.0\times10^{-3}\text{mol}\cdot\text{dm}^{-3}$ 的 $AgNO_3$ 溶液，可以发现黄色 AgI 沉淀先出现，白色的 AgCl 沉淀后出现。

在上述溶液中，开始生成 AgI 和 AgCl 沉淀时所需要的 Ag^+ 浓度分别是：

AgI：$c(Ag^+)>K_{sp}^{\ominus}(AgI)/c(I^-)=8.51\times10^{-17}/(1.0\times10^{-3})=8.51\times10^{-14}\text{mol}\cdot\text{dm}^{-3}$

AgCl：$c(Ag^+) > K_{sp}^{\ominus}(AgCl)/c(Cl^-) = 1.8\times10^{-10}/(1.0\times10^{-3}) = 1.8\times10^{-7}\,mol\cdot dm^{-3}$

计算结果表明：沉淀 I^- 所需 Ag^+ 浓度比沉淀 Cl^- 所需 Ag^+ 浓度小得多，所以 AgI 先析出。继续滴入 $AgNO_3$ 溶液，当 Ag^+ 浓度刚超过 $1.8\times10^{-7}\,mol\cdot dm^{-3}$ 时，AgCl 开始析出。

当系统中同时析出 AgI 和 AgCl 两种沉淀时，溶液中的 Ag^+ 同时满足两个多相离子平衡。此时溶液中的 I^- 浓度为

$$c(I^-) = \frac{K_{sp}^{\ominus}(AgI)}{c_2(Ag^+)} = \frac{8.51\times10^{-17}}{1.8\times10^{-7}} = 4.7\times10^{-10}\,mol\cdot dm^{-3}$$

$c(I^-) = 4.7\times10^{-10}\,mol\cdot dm^{-3} < 1.0\times10^{-5}\,mol\cdot dm^{-3}$。一般认为被沉淀离子浓度小于 $10^{-5}\,mol\cdot dm^{-3}$ 时，此种离子沉淀完全。由题意可知，当 AgCl 开始析出时，I^- 已经沉淀完全。

分步沉淀的次序：

① 当溶液中同时存在几种离子时，离子积首先达到溶度积的难溶电解质先析出，离子积后达到溶度积的则后析出。

② 沉淀先后出现的顺序与溶度积的大小和沉淀的类型有关。对同一类型的难溶电解质且被沉淀离子浓度相同的情况下，逐滴加入沉淀剂时，溶度积小的沉淀先析出，溶度积大的沉淀后析出。

③ 沉淀类型不同，要通过计算确定。

【例 3-13】 某溶液中含 Cl^- 和 CrO_4^{2-}，它们的浓度分别是 $0.10\,mol\cdot dm^{-3}$ 和 $0.0010\,mol\cdot dm^{-3}$，通过计算说明，逐滴加入 $AgNO_3$ 试剂，哪一种沉淀先析出？当第二种沉淀析出时，第一种离子是否被沉淀完全（忽略由于 $AgNO_3$ 的加入所引起的体积变化）。

解： 查附录 7 得 $K_{sp}^{\ominus}(AgCl) = 1.8\times10^{-10}$、$K_{sp}^{\ominus}(Ag_2CrO_4) = 1.1\times10^{-12}$，溶液中加入 $AgNO_3$ 后，可能发生如下反应

$$Ag^+(aq) + Cl^-(aq) \rightleftharpoons AgCl(s)$$
$$2Ag^+(aq) + CrO_4^{2-}(aq) \rightleftharpoons Ag_2CrO_4(s)$$

设生成 AgCl 沉淀所需要的 Ag^+ 最低浓度为

$$c_1(Ag^+) = \frac{K_{sp}^{\ominus}(AgCl)}{c(Cl^-)} = \frac{1.8\times10^{-10}}{0.10} = 1.8\times10^{-9}\,mol\cdot dm^{-3}$$

设生成 $Ag_2CrO_4^{2-}$ 沉淀所需要的 Ag^+ 最低浓度为

$$c_2(Ag^+) = \sqrt{\frac{K_{sp}^{\ominus}(Ag_2CrO_4)}{c(CrO_4^{2-})}} = \sqrt{\frac{1.1\times10^{-12}}{0.0010}} = 3.3\times10^{-5}\,mol\cdot dm^{-3}$$

$c_1(Ag^+) < c_2(Ag^+)$，所以 AgCl 先析出。

当 Ag_2CrO_4 开始析出时，溶液中 Ag^+ 的浓度是 $3.3\times10^{-5}\,mol\cdot dm^{-3}$，此时

$$c(Cl^-) = \frac{K_{sp}^{\ominus}(AgCl)}{c_2(Ag^+)} = \frac{1.8\times10^{-10}}{3.3\times10^{-5}} = 5.5\times10^{-6}\,mol\cdot dm^{-3}$$

$c(Cl^-) < 1.0\times10^{-5}\,mol\cdot dm^{-3}$，说明当 Ag_2CrO_4 开始析出时 Cl^- 已被沉淀完全。

(4) 沉淀的转化

由一种沉淀转化为另一种沉淀的过程叫沉淀的转化。锅炉中锅垢的主要成分为 $CaSO_4$

($K_{sp}^{\ominus}=7.1\times10^{-5}$)，由于锅垢的热导率小，阻碍热传导，还可能引起锅炉或蒸汽管爆裂，造成事故。由于 $CaSO_4$ 不溶于酸，也不能用配位溶解和氧化还原的方法将其溶解。若用 Na_2CO_3 溶液处理，可转化为更难溶但质地疏松易溶于酸的 $CaCO_3$（$K_{sp}^{\ominus}=4.96\times10^{-9}$），从而可以用醋酸等弱酸清除。该沉淀转化的反应如下

$$CaSO_4(s)+CO_3^{2-}(aq)\rightleftharpoons CaCO_3(s)+SO_4^{2-}(aq)$$

$$K^{\ominus}=\frac{c(SO_4^{2-})c(Ca^{2+})}{c(CO_3^{2-})c(Ca^{2+})}=\frac{K_{sp}^{\ominus}(CaSO_4)}{K_{sp}^{\ominus}(CaCO_3)}=\frac{7.1\times10^{-5}}{4.96\times10^{-9}}=1.4\times10^{4}$$

【例 3-14】 在 $1dm^3$ Na_2CO_3 溶液中使 0.010mol 的 $CaSO_4$ 全部转化为 $CaCO_3$，求 Na_2CO_3 的最初浓度。

解： $CaSO_4(s)+CO_3^{2-}(aq)\rightleftharpoons CaCO_3(s)+SO_4^{2-}(aq)$

平衡浓度/（$mol\cdot dm^{-3}$）　　x　　0.010

$$K^{\ominus}=\frac{K_{sp}^{\ominus}(CaSO_4)}{K_{sp}^{\ominus}(CaCO_3)}=\frac{0.010}{x}=1.4\times10^{4},x=7.1\times10^{-7}$$

$$c_0(Na_2CO_3)=7.1\times10^{-7}+0.010\approx0.010mol\cdot dm^{-3}$$

知识扩展

保护和节约水资源

(1) 世界水资源现状

从宇宙来看，地球是一个蔚蓝色的星球，其 72%的面积覆盖水。地球的储水量是很丰富的，共有 14.5 亿立方千米之多。但实际上，地球上约 97.5%的水是咸水（其中 96.53%是海洋水，0.94%是湖泊咸水和地下咸水），又咸又苦，不能饮用，不能灌溉，也很难在工业上应用，能直接被人们生产和生活利用的淡水少得可怜，仅有 2.5%。而在淡水中，将近 70%冻结在南极和格陵兰的冰盖中，其余的大部分是土壤中的水分或是深层地下水，难以供人类开采使用。

随着人口的增长及经济的发展，人们对水资源的消耗量也随之增长。全球淡水资源不仅短缺，而且地区分布极不平衡。按地区分布，巴西、俄罗斯、加拿大、中国、美国、印度尼西亚、印度、哥伦比亚和刚果 9 个国家的淡水资源占了世界淡水资源的 60%。约占世界人口总数 40%的 80 个国家和地区约 15 亿人口淡水不足，其中 26 个国家约 3 亿人极度缺水。更可怕的是，预计到 2025 年，世界上缺水人口将增长一倍，40 个国家和地区将面临淡水匮乏。我国人口众多，是世界第一人口大国，虽然我国也是水资源大国，但人均淡水资源只占世界人均淡水资源的四分之一。

(2) 中国水污染问题

我国是一个严重缺水的国家。海河、辽河、淮河、黄河、松花江、长江和珠江 7 大江河水系，均受到不同程度的污染。大量淡水资源集中在南方，北方淡水资源只有南方的四分之一。除了缺水，水污染问题也较突出。我国浅层地下水资源污染比较普遍，全国浅层地下水大约有 50%的地区遭到一定程度的污染，约一半城市市区的地下水污染比较严重。由于工业废水的肆意排放，导致 80%以上的地表水、地下水被污染。目前我国城市

供水以地表水或地下水为主，或者两种水源混合使用，而我国一些地区长期透支地下水，导致出现区域地下水位下降，最终形成区域地下水位的降落漏斗。全国已形成区域地下水位降落漏斗100多个，面积达15万平方千米，有的城市形成了几百平方千米的大漏斗，使海水倒灌数十公里。到20世纪末，全国600多座城市中，已有400多个城市存在供水不足问题，其中比较严重的缺水城市达110个，全国城市缺水总量为60亿立方米。这对我国正在实施的可持续发展战略带来了严重影响，而且还严重威胁到城市居民的饮水安全和人民群众的健康。到2030年前后，当我国人口增至16亿时将出现用水高峰，人均水资源量将临近国际用水紧张的标准。在充分考虑节水情况下，预计用水总量为7000亿至8000亿立方米，要求供水能力增长1300亿至2300亿立方米，全国实际可利用水资源量接近合理利用水量上限，水资源开发难度极大。

(3) 如何保护水资源

水是地球生物赖以存在的物质基础，水资源是维系地球生态环境可持续发展的首要条件，因此，保护水资源是人类最伟大、最神圣的天职。

第一，要全社会动员起来，改变传统的用水观念。要使大家认识到水是宝贵的，每冲一次马桶所用的水，相当于有的发展中国家人均日用水量。夏天冲个凉水澡，使用的水相当于缺水国家几十个人的日用水量，这绝不是耸人听闻，而是联合国有关机构多年调查得出的结果。因此，要在全社会呼吁节约用水、一水多用、充分循环利用水。要树立惜水意识，开展水资源警示教育。国家启动“引黄工程”“南水北调”等水资源利用课题，目的是解决部分地区水资源短缺问题，但更应引起我们深思，黄河水枯竭时到哪里“引黄”？南方水污染了如何“北调”？所以说，人们一定要建立起水资源危机意识，把节约水资源作为我们自觉的行为准则。

第二，提高水资源利用率，减少水资源浪费。有效节水的关键在于利用“中水”，实现水资源重复利用。另外，利用经济杠杆调节水资源的有效利用。由于水管理不到位，很多地方有长流水现象发生，而有些地方会“捧碗祈天”，因此，必须安装有效的水计量装置，执行多用水多计费的原则，达到节约用水的目的。城市用水定额管理是国际上通行的办法，它是在科学核定用水量的前提下，坚持分类对待的原则，市民生活用水、工商企业用水、机关事业团体用水实行不同的水价，定额内平价，超额部分适当加价，以培养公民节约用水的习惯。在节约用水资源的同时应避免无效浪费。北方的冬季，水管很容易冻裂，造成严重的漏水，应特别注意预防和检查；随着社会经济的发展和城市化进程的加快，为了缓解水资源紧张的情况，除了大力抓好节约和保护水资源工作外，跨流域调水已经成为我国北方城市的必然选择，跨流域调水必然带来水资源供需关系的变化，所以水权交易势在必行；由于我国一直实行“福利水”制度，水没有被当作一种经济商品对待，所以，在水资源的配置上，市场机制通常被管制方法所替代，当前应当转变观念，认识到水资源的自然属性和商品属性，遵循自然规律和价值规律，确实把水作为一种商品，合理应用市场机制配置水资源，减少资源浪费。

第三，进行水资源污染防治，实现水资源综合利用。水体污染包括地表水污染和地下水污染两部分，生产过程中产生的工业废水、工业垃圾、工业废气、生活污水和生活垃圾都能通过不同渗透方式造成水资源的污染，因此，应当对生产、生活污水进行有效防治。在城市可采取集中污水处理的途径；工业企业必须执行环保“三同时”制度；根据生产污水的性质采用相应的污水处理措施。总之，我们必须坚决执行水污染防治的监督管理制度，必须坚持谁污染谁治理的原则，严格执行环保一票否决制度，促进企业污水治理工作开展，最终实现水资源综合利用。

同时，改革用水制度，加强政府的宏观调控，加大污染治理和环境保护力度，也是水资源保护利用的有效途径。进一步改革水价，实行季节性水价，在水资源短缺地区征收比较高的消费税以限制用水，等等。只有这样，才能对水环境保护有益，才能走可持续发展的道路。

思考题

3-1 试述酸碱质子理论的基本要点以及共轭酸碱对的概念。

3-2 为什么计算多元弱酸溶液中的质子浓度时，可以近似用其一级解离平衡进行计算？

3-3 解释下列名称。

(1) 离子积与溶度积

(2) 溶解度与溶度积

(3) 质子酸与质子碱

(4) 解离常数、解离度和稀释定律

(5) 沉淀反应中的同离子效应

(6) 缓冲溶液和缓冲能力

(7) 分步沉淀和沉淀转化

3-4 在氨水中分别加入下列物质时，$NH_3 \cdot H_2O$ 的解离度和溶液的 pH 如何变化？

A. $NH_4Cl(s)$　　B. $NaOH(s)$　　C. $HCl(aq)$　　D. $H_2O(l)$

3-5 是否可以根据各难溶电解质溶度积的大小直接比较它们的溶解度的大小，即溶度积大的溶解度就大，溶度积小的溶解度也小？为什么？

3-6 试用溶度积规则解释下列事实。

(1) $CaCO_3$ 溶于稀盐酸中

(2) $Mg(OH)_2$ 溶于 NH_4Cl 溶液中

(3) $BaSO_4$ 不溶于稀盐酸中

3-7 如果在缓冲溶液中加入大量的强酸或者强碱，其 pH 是否也能保持基本不变？

3-8 下列叙述是否正确？简单说明原因。

(1) 为了使某种离子沉淀得很完全，加入沉淀剂，所加沉淀剂越多，则沉淀得越完全。

(2) 所谓沉淀完全，就是溶液中这种离子的浓度变成零。

(3) 对含有多种可以被沉淀离子的溶液来说，当逐渐慢慢加入沉淀剂时，一定是浓度大的离子首先被沉淀出来。

习　题

3-1 已知氨水溶液的浓度为 $0.20mol \cdot dm^{-3}$。

(1) 求该溶液中的 $c(OH^-)$、pH 及氨的解离度。

(2) 在上述溶液中加入 NH_4Cl 晶体，使其溶解后 NH_4Cl 的浓度为 $0.2mol \cdot dm^{-3}$，求所得溶液的 $c(OH^-)$、pH 及氨的解离度。

(3) 比较上述 (1)、(2) 两小题的计算结果，说明了什么？

3-2 计算下列液体或溶液的 pH。

(1) 50℃纯水和100℃纯水。

(2) $0.20mol \cdot dm^{-3}$ $HClO_4$。

(3) $4.0\times10^{-3}mol \cdot dm^{-3}$ $Ba(OH)_2$。

(4) 将 $50cm^3$ $0.10mol \cdot dm^{-3}$ HI 稀释至 $1.0dm^3$。

(5) 将 $100cm^3$ $2.0\times10^{-3}mol \cdot dm^{-3}$ 的 HCl 和 $400cm^3$ $1.0\times10^{-3}mol \cdot dm^{-3}$ 的 $HClO_4$ 混合。

(6) 混合等体积的 $0.20mol \cdot dm^{-3}$ HCl 和 $0.10mol \cdot dm^{-3}$ NaOH。

(7) 将 pH 为 8.00 和 10.00 的 NaOH 溶液等体积混合。

(8) 将 pH 为 2.00 的强酸和 pH 为 13.00 的强碱溶液等体积混合。

3-3 阿司匹林的有效成分是邻乙酰水杨酸 $HC_9H_7O_4$，其 $K_a^{\ominus}=3.0\times10^{-4}$。在水中溶解 0.65g 邻乙酰水杨酸，最后稀释至 $65cm^3$。计算该溶液的 pH。

3-4 用酸碱质子理论推断下列物质哪些是酸？哪些是碱？哪些既是酸又是碱？

$H_2PO_4^-$　　CO_3^{2-}　　NH_3　　NO_3^-　　H_2O　　HSO_4^-　　HS^-　　HCl

3-5 烧杯中盛放 $20.00cm^3$ $0.10mol \cdot dm^{-3}$ 氨的水溶液，逐步加入 $0.10mol \cdot dm^{-3}$ HCl 溶液。计算：

(1) 当加入 $10.00cm^3$ HCl 后，溶液的 pH；

(2) 当加入 $20.00cm^3$ HCl 后，溶液的 pH；

(3) 当加入 $30.00cm^3$ HCl 后，溶液的 pH。

3-6 计算下列溶液的 pH。

(1) $0.10mol \cdot dm^{-3}$ NaCN

(2) $0.010mol \cdot dm^{-3}$ Na_2CO_3

3-7 根据 AgI 的溶度积计算：

(1) AgI 在水中的溶解度（$mol \cdot dm^{-3}$）；

(2) 在 $0.0010mol \cdot dm^{-3}$ KI 溶液中 AgI 的溶解度（$mol \cdot dm^{-3}$）；

(3) 在 $0.010mol \cdot dm^{-3}$ $AgNO_3$ 溶液中 AgI 的溶解度（$mol \cdot dm^{-3}$）。

3-8 根据 $Mg(OH)_2$ 的溶度积计算：

(1) $Mg(OH)_2$ 在水中的溶解度（$mol \cdot dm^{-3}$）；

(2) $Mg(OH)_2$ 饱和溶液中 OH^- 浓度、Mg^{2+} 的浓度；

(3) $Mg(OH)_2$ 在 $0.01mol \cdot dm^{-3}$ NaOH 溶液中的溶解度（$mol \cdot dm^{-3}$）；

(4) $Mg(OH)_2$ 在 $0.01mol \cdot dm^{-3}$ $MgCl_2$ 溶液中的溶解度（$mol \cdot dm^{-3}$）。

3-9 在 10.0mL $0.015mol \cdot dm^{-3}$ $MnSO_4$ 溶液中，加入 5.0mL $0.15mol \cdot dm^{-3}$ $NH_3(aq)$，能否生成 $Mn(OH)_2$ 沉淀？

3-10 某溶液中含有 $0.10mol \cdot dm^{-3}$ Li^+ 和 $0.10mol \cdot dm^{-3}$ Mg^{2+}，滴加 NaF 溶液（忽略体积变化），问哪种离子最先被沉淀出来？当第二种沉淀析出时，第一种被沉淀的离子是否沉淀完全？两种离子是否有可能分离开？

3-11 欲配制 $1dm^3$ pH=5、HAc 浓度是 $0.20mol \cdot dm^{-3}$ 的缓冲溶液，需用 $NaAc \cdot 3H_2O$ 多少克？需用 $1.0mol \cdot dm^{-3}$ HAc 多少毫升？

3-12 草酸钡 BaC_2O_4 的溶解度是 $0.078g \cdot dm^{-3}$，计算其 $K_{sp}^{\ominus}$。

3-13 在下列溶液中是否会生成沉淀？

(1) $10.00cm^3$ $0.10mol \cdot dm^{-3}$ $MgCl_2$ 溶液和 $10.00cm^3$ $0.10mol \cdot dm^{-3}$ 氨水相混合；

(2) $0.50dm^3$ 的 $1.4\times10^{-2}mol \cdot dm^{-3}$ $CaCl_2$ 溶液与 $0.25dm^3$ 的 $0.25mol \cdot dm^{-3}$ Na_2SO_4 溶液相混合。

3-14 溶液中含有 Fe^{3+} 和 Fe^{2+}，它们的浓度都是 $0.05mol \cdot dm^{-3}$。如果要求 $Fe(OH)_3$ 沉淀完全而 Fe^{2+} 不生成 $Fe(OH)_2$ 沉淀，问溶液的 pH 应控制为何值？

3-15 将固体 Na_2CrO_4 慢慢加入含有 0.01mol·dm^{-3} Pb^{2+} 和 0.01mol·dm^{-3} Ba^{2+} 的溶液中，哪种离子先沉淀？当第二种离子开始沉淀时，已经生成沉淀的那种离子的浓度是多少？

3-16 取 50cm^3 0.100mol·dm^{-3} 某一元弱酸溶液，与 20cm^3 0.100mol·dm^{-3} KOH 溶液混合，将混合溶液稀释至 100cm^3，测得此溶液的 pH 为 5.25。求此一元弱酸的解离常数。

3-17 加入 F^- 来净化水，使 F^- 在水中的质量分数为 1.0×10^{-4}%。问往含 Ca^{2+} 浓度为 2.0×10^{-4} mol·dm^{-3} 的水中按上述情况加入 F^- 时，是否会产生沉淀？

第4章 电化学及电极材料

微信扫码获取本章微课

学习要求

（1）了解电化学电池的基本概念，掌握氧化还原反应式配平方法。

（2）了解原电池的组成及其中化学反应的热力学原理。

（3）掌握标准电极电势的意义，能利用标准电极电势判断氧化剂和还原剂的相对强弱、氧化还原反应进行的方向和计算平衡常数。

（4）掌握能斯特方程的相关计算，能运用其讨论离子浓度对电极电势的影响。

（5）了解化学电源及各类电极材料。

4.1 电化学电池

4.1.1 原电池中的化学反应

氧化还原反应是电子转移的反应，通过适当的设计使电流能够定向移动的装置称为原电池或伽伐尼（Galvanic）电池。如图 4-1 所示，用金属锌和金属铜作电极导电；锌电极放入 $ZnSO_4$ 溶液中，铜电极放入 $CuSO_4$ 溶液中，两个电极导体用导线连接起来，再串联一个检流计以便观察电流的产生和电流的方向；两个烧杯用盐桥（salt bridge）连接起来。这样就组装成一个原电池，简称铜-锌电池（也叫 Daniell 电池，早期曾是普遍使用的化学电源）。接通回路就会看到电路中的检流计指针发生了偏转，并且由此可以确定电流是由铜电极流向锌电极（即电子由锌电极流向铜电极）。

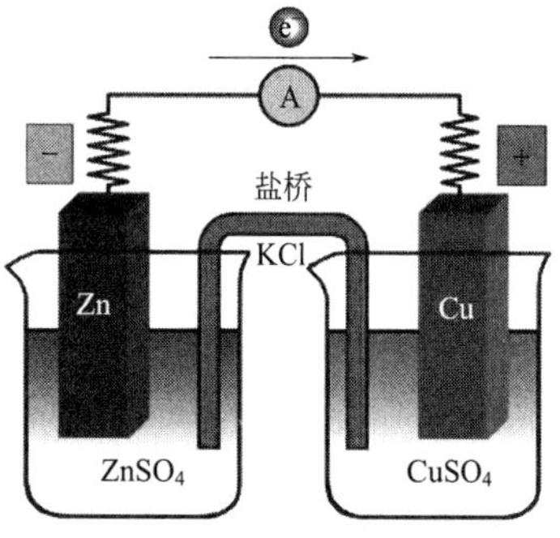

图 4-1　铜-锌电池

在原电池中，电子流出的电极为负极，在负极上发生氧化反应；电子流入的电极为正极，在正极上发生还原反应。在铜-锌原电池中，两个电极上发生的反应为

锌电极(负极) $Zn-2e^- \rightleftharpoons Zn^{2+}$ (氧化半反应)

铜电极(正极) $Cu^{2+}+2e^- \rightleftharpoons Cu$ (还原半反应)

电极上发生的氧化反应或还原反应，都称为电极反应，也称为半电池反应。合并上述两个半反应，即可得到铜-锌原电池的电池反应

$$Cu^{2+}+Zn \rightleftharpoons Cu+Zn^{2+}$$

原电池可以使氧化还原反应产生电流，是因为它使氧化和还原两个半反应分别在不同的区域同时进行。

从以上分析可知，原电池是由三个部分组成的：两个半电池、外电路、盐桥。半电池是原电池的主体，每个半电池都是由同一种元素不同氧化数的两种物质组成的，即由一对氧化还原电对组成。连接两个半电池电解质溶液的倒置U形管称为盐桥，管内充满了含电解质溶液（一般为饱和KCl溶液）的琼脂凝胶。其作用是连通原电池的两个半电池间的内电路，使两个半电池保持电中性，这样电流才可以不断产生。原则上，任何氧化还原半反应都可以设计成半电池，两个半电池连通，都可以形成向导线（外电路）释放电流的原电池。

在原电池中都包含两个“半电池”，例如，铜-锌原电池是由铜和 $CuSO_4$ 溶液、锌和 $ZnSO_4$ 溶液构成的两个“半电池”组成。每个半电池由氧化态物质及其对应的还原态物质构成，这里氧化态物质及其对应的还原态物质被称为氧化还原电对，通常用氧化态/还原态来表示，如 Cu^{2+}/Cu、Zn^{2+}/Zn。

氧化还原电对不仅可以由金属与其离子构成，还可由同一种元素不同氧化数的离子、非金属离子及其相应的离子等构成，如 Sn^{4+}/Sn^{2+}、Fe^{3+}/Fe^{2+}、H^+/H_2、O_2/OH^-。此外，还可利用金属及其金属难溶盐构成电对，如 $AgCl/Ag$、Hg_2Cl_2/Hg 等。

氧化还原电对表达式为

$$\text{氧化态}+ne^- \rightleftharpoons \text{还原态}$$

$$Fe^{3+}+e^- \rightleftharpoons Fe^{2+}$$

$$2H^+ +2e^- \rightleftharpoons H_2$$

$$O_2+2H_2O+4e^- \rightleftharpoons 4OH^-$$

原电池可用符号表示，如铜-锌原电池用符号表示为

$$(-)\quad Zn \mid ZnSO_4(c_1) \parallel CuSO_4(c_2) \mid Cu \quad (+)$$

$$(-)\quad Zn \mid Zn^{2+}(c_1) \parallel Cu^{2+}(c_2) \mid Cu \quad (+)$$

书写电池符号需要注意：

① 负极写在左边，正极写在右边。

② 用单垂线“|”表示两相的界面，如溶液中含有两种离子参与电极反应，不存在相界面，可用逗号“,”分开。

③ 用双垂线“‖”表示盐桥。

④ 用化学式表示电池物质的组成，气体要注明分压，溶液要注明浓度。

⑤ 某些电极的电对自身不是金属导电体时，则需外加一个能导电而又不参与电极反应的惰性电极，通常用铂作惰性电极。如果电对都是离子，则氧化数高的离子靠近盐桥，对于有气体参与的电对，则离子靠近盐桥。例如，由氢电极和Zn电极所组成的电池，其电池符号为

$$(-)\quad Zn \mid Zn^{2+}(c_1) \parallel H^+(c_2) \mid H_2(p) \mid Pt \quad (+)$$

又如由标准氢电极和 Fe^{3+}/Fe^{2+} 电极所组成的电池，其电池符号为

$$(-)\quad Pt \mid H_2(p^{\ominus}) \mid H^+(1mol\cdot dm^{-3}) \parallel Fe^{3+}(1mol\cdot dm^{-3}), Fe^{2+}(1mol\cdot dm^{-3}) \mid Pt \quad (+)$$

通常构成原电池的电极有四类（表 4-1）：

① 金属-金属离子电极。这类电极由金属与其正离子组成。

② 非金属-非金属离子电极。这类电极由非金属单质与其离子及惰性电极组成。惰性电极仅起吸附气体和传递电子的作用，不参加电极反应。

③ 氧化还原电极。这类电极由同种元素不同价态的离子及惰性电极组成。

④ 金属-金属难溶盐电极。这类电极由金属与其相应的难溶盐组成，有时还需加上惰性电极。

电极也可用符号表示，除了标明氧化态和还原态的物质种类以外，还应该标明所用的惰性电极。

表 4-1　电极类型

电极类型	氧化还原电对示例	电极符号	电极反应示例
金属-金属离子电极	Zn^{2+}/Zn Cu^{2+}/Cu	$Zn \mid Zn^{2+}$ $Cu \mid Cu^{2+}$	$Zn^{2+}+2e^- \rightleftharpoons Zn$ $Cu^{2+}+2e^- \rightleftharpoons Cu$
非金属-非金属离子电极	Cl_2/Cl^- O_2/OH^-	$Pt \mid Cl_2 \mid Cl^-$ $Pt \mid O_2 \mid OH^-$	$Cl_2+2e^- \rightleftharpoons 2Cl^-$ $O_2+2H_2O+4e^- \rightleftharpoons 4OH^-$
氧化还原电极	Fe^{3+}/Fe^{2+} Sn^{4+}/Sn^{2+}	$Pt \mid Fe^{3+}, Fe^{2+}$ $Pt \mid Sn^{4+}, Sn^{2+}$	$Fe^{3+}+e^- \rightleftharpoons Fe^{2+}$ $Sn^{4+}+2e^- \rightleftharpoons Sn^{2+}$
金属-金属难溶盐电极	$AgCl/Ag$ Hg_2Cl_2/Hg	$Ag \mid AgCl \mid Cl^-$ $Pt \mid Hg \mid Hg_2Cl_2(s) \mid Cl^-$	$AgCl+e^- \rightleftharpoons Ag+Cl^-$ $Hg_2Cl_2(s)+2e^- \rightleftharpoons 2Hg+2Cl^-$

【例 4-1】 写出下列反应的电池符号。

（1）$$Sn^{2+}+2Fe^{3+} = 2Fe^{2+}+Sn^{4+}$$

（2）$$Zn+2H^+ = H_2+Zn^{2+}$$

（3）$$2KMnO_4+10FeSO_4+8H_2SO_4 = K_2SO_4+2MnSO_4+5Fe_2(SO_4)_3+8H_2O$$

解：（1）由电池反应可知，电对 Fe^{3+}/Fe^{2+} 作正极，电对 Sn^{4+}/Sn^{2+} 作负极，则

电池符号：$(-)Pt|Sn^{2+}(c_1), Sn^{4+}(c_2) \parallel Fe^{3+}(c_3), Fe^{2+}(c_4)|Pt(+)$

（2）由电池反应可知，电对 H^+/H_2 作正极，电对 Zn^{2+}/Zn 作负极，则

电池符号：$(-)Zn|Zn^{2+}(c_1) \parallel H^+(c_2)|H_2(p)|Pt\quad(+)$

（3）由电池反应可知，电对 MnO_4^-/Mn^{2+} 作正极，电对 Fe^{3+}/Fe^{2+} 作负极，则

电池符号：$(-)Pt|Fe^{2+}(c_1), Fe^{3+}(c_2) \parallel MnO_4^-(c_3), Mn^{2+}(c_4), H^+(c_5)|Pt(+)$

4.1.2 原电池的热力学

在铜-锌原电池中，两个半电池连通后可产生电流，表明两个电极的电势（也叫“电位”）是不同的。物理学规定：电流从正极流向负极，正极的电势高于负极，原电池的电动势 E 等于正极电极电势 $\varphi_{正极}$ 与负极电极电势 $\varphi_{负极}$ 之差

$$E=\varphi_{正极}-\varphi_{负极} \tag{4-1}$$

我们可在电路中接入高阻抗的伏特计或电位差计直接测量原电池的电动势 E，即两电极电势

的差值。

原电池的电动势与系统的组成有关。当电池各物质均处于各自的标准态时，测定的电动势称为标准电动势 $E^{\ominus}$。

在可逆电池中，进行自发反应产生电流可以做非体积功——电功。所谓可逆电池必须具备以下条件：a. 电极反应必须是可逆的；b. 通过电极的电流无限小，电极反应在接近电化学平衡的条件下进行。

可逆电池的电动势为 E，其中进行的电池反应为

$$a\mathrm{A(aq)}+b\mathrm{B(aq)} \rightleftharpoons g\mathrm{G(aq)}+d\mathrm{D(aq)}$$

根据物理学原理可以确定，原电池对环境所做的电功等于电路中所通过的电荷量与电势差的乘积。即

电功(J)＝电荷量(C)×电势差(V)

可逆电池所做的最大电功为

$$W_{\max}=-nFE \tag{4-2}$$

式中，n 指 1mol 的可逆电池反应中有 $n$mol 的电子通过电路；F 为法拉第常数，通常把单位物质的量的电子所带电荷量称为 1F（法拉第），即 $96485\mathrm{C \cdot mol^{-1}}$；$nF$ 为 $n$mol 电子的总电荷量。热力学研究表明，定温定压下，反应的摩尔吉布斯函数变等于反应所做的最大非体积功，则电池反应的摩尔吉布斯函数变 $\Delta_r G_m$ 与电动势 E 之间存在以下关系

$$\Delta_r G_m=-nFE \tag{4-3}$$

如果原电池在标准状态下工作，则

$$\Delta_r G_m^{\ominus}=-nFE^{\ominus} \tag{4-4}$$

上面两式把热力学和电化学联系起来，则可由原电池的标准电动势 $E^{\ominus}$ 得到电池反应的标准摩尔吉布斯函数变 $\Delta_r G_m^{\ominus}$；反之，已知某氧化还原反应的标准摩尔吉布斯函数变 $\Delta_r G_m^{\ominus}$，又可求得由该反应所组成的原电池的标准电动势 $E^{\ominus}$。

反应的摩尔吉布斯函数变 $\Delta_r G_m$ 可由热力学等温方程表示

$$\Delta_r G_m=\Delta_r G_m^{\ominus}+RT\ln\frac{[c(\mathrm{G})/c^{\ominus}]^g[c(\mathrm{D})/c^{\ominus}]^d}{[c(\mathrm{A})/c^{\ominus}]^a[c(\mathrm{B})/c^{\ominus}]^b} \tag{4-5}$$

由此可得

$$E=E^{\ominus}-\frac{RT}{nF}\ln\frac{[c(\mathrm{G})/c^{\ominus}]^g[c(\mathrm{D})/c^{\ominus}]^d}{[c(\mathrm{A})/c^{\ominus}]^a[c(\mathrm{B})/c^{\ominus}]^b} \tag{4-6}$$

此式为电动势的能斯特（Nernst）方程，式中，E 为非标态下原电池的电动势，V；$E^{\ominus}$ 为标态下原电池的电动势，V；c 为反应物 A、B 及产物 G、D 的物质的量浓度，$\mathrm{mol \cdot dm^{-3}}$。

当 $T=298.15\mathrm{K}$ 时，其能斯特方程式为

$$E=E^{\ominus}-\frac{0.0592\mathrm{V}}{n}\lg\frac{[c(\mathrm{G})/c^{\ominus}]^g[c(\mathrm{D})/c^{\ominus}]^d}{[c(\mathrm{A})/c^{\ominus}]^a[c(\mathrm{B})/c^{\ominus}]^b} \tag{4-7}$$

注意，原电池的电动势数值与电池反应的计量式写法无关。例如，当上述反应的化学计量数扩大 2 倍时，电池反应为

$$2a\mathrm{A(aq)}+2b\mathrm{B(aq)} \rightleftharpoons 2g\mathrm{G(aq)}+2d\mathrm{D(aq)}$$

同时，1mol 该反应过程中通过的电子的物质的量也扩大 2 倍为 $2n$，则

$$E=E^{\ominus}-\frac{RT}{2nF}\ln\frac{[c(\mathrm{G})/c^{\ominus}]^{2g}[c(\mathrm{D})/c^{\ominus}]^{2d}}{[c(\mathrm{A})/c^{\ominus}]^{2a}[c(\mathrm{B})/c^{\ominus}]^{2b}}=E^{\ominus}-\frac{RT}{nF}\ln\frac{[c(\mathrm{G})/c^{\ominus}]^{g}[c(\mathrm{D})/c^{\ominus}]^{d}}{[c(\mathrm{A})/c^{\ominus}]^{a}[c(\mathrm{B})/c^{\ominus}]^{b}}$$

由此可见，电动势数值不会因反应方程式的化学计量数改变而改变。

4.2 电极电势

4.2.1 标准氢电极和甘汞电极

电极电势的大小反映了金属得失电子能力的大小。若能确定电极电势的绝对值，则可定量地去比较溶液中金属的活泼性。然而，电极电势的绝对值却没有方法直接测量，只有用比较的方法得到它的相对值。电极电势的基准是标准氢电极，其他电极的电极电势的数值都是通过与标准氢电极比较而确定的。标准氢电极的构造如图 4-2 所示，将镀有一层疏松铂黑的铂片（镀铂黑的目的是增加电极的表面积，促进对气体的吸附，以有利于与溶液达到平衡）浸入含有氢离子的酸溶液中，并在 298.15K 时不断通入压强为 100kPa 的纯氢气，使氢气冲打在铂片上，同时使溶液被氢气所饱和，氢气泡围绕铂片浮出液面。此时铂黑表面既有 H_2，又有 H^+。氢电极符号为：$Pt|H_2|H^+$。国际上规定：298.15K 下含 $1mol\cdot dm^{-3}$ 浓度的 H^+ 溶液、标准压力（100kPa）的氢气的电极的标准电极电势 $\varphi^{\ominus}(H^+/H_2)=0V$。

标准氢电极要求氢气纯度高、压力稳定，同时铂在溶液中易吸附其他组分而失活，从而使用起来很不方便，因此实际上常用饱和甘汞电极（图 4-3）代替标准氢电极作参比。饱和甘汞电极由 Hg、糊状 Hg_2Cl_2 和饱和 KCl 溶液构成，以铂丝为导体。这是一类金属-金属难溶盐电极，在 298.15K 时电极电势为 0.2415V，电极符号为：$Pt|Hg|Hg_2Cl_2(s)|Cl^-$。

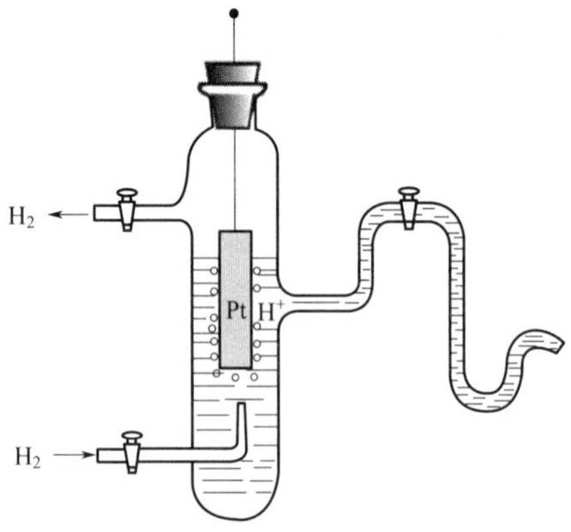

图 4-2 标准氢电极

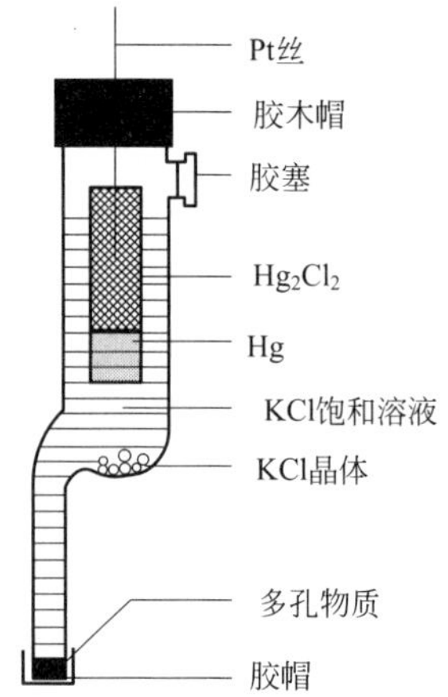

图 4-3 饱和甘汞电极

4.2.2 标准电极电势

参与电极反应的各有关物质均为标准状态（即离子浓度为 $1mol\cdot dm^{-3}$，气体物质的分压为 100kPa）时，其电极电势称为该电极的标准电极电势，用符号 $\varphi^{\ominus}$ 表示。欲确定某电极的电极电势，可将该电极与标准氢电极组成原电池，测定该原电池的电动势 E，即待测电极的相对电势差值，从而得到该电极的电极电势 φ。若待测电极在标准状态，所测得的电动势为标准电动势 $E^{\ominus}$，所测得的电极电势为标准电极电势 $\varphi^{\ominus}$。

【例 4-2】 测定 Ag | Ag^+ 电极的标准电极电势 $\varphi^{\ominus}(Ag^+/Ag)$。

解： 将标准 Ag | Ag^+ 电极与标准氢电极组成原电池。298.15K 时，测得 $E^{\ominus}=0.7996V$。

$$E^{\ominus}=\varphi^{\ominus}(Ag^+/Ag)-\varphi^{\ominus}(H^+/H_2)=\varphi^{\ominus}(Ag^+/Ag)-0$$

则 $$\varphi^{\ominus}(Ag^+/Ag)=0.7996V$$

因为 Ag | Ag^+ 电极的电势为正值，大于标准氢电极的电势，所以在原电池中银电极是正极，标准氢电极是负极。其电极反应和电池反应为

正极 $$Ag^+ + e^- \rightleftharpoons Ag$$

负极 $$2H^+ + 2e^- \rightleftharpoons H_2$$

电池反应 $$2Ag^+ + H_2 \rightleftharpoons 2Ag + 2H^+$$

原电池符号为(－)Pt | H_2(100kPa) | H^+($1mol \cdot dm^{-3}$) ‖ Ag^+($1mol \cdot dm^{-3}$) | Ag(＋)。

以标准氢电极或饱和甘汞电极为参比测得各种常用电极的标准电极电势列入附录 8。使用标准电极电势表，需要注意以下事项：

① 电极反应中各物质均为标准状态，温度一般为 298.15K。

② 表中电极反应是按还原反应统一书写

$$a(\text{氧化态})+ne^- \rightleftharpoons b(\text{还原态})$$

ne^- 表示电极反应的电子数。氧化态和还原态包括电极反应所需的 H^+、OH^-、H_2O 等物质，如

$$ClO_3^- + 6H^+ + 6e^- \rightleftharpoons Cl^- + 3H_2O$$

标准电极电势表中 $\varphi^{\ominus}$ 值越高，说明该电对的氧化态越易接受电子，氧化其他物质的能力越强，其本身易被还原，是一个强氧化剂，而它的还原态的还原能力越弱；$\varphi^{\ominus}$ 值越低，说明该电对的还原态越易放出电子，还原其他物质的能力越强，其本身易被氧化，是一个强还原剂，而它的氧化态的氧化能力越弱。

③ 不论电极进行氧化反应还是还原反应，电极电势 $\varphi^{\ominus}$ 值的符号不改变。例如，不管电极反应是 $Zn \rightleftharpoons Zn^{2+} + 2e^-$，还是 $Zn^{2+} + 2e^- \rightleftharpoons Zn$，Zn | Zn^{2+} 电极的标准电极电势值均取－0.7618V。这是因为电极电势是金属与它的盐溶液双电层间的电势差，所以两式的标准电极电势值是一样的。

④ 标准电极电势值与电极反应中物质的计量系数无关。例如，Ag | Ag^+ 电极的电极反应写成 $Ag^+ + e^- \rightleftharpoons Ag$，若写成 $2Ag^+ + 2e^- \rightleftharpoons 2Ag$，$\varphi^{\ominus}(Ag^+/Ag)$ 仍是＋0.7996V，而不是 2×0.7996V。这是因为 $\varphi^{\ominus}$ 值反映了物质得失电子的能力，是由物质本性决定的，与物质的量无关。

⑤ 电极电势和标准电极电势，都是电极处于平衡状态时表现出来的特征，它和达到平衡的快慢无关。

⑥ 本书附录 8 给出的标准电极电势数据是在水溶液体系中测定的，因而只适用于水溶液体系，高温反应、非水溶剂反应均不能用本附录表的数据来说明问题。例如在高温条件下的反应

$$Na + KCl \xrightarrow{高温} K + NaCl$$

该反应的方向不是由电极电势决定的。

⑦ 应根据环境（酸性、中性和碱性环境）分别查相对应的表。

4.2.3 电极电势的能斯特方程

标准电极电势的代数值是在标准态下测得的。非标准态下的电极电势可用能斯特（Nernst）方程求出。对于任意给定的电极，其电极反应

$$a(\text{氧化态}) + ne^- \rightleftharpoons b(\text{还原态})$$

能斯特给出了一个表示电极电势与浓度关系的公式

$$\varphi = \varphi^{\ominus} - \frac{RT}{nF}\ln\frac{[c(\text{还原态})/c^{\ominus}]^b}{[c(\text{氧化态})/c^{\ominus}]^a} \tag{4-8}$$

式中 φ——电极电势，V；

$\varphi^{\ominus}$——标准电极电势，V；

R——气体常数，8.314J·K^{-1}·mol^{-1}；

F——法拉第常数，96485C·mol^{-1}；

T——热力学温度，K；

n——电极反应得失的电子数；

c(氧化态)、c(还原态)——电极反应中氧化态物质、还原态物质的物质的量浓度，mol·dm^{-3}；

$c^{\ominus}$——标准物质的量浓度，即 1.0mol·dm^{-3}；

a、b——电极反应中氧化态物质、还原态物质的计量系数。

能斯特方程式表达了电极电势随浓度的变化，1889 年由德国物理化学家能斯特（Nernst）建立，自伏打电池发明以来，第一次对电池产生电势作出了合理解释。

在电化学的研究中，常涉及常温下的电化学反应，在化学手册中能查到的标准电极电势也多半是 298.15K 下的数据，因此，298.15K 下的能斯特（Nernst）方程式有较大的应用价值。将 T=298.15K、R=8.314J·K^{-1}·mol^{-1}、F=96485C·mol^{-1} 代入上式，得

$$\varphi = \varphi^{\ominus} - \frac{0.0592\text{V}}{n}\lg\frac{[c(\text{还原态})/c^{\ominus}]^b}{[c(\text{氧化态})/c^{\ominus}]^a} \tag{4-9}$$

应用能斯特（Nernst）方程式时对于反应组分浓度的表达应注意以下三点：

① 电极反应中某物质若是纯的固体或纯的液体，则能斯特（Nernst）方程式中该物质的浓度作为 1（因热力学规定该状态下活度等于 1）。

② 电极反应中某物质若是气体，则能斯特（Nernst）方程式中该物质的相对浓度 $c/c^{\ominus}$ 改用相对压力 $p/p^{\ominus}$ 表示。例如对于氢电极，电极反应 $2H^+ + 2e^- \rightleftharpoons H_2$，能斯特（Nernst）方程式中氢离子浓度用 $c(H^+)/c^{\ominus}$ 表示，氢气用相对分压 $p(H_2)/p^{\ominus}$ 表示，即

$$\varphi(H^+/H_2) = \varphi^{\ominus}(H^+/H_2) - \frac{0.0592\text{V}}{2}\lg\frac{p(H_2)/p^{\ominus}}{[c(H^+)/c^{\ominus}]^2}$$

③ 虽自身没有氧化还原，但参与了电极反应，则其浓度也应写入方程式中。如下列电极反应

$$Cr_2O_7^{2-}+14H^{+}+6e^{-}\rightleftharpoons 2Cr^{3+}+7H_2O$$

能斯特（Nernst）方程式为

$$\varphi(Cr_2O_7^{2-}/Cr^{3+})=\varphi^{\ominus}(Cr_2O_7^{2-}/Cr^{3+})-\frac{0.0592V}{6}\lg\frac{[c(Cr^{3+})/c^{\ominus}]^2}{[c(Cr_2O_7^{2-})/c^{\ominus}][c(H^{+})/c^{\ominus}]^{14}}$$

4.2.4 电极电势的影响因素

电极电势主要取决于电对的性质，同时又受溶液中离子浓度、气体的分压、温度等因素的影响。基于能斯特（Nernst）方程，可利用热力学推导出电极电势与浓度、分压、温度的关系。

【例 4-3】 试计算 298.15K 时，$c(Sn^{4+})$ 为 $1mol\cdot dm^{-3}$、$c(Sn^{2+})$ 为 $1.0\times10^{-4}mol\cdot dm^{-3}$ 时，电对 Sn^{4+}/Sn^{2+} 的电极电势。

解： 电对 Sn^{4+}/Sn^{2+} 的电极反应为 $Sn^{4+}+2e^{-}\rightleftharpoons Sn^{2+}$

查附录得 $\varphi^{\ominus}=0.151V$。由 Nernst 方程式，$\varphi=\varphi^{\ominus}-\frac{0.0592V}{n}\lg\frac{[c(还原态)/c^{\ominus}]^b}{[c(氧化态)/c^{\ominus}]^a}$

则有

$$\begin{aligned}\varphi(Sn^{4+}/Sn^{2+})&=\varphi^{\ominus}(Sn^{4+}/Sn^{2+})-\frac{0.0592V}{2}\lg\frac{c(Sn^{2+})/c^{\ominus}}{c(Sn^{4+})/c^{\ominus}}\\&=0.154+0.118\\&=0.272V\end{aligned}$$

计算结果表明，增大氧化态物质的浓度或降低还原态物质的浓度，电极电势将增大，这表明此电对（Sn^{4+}/Sn^{2+}）中的氧化态（Sn^{4+}）的氧化性将增强。

【例 4-4】 计算 pH=8 时，电对 O_2/OH^- 的电极电势。设 $T=298.15K$，$p(O_2)=100kPa$。

解： 此电对的电极反应为 $O_2+2H_2O+4e^{-}\rightleftharpoons 4OH^{-}$

已知 pH=8，则 $c(OH^-)=10^{-6}mol\cdot dm^{-3}$。则：

$$\varphi(O_2/OH^-)=\varphi^{\ominus}(O_2/OH^-)-\frac{0.0592V}{4}\lg\frac{[c(OH^-)/c^{\ominus}]^4}{p(O_2)/p^{\ominus}}$$

$p(O_2)=100kPa$ 时，$p(O_2)/p^{\ominus}=1$，则：

$$\begin{aligned}\varphi(O_2/OH^-)&=\varphi^{\ominus}(O_2/OH^-)-\frac{0.0592V}{4}\lg\frac{[10^{-6}]^4}{1}\\&=0.401+0.355\\&=0.756V\end{aligned}$$

以上结果表明，当还原态（OH^-）浓度减小时，其电极电势代数值增大，这表明此电对（O_2/OH^-）中的氧化态（O_2）的氧化性将增强。

通过上述两个例题可以看出，氧化态或还原态离子浓度的改变对电极电势有影响。【例 4-4】中可以看出介质酸度变化也会引起电极电势的变化。

【例 4-5】 计算反应溶液中，当 MnO_4^- 浓度为 $1mol\cdot dm^{-3}$、Mn^{2+} 浓度为 $1mol\cdot dm^{-3}$、H^+ 浓度为 $1.0\times10^{-4}mol\cdot dm^{-3}$（pH=4）时，电对 MnO_4^-/Mn^{2+} 的电极电势。

解： 电极反应 $MnO_4^-+8H^{+}+5e^{-}\rightleftharpoons Mn^{2+}+4H_2O$ $\varphi^{\ominus}=1.507V$

代入 Nernst 方程，则有

$$\varphi(MnO_4^-/Mn^{2+})=\varphi^{\ominus}(MnO_4^-/Mn^{2+})-\frac{0.0592V}{5}\lg\frac{c(Mn^{2+})/c^{\ominus}}{[c(MnO_4^-)/c^{\ominus}][c(H^+)/c^{\ominus}]^8}$$

$$\varphi(MnO_4^-/Mn^{2+})=1.507-\frac{0.0592V}{5}\lg\frac{1}{(10^{-4})^8}=1.507-0.379=1.128V$$

计算结果表明，pH 对电极电势的影响是非常大的，甚至可以通过调节溶液的 pH 使氧化还原反应的方向发生逆转。

【例 4-6】 若在标准氢电极溶液中加入 NaAc，使得溶液中 $c(Ac^-)=c(HAc)=1.00mol\cdot dm^{-3}$，计算该条件下电对 H^+/H_2 在 $p(H_2)=100kPa$ 时的电极电势。设 $T=298.15K$。

解： $$c(H^+)=\frac{K_a^{\ominus}\cdot c(HAc)}{c(Ac^-)}=\frac{1.8\times10^{-5}\times1.00}{1.00}=1.8\times10^{-5}mol\cdot dm^{-3}$$

电极反应 $2H^++2e^-\rightleftharpoons H_2$　$\varphi^{\ominus}=0V$，代入 Nernst 方程，则有：

$$\varphi(H^+/H_2)=\varphi^{\ominus}(H^+/H_2)-\frac{0.0592V}{2}\lg\frac{p(H_2)/p^{\ominus}}{[c(H^+)/c^{\ominus}]^2}$$

$$=0-\frac{0.0592V}{2}\lg\frac{100/100}{[1.8\times10^{-5}]^2}=-0.28V$$

4.3 电极电势的应用

4.3.1 氧化剂和还原剂相对强弱的比较

电极电势的大小，反映了氧化还原电对中氧化态物质和还原态物质得失电子的能力，因此在水溶液中进行的反应，可用电极电势 φ 或 $\varphi^{\ominus}$ 直接比较氧化剂或还原剂的相对强弱。标准状态下用 $\varphi^{\ominus}$ 比较电对氧化还原能力的相对强弱；非标准状态下，用 φ 比较电对氧化还原能力的相对强弱。电对的电极电势代数值越大，则该电对中氧化态物质的氧化性越强，对应的还原态物质的还原性就越弱；电对的电极电势代数值越小，则该电对中还原态物质的还原性越强，对应的氧化态物质的氧化性就越弱。

【例 4-7】 试比较标准状态下，在酸性介质中，下列电对氧化能力及还原能力的相对强弱。

$$MnO_4^-/Mn^{2+}、Fe^{3+}/Fe^{2+}、I_2/I^-、O_2/H_2O、Cu^{2+}/Cu$$

解： 查附录 8 得各电对的标准电极电势，并按由大到小排列：

$$\varphi^{\ominus}(MnO_4^-/Mn^{2+})=1.507V$$

$$\varphi^{\ominus}(O_2/H_2O)=1.229V$$

$$\varphi^{\ominus}(Fe^{3+}/Fe^{2+})=0.771V$$

$$\varphi^{\ominus}(I_2/I^-)=0.5355V$$

$$\varphi^{\ominus}(Cu^{2+}/Cu)=0.3419V$$

氧化能力由大到小排列：$MnO_4^- > O_2 > Fe^{3+} > I_2 > Cu^{2+}$。

还原能力由大到小排列：$Cu > I^- > Fe^{2+} > H_2O > Mn^{2+}$。

实验室常用的强氧化剂的电对的电极电势 $\varphi^{\ominus}$ 均大于 1.0V，如 $KMnO_4$、$K_2Cr_2O_7$、H_2O_2 等；常用的强还原剂的电对的电极电势 $\varphi^{\ominus}$ 一般小于 0.0V 或稍大于 0.0V，如 Zn、Fe、Sn^{2+} 等。化工生产过程使用的氧化剂和还原剂需要综合考虑性能、成本、安全等因素。

4.3.2 氧化还原反应方向的判断

如果电池中的各物质处于标准状态，根据 $\Delta_r G_m^{\ominus} = -nFE^{\ominus}$，则有：

当 $\Delta_r G_m^{\ominus} < 0$ 时，$E^{\ominus} > 0$，电池反应向正方向自发进行；

当 $\Delta_r G_m^{\ominus} = 0$ 时，$E^{\ominus} = 0$，电池反应处于平衡状态；

当 $\Delta_r G_m^{\ominus} > 0$ 时，$E^{\ominus} < 0$，电池正反应方向非自发（逆方向自发进行）。

如果电池中的各物质处于非标准状态，此时需要计算电动势，再根据 $\Delta_r G_m = -nFE$，则有：

当 $\Delta G < 0$ 时，$E > 0$，电池反应向正方向自发进行；

当 $\Delta G = 0$ 时，$E = 0$，电池反应处于平衡状态；

当 $\Delta G > 0$ 时，$E < 0$，电池正反应方向非自发（逆方向自发进行）。

氧化还原反应的规律是：较强的氧化剂＋较强的还原剂$\longrightarrow$较弱的还原剂＋较弱的氧化剂。

【例 4-8】 试判断氧化还原反应 $Pb^{2+} + Sn \rightleftharpoons Pb + Sn^{2+}$ 在标准状态下，$c(Pb^{2+}) = 0.1mol \cdot dm^{-3}$、$c(Sn^{2+}) = 1.0mol \cdot dm^{-3}$ 时反应进行的方向。

解： 查附录 8 可知 $Pb^{2+} + 2e^- \rightleftharpoons Pb \quad \varphi^{\ominus}(Pb^{2+}/Pb) = -0.126V$，应为正极

$Sn^{2+} + 2e^- \rightleftharpoons Sn \quad \varphi^{\ominus}(Sn^{2+}/Sn) = -0.138V$，应为负极

在标准状态下，$E^{\ominus} = \varphi^{\ominus}(Pb^{2+}/Pb) - \varphi^{\ominus}(Sn^{2+}/Sn) = -0.126 - 0.138 = 0.012V > 0$

所以反应正向进行。

非标准状态下，依据 Nernst 方程，则有

$$\varphi(Pb^{2+}/Pb) = \varphi^{\ominus}(Pb^{2+}/Pb) - \frac{0.0592V}{2}\lg\frac{1}{c(Pb^{2+})/c^{\ominus}} = -0.126 - \frac{0.0592V}{2}\lg\frac{1}{0.1}$$
$$= -0.156V$$

由于 $E = \varphi(Pb^{2+}/Pb) - \varphi^{\ominus}(Sn^{2+}/Sn) = -0.156 - (-0.140) = -0.142V$，$E < 0$，反应逆向进行。

计算表明，改变物质的浓度，可以改变反应的方向。

【例 4-9】 判断在酸性水溶液中下列两组离子共存的可能性：

（1）Sn^{2+} 和 Hg^{2+} （2）Sn^{2+} 和 Fe^{2+}

解： （1）Sn^{2+} 和 Hg^{2+}

查附录 8：$Hg^{2+} + 2e^- \rightleftharpoons Hg \quad \varphi^{\ominus}(Hg^{2+}/Hg) = 0.85V$

$Sn^{4+} + 2e^- \rightleftharpoons Sn^{2+} \quad \varphi^{\ominus}(Sn^{4+}/Sn^{2+}) = 0.15V$

从标准电极电势可知，若 Sn^{2+} 和 Hg^{2+} 共存，Hg^{2+} 作氧化剂，Sn^{2+} 作还原剂，发生下列氧化还原反应

$$Hg^{2+}+Sn^{2+}\rightleftharpoons Hg+Sn^{4+}$$

设计为原电池，Hg^{2+}/Hg 电对为正极，Sn^{4+}/Sn^{2+} 电对为负极。

$E^{\ominus}=\varphi^{\ominus}_{正极}-\varphi^{\ominus}_{负极}=0.85-0.15=0.70V>0$，说明两离子不能共存。

（2）Sn^{2+} 和 Fe^{2+}

第一种情况：$Fe^{2+}+2e^{-}\rightleftharpoons Fe \quad \varphi^{\ominus}(Fe^{2+}/Fe)=-0.45V$

$Sn^{4+}+2e^{-}\rightleftharpoons Sn^{2+} \quad \varphi^{\ominus}(Sn^{4+}/Sn^{2+})=0.15V$

若 Sn^{2+} 和 Fe^{2+} 共存，可能发生如下氧化还原反应：

$$Fe^{2+}+Sn^{2+}\rightleftharpoons Fe+Sn^{4+}$$

设计为原电池，Sn^{4+}/Sn^{2+} 电对为负极，Fe^{2+}/Fe 电对为正极。

$E^{\ominus}=\varphi^{\ominus}_{正极}-\varphi^{\ominus}_{负极}=-0.45-0.15=-0.6V<0$，反应不能发生。

第二种情况：$Sn^{2+}+2e^{-}\rightleftharpoons Sn \quad \varphi^{\ominus}(Sn^{2+}/Sn)=-0.14V$

$Fe^{3+}+e^{-}\rightleftharpoons Fe^{2+} \quad \varphi^{\ominus}(Fe^{3+}/Fe^{2+})=0.77V$

若 Sn^{2+} 和 Fe^{2+} 共存，也可能发生如下氧化还原反应

$$Fe^{2+}+Sn^{2+}\rightleftharpoons Fe^{3+}+Sn$$

设计为原电池，Sn^{2+}/Sn 电对为正极，Fe^{3+}/Fe^{2+} 电对为负极。

$E^{\ominus}=\varphi^{\ominus}_{正极}-\varphi^{\ominus}_{负极}=-0.14V-0.77V=-0.91V<0$ 反应不能发生。

通过上述计算说明 Sn^{2+} 和 Fe^{2+} 两离子能共存。

一般情况下，氧化剂电对的标准电极电势与还原剂电对的标准电极电势差值较小时，各物质的浓度对反应的方向起到决定性的作用。若两电对的标准电极电势差值较大（>0.2V）时，则很难靠改变浓度而使反应方向改变，一般用标准电极电势来判断反应进行的反向。

4.3.3 氧化还原反应进行程度的衡量

由热力学可知氧化还原反应的标准吉布斯自由能变 $\Delta_r G_m^{\ominus}$ 与标准平衡常数 $K^{\ominus}$ 的关系为

$$\Delta_r G_m^{\ominus}=-RT\ln K^{\ominus}$$

在标准状态下，氧化还原反应的平衡常数（$K^{\ominus}$）与标准电极电势（$E^{\ominus}$）之间的关系为

$$\Delta_r G_m^{\ominus}=-nFE^{\ominus}$$

由上面两式可得

$$-RT\ln K^{\ominus}=-nFE^{\ominus}$$

$$\ln K^{\ominus}=nFE^{\ominus}/(RT)$$

当 $T=298.15K$ 时，上式可写成

$$\lg K^{\ominus}=nE^{\ominus}/(0.0592V) \tag{4-10}$$

根据上式，若已知氧化还原反应所组成的原电池的标准电动势 $E^{\ominus}$，就可计算此反应的平衡常数 $K^{\ominus}$，从而说明反应进行的程度。标准平衡常数 $K^{\ominus}$ 与反应中每个物质的浓度无关，与反应中转移的电子数目 n 以及标准电动势 $E^{\ominus}$ 有关。当反应温度一定时，$E^{\ominus}$ 越大，$K^{\ominus}$ 越大，其反应进行的程度也越大。

【例 4-10】 计算 298.15K 时下述反应的标准平衡常数 $K^{\ominus}$

$$MnO_4^{-}+8H^{+}+5Fe^{2+}\rightleftharpoons Mn^{2+}+5Fe^{3+}+4H_2O \quad \varphi^{\ominus}=1.507V$$

解： 根据此氧化还原反应设计成原电池，其两极反应分别为

正极：$MnO_4^- + 8H^+ + 5e^- \rightleftharpoons Mn^{2+} + 4H_2O \qquad \varphi^\ominus(MnO_4^-/Mn^{2+}) = 1.51V$

负极：$\qquad Fe^{3+} + e^- \rightleftharpoons Fe^{2+} \qquad \varphi^\ominus(Fe^{3+}/Fe^{2+}) = 0.771V$

由反应式可知反应中转移的电子数目 $n=5$，$E^\ominus = 1.51 - 0.771 = 0.739V$

则 $$\lg K^\ominus = nE^\ominus/(0.0592V) = 5 \times 0.739V/0.0592V = 62.42$$

$$K^\ominus = 2.63 \times 10^{62}$$

需要注意的是，由电极电势的相对大小能够判断氧化还原反应的方向、程度，但是电极电势的相对大小并不能说明反应速率的大小。

【例 4-11】 在 298.15K 时，

$$(-)Ag \mid AgCl(s), Cl^-(0.01mol \cdot dm^{-3}) \parallel Ag^+(0.01mol \cdot dm^{-3}) \mid Ag(+)$$

该原电池处于平衡状态，实验测得电池的电动势为 0.34V，求此状态下 AgCl 的 $K_{sp}^\ominus$。

解： 根据此氧化还原反应设计的原电池，其两极反应分别为

正极 $$Ag^+ + e^- \rightleftharpoons Ag$$

$$\varphi(Ag^+/Ag) = \varphi^\ominus(Ag^+/Ag) - \frac{0.0592V}{n}\lg\frac{1}{c(Ag^+)_{正}}$$

负极 $$AgCl + e^- \rightleftharpoons Ag + Cl^-$$

$$\varphi(AgCl/Ag) = \varphi^\ominus(Ag^+/Ag) - \frac{0.0592V}{n}\lg\frac{1}{c(Ag^+)_{负}}$$

所以 $$E = \varphi(Ag^+/Ag) - \varphi(AgCl/Ag) = \frac{0.0592V}{1}\lg\frac{0.01}{c(Ag^+)_{负}} = 0.34V$$

得负极 Ag^+ 浓度为 $\quad c(Ag^+)_{负极} = 1.8 \times 10^{-8} mol \cdot dm^{-3}$

$$K_{sp}^\ominus(AgCl) = c(Ag^+)_{负极}\, c(Cl^-) = 1.8 \times 10^{-8} \times 0.01 = 1.8 \times 10^{-10}$$

用一般的化学分析方法直接测定难溶盐的离子浓度是非常困难的。我们可以设计电池，通过测定电极电势以确定浓度，从而通过测定难溶盐的离子浓度来计算 $K_{sp}^\ominus$。若测定了 H^+ 浓度还可以计算 pH。

4.4 化学电源

化学电源，是一种能将化学能转变为电能的装置。常见的电池大多是化学电源。世界上第一个电池是 1800 年由意大利人 Alessandro Volta 发明的，也称伏打电池。化学电源发展历经两个多世纪，在进入 20 世纪后，电池理论和技术处于一度停滞时期；但在第二次世界大战后，电池技术又进入快速发展期；之后在 20 世纪 80 年代实现商品化以后，化学电源发展迅速。它在国民经济、科学技术、军事和日常生活方面均获得广泛应用。

化学电源包括电极、电解质、隔离物、外壳四个基本组成部分。电极（包括正极和负极）是电池的核心部件，它是由活性物质和导电骨架组成的。活性物质决定了电池的基本特性，导电骨架的作用是把活性物质与外线路接通并使电流分布均匀，另外还起到支撑活性物质的作用。电解质用来保证正负极间的离子导电作用。隔离物又称隔膜、隔板，置于电池两极之间，主要的作用是防止正极与负极接触而导致短路。最后，外壳是电池容器。

化学电池品类繁多，按电解液的性质可分为碱性电池、酸性电池、固体电池等；按外形可分为扣式电池、矩形电池、圆柱形电池等；按工作特点则可分为高容量电池、免维护电池、密封电池、防爆电池等；现在较为流行的分类方式，是按电池工作性质及贮存方式将电池分为一次电池、二次电池、贮备电池和燃料电池四大类。

4.4.1 一次电池

一次电池，又称“原电池”，即电池放电后不能用充电方法复原的一类电池，也就是只能使用一次的电池，如常用的锌锰干电池（锌、二氧化锰为两极活性物质，氯化铵溶液作电解液，工作电压 1.5V）、锌汞电池（锌、氧化汞为两极活性物质，35%～40%氢氧化钾溶液作电解液，工作电压 1.35V）、锌银电池（锌、氧化银为两极活性物质，氢氧化钾溶液作电解液，工作电压 1.5V）等。锌锰干电池是日常生活中常用的干电池，其结构如图 4-4 所示。

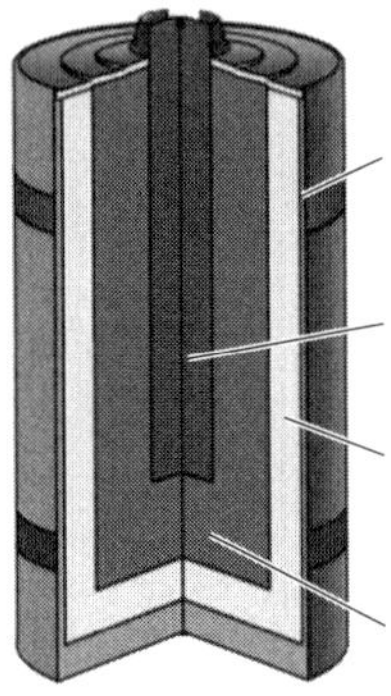

图 4-4 锌锰干电池结构

正极材料：MnO_2、石墨棒；负极材料：锌片；电解质：NH_4Cl、$ZnCl_2$ 的糊状混合物；电池符号可表示为

$$(-)Zn \mid ZnCl_2、NH_4Cl(糊状) \parallel MnO_2 \mid C(石墨)(+)$$

负极 $$Zn = Zn^{2+} + 2e^-$$

正极 $$2MnO_2 + 2NH_4^+ + 2e^- = Mn_2O_3 + 2NH_3 + H_2O$$

总反应 $$Zn + 2MnO_2 + 2NH_4^+ = Zn^{2+} + Mn_2O_3 + 2NH_3 + H_2O$$

锌锰干电池的电动势为 1.5V。因产生的 NH_3 被石墨吸附，引起电动势下降较快。在使用中锌皮腐蚀，电压逐渐下降，不能重新充电复原，因而不宜长时间连续使用。这种电池的电量小，在放电过程中容易发生气胀或漏液。而今体积小、性能好的碱性锌-锰干电池是用高导电的糊状 KOH 代替 NH_4Cl，使电解液由原来的中性变为离子导电性能更好的碱性，正极材料改用钢筒，MnO_2 层紧靠钢筒，负极也由锌片改为锌粉，反应面积成倍增加，使放电电流大幅度提高。碱性干电池的容量和放电时间也比普通干电池增加几倍，由于电池反应没有气体产生，内电阻较低，电动势为 1.5V，比较稳定。

4.4.2 二次电池

二次电池，又称“蓄电池”，即电池放电后，可用充电方法使活性物质复原从而再次使用的电池，这种电池能够循环使用多次。该电池实际上包括两个过程，一是充电过程，是将电能变为化学能贮存起来，二是放电过程，即电池工作时将化学能转变为电能。例如，铅蓄电池（铅、氧化铅为两极活性物质，硫酸溶液作电解液，工作电压 2.0V，循环寿命约 300 次）、镉镍电池（镉、氧化镍为两极活性物质，氢氧化钾溶液作电解液，工作电压 1.20V，循环寿命 2000～4000 次）等。

铅蓄电池（图 4-5）是用硬橡胶或透明塑料制成长方形外壳，用含锑 5%～8%的铅锑合金铸成格板，在正极格板上附着一层 PbO_2，负极格板上附着海绵状金属铅，两极均浸在一定浓度的硫酸溶液（密度为 1.25～1.28g·cm^{-3}）中，且两极间用微孔橡胶或微孔塑料隔

开。放电时，电极反应为

负极 $$Pb + SO_4^{2-} = PbSO_4 + 2e^-$$

正极 $$PbO_2 + SO_4^{2-} + 4H^+ + 2e^- = PbSO_4 + 2H_2O$$

总反应 $$Pb + PbO_2 + 2H_2SO_4 = 2PbSO_4 + 2H_2O$$

铅蓄电池的电压正常情况下保持 2.0V，当电压下降到 1.85V 时，即当放电进行到硫酸浓度降低，溶液密度达 $1.18g \cdot cm^{-3}$ 时停止放电，需要将蓄电池进行充电，其电极反应为

阴极 $$PbSO_4 + 2e^- = Pb + SO_4^{2-}$$

阳极 $$PbSO_4 + 2H_2O = PbO_2 + SO_4^{2-} + 4H^+ + 2e^-$$

总反应 $$2PbSO_4 + 2H_2O = Pb + PbO_2 + 2H_2SO_4$$

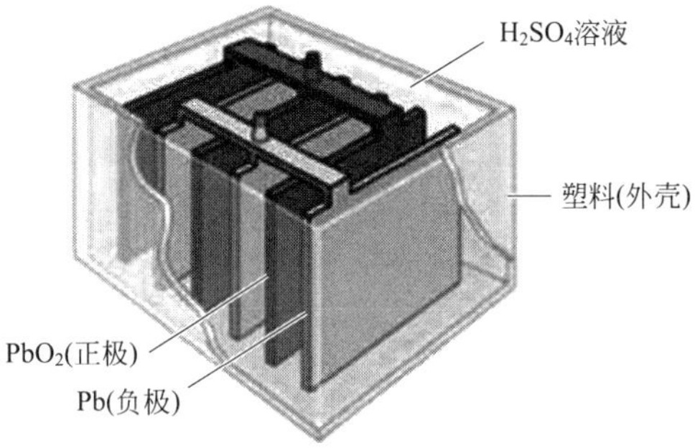

图 4-5 铅蓄电池

正常情况下，铅蓄电池的电动势是 2.0V，随着电池放电生成水，H_2SO_4 的浓度降低，故可以通过测量 H_2SO_4 的密度来检查蓄电池的放电情况。铅蓄电池具有充放电可逆性好、放电电流大、稳定可靠、价格便宜等优点，缺点是笨重，常用作汽车和柴油机车的启动电源与坑道、矿山和潜艇的动力电源，以及变电站的备用电源。

银锌蓄电池也是蓄电池的一种，是类似干电池的充电电池。银锌电池能量高、质量轻、体积小，是人造卫星、宇宙火箭、空间电视转播站等常用的电源。常见的纽扣电池也是银锌电池，它用不锈钢制成一个由正极壳和负极盖组成的小圆盒，盒内靠正极壳一端填充由 Ag_2O 和少量石墨组成的正极活性材料，负极盖一端填充锌汞合金作负极活性材料，电解质溶液为 KOH 浓溶液，溶液两边用羧甲基纤维素作隔膜，将电极与电解质溶液隔开。

负极 $$Zn + 2OH^- - 2e^- = Zn(OH)_2$$

正极 $$Ag_2O + H_2O + 2e^- = 2Ag + 2OH^-$$

银锌电池跟铅蓄电池一样，在使用（放电）一段时间后就要充电，充电过程表示如下：

阳极 $$2Ag + 2OH^- - 2e^- = Ag_2O + H_2O$$

阴极 $$Zn(OH)_2 + 2e^- = Zn + 2OH^-$$

总反应 $$Zn + Ag_2O + H_2O = Zn(OH)_2 + 2Ag$$

一粒纽扣电池的电压达 1.59V，安装在电子表里可使用两年之久。

4.4.3 贮备电池

贮备电池，又称“激活电池”。贮备期间，活性物质不与电解质直接接触，使用时注入电解液或电解质熔化，从而使电池处于待放电状态而具有活性，包括海水激活 Mg-AgCl 电

池、电解液激活 $Zn\text{-}Ag_2O$ 贮备电池、热激活 $Ca/LiCl\text{-}KCl/WO_3$ 和 $Ca/LiCl\text{-}KCl/CaCrO_4$ 电池等。例如镁-氯化银电池，电池反应：$Mg+2AgCl \xlongequal{} MgCl_2+2Ag$。

4.4.4 燃料电池

燃料电池，又称“连续电池”，是使燃料与氧化剂反应直接产生电流的一种原电池，所以燃料电池也是化学电源。这类电池，只要将活性物质（即燃料）连续注入电池，电池便能一直工作。因此，燃料电池是名副其实地把燃料燃烧反应的化学能直接转化为电能的“能量转换器”。燃料电池的正极和负极都用多孔炭和多孔镍、铂、铁等制成。从负极连续通入氢气、煤气、发生炉煤气、水煤气、甲烷等气体；从正极连续通入氧气或空气。电解液可以用碱（如氢氧化钠或氢氧化钾等）把两个电极隔开。化学反应的最终产物和燃烧时的产物相同。燃料电池的特点是能量利用率高，设备轻便，污染较小，能量转换率可达 70%以上。

当前广泛应用于空间技术的一种典型燃料电池就是氢氧燃料电池，它是一种高效低污染的新型电池，主要用于航天领域。它的电极材料一般为活化电极，如铂电极、活性炭电极等，碳电极上嵌有微细分散的铂等金属作催化剂，具有很强的催化活性。电解质溶液一般为 40%的 KOH 溶液。

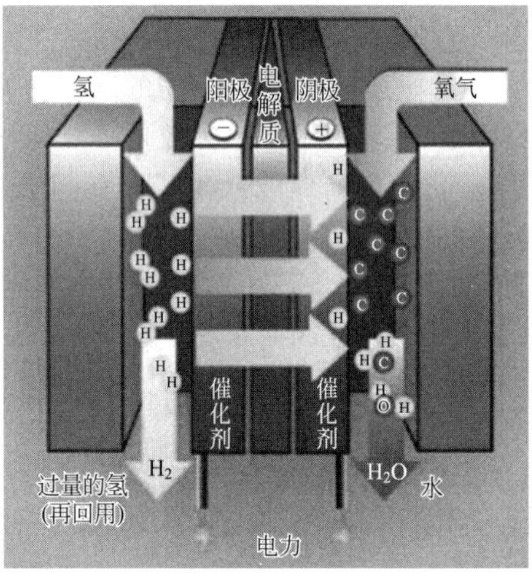

图 4-6　氢氧燃料电池的基本结构

氢氧燃料电池的基本结构如图 4-6 所示，由正极（氧化剂电极）、负极（燃料电极）和电解质构成，但其电极本身仅起催化和集流作用。燃料电池工作时，活性物质由外部供给，因此，原则上说，只要燃料和氧化剂不断地输入，反应产物不断地排出，燃料电池就可以连续放电，供应电能。原则上，可作为电池燃料和氧化剂的化学物质很多，但目前得到实际应用的只有氢氧燃料电池。氢气流经铂负极，催化解离为氢原子，再释放出电子形成氢离子，电子经外电路的负载后流到通氧气的催化正极，氧和水生成氢氧离子，再在电解液中与氢离子结合成水，因此氢氧燃料电池对环境无污染。燃料气体都是共价分子，反应过程必须先离子化，此过程速率较慢，所以筛选催化剂是关键问题之一。电池符号如下

$$(-)C \mid H_2(p) \mid KOH(aq) \mid O_2(p) \mid C(+)$$

电极反应为

负极　　$2H_2+4OH^- \xlongequal{} 4H_2O+4e^-$

正极　　$O_2+2H_2O+4e^- \xlongequal{} 4OH^-$

总反应　　$2H_2+O_2 \xlongequal{} 2H_2O$

当 H_2 和 O_2 的分压均为 100kPa，KOH 的浓度为 30%时，电池的理论电动势约为 1.23V。

4.5 电极材料

电极是电化学装置中的核心部分。电极材料应具有优良的电加性能，抗蚀性好，磨耗小，易于加工，成本低廉等特点。随着科学技术的发展，电极材料的种类不断增多，常用的电极材料包括金属与合金电极材料、碳电极材料、金属氧化物电极材料、陶瓷电极材料等等。

4.5.1 金属与合金电极材料

目前使用最广泛的电极材料是金属与合金材料，其中金属以 Ni、Fe、Pb、Pt、Hg、Ti 等用得最多。由一种金属与其他金属和非金属元素构成的合金作为电极材料可能比单一的金属电极材料具有更加优异的性能。如 Pt-Rh、Pt-Au、Pt-Pd 等。合金因为各元素的含量不同而据有不同的性能，因为合金的未成对电子 d 电子数目变化对电极材料的电催化性能有重大影响。Rh 合金上分子氧的吸附覆盖度随着合金中 Pt-Rh 原子含量的增大而增大。此外，由于合金表面的原子组成与体内的组成不同，合金的性能也将不同。

例如，纯铜电极合金材料，质地细密、加工稳定性好，相对电极合金材料耗损较小，适应性广，适于加工贯通模和型腔模，若采用细管电极合金材料可加工小孔，也可用电铸法将电极合金材料加工为复杂的三维形状，尤其适用于制造精密花纹模的电极合金材料，其缺点为精车、精磨等机械加工困难。黄铜电极合金材料，最适宜中小规准情况下加工，稳定性好，制造也较容易，其缺点是电极合金材料的耗损率较一般电极合金材料都大，不容易使被加工工件一次成形，所以只用在简单的模具加工，或通孔加工、取断丝锥等。铸铁电极合金材料，是目前国内广泛应用的一种材料，主要特点是制造容易、价格低廉、材料来源丰富、放电加工稳定性较好、机械加工性能好、与凸模粘接在一起成形磨削也较方便，特别适用于复合式脉冲电源加工，电极合金材料损耗一般达 20%以下，加工冷冲模具最合适。钢电极合金材料是我国应用比较广泛的电极合金材料，它和铸铁电极合金材料相比，加工稳定性差，效率也较低，但它可以把电极合金材料和冲头合为一体，一次成形，精度易保证，可减少冲头与电极合金材料的制造工时。

金属和合金除直接以块状的形式构成电极外，还可以将它们制成微小的金属颗粒，然后把它们分散在碳和其他导电基体上。如 Pt 是分子氧化还原的优良催化剂，但因为它的价格昂贵，使用时便使用负载型电极。为了增大电极的面积，可将金属电极材料制成多空结构。例如瑞尼（Raney）锂电极就是先用化学沉淀法制得 Ni-Zn 合金的前驱体，然后将合金中的 Zn 溶解掉，从而得到大面积的锂电极。

随着科学技术的发展，原位连续沉淀的金属材料已经成为金属材料制备的一个新构想。研究表明，电极反应的选择性在新鲜形成的洁净金属表面上与在块体金属电极上是不同的。如丙酮在块状的 Pb 或 Au 阴极上还原得到异丙酮，如果在有机物的还原过程中同时进行 Au 沉淀，在这种新鲜形成的表面上主要产物是频那醇（四甲基乙二醇）。阴极表面的连续再生为控制表面形貌和阴极活性提供了可能。例如 Au 在玻碳电极上的连续沉淀获得活性高、重现性好的表面。

4.5.2 碳电极材料

碳材料在工业电化学过程中占有重要地位，在铝、氟、氯电解制备和有机电合成中用碳材料制成电极，在燃料电极中碳材料用作电催化剂的载体，化学电源中碳粉是常用的导电剂。石墨具有六方晶体的结构，是碳元素的稳定形态，沿 c 轴方向上的电子电导率为 $1S \cdot cm^{-1}$（类似半导体随温度的升高而增大）；沿 a 轴方向上的电子电导率为 $10^5 S \cdot cm^{-1}$（类似金属随温度的升高而减小）。石墨的结构特点使它能够成为电化学嵌入反应的材料，小分子或离子可以嵌入到石墨的六方平面之间。

通常用的块状石墨电极和碳糊电极都是多晶体石墨，但是利用化学气相沉淀制备的“热解碳”却具有石墨单晶的性质。所谓的“高定向热解石墨”是将普通的石墨在3500℃下进行高压热处理得到的，它具有明确的石墨晶体结构。石墨表面实际不存在含氧功能团，而在棱面（与六方平面垂直面）上则存在羧基、醌基或内酯等表面含氧功能团，因此石墨的表面和棱面可表现出不同的电化学性质。

玻碳是由聚糖醇或酚醛树脂热解制得的碳材料，与石墨不同的是，玻碳具有各向同性的导电性能和物理化学性能。碳材料的品种在不断增加，值得一提的是网状碳，已被试用作为碳极材料。

近年来随着精密模具及高效模具（模具周期越来越短）的推出，人们对模具制作的要求越来越高，由于铜电极自身种种条件的限制，已越来越不能满足模具行业的发展要求。石墨作为电火花加工（EDM）电极材料，因其切削性高、重量轻、成形快、膨胀率极小、损耗小、修整容易、成本低等优点，在模具行业已得到广泛应用，代替铜电极已成为必然。

4.5.3 金属氧化物电极材料

金属氧化物通过法拉第氧化还原反应可以在其表面和体相内存储大量电荷，可作为电极材料。许多金属氧化物的导电性接近金属，RuO_2、MnO_2、PbO_2、NiO 等氧化物已被广泛使用。具有金红石结构的氧化物 RuO_2 是工业电解中的重要阳极材料，在室温下电导率为 $2\times10^4 \sim 3\times10^4 S \cdot cm^{-1}$，且随温度的升高而减小。1968 年，H. B. Beer 发明了“尺寸稳定阳极（DSA）”，其是在 Ti 金属基体上涂覆 TiO_2 和 RuO_2 微金混合物形成的阳极材料，这种材料适合作为高电流密度下氯和氧析出反应的阳极。以往常用石墨作为氯和氧析出反应的阳极，但由于石墨会与氯、氧反应而受腐蚀，随着电解时间延长，电解器中阳极与阴极间距不断增大，以致引起额外的欧姆电压降，而采用尺寸稳定的阳极不会发生类似情况。NiO 已被用于碱性溶液中水电解和有机合成。另外还有两大类金属氧化物备受化学界关注，即钙钛矿型氧化物和尖晶石型氧化物，钙钛矿型氧化物通式为 ABO_3，得名于 $CaTiO_3$，其氧离子和较大的金属离子 A 形成密堆积立方体，较小的金属离子 B 则占据由氧离子相排斥而形成的八面体空穴中。

电催化中研究最多的钙钛矿型氧化物是钠钨青铜 Na_xWO_3（$0<x<1$），这种非化学计量比的氧化物对某些有机反应和氧原子复合具有良好的催化活性。微量 Pt 存在于 Na_xWO_3 中明显增强对氧气还原的催化活性。

4.5.4 陶瓷电极材料

陶瓷材料如碳化物、硼化物和氮化物等，都是硬度大、耐磨性强、导电性好的高熔点材料，已被作为电极材料加以研究。如经过对多种碳化物进行比较，发现碳化钨（WC）上的 H_2 吸附行为与 Pt 上类似，因而对 H_2 氧化具有良好的催化活性。另外，碳化钨在酸性溶液中不受 CO 毒化，可在含 CO 的 H_2 气氛中工作。碳化钨的性能被解释为 C 的加入改变了 W 的电子结构使得 WC 的价带结构与 Pt 的类似。碳化钨也是甲醛、乙醛、甲酸、肼等氧化的优良催化剂，但不能使甲醛直接氧化。此外，发现 FeP_2、CoP_3 等对析氧反应也有较好的催化活性。被称为 Ebonex 的电极材料是组成主要为 Ti_4O_7 的陶瓷材料，它具有非常有趣的性质，在水溶液中非常稳定，可作为催化剂涂层的优良基体材料。另一方面，氧化还原电对在 Ebonex 表面上的反应速率很小，因此被提议作为无隔膜电解槽中的电极材料（Ce^{4+} 氧化再生过程中的阴极，或 EDTA 的去除和 Cu^{2+} 回收过程中的阳极）。陶瓷材料的性能强烈依赖于化学组成。

知识扩展

可穿戴的新型柔性电极材料

随着可穿戴智能设备以及可植入医疗器械的发展，具有高能量密度、功率密度以及长循环寿命的柔性电池成为研究的热点。由于特有的结构优势，二维材料成为理想的柔性电极材料。然而，目前已知的二维电极材料往往具有致密的原子排布，这使得锂离子在层间的传输遇到较大的位阻，从而导致较低的功率密度和能量密度。

例如，南京大学的研究人员以低成本的普通纤维布为原料制备了新型电极材料，并用此材料组装得到的固态电容器制成手环型柔性器件，成功为智能手机充电。柔性可穿戴式及便携式电子器件，要求驱动其工作的供能器件不仅能提供足够的功率密度和能量密度，还需具有良好的柔韧性。研究人员以复合双金属硫化物为设计思路，以低成本的普通纤维布为原料，通过物理镀银的方式制得柔性基体（可推广到所有纤维布），在纳米银的诱发成核作用下，通过控制硫化反应获得了新型柔性电极材料。

近期，在中国科学院院士李玉良的指导下，中科院青岛生物能源与过程研究所研究员黄长水带领的碳基材料与能源应用研究组首次设计合成了氟取代的石墨炔二维碳材料，应用于锂离子电池负极，显示出优异的电化学储能性能。

该研究组还报道了在不同基底上制备石墨炔、氮掺杂石墨炔、石墨炔负载铁。研究人员更是成功将氟原子引入石墨炔结构当中，制备得到新型碳基柔性电极材料，将极大地推动穿戴智能设备等所需柔性电池的发展。通过氟取代，使得石墨炔分子孔道扩大，从而具有优良的离子传输通道；同时，保留了石墨炔的基本框架和二维平面结构中的共轭体系，使其材料具有优异的导电性和载流子传输特性；尤其是碳氟键具有优良的循环储锂能力，不仅增加了材料的储锂位点，同时碳氟键与电解液具有很好的相容性，可以大大降低界面阻抗，从而提高循环稳定性。这些研究成果为溶液法制备大面积性能优异的柔性电极材料提供了研究思路，开创了新型储能器件电极材料研究的一个新方向。

思考题

4-1 原电池的组成有哪些？

4-2 在原电池中盐桥的作用是什么？

4-3 氧化剂一定是电极电势大的电对的氧化态，还原剂是电极电势小的电对的还原态。该叙述是否正确？并说明原因。

4-4 如何用图示表示原电池？

4-5 什么叫作标准电极电势？标准电极电势的正负号是怎么确定的？

4-6 原电池的电极反应与氧化还原半反应式的对应关系如何？

4-7 原电池放电时，其电动势如何变化？当电池反应达到平衡时，电动势等于多少？

4-8 怎样利用电极电势来判断原电池的正、负极，并计算原电池的电动势？

4-9 用电动势或电极电势判断反应方向时，什么情况下可以不考虑浓度的影响？

4-10 电池的电动势与离子浓度的关系如何？电极电势与离子浓度的关系如何？

4-11 下列电对中，若增加 H^+ 的浓度，其氧化性增大的是

A. Cu^{2+}/Cu　　B. $Cr_2O_7^{2-}/Cr^{3+}$　　C. Fe^{3+}/Fe^{2+}　　D. Cl_2/Cl^-

4-12 下列都是常见的氧化剂，其中氧化能力与溶液 pH 的大小无关的是

A. $K_2Cr_2O_7$　　B. PbO_2　　C. O_2　　D. $FeCl_3$

4-13 同一种金属及其盐溶液能否组成原电池？试举出两种不同情况的例子。

4-14 判断氧化还原反应进行方向的原则是什么？什么情况下必须用 $\varphi^{\ominus}$ 值？什么情况下可以用 $\varphi^{\ominus}$ 值？

4-15 对于电对 Zn^{2+}/Zn，增大 Zn^{2+} 的浓度，则其标准电极电势值将

A. 增大　　B. 减小　　C. 不变　　D. 无法判断

4-16 下列关于标准氢电极的叙述是否正确。

(1) 标准氢电极是指将吸附纯氢气（1.01×10^5 Pa）达饱和的镀铂黑的铂片浸在 H^+ 浓度为 $1mol\cdot dm^{-3}$ 的酸性溶液中组成的电极。

(2) 使用标准氢电极可以测定所有金属的标准电极电势。

(3) H_2 分压为 1.01×10^5 Pa，H^+ 的浓度已知但不是 $1mol\cdot dm^{-3}$ 的氢电极也可用来测定其他电极电势。

(4) 任何一个电极的电势绝对值都无法测得，电极电势是指定标准氢电极的电势为 0 而测出的相对电势。

4-17 以 Fe^{3+}/Fe^{2+} 作原电池的正极，以 H^+/H_2 作原电池的负极，其原电池符号是什么？

4-18 判断氧化还原反应进行程度的原则是什么？与 E 有关，还是只与 $E^{\ominus}$ 有关？

4-19 试从有关电对的电极电势，说明为什么常在 $SnCl_2$ 溶液中加入少量纯锡粒以防止 Sn^{2+} 被空气（O_2）氧化？

4-20 根据 $\varphi^{\ominus}(PbO_2/PbSO_4)>\varphi^{\ominus}(MnO_4^-/Mn^{2+})>\varphi^{\ominus}(Sn^{4+}/Sn^{2+})$，可以判断在组成电对的六种物质中，氧化性最强的是________，还原性最强的是________。

4-21 随着溶液的 pH 增加，下列电对 $Cr_2O_7^{2-}/Cr^{3+}$、Cl_2/Cl^-、MnO_4^-/MnO_4^{2-} 的 φ 值将分别________、________、________。

4-22 由标准锌半电池和标准铜半电池组成原电池：

$$(-)Zn|ZnSO_4(1mol\cdot dm^{-3})\parallel CuSO_4(1mol\cdot dm^{-3})|Cu(+)$$

(1) 改变下列条件对原电池电动势有何影响？

(a) 增加 $ZnSO_4$ 溶液的浓度；

(b) 在 $ZnSO_4$ 溶液中加入过量的 NaOH；

(c) 增加铜片的电极表面积；

(d) 在 $CuSO_4$ 溶液中加入 H_2S。

(2) 当铜-锌原电池工作半小时以后，原电池的电动势是否会发生变化？为什么？

4-23 已知下列反应均按正方向进行：$2FeCl_3 + SnCl_2 = 2FeCl_2 + SnCl_4$

$$2KMnO_4 + 10FeSO_4 + 8H_2SO_4 = 2MnSO_4 + 5Fe_2(SO_4)_3 + K_2SO_4 + 8H_2O$$

在上述这些物质中，最强的氧化剂是________，最强的还原剂是________。

4-24 试写出铅蓄电池放电时的两极反应。

4-25 燃料电池的组成有何特点？试写出氢氧燃料电池的两极反应及电池总反应式。

4-26 常用电极材料有哪些？各电极材料的特性是什么？

习 题

4-1 判断题

(1) 原电池的 $E^{\ominus}$ 越大，$K^{\ominus}$ 越大，所以电池反应的速率越快。 ( )

(2) 有两个原电池，测得其电动势相等，这表明两原电池中反应的 $\Delta_r G^{\ominus}$ 值也相等。 ( )

(3) 原电池中，正极上发生还原反应。 ( )

(4) 对于氧化还原反应而言，电动势越大，氧化剂的氧化性越大。 ( )

(5) 对某一化学反应，其标准平衡常数 $K^{\ominus}$ 和电动势 E 的数值，都随化学计量数的不同选配而异。 ( )

(6) 电极电势大的电对，其氧化态和还原态是强的氧化剂和强的还原剂。 ( )

(7) 氧化还原电对中，当还原型物质生成沉淀时其还原能力将减弱。 ( )

(8) 原电池中，负极上发生氧化反应。 ( )

4-2 填空题

(1) 实验证实下列反应在标准条件下均按正方向进行：

$$2I^- + 2Fe^{3+} = 2Fe^{2+} + I_2$$

$$Br_2 + 2Fe^{2+} = 2Fe^{3+} + 2Br^-$$

由此判断下列标准电极电势代数值从小到大的排列顺序是__________。

(2) $2HgCl_2(aq) + SnCl_2(aq) \rightleftharpoons SnCl_4(aq) + Hg_2Cl_2(s)$ 构成电池的标准电动势 $E^{\ominus}$ 为 0.476V，$\varphi^{\ominus}(Sn^{4+}/Sn^{2+}) = 0.154V$，则 $\varphi^{\ominus}(HgCl_2/Hg_2Cl_2)$ 为________ V。

(3) 反应 $2MnO_4^-(aq) + 10Br^-(aq) + 16H^+(aq) \rightleftharpoons 2Mn^{2+}(aq) + 5Br_2(l) + 8H_2O(l)$ 的电池符号为：____________________。

(4) 将氢电极（$p_{H_2} = 100kPa$）插入纯水中与标准氢电极组成原电池，则电池的电动势 E 为________ V。

4-3 在给定条件下，已知 $\varphi(MnO_4^-/Mn^{2+}) > \varphi(Br_2/Br^-) > \varphi(I_2/I^-)$，判断下列反应能否发生？若能反应，写出反应产物并配平。

(1) $KMnO_4 + KBr + H_2SO_4 \longrightarrow$

(2) $Br_2 + KI \longrightarrow$

(3) 用图示表示利用反应 (1) 组成的自发原电池。

4-4 已知 $E^{\ominus}(Br/Br^-) = 1.07V$，$E^{\ominus}(Fe^{3+}/Fe^{2+}) = 0.77V$，在 25℃ 利用下列反应组成原电池。

(1) 计算该原电池的 $E^{\ominus}$。

(2) 写出原电池图示。

4-5 根据电对 Cu^{2+}/Cu、Fe^{3+}/Fe^{2+}、Fe^{2+}/Fe 的电极反应的标准电极电势值，指出下列各组物质中哪些可以共存，哪些不能共存，并说明理由。

(1) Cu^{2+}、Fe^{2+}；(2) Fe^{3+}、Fe；(3) Cu^{2+}、Fe；(4) Fe^{3+}、Cu；(5) Fe^{2+}、Cu

4-6 查出下列电对的电极反应的标准电极电势值，判断各组中哪种物质是最强的氧化剂，哪种物质是最强的还原剂？

(1) MnO_4^-/Mn^{2+}，Fe^{3+}/Fe^{2+}； (2) $Cr_2O_7^{2-}/Cr^{3+}$，$CrO_4^{2-}/Cr(OH)_3$； (3) Cu^{2+}/Cu，Fe^{3+}/Fe^{2+}，Fe^{2+}/Fe

4-7 已知原电池(−)Cd | Cd^{2+} ‖ Ag^+ | Ag(+)

(1) 写出电池反应；

(2) 计算平衡常数 $K^{\ominus}$。

$E^{\ominus}_{Ag^+/Ag}=0.799V$，$E^{\ominus}_{Cd^{2+}/Cd}=-0.403V$。

4-8 高锰酸钾溶液在 pH=6 时，溶液中的 $c(MnO_4^-)=c(Mn^{2+})=1.0mol\cdot dm^{-3}$，求 $\varphi(MnO_4^-/Mn^{2+})$ 值。已知 $\varphi^{\ominus}(MnO_4^-/Mn^{2+})=1.507V$。

4-9 求下列原电池的电动势，写出电池反应。

(1) Zn|Zn^{2+}(0.010mol·dm^{-3}) ‖ Ni^{2+}(0.0010mol·dm^{-3})|Ni

(2) Zn|Zn^{2+}(0.10mol·dm^{-3}) ‖ Cu^{2+}(0.010mol·dm^{-3})|Cu

(3) Pt|Fe^{3+}(0.10mol·dm^{-3}),Fe^{2+}(0.010mol·dm^{-3}) ‖ Cl^-(2.0mol·dm^{-3})|$Cl_2(p^{\ominus})$|Pt

(4) Fe|Fe^{2+}(0.010mol·dm^{-3}) ‖ Ni^{2+}(0.10mol·dm^{-3})|Ni

(5) Ag|Ag^+(0.010mol·dm^{-3}) ‖ Ag^+(0.10mol·dm^{-3})|Ag

4-10 有一电池：Pt|H_2(50.7kPa)|H^+(0.50mol·dm^{-3}) ‖ Sn^{4+}(0.70mol·dm^{-3}),Sn^{2+}(0.50mol·dm^{-3})|Pt

(1) 写出半电池反应；

(2) 写出电池反应；

(3) 计算电池的电动势 E；

(4) $E=0$ 时，保持 $p(H_2)$、$c(H^+)$ 不变的情况下，$c(Sn^{2+})/c(Sn^{4+})$ 是多少？

4-11 求下列电极在 25℃时的电极反应的电极电势。

(1) 100kPa 的 $H_2(g)$ 通入 0.10mol·dm^{-3} 的盐酸溶液中；

(2) 在 1dm^3 上述 (1) 的溶液中加入 0.1mol 固体 NaOH；

(3) 在 1dm^3 上述 (1) 的溶液中加入 0.1mol 固体 NaAc。(忽略加入固体引起的溶液体积变化。)

4-12 计算 25℃，$p(O_2)=101.325kPa$ 时，中性溶液中 $\varphi(O_2/OH^-)$的值。

4-13 某原电池中的一个半电池是由金属银片浸在 1.0mol·dm^{-3} Ag^+ 溶液中组成的；另一半电池是由银片浸在 $c(Br^-)$ 为 1.0mol·dm^{-3} 的 AgBr 饱和溶液中组成的。后者为负极，测得电池电动势为 0.728V。计算 $\varphi^{\ominus}(AgBr/Ag)$和 $K^{\ominus}_{sp}(AgBr)$。

4-14 某原电池中的一个半电池是由金属钴 (Co) 浸在 1.0mol·dm^{-3} 的 Co^{2+} 溶液中组成的，另一半电池是由铂片 (Pt) 浸于 1.0mol·dm^{-3} 的 Cl^- 溶液中，并不断通入 Cl_2[$p(Cl_2)$为 101.325kPa] 组成。实验测得电池的电动势为 1.63V，钴电极为负极。已知 $\varphi^{\ominus}(Cl_2/Cl^-)=1.36V$，回答下列问题：

(1) 写出电池反应方程式。

(2) $\varphi^{\ominus}(Co^{2+}/Co)$为多少？

(3) $p(Cl_2)$ 增大时，电池的电动势将如何变化？

(4) 当 Co^{2+} 浓度为 0.010mol·dm^{-3}，电池的电动势是多少？

4-15 已知某原电池的正极是氢电极 [$p(H_2)=101.325kPa$]，负极的电极电势是恒定的。当氢电极中 pH=4.008 时，该电池的电动势是 0.412V，如果氢电极中所用的溶液改为一未知 (H^+) 的缓冲溶液，又重新测得原电池的电动势为 0.427V。计算该缓冲溶液的 H^+ 浓度和 pH。如该缓冲溶液中 $c(HA)=c(A^-)=1.0mol\cdot dm^{-3}$，求该弱酸 HA 的解离常数。

4-16 若参加下列反应的各离子浓度均为 1.0mol·dm^{-3}，气体的压力 $p^{\ominus}=100kPa$，试判断各反应能否正向进行。

（1）$Sn^{2+} + 2Fe^{3+} \longrightarrow 2Fe^{2+} + Sn^{4+}$

（2）$2Fe^{2+} + Cu^{2+} \longrightarrow Cu + 2Fe^{3+}$

（3）$2MnO_4^- + 5H_2O_2 + 6H^+ \longrightarrow 2Mn^{2+} + 5O_2 + 8H_2O$

4-17 已知下列原电池：

$$(-)Pt|Sn^{2+}(1mol\cdot dm^{-3}),Sn^{4+}(1mol\cdot dm^{-3})\|Cl^-(1mol\cdot dm^{-3})|AgCl|Ag(+)$$

（1）试写出电极反应和电池反应；

（2）求电池反应的 $\Delta_r G_m^{\ominus}$，并判断电池反应进行的方向。

第5章 物质结构基础

获取本章微课
微信扫码

学习要求

（1）了解原子核外电子运动的基本特征，掌握 s、p、d 轨道波函数及电子云空间分布情况。

（2）掌握原子核外电子分布的一般规律及其与元素周期表的关系，了解元素按 s、p、d、ds、f 分区的情况；联系原子结构和元素周期表，了解元素某些性质递变的情况。

（3）了解化学键的本质，掌握共价键键长、键角等概念。

（4）掌握杂化轨道理论的要点，能用该理论说明一些分子的空间构型。

（5）了解分子间相互作用力和晶体结构及对物理性质的影响。

5.1 氢原子结构的近代概念

5.1.1 玻尔理论和氢原子光谱

（1）氢原子光谱

氢原子光谱是氢原子内的电子在不同能级跃迁时发射或吸收不同频率的光子形成的光谱。氢原子光谱为不连续的线光谱。

氢原子光谱由 A. 埃斯特朗首先从氢放电管中获得，后来 W. 哈根斯和 H. 沃格耳等在拍摄恒星光谱中也发现了氢原子光谱线。到 1885 年已在可见光和近紫外光谱区发现了氢原子光谱的 14 条谱线，谱线强度和间隔都沿着短波方向递减。其中可见光区有 4 条，分别用 H_α、H_β、H_γ、H_δ 表示，其波长的粗略值分别为 656.28nm、486.13nm、434.05nm、410.17nm。图 5-1 是氢原子可见光谱。

氢原子由一个质子和一个电子构成，是最简单的原子，因此其光谱一直是了解物质结构理论的主要依据。研究其光谱，可以借由外界提供能量，使氢原子内的电子跃迁至高能级后，在跳回低能级的同时，会放出跃迁量等同两个能级之间能量差的光子，再以光栅、棱镜或干涉仪分析其光子能量、强度，就可以得到其发射光谱的明线。以一定能量、强度的光源照射氢原子，则等同其能级能量差的光子会被氢原子吸收，得到其吸收

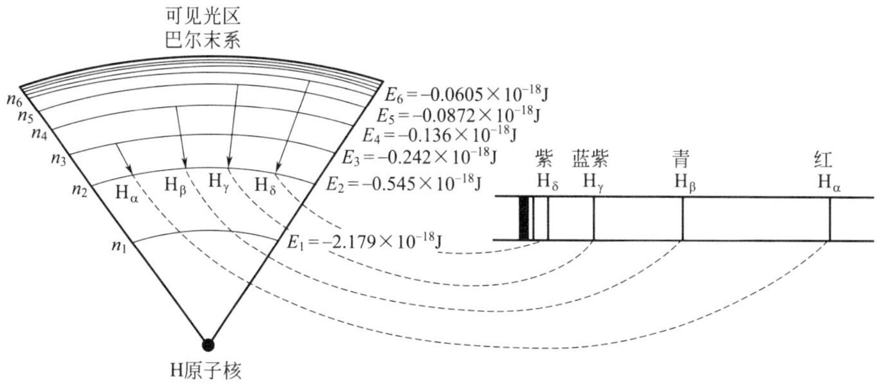

图 5-1 氢原子可见光谱

光谱的暗线。图 5-2 是氢原子光谱实验示意图。

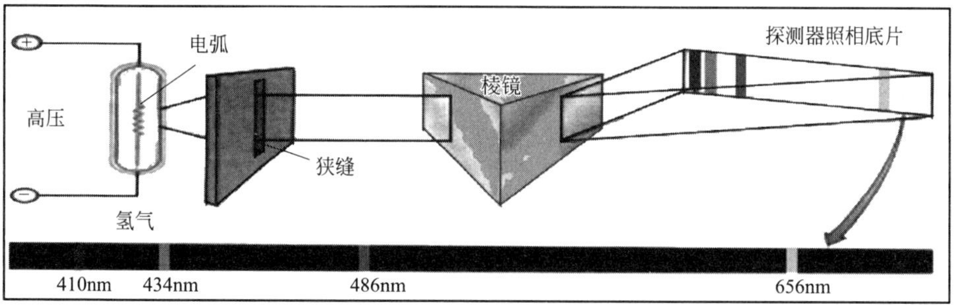

图 5-2 氢原子光谱实验示意图

问题：如何解释氢原子光谱，特别是氢原子光谱的不连续性。

(2) 玻尔理论的要点

玻尔理论是 1913 年丹麦物理学家 N. 玻尔结合 M. 普朗克的量子概念、A. 爱因斯坦的光子概念和 E. 卢瑟福的原子模型而提出的原子结构理论。

玻尔理论的要点：

① 行星模型 氢原子核外电子是处在一定的线性轨道上绕核运行的，正如太阳系的行星绕太阳运行一样。

② 定态假设 原子只能处于一系列不连续的能量的状态中，在这些状态中原子是稳定的，这些状态叫**定态**。原子的不同能量状态跟电子沿不同的圆形轨道绕核运动相对应，原子的定态是不连续的，因此电子的可能轨道的分布也是不连续的，电子在这些可能轨道上的运动是一种驻波形式的振动。

③ 跃迁假设 原子系统从一个定态过渡到另一个定态，伴随着光辐射量子的发射或吸收。发射或吸收的光子的能量由这两种定态的能量差决定，即 $h\nu=E_{初}-E_{末}$。在正常情况下，原子中的电子尽可能处在离核最近的轨道上，这时原子的能量最低，即原子处于基态。

④ 轨道量子化 电子绕核运动，其轨道半径（r）不是任意的，只有电子在轨道上的角动量满足下列条件的轨道才是可能的：$mvr=nh/(2\pi)(n=1, 2, 3, \cdots)$。式中，$n$ 是正整数，称为量子数；h 为普朗克常数，其值约为 6.626×10^{-34}，单位是 J·s。

(3) 玻尔理论的成功及局限性

玻尔理论，开启了人们正确认识原子结构的大门。玻尔的氢原子理论第一次将量子观念引入原子领域，提出了定态和跃迁的概念，成功地解释了氢原子光谱的实验规律。氢原子在正常情况下，电子处于基态，不会发光。当氢原子受到放电等能量激发时，电子由基态跃迁到激发态。但处于激发态的电子是不稳定的，它可以自发地回到能量较低的轨道，并以光子的形式释放出能量。因为两个能级间的能量差是确定的，所以发射出来的射线有确定频率，即造成氢原子光谱是不连续的线状光谱。如氢原子可见光谱的 4 条谱线：红线（H_α）、青线（H_β）、蓝紫线（H_γ）、紫线（H_δ），就是电子从 $n=3$，4，5，6 能级跃迁到 $n=2$ 能级时所放出的辐射。

玻尔所提出的概念如量子化、能级和电子跃迁等，至今仍被广泛采用。由于他在原子理论和原子辐射方面做出的卓越贡献，获得了 1922 年的诺贝尔（Nobel）物理学奖。

然而，玻尔的量子论毕竟是建立在经典物理学的基础上，存在问题和局限性是难以避免的。如无法解释多电子原子的光谱和氢原子光谱的精细结构，玻尔假设的平面轨道与电子围绕原子核呈球形对称的现象也不符合等。

玻尔理论被人们划定为旧量子论。新量子力学就是在解决旧量子论问题的过程中，继承和发展了物理学的新成果，向人们展示了原子结构的真实面貌。

问题：如何解释多电子原子的光谱和氢原子光谱的精细结构。这需要考虑电子的波粒二象性。

5.1.2 氢原子结构的近代概念

(1) 核外电子运动的波粒二象性

1924 年法国物理学家德布罗意（de Broglie）提出微观粒子具有波粒二象性的假设。他指出，和光一样，实物粒子也可能具有波动性，即实物粒子具有波动-粒子二象性。

“微粒性”是指运动着的微观粒子具有一定的动能和动量，它们的大小决定微粒的质量和速度。

“波动性”是指微观粒子在运动中，表现出波的特性，具有一定的波长、频率，能发生衍射和干涉等现象。

德布罗意依据爱因斯坦质能公式、光子的能量公式，推导出微观粒子的粒子性和波动性相关联的公式。

爱因斯坦质能公式

$$E=mc^2 \tag{5-1}$$

式中，E 为能量；m 为质量；c 为光速（常量，$c=299792.458\text{km}\cdot\text{s}^{-1}$）。

光子的能量公式

$$E=h\nu \tag{5-2}$$

式中，E 为能量；ν 为微观粒子的频率；h 为普朗克常数（$h=6.626\times10^{-34}\text{J}\cdot\text{s}$）。

$$mc^2=h\nu=hc/\lambda \tag{5-3}$$

$$mc=h/\lambda$$

用 P 表示动量，则 $P=mc$，则有

$$P=h/\lambda \quad 或 \quad \lambda=h/P=h/mc \tag{5-4}$$

式中，动量 P 表示粒子性的物理量；波长 λ 表示波动性的物理量。二者通过普朗克常数联系起来，这也是著名的德布罗意关系式，揭示了微观粒子的波粒二象性。1929 年德布罗意

荣获 Nobel 物理学奖。

(2) 电子具有波动性的证实——电子衍射实验

根据德布罗意假设，电子也会具有干涉和衍射等波动现象。1927 年美国科学家戴维逊和革末首次实验验证了德布罗意关于微观粒子具有波粒二象性的理论假说，奠定了现代量子物理学的实验基础。而对电子衍射实验进行系统的、有意识的观察的是英国的 G. P. 汤姆逊，因此戴维逊和汤姆逊共同获得 1937 年的 Nobel 奖。图 5-3 是电子衍射实验示意图。

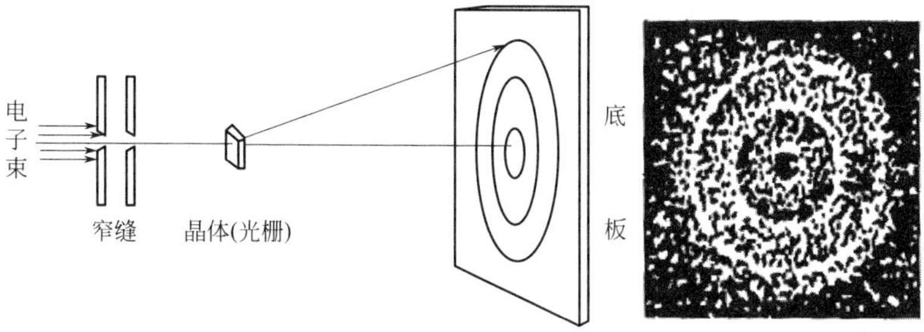

图 5-3　电子衍射实验示意图

电子是实物粒子，而衍射现象是波的特性，电子的衍射实验说明电子具有波动性，亮条纹表示电子到达的概率大，暗条纹表示电子到达的概率小。

电子衍射实验证实了电子确实具有波动性，以后，人们通过实验又观察到原子、分子等微观粒子都具有波动性。德布罗意的理论作为大胆假设而得到证实。图 5-4 是金属箔的电子衍射图像。

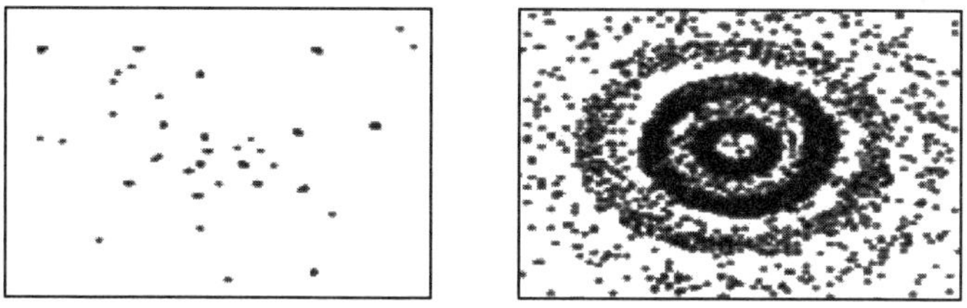

(a) 实验时间不长　　(b) 实验时间较长

图 5-4　金属箔的电子衍射图像

在电子衍射实验中，设法控制实验的速度，让电子一个一个从金属箔中射出来，实验时间较短，则在照相底片上出现若干不规则分布的感光点，见图 5-4(a)，这表明电子显粒子性；若实验时间较长，底片上就形成了衍射环纹，见图 5-4(b)，这显示出了电子的波动性。

显然，对一个微粒（电子）的一次行为，不能确定它究竟要落在哪一点，但若重复进行许多次相同的实验，则能显示出电子在空间位置上出现衍射环纹的规律，所以电子的波动性是电子无数次行为的统计结果。

通过上述分析，可以得出以下结论：

① 电子的波动性是电子无数次行为的统计结果，电子的波是一种具有统计性的概率波，具有波动性的电子运动没有确定的运动轨道。

② 原子核外电子运动有量子化、波粒二象性、统计性三大特征。

很明显，原子核外电子的运动规律，不能用经典牛顿力学来描述，应该用量子力学来描述。

(3) 波函数、原子轨道和量子数

1) 氢原子核外电子运动状态的描述——薛定谔（Schrödinger）方程

1926 年，奥地利物理学家薛定谔根据微观粒子的波粒二象性，运用德布罗意关系式，联系光的波动方程，类比推演出氢原子的波动方程，即为薛定谔方程。此方程是一个二阶偏微分方程

$$\frac{\partial^2\psi}{\partial x^2}+\frac{\partial^2\psi}{\partial y^2}+\frac{\partial^2\psi}{\partial z^2}+\frac{8\pi^2 m}{h^2}(E-V)\psi=0 \tag{5-5}$$

式中，ψ 为波函数，是空间坐标 x、y、z 的函数；E 为核外电子总能量；V 为核外电子的势能；h 为普朗克常数；m 为电子的质量。求解薛定谔方程，可以得到的解——波函数 $\psi(x,y,z)$ 及与这个解相应的能量 E 值。

薛定谔方程在量子力学中的地位相当于牛顿运动定律在经典力学中的地位。正是由于薛定谔在发展原子理论方面的工作，他获得了 1933 年的 Nobel 奖。

习惯上仍把波函数（ψ）称为原子轨道，但需明确 ψ 是描述核外电子运动状态的数学表达式，每个波函数 ψ 代表电子的一种运动状态。

原子中电子运动状态的波函数以球坐标（r,θ,φ）表示比用直角坐标（x,y,z）更为方便合理。

设原子核在坐标原点 O 上，P 点为核外电子的位置，r 为从 P 点到球坐标原点 O 的距离（即电子离核的距离），θ 为 z 轴与 OP 间的夹角，φ 为 x 轴与 OP 在 xOy 平面上的投影 OP' 的夹角。图 5-5 为球坐标系与直角坐标系的关系图。

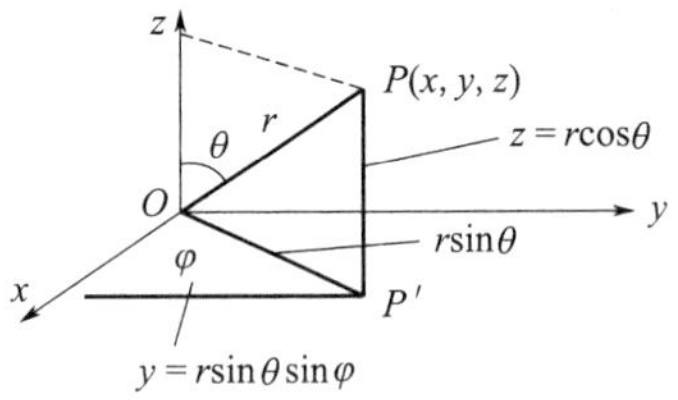

图 5-5 球坐标系与直角坐标系的关系图

坐标变换后，$\psi(x,y,z)$ 转换成用 r，θ，φ 为变量的 $\psi(r,\theta,\varphi)$，见表 5-1。波函数 $\psi(x,y,z)$ 可以用径向波函数 R 和角度分布函数 Y 的乘积来表示

$$\psi(r,\theta,\varphi)=R(r)\cdot Y(\theta,\varphi) \tag{5-6}$$

式中，$R(r)$ 称为径向波函数，代表了波函数或原子轨道离原子核的距离；$Y(\theta,\varphi)$称为角度波函数，代表了波函数或原子轨道的形状、取向。

表 5-1 氢原子的波函数（a_0 为玻尔半径）

轨道	$\psi(r,\theta,\varphi)$	$R(r)$	$Y(\theta,\varphi)$
1s	$\sqrt{\frac{1}{\pi a_0^3}}e^{-r/a_0}$	$2\sqrt{\frac{1}{a_0^3}}e^{-r/a_0}$	$\sqrt{\frac{1}{4\pi}}$
2s	$\frac{1}{4}\sqrt{\frac{1}{2\pi a_0^3}}\left(2-\frac{r}{a_0}\right)e^{-r/2a_0}$	$\sqrt{\frac{1}{8a_0^3}}\left(2-\frac{r}{a_0}\right)e^{-r/2a_0}$	$\sqrt{\frac{1}{4\pi}}$
$2p_z$	$\frac{1}{4}\sqrt{\frac{1}{2\pi a_0^3}}\left(\frac{r}{a_0}\right)e^{-r/2a_0}\cos\theta$		$\sqrt{\frac{3}{4\pi}}\cos\theta$
$2p_x$	$\frac{1}{4}\sqrt{\frac{1}{2\pi a_0^3}}\left(\frac{r}{a_0}\right)e^{-r/2a_0}\sin\theta\cos\varphi$	$\sqrt{\frac{1}{24a_0^3}}\left(\frac{r}{a_0}\right)e^{-r/2a_0}$	$\sqrt{\frac{3}{4\pi}}\sin\theta\cos\varphi$
$2p_y$	$\frac{1}{4}\sqrt{\frac{1}{2\pi a_0^3}}\left(\frac{r}{a_0}\right)e^{-r/2a_0}\sin\theta\sin\varphi$		$\sqrt{\frac{3}{4\pi}}\sin\theta\sin\varphi$

2）量子数（n，l，m）的物理意义、取值及相互关系

波函数 ψ 是描述原子处于定态时电子运动状态的数学函数式。核外电子是在原子核吸引作用下的球形空间中运动，要得到每一个波函数的合理解，必须限定一组 n、l、m 允许取值，只有 n、l、m 一定，ψ 表达式才能确定，即电子的运动状态才能确定。

① 主量子数 n

物理意义：确定原子轨道（波函数）的大小或电子离原子核的远近。

取值：$n=1$，2，3，4，…，∞。

符号：　　K，L，M，N，…

具有相同主量子数的电子构成一层电子层。主量子数决定电子层数。

② 角量子数 l

物理意义：确定原子轨道（波函数）的形状。

取值：$l=0$，1，2，3，4，…，$n-1$。

符号：　　s，p，d，f，g，…

s、p、d 轨道形状可以分别用“球形”“双球形”“花瓣形”来形容，见图 5-6。在同一电子层（n 相同）中具有相同 l 值的电子，同属一电子亚层。

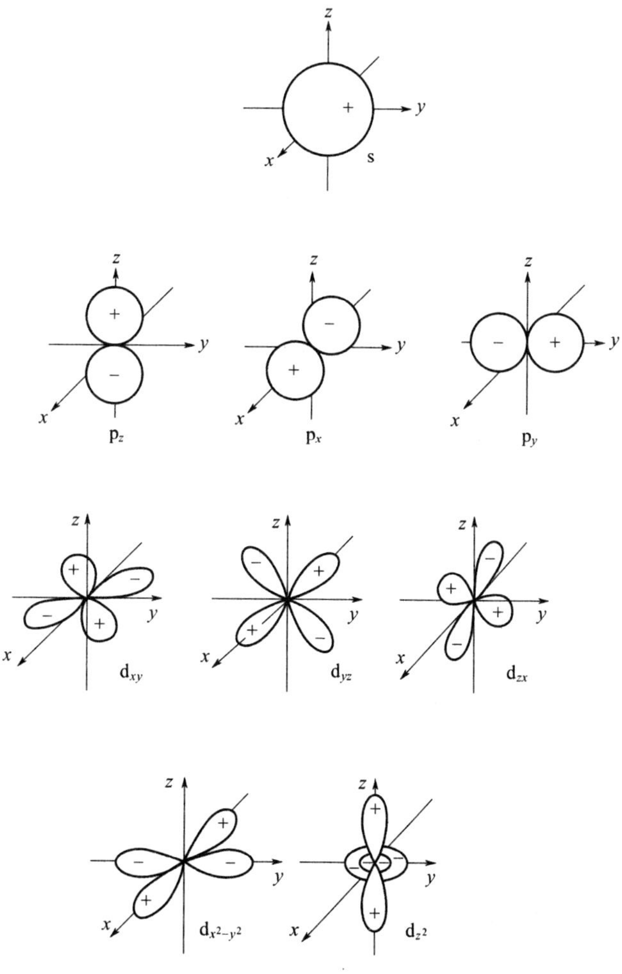

图 5-6　s、p、d 原子轨道的角度分布平面图

③ 磁量子数 m

物理意义：确定原子轨道（波函数）在空间的取向。

取值：$m=0$，±1，±2，±3，±4，…，$\pm l$。

注意：每一个电子亚层可由 m 个不同方向的原子轨道组成，由磁量子数确定。

$l=0$，$m=0$ 表示 s 轨道在空间只有一种伸展方向，见图 5-6。

$l=1$，$m=0$、±1 表示 p 轨道在空间有三种伸展方向，见图 5-6。

$l=2$，$m=0$、±1、±2 表示 d 轨道在空间有五种伸展方向，见图 5-6。

$l=3$，$m=0$、±1、±2、±3 表示 f 轨道在空间有七种伸展方向。

从上面可以看到：l 取值受 n 的数值限制，m 取值又受到 l 的数值限制。而三个量子数的每一种组合（n，l，m），便有一个确定的原子轨道或波函数，即

三个量子数的组合数＝原子轨道的数目＝波函数的数目

氢原子轨道与 n、l、m 三个量子数的关系列入表 5-2 中。

表 5-2　氢原子轨道与三个量子数的关系

n	l	m	轨道名称	轨道数
1	0	0	1s	1
2	0	0	2s	1 } 4
2	1	0，±1	2p	3
3	0	0	3s	1 } 9
3	1	0，±1	3p	3
3	2	0，±1，±2	3d	5
4	0	0	4s	1 } 16
4	1	0，±1	4p	3
4	2	0，±1，±2	4d	5
4	3	0，±1，±2，±3	4f	7

如 $n=2$ 时的三个量子点的组合数为

$$
\begin{array}{lll}
n & 2 & \\
l & 0 & 1 \\
m & 0 & 0,\ \pm1
\end{array}
$$

三个量子数的组合数（2，0，0）、（2，1，0）、（2，1，1）、（2，1，－1），即有 4 个原子轨道（波函数），参见表 5-1。

④ 自旋量子数 m_s

在用精密光谱仪器研究原子光谱时，发现大多数谱线都不只是一条，而是两条挨得很近的谱线。为了解释光谱的这种精细结构，提出了在核外运动的电子除一定的空间运动外，本身还有自旋运动。

物理意义：确定电子的自旋方向。

取值：$\pm1/2$（二种自旋方向）。

总之，n、l、m 取值一定，原子轨道也确定，对应的能量也就可以确定，如：

核外电子运动
- 轨道运动
  - 主量子数n
  - 角量子数l
  - 磁量子数m
- 自旋运动 → 自旋量子数m_s

↓

与一套量子数相对应(自然也有一个能量E_i)

(4) 概率密度（Ψ^2）及它们的形象化表示——电子云图形

1）基本概念

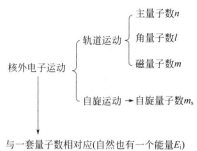

波函数 本身虽不能与任何可以观察的物理量相联系，但波函数平方 ψ^2 可以反映电子在空间某位置上单位体积内出现的概率大小，即概率密度。例如，由式(5-6)可知，氢原子基态波函数的平方为

$$\psi^2=\frac{1}{\pi a_0^3}e^{-2r/a_0} \tag{5-7}$$

式(5-7)表明 1s 电子出现的概率密度是电子离原子核距离 r 的函数。r 越小，电子离原子核越近，出现的概率密度越大；反之，r 越大，电子离核越远，出现的概率密度越小。若以黑点的疏密程度来表示空间各点的概率密度的大小，则 ψ^2 大的地方，黑点较密，表示电子出现的概率密度较大；ψ^2 小的地方，黑点较疏，表示电子出现的概率密度较小。这种以黑点的疏密表示概率密度分布的图形叫作电子云。氢原子基态 1s 电子云呈球形，见图 5-7。

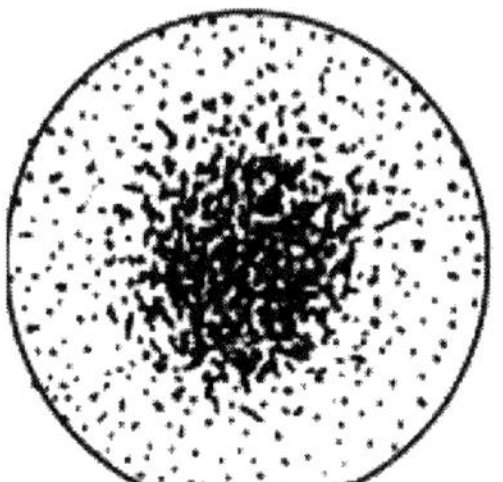

图 5-7 氢原子 1s 电子云

我们不能测知电子在原子里运动的途径，而只能推算电子在核外各处空间出现的概率。

2）原子轨道和电子云的图形

当氢原子处于激发态时，各种电子云图形，如 2s、2p、3s、3p、3d……要复杂得多。为了使问题简化，通常从电子云的径向分布图和角度分布图这两个不同的侧面来反映电子云。

① 电子云角度分布图

电子云角度分布图是波函数角度部分的平方 ψ^2 随 θ、φ 角变化关系的图形，见图 5-8，其画法与波函数（原子轨道）角度分布图相似。这种图形反映了电子出现在原子核外各个方向上的概率密度的分布规律。

电子云角度分布图与波函数角度分布图之间的区别：

a. 从外形上观看到 s、p、d 电子云角度分布图的形状与波函数角度分布图相似，但 p、d 电子云角度分布图变得稍“瘦”些，见图 5-9（此图根据 p_z 角度波函数 $Y_{p_z}=[3/(4\pi)]^{1/2}\cos\theta$ 及其角度波函数平方 $Y_{p_z}^2$ 绘制）。

b. 波函数角度分布图中有正、负之分，而电子云角度分布图则无正、负号，见图 5-10。电子云角度分布图和波函数角度分布图都只与 l、m 两个量子数有关，而与主量子数 n 无关。

② 电子云径向分布图

电子云径向分布图反映离核为 r 的地方、厚度为 dr 的薄球壳中（体积为 $4\pi r^2$dr）电子

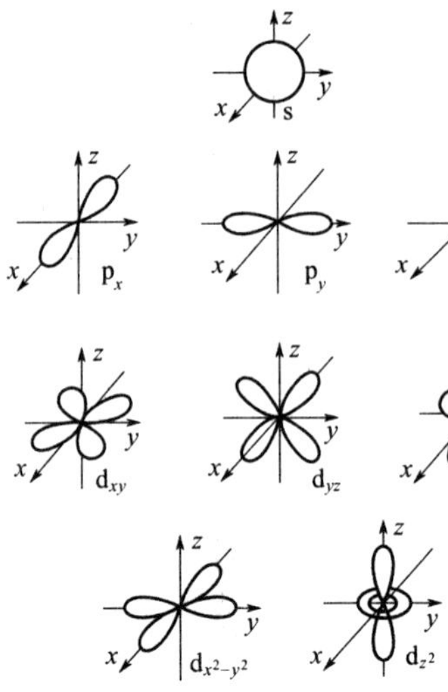

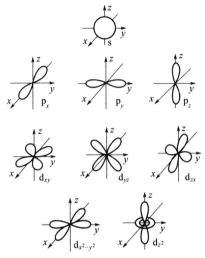

图 5-8　s、p、d 电子云角度分布平面图

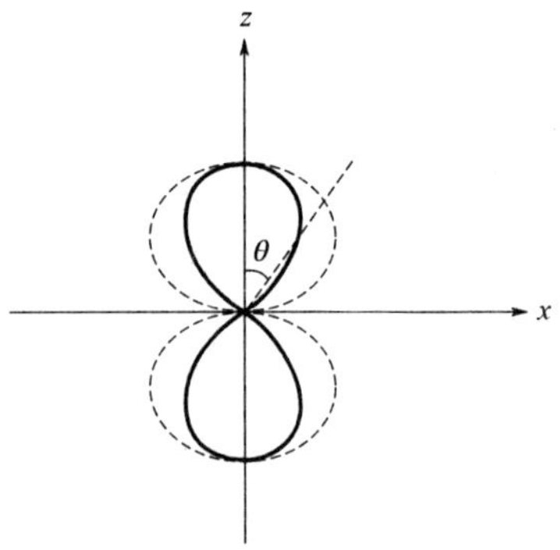

图 5-9　p 电子云角度分布图与 p 波函数角度分布图比较图

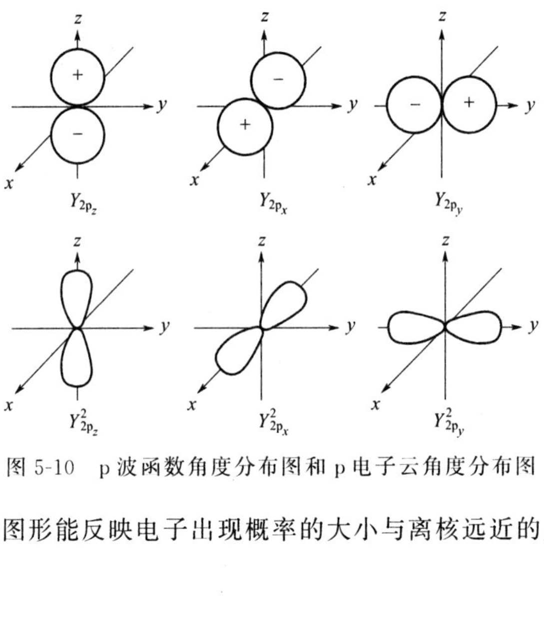

图 5-10　p 波函数角度分布图和 p 电子云角度分布图

出现的概率大小。这种图形能反映电子出现概率的大小与离核远近的关系，不能反映概率与角度的关系。

氢原子电子云径向分布图见图 5-11。

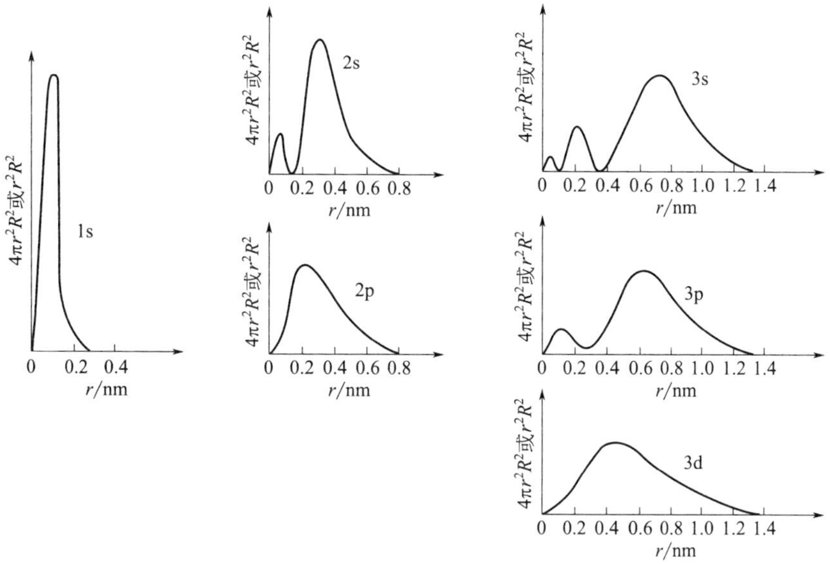

图 5-11　氢原子电子云径向分布示意图

从图 5-11 可知，当主量子数增大时，例如，从 1s、2s 到 3s 轨道，电子离核的平均距离越来越远；当主量子数相同而角量子数增大时，例如 3s、3p、3d 这 3 个轨道电子离核的平均距离则较为接近。

上述电子云的角度分布和径向分布的图形，只是反映电子云的两个侧面，氢原子的 1s、2p、3d 电子云的完整形状如图 5-12。

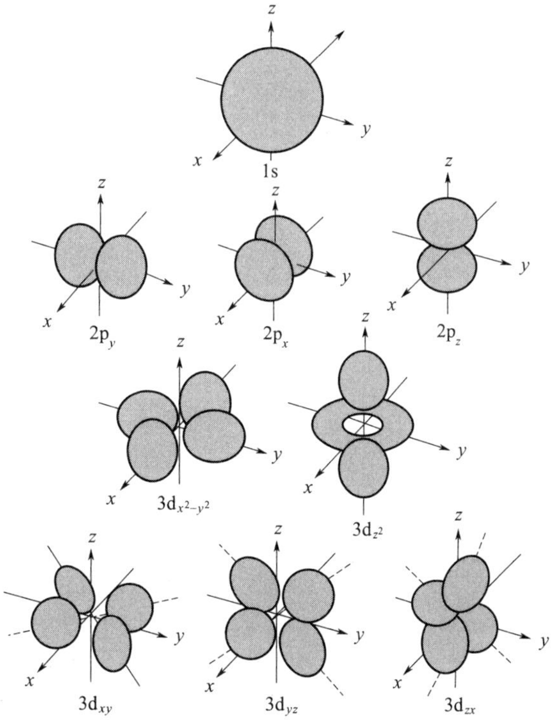

图 5-12　氢原子的 1s、2p、3d 电子云示意图

5.2 多电子原子结构和周期系

在已经发现的118种元素中，除氢以外的原子，都属于多电子原子。在多电子原子中，电子不仅受原子核的吸引，而且还存在着电子之间的相互排斥，作用于电子上的核电荷数以及原子轨道的能级也远比氢原子中的复杂。

5.2.1 核外电子分布的三个原理

原子核外电子的分布情况可根据光谱实验数据来确定，各元素原子核外电子的分布规律基本上遵循三个原理，即泡利（Pauli）不相容原理、能量最低原理以及洪特规则。

(1) 泡利（Pauli）不相容原理

一个原子中不可能有四个量子数完全相同的两个电子。由这一原理可以确定，第 n 电子层可容纳的电子数最多为 $2n^2$。

(2) 能量最低原理

核外电子分布将尽可能优先占据能级较低的轨道，以使系统能量处于最低。能量最低原理表达了在 n 或 l 值不同的轨道中电子的分布规律。为了表示原子电子在核外排布的规律，著名化学家鲍林根据大量光谱实验总结出多电子原子各轨道能级从低到高的近似顺序，见图5-13。

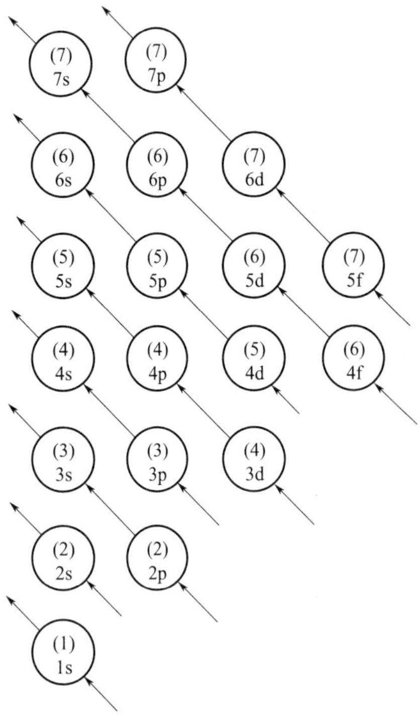

图5-13 原子轨道近似能级图

根据原子轨道近似能级图，可以确定各原子的电子在核外排布的一般规律。能量相近的能级划为一组，称为能级组，如4s、3d、4p属于第四能级组，如图5-13所示。七个能级组对应于周期表中七个周期。按薛定谔方程得出氢原子核外电子的能量公式：

$$E_n = -1312/n^2 \qquad (5\text{-}8)$$

可知能量 E 只与主量子数 n 有关，但在图5-13原子轨道近似能级图中，出现4s轨道能量低于3d轨道的情况，即出现能级交错现象。这是因为多电子原子核外电子的能量除与主量子数 n 有关外，还与角量子数 l 有关，主要规律如下：

① 对多电子原子结构，当 l 相同时，n 增大，E 也增大，如 $E_{3s}>E_{2s}>E_{1s}$。

② 对多电子原子结构，当 n 相同时，l 增大，E 也增大，如 $E_{3d}>E_{3p}>E_{3s}$。

③ 对多电子原子结构，n、l 不同时，会出现能级交错现象，如 $E_{4s}<E_{3d}$。

出现能级交错现象，可用钻穿效应解释。由于外层电子钻到内层，使它靠近原子核，更易回避其它电子的屏蔽，因而能量更低的现象，叫做电子的钻穿效应。4s 电子比 3d 电子具有更强的钻穿能力，结果降低了 4s 轨道能量，最终导致 $E_{4s}<E_{3d}$。但要注意的是 3d 和 4s 能级交错并不发生在所有元素之中，从 21 号元素钪（Sc）开始，3d 能量急剧下降，出现了 3d 轨道能量低于 4s 轨道能量的现象。其余 4d 和 5s 轨道、5d 和 6s 轨道等，也有类似的情况。

(3) 洪特规则

主量子数和角量子数都相同的等价轨道中的电子，总是尽量占据磁量子数不同的轨道，而且自旋量子数相同，即自旋平行。洪特规则反映 n、l 值相同的轨道中电子的分布规律。例如，碳原子核外电子分布为 $1s^2$、$2s^2$、$2p^2$，其中 2 个 p 电子应分别占据不同的 p 轨道，且自旋平行，见图 5-14。

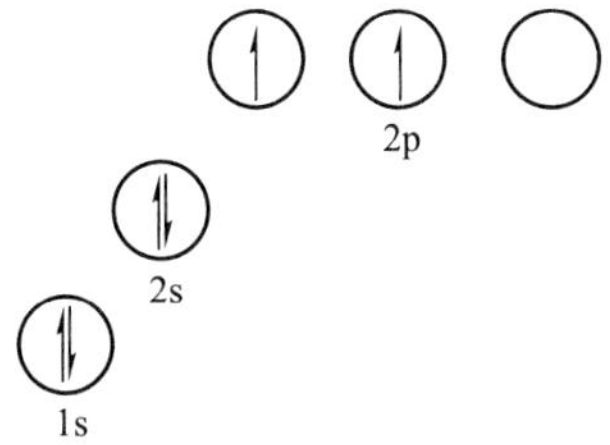

图 5-14 碳的基态原子的电子构型

作为洪特规则的补充：等价轨道在全充满状态（p^6、d^{10}、f^{14}）、半充满状态（p^3、d^5、f^7）或全空状态（p^0、d^0、f^0）时比较稳定。

按上述电子排布的三个基本原理和近似能级顺序，可以确定大多数元素原子电子在核外排布的方式。

5.2.2 核外电子分布式和外层电子分布式

(1) 核外电子分布式

多电子原子核外电子分布的表达式叫作电子分布式，又称电子构型。

例如 N 原子（$Z=7$）电子分布式为 $1s^2 2s^2 2p^3$。Fe 原子（$Z=26$）按近似能级顺序，核外电子分布式应写为 $1s^2 2s^2 2p^6 3s^2 3p^6 4s^2 3d^6$。这种写法是错误的，正确写法为 $1s^2 2s^2 2p^6 3s^2 3p^6 3d^6 4s^2$。

注意：在书写核外电子分布式时，要把同一电子层的各轨道连在一起写。

(2) 外层电子分布式

由于化学反应中通常只涉及外层电子的改变，所以一般不必写完整的电子分布式，只需写出外层电子分布式即可。外层电子分布式又称为外层电子构型。

例：Cu 原子（$Z=29$）的电子分布式为 $1s^2 2s^2 2p^6 3s^2 3p^6 3d^{10} 4s^1$，外层电子分布式为 $3d^{10} 4s^1$。

注意：外层电子并不全是最外层电子，而是指参与化学反应，有重要意义的外层价电子。

例：Fe 原子（$Z=26$）电子分布式为 $1s^2 2s^2 2p^6 3s^2 3p^6 3d^6 4s^2$，所以 Fe^{3+} 离子外层电子分布式为 $3s^2 3p^6 3d^5$。

Mn 原子（$Z=25$）电子分布式为 $1s^2 2s^2 2p^6 3s^2 3p^6 3d^5 4s^2$，所以 Mn^{2+} 离子外层电子分

布式为 $3s^23p^63d^5$。

注意：原子失去电子的顺序并不是填充电子的顺序。

5.2.3 原子结构与性质的周期性规律

(1) 元素分区——依据外层电子构型将元素分区

原子核外分布的周期性是元素周期律的基础，而元素周期表是周期律的表现形式。元素周期表有多种形式，现在常用的是长式周期表。

根据原子的外层电子构型可将长式周期表分成 5 个区，即 s 区、p 区、d 区、ds 区、f 区，见表 5-3。

表 5-3 原子外层的电子构型与周期表的分区

周期	ⅠA						0
1		ⅡA				ⅢA～ⅦA	
2			ⅢB～ⅦB	Ⅷ	ⅠB ⅡB		
3	s区 $ns^{1\sim2}$		d区 $(n-1)d^{1\sim9}ns^{1\sim2}$ (有例外)		ds区 $(n-1)d^{10}ns^{1\sim2}$	p区 $ns^2np^{1\sim6}$	
4							
5							
6							
7							
镧系元素			f区 $(n-2)f^{0\sim14}(n-1)d^{0\sim2}ns^2$				
锕系元素							

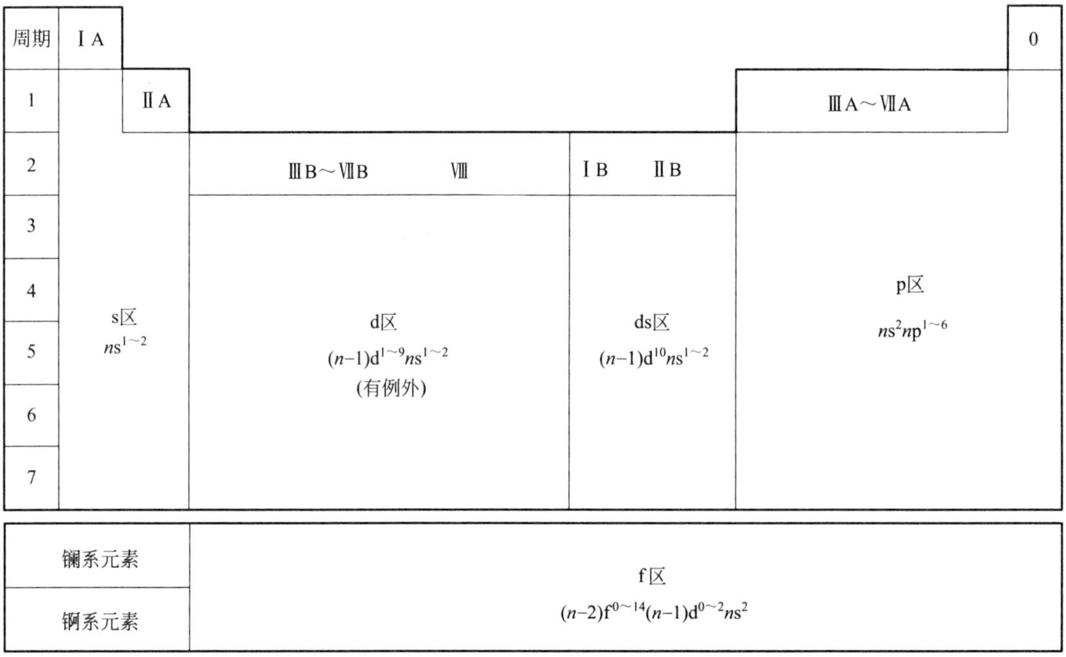

周期表中周期号数、族号数，与原子的外层电子构型有如下关系：

① 元素在周期表中所处的周期号数等于该元素原子核外电子的层数，如 Mn 原子（$Z=25$）电子分布式为 $1s^22s^22p^63s^23p^63d^54s^2$，其电子层数为 4，处于第四周期。

② 元素在周期表中处的族号数，对于主族（A）元素及第Ⅰ副族（ⅠB）元素、第Ⅱ副族（ⅡB）元素的族号数等于最外层电子数，如 N 原子（$Z=7$）电子分布式为 $1s^22s^22p^3$，外层电子数为 5，氮原子为第Ⅴ主族（ⅤA）元素；Cu 原子（$Z=29$）电子分布式为 $1s^22s^22p^63s^23p^63d^{10}4s^1$，外层电子数为 1，铜原子为第Ⅰ副族（ⅠB）元素；第Ⅲ至第Ⅶ副族元素的族号数等于最外层电子数与次外层 d 电子数之和，如 Mn 原子最外层的电子数与次外层 d 电子数之和为 7，锰原子为第Ⅶ副族（ⅦB）元素。Ⅷ族元素包括三个纵列，最外层电子数与次外层 d 电子数之和为 8 至 10。除氦外（氦为 2），零族（0）元素最外层电子数为 8。

(2) 元素性质与原子结构的关系——原子核外电子分布的周期性决定了元素性质的周期性

1）原子半径变化规律

在周期表中元素的原子半径呈现出周期性的变化，见图 5-15，而元素的性质与原子半径大小有着内在的联系。

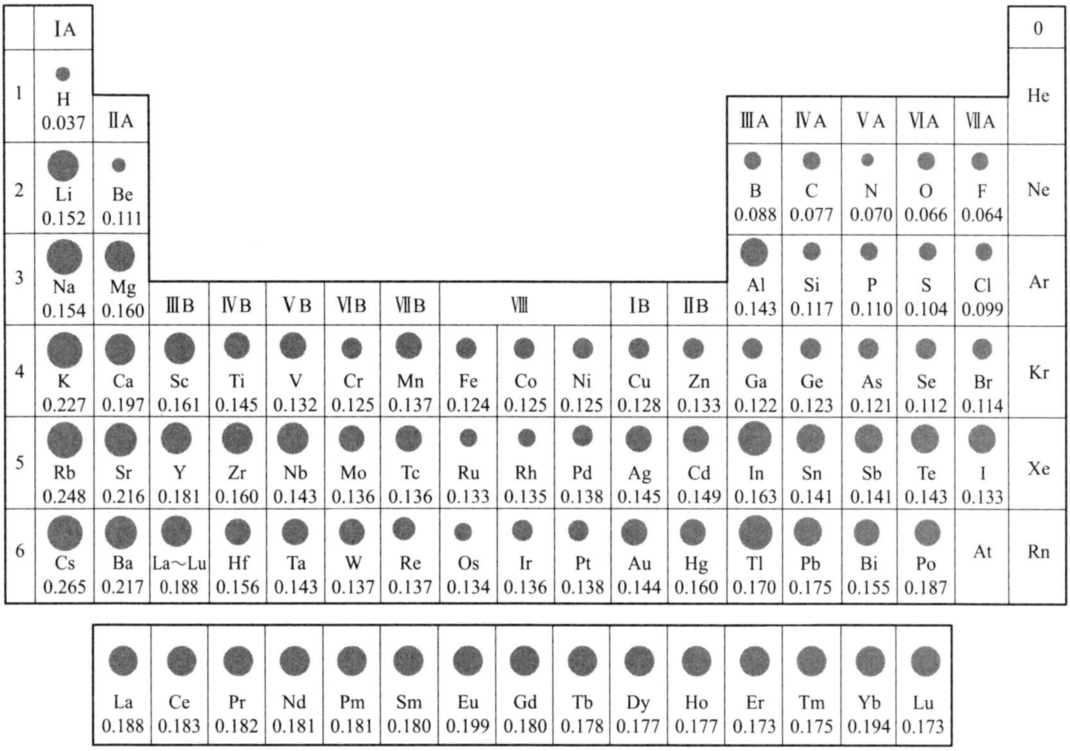

图 5-15 元素的原子半径（单位为 nm）

由图 5-15，可以总结出元素的原子半径变化规律。

① 同周期，主族从左到右，原子半径减小；副族从左到右，原子半径缓慢减小，ⅠB、ⅡB 稍增大；镧系、锕系从左到右，原子半径更缓慢减小。由此可以得出结论：主族元素性质变化大；副族元素性质变化小；镧系、锕系性质极为相似。

② 同族，主族从上到下，原子半径增大；副族从上到下，原子半径增大，5、6 周期同族元素半径接近。由此可以得出结论：同一副族，5、6 周期元素性质接近。

2）元素氧化数（最高氧化数）的变化规律

在周期表中元素的最高氧化数呈现出周期性的变化，见表 5-4。

表 5-4 第 4 周期副族元素的主要氧化数

族	ⅢB	ⅣB	ⅤB	ⅥB	ⅦB	Ⅷ			ⅠB	ⅡB
元素	Sc	Ti	V	Cr	Mn	Fe	Co	Ni	Cu	Zn
主要氧化数	+3	+3 +4	+3 +4 +5	+2 +3 +6	+2 +4 +6 +7	+2 +3	+2 +3	+2 +3	+1 +2	+2

各元素最高氧化数变化规律如下。

① 主族元素：同周期从左到右最高氧化数逐渐升高（最高氧化数＝族数＝最外层电子数）。

② 副族元素：ⅢB族至ⅦB族同周期从左到右最高氧化数逐渐升高（最高氧化数＝族数＝最外层s电子数和次外层d电子数之和）。注：ⅠB、ⅡB、Ⅷ族例外。

③ 主族元素：同族元素从上到下最高氧化数表现为越来越不稳定，ⅢA～ⅤA尤其明显，可能的原因是能级交错，如As原子（$Z=33$）的最高氧化数为＋5，但也存在氧化数为＋3的情况，很明显由于4s电子钻穿效应，4s能量较低难于失去。

④ 副族元素：同族元素从上到下最高氧化数趋于稳定。

⑤ 过渡元素容易表现出多种氧化数，主要原因是过渡元素除s电子外，d电子也可以部分或全部参加成键，如Fe原子（$Z=26$）电子分布式为$1s^2 2s^2 2p^6 3s^2 3p^6 3d^6 4s^2$，表现出的氧化数有＋2、＋3。

3）元素的电负性

电负性是衡量分子中各原子吸引电子能力的物理量。元素的电负性较全面反映了元素的金属性和非金属性的强弱。氟的电负性最大，铯（Cs）和钫（Fr）的电负性最小；非金属的电负性大多大于2.0，s区金属电负性大多小于1.2；而d、ds、p区金属的电负性在1.7左右，见图5-16。

	ⅠA	ⅡA	ⅢB	ⅣB	ⅤB	ⅥB	ⅦB	Ⅷ	Ⅷ	Ⅷ	ⅠB	ⅡB	ⅢA	ⅣA	ⅤA	ⅥA	ⅦA	0
1	H 2.1																	He
2	Li 1.0	Be 1.5											B 2.0	C 2.5	N 3.0	O 3.5	F 4.0	Ne
3	Na 0.9	Mg 1.2											Al 1.5	Si 1.8	P 2.1	S 2.5	Cl 3.0	Ar
4	K 0.8	Ca 1.0	Sc 1.3	Ti 1.5	V 1.6	Cr 1.6	Mn 1.5	Fe 1.8	Co 1.9	Ni 1.9	Cu 1.9	Zn 1.6	Ga 1.6	Ge 1.8	As 2.0	Se 2.4	Br 2.8	Kr
5	Rb 0.8	Sr 1.0	Y 1.2	Zr 1.4	Nb 1.6	Mo 1.8	Tc 1.9	Ru 2.2	Rh 2.2	Pd 2.2	Ag 1.9	Cd 1.7	In 1.7	Sn 1.8	Sb 1.9	Te 2.1	I 2.5	Xe
6	Cs 0.7	Ba 0.9	La～Lu 1.0～1.2	Hf 1.3	Ta 1.5	W 1.7	Re 1.9	Os 2.2	Ir 2.2	Pt 2.2	Au 2.4	Hg 1.9	Tl 1.8	Pb 1.9	Bi 1.9	Po 2.0	At 2.2	Rn
7	Fr 0.7	Ra 0.9	Ac 1.1	Th 1.3	Pa 1.4	U 1.4	Np～No 1.3～1.4											

图5-16 部分元素的电负性数值

由图5-16，可以总结出各元素电负性变化规律：

① 主族元素的电负性具有较明显的周期性变化，同一周期从左到右电负性递增，同一族从上到下电负性递减。

② 副族元素的电负性变化规律不明显，副族的电负性值较接近。f区的镧系元素的电负性值更为接近。

上述各元素电负性变化规律，可以从原子半径变化去理解。

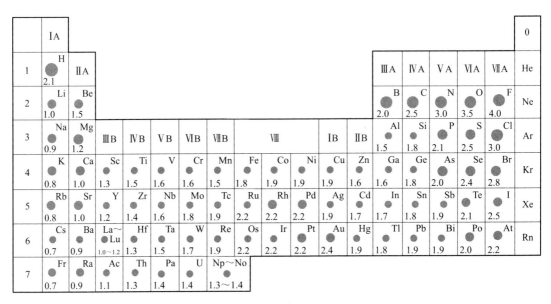

4）元素的电离能

气态原子失去一个电子成为+1价气态离子需吸收的能量叫该元素的第一电离能。电离能的大小反映原子得失电子的难易，与原子的核电荷、半径及电子构型等因素有关，见图5-17。

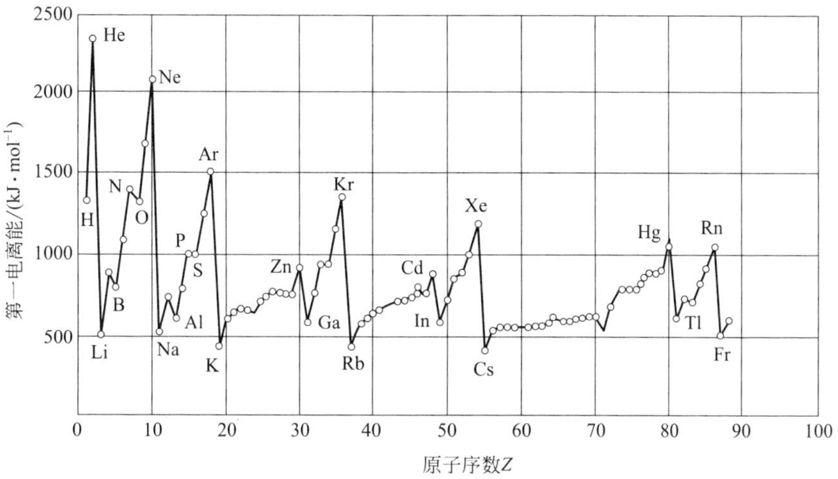

图5-17　电离能的周期性

由图5-17，可以总结出各元素电离能变化规律：

① 对主族元素，同一周期原子的电子层数相同，从左到右，随着原子核电荷数增加，原子核对外层电子的吸引力也增大，原子半径减小，电离能随之增大；同族原子最外层电子构型相同，从上到下，电子层数增加，原子核对外层电子吸引力减小，原子半径随之增大，电离能逐渐减小。

② 副族元素电离能变化缓慢，规律性不明显。因为周期表从左到右，副族元素新增加的电子填入 $(n-1)$d 轨道，而最外电子层基本相同。

5.3　化学键和分子间相互作用力

通常除稀有气体外，大多数物质是依靠原子（或离子）间的某种强的作用力而结合的，分子或晶体中原子或离子之间强烈的作用力叫作化学键。

化学键主要有共价键（5.3.1节）、离子键（5.3.2节）和金属键（5.4.2节）等三类。

5.3.1　共价键

(1) 共价键的形成

同种非金属元素或者电负性数值相差不很大的不同种元素，一般以共价键结合，形成共价型单质（如氢分子、氯分子等）或共价型化合物（如氯化氢、碘化物等）。

什么是共价键呢？下面以氢分子的形成为例进行说明。价键理论的观点认为当两个氢原子相互靠近，并且两个 1s 电子处于自旋反平行时，电子不再固定于各自原先的 1s 轨道，均可以出现于对方氢原子的 1s 轨道中。这样，相互配对的电子就为两个原子轨道所共用。同时，两个原子轨道发生重叠，使两核间电子出现的概率密度增大，更增加了两核对电子的吸引力，导致系统能量降低而形成了稳定分子。当两个氢原子相互靠近，但两个 1s 电子处于自旋平行状态时，则两个原子轨道不能重叠，此时两核间的电子出现的概率密度相对地减小，好像在自旋平行的电子之间产生一种排斥作用，使系统能量相对地升高，因而这两个氢原子不能成键。

$$H(1s^1)+H(1s^1)\xrightarrow{\text{共用一对电子}}H:H$$

共价键是两个原子共用成键电子对形成的化学键。

运用量子化学近似处理，可解释共价型分子中化学键的形成过程。常用的共价键理论有价键理论和分子轨道理论两种，其中价键理论包括杂化轨道理论。

（2）价键理论要点

1）电子配对原则——共价键具有饱和性

当自旋方向相反的未成对电子互相配对时，才可以形成共价键。所以共价键数目受到未成对电子数的限制，具有饱和性。例如，H—H、Cl—Cl、H—Cl 等分子中，2 原子各有 1 个未成对电子，可以相互配对，形成 1 个共价单键；又如 NH_3 分子中的 1 个氮原子有 3 个未成对电子，可以分别与 3 个氢原子的未成对电子相互配对，形成 3 个共价单键；而 N_2 分子就是两个氮原子共享了 3 对电子，以三重键结合而成。电子已经完全配对的原子不能再继续成键，稀有气体如 He 以单原子分子存在，其原因就在于此。

2）最大重叠原理——共价键具有方向性

原子轨道相互重叠形成共价键时，只有同号轨道（＋与＋、－与－）才能实行有效的重叠，见图 5-18，其中第二种重叠为异号重叠，所以不能成键。这是因为电子运动具有波的特性，原子轨道正、负号类似于经典机械波中的波峰和波谷，当两波相遇时，同号则相互加强（如波峰与波峰或波谷与波谷相遇时相互叠加），异号则相互减弱甚至完全抵消（如波峰与波谷相遇，相互减弱或完全抵消）。

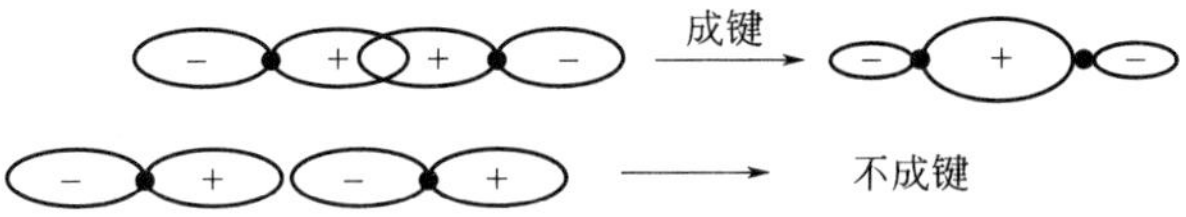

图 5-18　两个 p 轨道重叠方式示意图

原子轨道重叠时，其重叠程度越大，所形成的共价键越牢固，即原子轨道重叠，总是沿着重叠最大的方向进行，所以共价键具有方向性。例如，HCl 分子中氢原子的 1s 轨道与氯原子的 $3p_x$ 轨道有 4 种可能的重叠方式，如图 5-19 所示，当两个核距离一定时，（a）的重叠比（b）的要多，因此氯化氢分子采用（a）重叠方式成键可使 s 轨道和 p_x 轨道的有效重叠最大。

3）共价键的类型——σ 键和 π 键

如果只讨论 s 电子和 p 电子，可以有两种基本的成键方式：第一种是电子云顺着原子核的连线重叠，得到轴对称的电子云图像，这种共价键叫作 σ 键；第二种是电子云重叠后得到的电子云图像呈镜像对称，这种共价键叫作 π 键。下面从重叠方式、成键情况、键能、反应

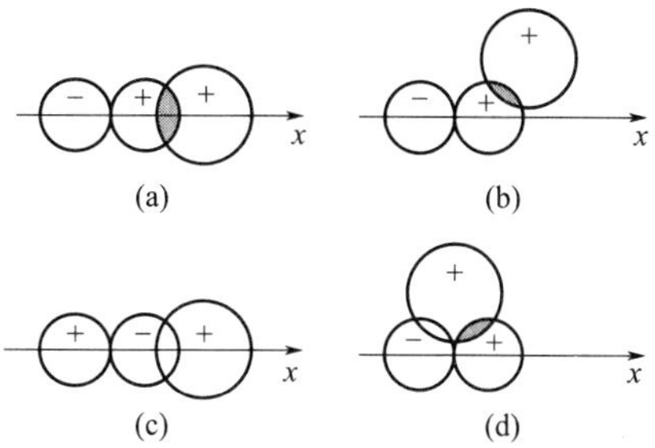

图 5-19　s 轨道和 p_x 轨道重叠方式示意图

活性对 σ 键和 π 键进行对比分析，见表 5-5。

表 5-5　σ 键和 π 键对比分析

分析项目	σ 键	π 键
重叠方式	“头碰头”方式，重叠程度大	“肩并肩”方式，重叠程度小
成键情况	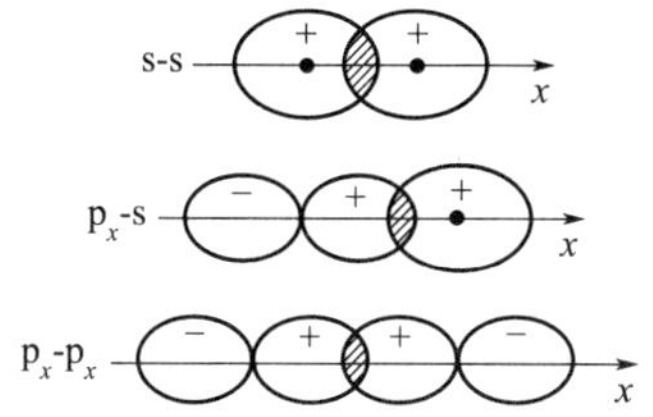	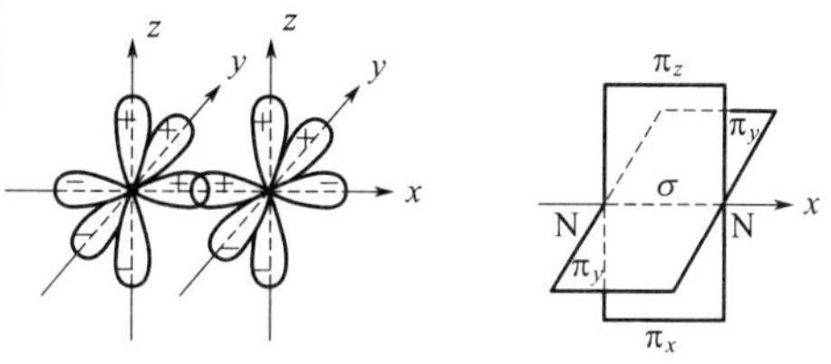
键能	大	小
反应活性	小	大

（3）杂化轨道理论要点

共价型分子中各原子在空间排列构成的几何形状，叫作分子的空间构型，如甲烷分子为正四面体、水分子为“V”形、氨分子为三角锥形、氯化氢分子为直线形、三氟化硼分子为平面三角形等。为了从理论上解释分子的不同空间构型，1931 年泡利（Pauli）等以价键理论为基础，从电子具有波动性可以叠加的观点出发，提出化学键的杂化轨道理论。

1）杂化轨道

在共价键的形成过程中，同一原子中能量相近的若干不同类型的原子轨道，可以“混合”起来组成成键能力更强的一组新的原子轨道。这个过程称为原子轨道的杂化，所组成的新原子轨道称为杂化轨道。图 5-20 为 sp 杂化轨道角度分布和杂化轨道过程示意图。

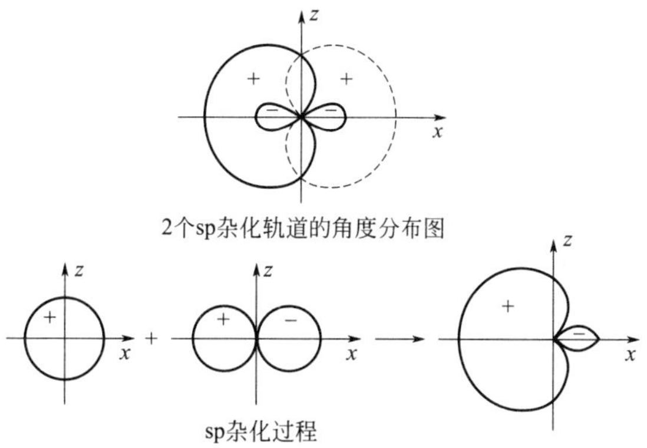

图 5-20　sp 杂化轨道角度分布和杂化轨道过程示意图

学习杂化轨道概念时，要注意：a. 参加杂化需要能量相近的轨道，杂化后轨道成键能力更强；b. 有几个不同类型的原子轨道参加杂化，就可以形成几个新的杂化轨道。图 5-21 为 sp^3 杂化过程示意图。

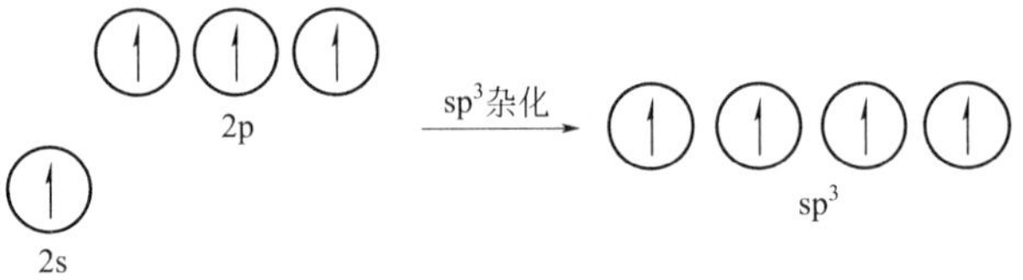

图 5-21　sp^3 杂化过程示意图

为什么原子轨道杂化后，成键能力更强？由图 5-20 可知，sp 杂化过程，s 轨道正相与 p 轨道正相相互加强，s 轨道正相与 p 轨道负相相互减弱，形成一头大、一头小的 sp 杂化轨道，sp 杂化轨道与 s 轨道、p 轨道相比，其成键能力增强。

2）杂化轨道类型与分子空间构型的关系

① sp^3 杂化——分子的空间构型为（正）四面体

以 CH_4 分子为例。CH_4 分子是正四面体构型（见图 5-22）。中心原子碳属于第Ⅳ主族，其外层电子分布式为 $2s^2 2p^2$。杂化轨道理论认为，在成键过程中碳原子 1 个 $2s^2$ 轨道与 3 个 p 轨道杂化，形成 4 个互成 109°28′角的 sp^3 杂化轨道，对称地分布在碳原子周围（见图 5-23）。每一个 sp^3 杂化轨道含有 $\frac{1}{4}$s 成分和 $\frac{3}{4}$p 成分。碳原子以 4 个 sp^3 杂化轨道各与 1 个氢原子的 1s 轨道重叠，形成正四面体的 CH_4 分子（见图 5-24、图 5-25）。

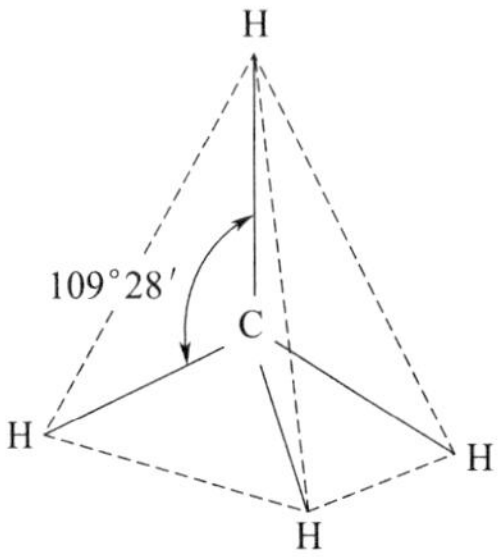

图 5-22　CH_4 分子的空间构型示意图

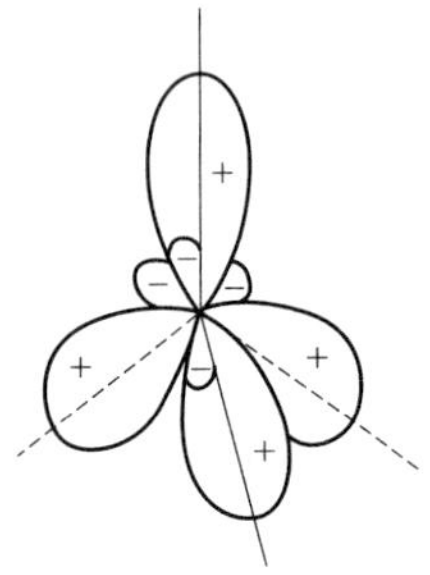

图 5-23　4 个 sp^3 杂化轨道角度分布图

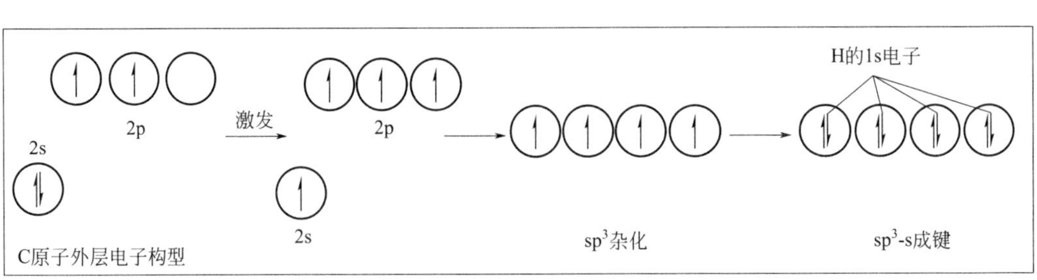

图 5-24　甲烷分子的成键过程

② sp^3 不等性杂化——分子的空间构型为三角锥形或 V 字形

以 NH_3 分子为例。NH_3 分子是三角锥形构型，根据实验测定键角为 107°18′，见图 5-26。中心原子氮属于第Ⅴ主族，其外层电子分布式为 $2s^2 2p^3$。杂化轨道理论认为，在成键过程中氮原子 1 个 $2s^2$ 轨道与 3 个 p 轨道杂化，形成 4 个 sp^3 杂化轨道，其中 1 个 sp^3 杂化轨道被氮原子的一对孤对电子占据，其他 3 个 sp^3 轨道则由氮原子和氢原子各提供一个电子而形成共价键。由于成键电子更靠近原子核，占据的角度空间比单键更大一些，使得 3 个单键之间的夹角比正四面体时的 109°28′小一些，这样 4 个杂化轨道所含的成分就不完全一样。在孤对电子所分布的杂化轨道中，杂化轨道的形状更接近于 s 轨道，所以 s 成分相对多一些（大于 1/4），而成键电子对所分布的杂化轨道中，s 成分相对少一些（小于 1/4），即相应的 p 成分要多一些。这种由于孤对电子的存在，使各个杂化轨道中所含的成分不同的杂化叫作不等性杂化。NH_3 分子中的轨道杂化属于 sp^3 不等性杂化（见图 5-27）。

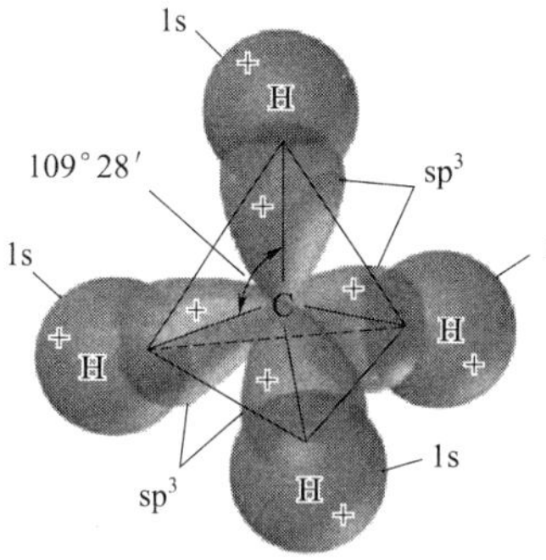

图 5-25　甲烷分子中的成键情况

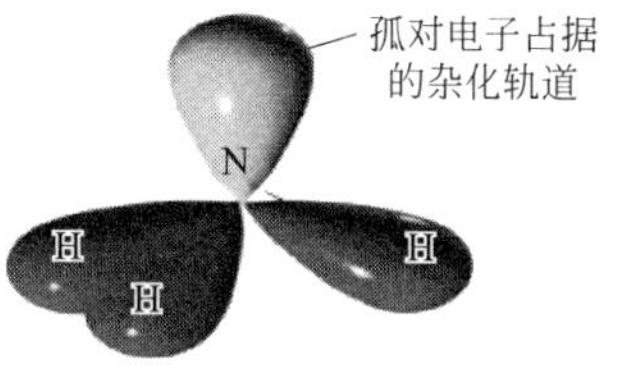

图 5-26　氨分子空间构型示意图

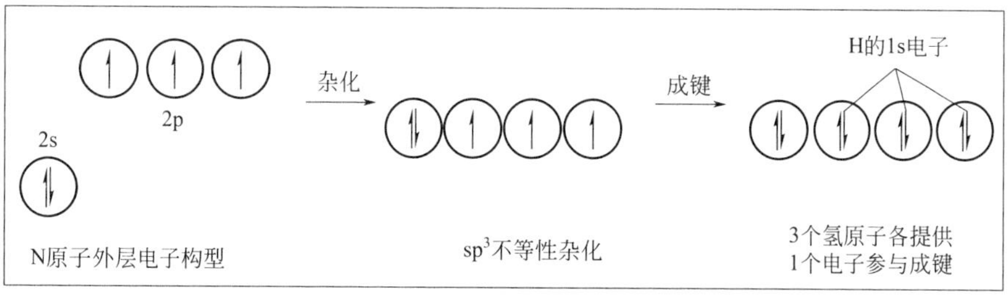

图 5-27　氨分子的成键过程

H_2O 分子的轨道杂化也属于 sp^3 不等性杂化。H_2O 分子是 V 字形构型，根据实验测定键角为 104°45′，见图 5-28。中心原子氧属于第Ⅵ主族，其外层电子分布式为 $2s^22p^4$。杂化轨道理论认为，在成键过程中氧原子 1 个 $2s^2$ 轨道与 3 个 p 轨道杂化，形成 4 个 sp^3 杂化轨道，其中 2 个 sp^3 杂化轨道被氧原子的 2 对孤对电子占据，其他 2 个 sp^3 轨道则由氧原子和氢原子各提供一个电子而形成共价键（见图 5-29），这两个共价键间的夹角较小（图 5-28）。

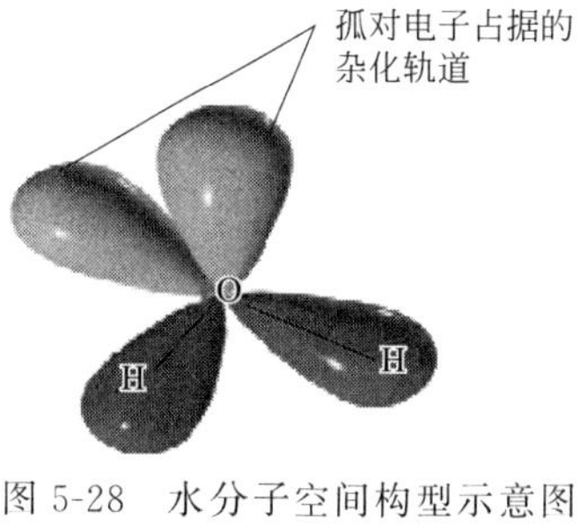

图 5-28　水分子空间构型示意图

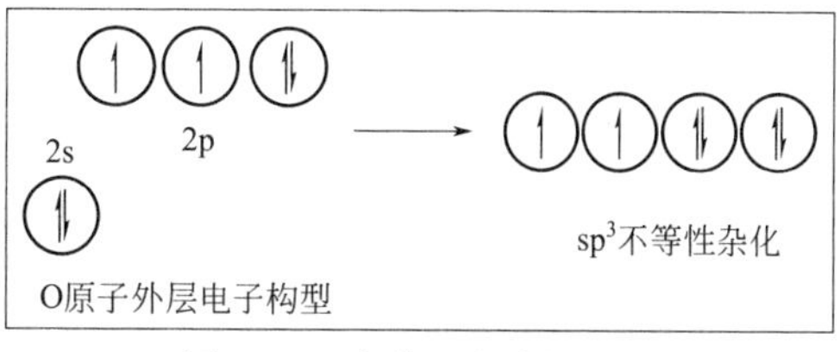

图 5-29　水分子的成键过程

③ sp^2 杂化——分子构型为平面三角形

以 BF_3 为例。BF_3 分子是平面三角形构型（见图 5-30）。中心原子硼属于第Ⅲ主族，其外层电子分布式为 $2s^22p^1$。杂化轨道理论认为，在成键过程中硼原子 1 个 $2s^2$ 轨道与 2 个 p 轨道杂化，形成 3 个互成 120°角的 sp^2 杂化轨道，对称地分布在硼原子周围（见图 5-31）。每一个 sp^2 杂化轨道含有 $\frac{1}{3}$s 成分和 $\frac{2}{3}$p 成分。硼原子 3 个 sp^2 杂化轨道各与 1 个氟原子的 2p 轨道重叠，形成平面三角形的 BF_3 分子（见图 5-32、图 5-33）。

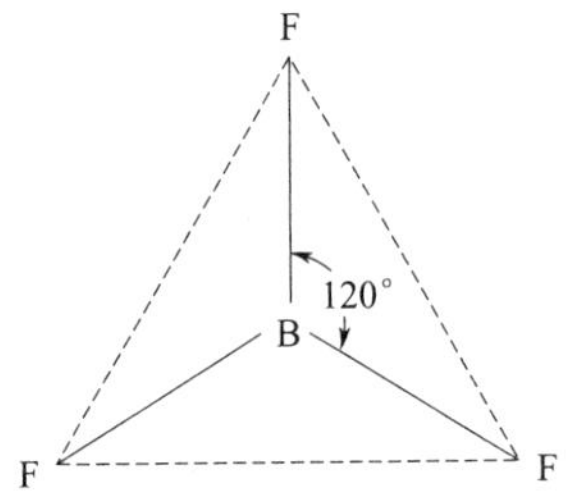

图 5-30 三氟化硼分子空间构型示意图

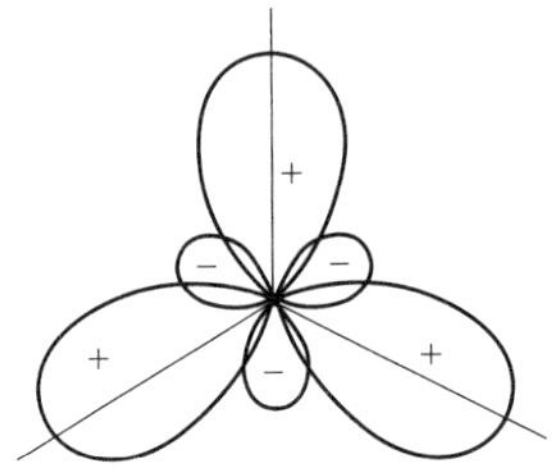

图 5-31 3 个 sp^2 杂化轨道角度分布图

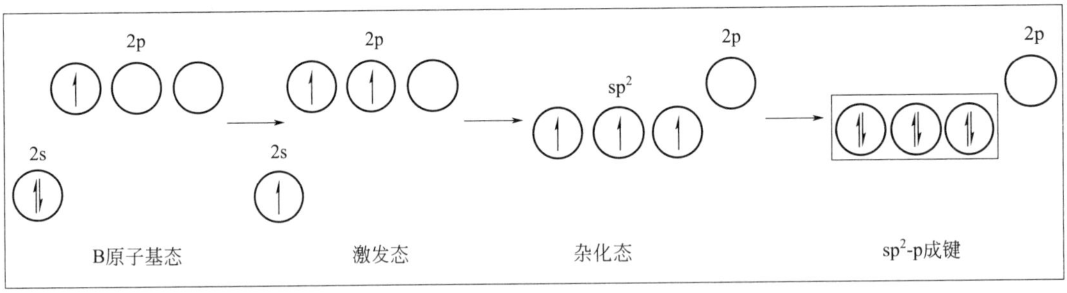

图 5-32 三氟化硼分子的成键过程

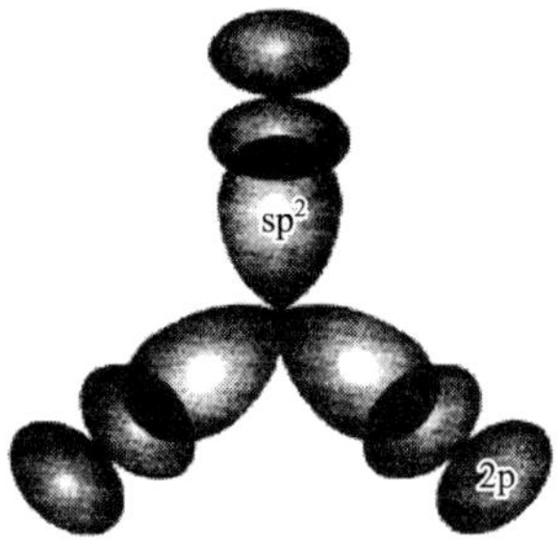

图 5-33 三氟化硼分子中的成键情况

④ sp 杂化——分子构型为直线形

以 $BeCl_2$ 为例。$BeCl_2$ 分子是直线形构型（见图 5-34）。中心原子铍属于第Ⅱ主族，其外层电子分布式为 $2s^2$。杂化轨道理论认为，在成键过程中铍原子 1 个 $2s^2$ 轨道与 1 个 p 轨道杂化，形成 2 个互成 180°角的 sp 杂化轨道，对称地分布在铍原子周围（见图 5-35）。每一个 sp 杂化轨道含有 $\frac{1}{2}$s 成分和 $\frac{1}{2}$p 成分。铍原子以 2 个 sp 杂化轨道各与 1 个氯原子的 3p 轨道重叠，形成直线形的 $BeCl_2$ 分子（见图 5-36、图 5-37）。

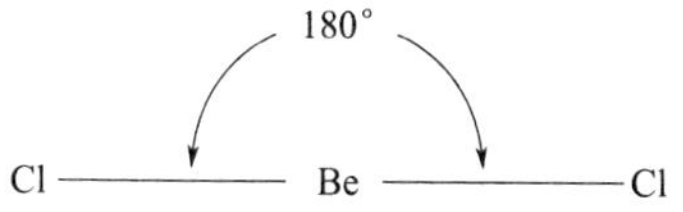

图 5-34 二氯化铍分子空间构型示意图

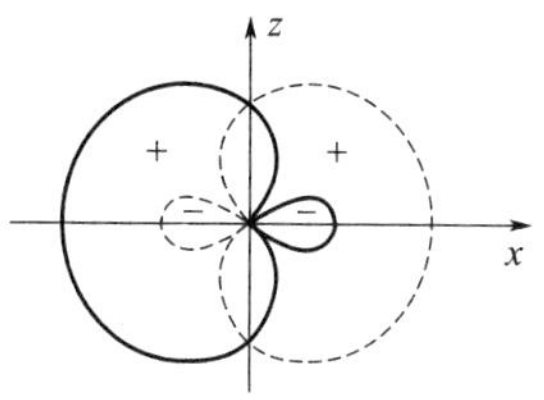

图 5-35 2 个 sp 杂化轨道角度分布图

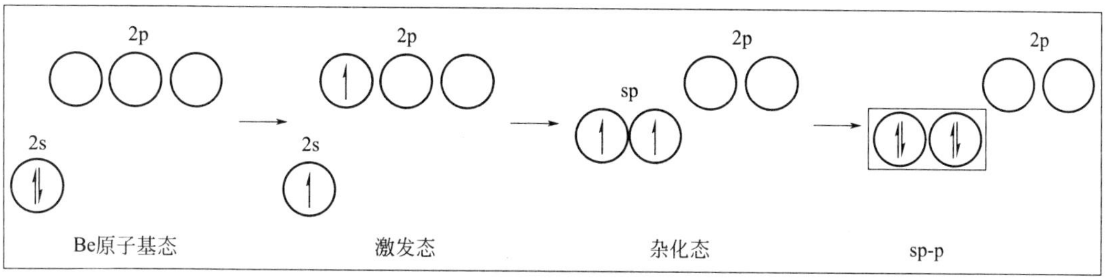

图 5-36 二氯化铍分子的成键过程

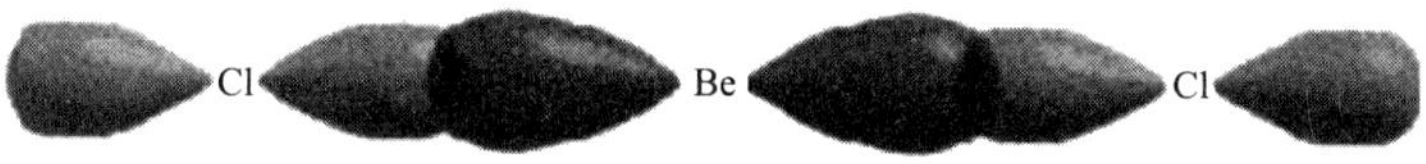

图 5-37 二氯化铍分子中的成键情况

上述 s 轨道和 p 轨道所形成的杂化轨道和相关信息归纳于表 5-6。

表 5-6 一些杂化轨道的类型与相关信息

相关信息	sp	sp^2	sp^3	sp^3(不等性)	
参加杂化的轨道	1 个 s，1 个 p	1 个 s，2 个 p	1 个 s，3 个 p	1 个 s，3 个 p	
杂化轨道数	2	3	4	4	
成键轨道夹角 θ	180°	120°	109°28′	90°<θ<109°28′	
空间构型	直线形	平面三角形	(正)四面体形	三角锥形	V 字形
实 例	$BeCl_2$、$HgCl_2$	BF_3、BCl_3	CH_4、$SiCl_4$	NH_3、PH_3	H_2O、H_2S
中心原子	Be(ⅡA)、Hg(ⅡB)	B(ⅢA)	C、Si(ⅣA)	N、P(ⅤA)	O、S(ⅥA)

(4) 分子轨道理论

分子轨道理论是目前发展较快的一种共价键理论。这一理论的主要观点为：当原子形成分子后，电子不再局限于个别原子的原子轨道，而是从属于整个分子的分子轨道。分子轨道可以近似地通过原子轨道的适当组合而得到。

以 H_2 分子结构为例，利用分子轨道理论进行解释。两个氢原子有两个 1s 原子轨道，可以组成两个分子轨道。当两个原子轨道（即波函数）以相加的形式组合时，可以得到成键分子轨道，成键分子轨道能量比原子轨道能量要低；当两个原子轨道（即波函数）以相减的形式组合时，可以得到反键分子轨道，反键分子轨道能量比原子轨道能量要高，如图 5-38。

分子轨道中电子的分布也与原子中电子的分布一样，服从泡利不相容原理、能量最低原理和

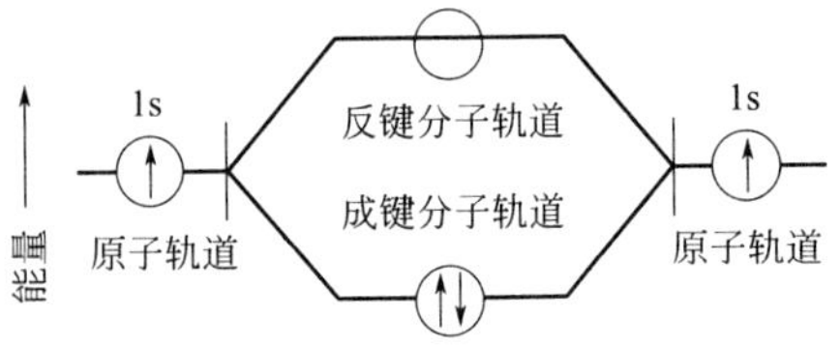

图 5-38　氢原子轨道和分子轨道能量关系

洪特规则。根据这些规律，氢分子中 2 个电子应分布在成键分子轨道中，并且为自旋平行状态。

5.3.2　离子键

正、负离子因静电引力形成的化学键叫离子键。离子键的能量数量级与共价键相同，是一种强相互作用力。

(1) 离子键的形成和特性

以氯化钠晶体形成为例。当电负性值较小的活泼金属钠原子和电负性值较大的活泼非金属氯原子相互靠近时，因前者易失电子形成正离子，后者易得电子形成负离子，两离子因静电引力形成氯化钠晶体。

$$\left.\begin{array}{l} \text{Na}\ (1s^2 2s^2 2p^6 3s^1)\ (Z=11)\ \text{电负性小} \xrightarrow{-e^-} \text{Na}^+ \\ \text{Cl}\ (1s^2 2s^2 2p^6 3s^2 3p^5)\ (Z=17)\ \text{电负性大} \xrightarrow{+e^-} \text{Cl}^- \end{array}\right\}\text{静电引力}$$

离子键的特性与共价键有较大的不同——既没有方向性，又没有饱和性。这是因为离子（点电荷）静电引力或斥力是无方向的，在周围空间的任何方向均可以显现，因而离子键无方向性；一个离子与周围多少个异电性离子相互作用并不像共价键那样受到原子轨道的限制，因而没有饱和性。同时离子键通常极性较强。

(2) 离子的外层电子构型

负离子外层电子构型主要有 8 电子构型，如 Cl^- 外层电子分布式为 $3s^2 3p^6$。而正离子外层电子构型主要有：

① 2 或 8 电子构型，如 Na^+ 外层电子分布式为 $2s^2 2p^6$；

② 9～17 电子构型，如 Fe^{3+} 外层电子分布式为 $3s^2 3p^6 3d^5$；

③ 18 电子构型，如 Zn^{2+} 外层电子分布式为 $3s^2 3p^6 3d^{10}$；

④ 18+2 电子构型，如 Pb^{2+} 外层电子分布式为 $5s^2 5p^6 5d^{10} 6s^2$。

能形成典型离子键的正、负离子，外层电子构型一般都是 8 电子构型的；而非 8 电子构型的正离子与一些负离子如 Cl^-、I^- 形成的化学键，并不是典型的离子键，可看成是一类由离子键向共价键过渡的化学键。

5.3.3　分子间相互作用力

分子间相互作用力，其性质与化学键相似，均属电磁力，但要弱得多。它一般分为取向力、诱导力、色散力、氢键和疏水作用等，前三者通常称为范德华力。液体的表面张力、蒸发热、物质的吸附能等性质随分子间力的增大而增大。量子力学理论为人们正确理解分子间力的来源和本质奠定了基础。

(1) 分子的极性和电偶极矩

1）共价键参数

化学键的性质可以通过表征键的性质的某些物理量来定量地描述，这些物理量如键长、键角、键能等，统称为键参数。通过实验可以得到这些键参数，并由此知道共价型分子的空间构型、分子的极性以及稳定性等性质。

① 键能　以能量标志化学键强弱的物理量称键能。不同类型的化学键有不同的键能，如离子键的键能是晶格能，金属键的键能是内聚能。

一般规定，在 298.15K 和 100kPa 下的气态物质中，断开单位物质的量的化学键而生成气态原子，所需要的能量叫作键解离能，以符号 D 表示。对于双原子分子，其共价键键能 E 就是键解离能。如：

$H—Cl(g) \longrightarrow H(g) + Cl(g) \qquad D(H—Cl) = 432kJ \cdot mol^{-1}$

$E(H—Cl) = D(H—Cl) = 432kJ \cdot mol^{-1}$

对于多原子分子，共价键键能只是一种统计平均值，或者说是近似值。如：

$H_2O(g) \longrightarrow H(g) + OH(g) \qquad D_1 = 498kJ \cdot mol^{-1}$

$OH(g) \longrightarrow H(g) + O(g) \qquad D_2 = 428kJ \cdot mol^{-1}$

则 O—H 键的键能 $E(O—H) = (498 + 428)/2 = 463kJ \cdot mol^{-1}$

表 5-7 中列出一些共价键的键能数值。键能习惯上取正值。一般来说，键能数值越大表示共价键强度越大。化学反应的热效应也与键能的大小有关。键能的大小与成键原子的核电荷数、电子层结构、原子半径、所形成的共用电子对数目等有关。

表 5-7　298.15K 时一些共价键的键能　　单位：$kJ \cdot mol^{-1}$

单键								双键		叁键	
H—H	435	C—H	413	N—N	159	F—F	158	C=C	598	N≡N	946
H—N	391	C—C	347	N—O	222	F—Cl	253	C=O	803	C≡C	820
H—F	567	C—N	293	N—Cl	200	Cl—Cl	242	O=O	498	C≡O	1076
H—Cl	431	C—O	351	O—H	463	Cl—Br	218	C=S	477		
H—Br	366	C—S	255	O—O	143	Br—Br	193	N=N	418		
H—I	298	C—Cl	351	O—F	212	I—Cl	208				
		C—Br	293								
		C—I	234	S—H	339	I—Br	175				
		Si—Si	226	S—S	268	I—I	151				
		Si—O	368								

② 键长　分子中两个原子核间的平均距离称为键长。例如氢分子中两个氢原子的核间距为 76pm，H—H 的键长为 76pm。一般键长越长，原子核间距离越大，键的强度越弱，键能越小。如 H—F、H—Cl、H—Br、H—I 键长依次递增，键能依次递减，分子的热稳定性依次递减。键长与成键原子的半径和所形成的共用电子对等有关。

③ 键角　一个原子周围如果形成几个共价键，这几个共价键之间有一定的夹角，这样的夹角就是共价键的键角。键角是由共价键的方向性决定的，键角反映了分子或物质的空间结构。例如水是 V 字形分子，水分子中两个 H—O 键的键角为 104°45′；甲烷分子为正四面体构型，碳位于正四面体的中心，任何两个 C—H 键的键角为 109°28′；金刚石中任何两个

C—C 键的键角亦为 109°28′；石墨片层中的任何两个 C—C 键的键角为 120°。从键角和键长可以反映共价分子或原子晶体的空间构型。

2）分子的极性和电偶极矩

在分子中，由于原子核所带正电荷的电荷量和电子所带负电荷的电荷量是相等的，所以就分子的总体来说，是电中性的。但从分子内部这两种电荷的分布情况看，可把分子分成极性分子和非极性分子两类。

设想在分子中，正负电荷各有一个“电荷中心”。分子中正负电荷中心不重合，从整个分子来看，电荷的分布是不均匀的、不对称的，这样的分子为极性分子，如 NH_3 分子、HCl 分子等；分子中正负电荷中心重合，从整个分子来看，电荷分布是均匀的、对称的，这样的分子为非极性分子，如 H_2、O_2、N_2、CO_2、CH_4、C_2H_2、BF_3 等。

分子的极性可以用电偶极矩来表示。若分子中正、负电荷中心所带的电荷量各为 q，两中心距离为 l，则二者的乘积被称为电偶极矩，以符号 μ 表示，SI 单位为 C·m（库·米），即

$$\mu = q \cdot l \tag{5-9}$$

虽然极性分子中的 q 和 l 的数值难以测量，但 μ 的数据可通过实验方法测出。表 5-8 中列出了一些物质分子的电偶极矩和分子的空间构型。

表 5-8 一些分子的电偶极矩和分子的空间构型

分子		电偶极矩 $\mu/(10^{-30}C\cdot m)$	空间构型
双原子分子	HF	6.07	直线形
	HCl	3.60	直线形
	HBr	2.74	直线形
	HI	1.47	直线形
	CO	0.37	直线形
	N_2	0	直线形
	H_2	0	直线形
三原子分子	HCN	9.94	直线形
	H_2O	6.17	V 字形
	SO_2	5.44	V 字形
	H_2S	3.24	V 字形
	CS_2	0	直线形
	CO_2	0	直线形
四原子分子	NH_3	4.90	三角锥形
	BF_3	0	平面三角形
五原子分子	$CHCl_3$	3.37	四面体
	CH_4	0	正四面体
	CCl_4	0	正四面体

由表可以总结出以下规律：

① 电偶极矩为零的分子即为非极性分子；电偶极矩不为零的分子即为极性分子。

② 对于双原子分子来说，分子极性与其键的极性是一致的。如 H_2、N_2 等分子是由非极性共价键组成，整个分子的正、负电荷中心是重合的，$\mu=0$，所以 H_2、N_2 是非极性分

子。又如卤化氢分子是由极性键组成的，整个分子的正、负电荷中心是不重合的，$\mu \neq 0$，所以卤化氢是极性分子。

③ 在多原子分子中，分子的极性和键的极性往往不一致。如 H_2O 分子和 CH_4 分子的 O—H 键和 C—H 键都是极性键，但从 μ 的数值来看，H_2O 分子是极性分子，CH_4 分子是非极性分子。这是因为分子的极性不但与键的极性有关，还与分子的空间构型（对称性）有关，H_2O 分子的空间构型为 V 字形，而 CH_4 分子的空间构型为正四面体。

④ 分子电偶极矩的数值可用于判断分子极性的大小，电偶极矩越大表示分子的极性越大。如在卤化氢分子中，由 HF 到 HI，分子的电偶极矩逐渐减小，分子的极性也逐渐减弱。

（2）分子间力（范德华力）

离子键、共价键和金属键，都是原子间比较强的作用力，原子依靠这种作用力而形成分子或晶体。分子间还存在着另一些比较弱的相互作用力，称为分子间力。气体分子能够凝聚成液体和固体，主要就是依靠这种分子间力。分子间力的大小，对于物质的许多性质有影响。但分子间力的作用范围很小，它随分子之间距离的增加而迅速减弱。分子间力没有方向性和饱和性。

1）色散力

任何一个分子，都存在着瞬间偶极，这种瞬间偶极也会诱导邻近分子产生瞬间偶极，于是两个分子可以靠瞬间偶极相互吸引在一起，见图 5-39。这种瞬间偶极产生的作用力称为色散力（dispersion force）。色散力存在于一切分子之间。色散力是伦敦（London）于 1930 年根据近代量子力学方法证明的，由于从量子力学导出的理论公式与光色散公式相似，因此把这种作用称为色散力，又叫作伦敦力。

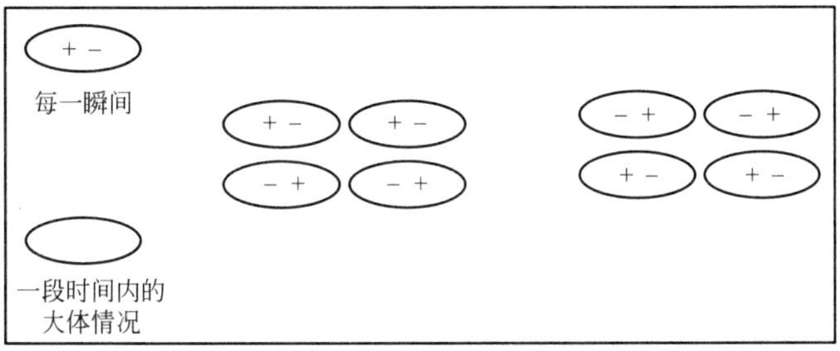

图 5-39　非极性分子间的相互作用

色散力的产生与分子的瞬间偶极有关。分子中由于电子的运动，瞬间电子的位置相对于原子核是不对称的，也就是说正电荷重心和负电荷重心发生瞬间的不重合，从而产生瞬间偶极。色散力与相互作用分子的变形性有关，变形性越大（一般相对分子质量愈大，变形性愈大），色散力越大。

2）诱导力

在极性分子的固有偶极诱导下，对邻近它的分子会产生诱导偶极，分子间的诱导偶极与固有偶极之间的电性引力，称为诱导力。在极性分子和非极性分子之间以及极性分子和极性分子之间都存在诱导力，见图 5-40。

诱导力的产生与极性分子的固有偶极和另一分子的诱导偶极有关。在极性分子和非极性分子之间，由于极性分子偶极所产生的电场对非极性分子产生影响，使非极性分子电子云变

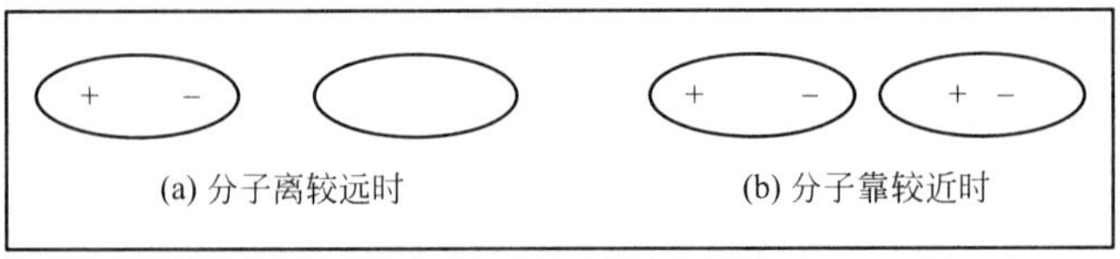

图 5-40　极性分子和非极性分子的相互作用

形（即电子云被吸向极性分子偶极的正电的一极），结果使非极性分子的电子云与原子核发生相对位移，本来非极性分子中的正、负电荷重心是重合的，相对位移后就不再重合，使非极性分子产生了偶极。这种电荷重心的相对位移叫作“变形”，因变形而产生的偶极，叫作诱导偶极，以区别于极性分子中原有的固有偶极。诱导偶极和固有偶极相互吸引，这种由于诱导偶极而产生的作用力，叫作诱导力。同样，在极性分子和极性分子之间，除了取向力外，由于极性分子的相互影响，每个分子也会发生变形，产生诱导偶极。其结果使分子的偶极矩增大，既具有取向力又具有诱导力。在正离子和负离子之间也会出现诱导力。

诱导力随分子的极性增大而增大，也随分子的变形性增大而增大。当分子间距离增大时，诱导力会迅速减弱。

3）取向力

取向力又称定向力，是极性分子与极性分子的固有偶极之间的静电引力。因为两个极性分子相互接近时，同极相斥，异极相吸，使分子发生相对转动，极性分子按一定方向排列，并由静电引力互相吸引，见图 5-41。当分子之间接近到一定距离后，排斥和吸引达到相对平衡，从而使体系能量达到最小值。取向力只有极性分子与极性分子之间才存在。

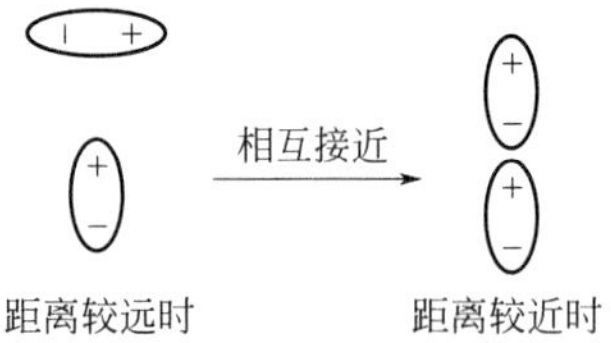

图 5-41　极性分子的相互作用

取向力的产生与极性分子的固有偶极有关。取向力的本质是静电作用，取向力的大小与极性分子的偶极矩及分子间的距离有关。

① 分子的偶极矩越大，取向力就越大，如 HI、HBr、HCl 的偶极矩依次增大，其取向力也依次增大。

② 分子间的距离越大，取向力就越小。

③ 此外，当温度升高时，取向力会减小。因为温度升高时，分子的热运动加剧，破坏了分子的有序排列，减少了取向的趋势。

总之，分子间力是永远存在于分子间的，在不同的分子之间，分子间力的种类和大小不相同。色散力在各种分子之间都有，色散力较大，在分子间力中占主要份额，只有当分子的极性很大（如 H_2O 分子）时才以取向力为主，而诱导力一般较小，如表 5-9。

表 5-9　分子间作用能 *E* 的分配　　单位：$kJ \cdot mol^{-1}$

分子	取向	诱导	色散	总能量
H_2	0	0	0.17	0.17
Ar	0	0	8.48	8.48
Xe	0	0	18.40	18.40
CO	0.003	0.008	8.79	8.79
HCl	3.34	1.1003	16.72	21.05

续表

分子	取向	诱导	色散	总能量
HBr	1.09	0.71	28.42	30.22
HI	0.58	0.295	60.47	61.36
NH_3	13.28	1.55	14.72	29.65
H_2O	36.32	1.92	8.98	47.22

(3) 氢键

除上述 3 种分子间力外，在某些化合物的分子间或分子内还存在着氢键。氢原子与电负性大、半径小的原子 X（氟、氧、氮等）以共价键结合，若与电负性大的原子 Y（与 X 相同的也可以）接近，在 X 与 Y 之间以氢为媒介，生成 X—H…Y 形式的一种特殊的分子间或分子内相互作用，称为氢键。在 X—H…Y 中，X 和 Y 代表 F、O、N 等电负性大而原子半径较小的非金属原子。X 与 Y 可以是同一种类的分子，如水分子之间的氢键；也可以是不同种类的分子，如一水合氨分子（$NH_3 \cdot H_2O$）之间的氢键，见图 5-42。

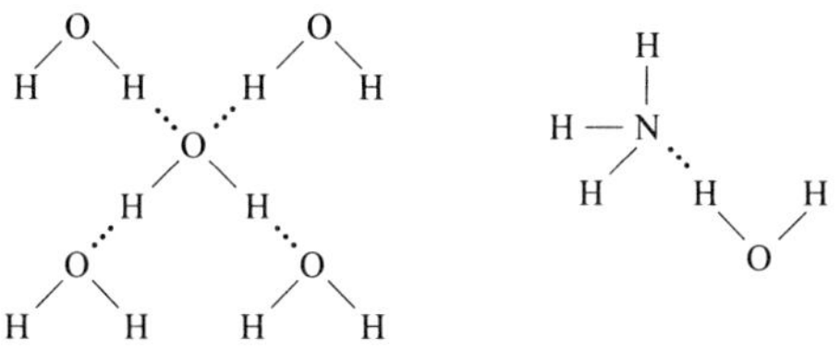

图 5-42　分子间形成氢键示意图

形成氢键的条件：

① 存在与电负性很大的原子 X 形成强极性键的氢原子。

② 存在较小半径、较大电负性、含孤对电子、带有部分负电荷的原子 Y(F、O、N)。

氢键的本质：强极性键（X—H）上的氢核与电负性很大的、含孤对电子并带有部分负电荷的原子 Y 之间的静电作用力，见图 5-43。

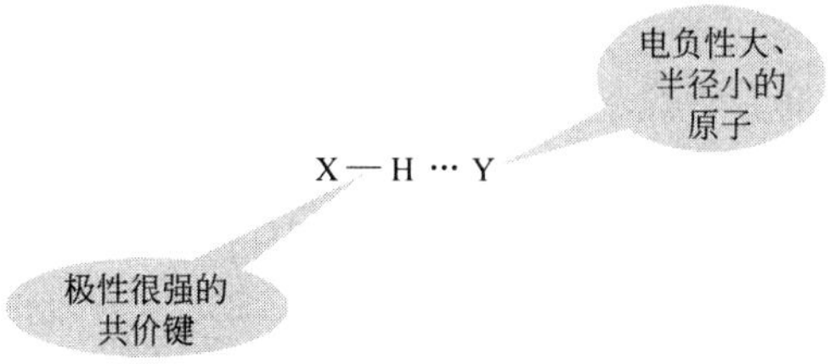

图 5-43　氢键的本质示意图

氢键不同于分子间力，它具有饱和性和方向性，见图 5-44 所示。

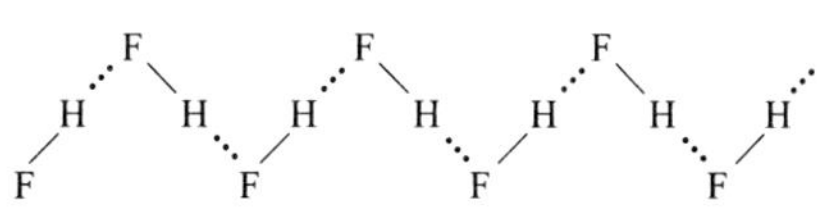

图 5-44　氟化氢分子间氢键示意图

① 氢键具有饱和性。由于氢原子特别小而原子 X 和 Y 比较大，所以 X—H 中的氢原子只能和一个 Y 原子结合形成氢键。同时由于负离子之间的相互排斥，另一个电负性大的原

子 Y′就难以再接近氢原子，这就是氢键的饱和性。

② 氢键具有方向性。由于电偶极矩 X—H 与原子 Y 的相互作用，当 X—H…Y 在同一条直线上时氢键最强，同时原子 Y 一般含有未共用电子对，在可能范围内氢键的方向和未共用电子对的对称轴一致，可使原子 Y 中负电荷分布最多的部分最接近氢原子，这样形成的氢键最稳定。

(4) 分子间相互作用力对物质性质的影响

氢键的键能虽然比共价键弱得多，但分子间存在氢键时，能加强分子间的相互作用，主要影响规律归纳如下。

① 分子间有氢键存在，则熔点、沸点升高。ⅤA 至ⅦA 氢化物的沸点变化规律如下：

	NH_3	PH_3	AsH_3	SbH_3
	H_2O	H_2S	H_2Se	H_2Te
	HF	HCl	HBr	HI

NH_3 → SbH_3 ——→ 色散力增大

NH_3 → SbH_3 ——→ 沸点升高×

PH_3 → SbH_3 ——→ 沸点升高√

沸点升高√ ←—— NH_3 ← PH_3

氢键	有	无	无	无

ⅤA 至ⅦA 氢化物的分子间力（主要考虑色散力）由ⅤA 至ⅦA 是逐渐增大的，推理沸点也应该逐渐升高，但 NH_3、H_2O、HF 却在同族表现出较高的沸点。这是什么原因呢？这是因为在 NH_3、H_2O、HF 分子之间除了色散力、诱导力、取向力三种分子间力外，还有氢键的作用。NH_3、H_2O、HF 分子间能够形成分子间氢键，它们所形成的氢键键能分别为：氨分子间为 5～12kJ·mol^{-1}、水分子间为 13～29kJ·mol^{-1}、氟化氢分子间为 25～40kJ·mol^{-1}。

② 化合物能与溶剂形成氢键，一般易相互溶解。通常用的溶剂一般有水和有机化合物两类。水是极性较强的溶剂，它既能溶解多数强电解质如 HCl、NaOH、K_2SO_4 等，又能与某些极性有机物如丙酮、乙醚、乙酸等相溶。这主要是由于这些强电解质（离子型化合物或极性分子化合物）与极性分子 H_2O 能相互作用而形成正、负水合离子；而乙醇、乙醚和乙酸等分子不仅有极性，且其分子中的氧原子能与水分子中的 H 原子形成氢键，因此它们也能溶于水。但强电解质却难被非极性的有机溶剂所溶解。

③ 化合物形成分子内氢键，则沸点、熔点、水溶性降低。除了分子间氢键外，还有分子内氢键。水杨醛分子中存在分子内氢键，使之形成多原子环状结构（图 5-45）。分子内氢键的形成，造成水杨醛分子沸点、熔点、水溶性降低。

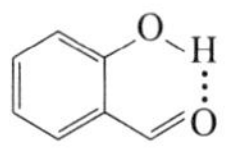

图 5-45 水杨醛分子内的氢键

5.4 晶体结构

5.4.1 晶体和非晶体

固体物质可分为晶体、非晶体二大类。

(1) 晶体的特征

晶体是指内部原子、离子、分子在空间作三维周期性的规则排列的固体。晶体的特征可归纳如下：

① 单晶体都具有规则的几何形状，例如，食盐晶体是立方体（图 5-46）、冰晶体为六角形（图 5-47）等。而这种规则的形状是自发形成，而不是人为加工而成的，是有其内在的原因的。许多单晶聚合成多晶体后，可能就没有整体的规则外形了。

图 5-46 食盐晶体

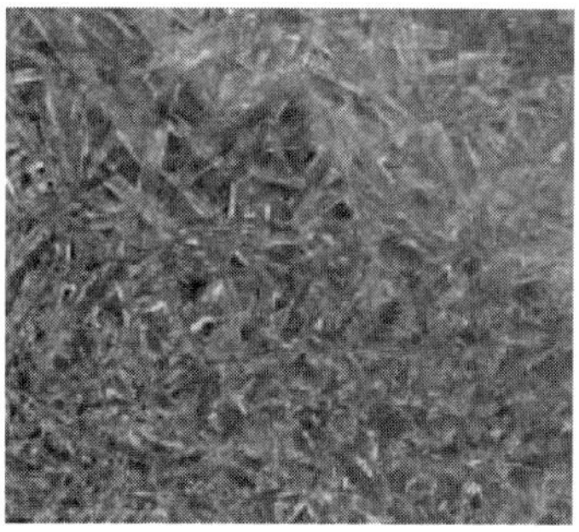

图 5-47 冰晶体

② 晶体有一定的熔点，相同条件下，只有在温度达到熔点后才会发生熔化，同时，此过程还伴随着热量的变化。多晶体这方面和晶体类似，但是略有差别。

③ 晶体的物理性质会随着不同方向而有所差别，称为“各向异性”。这也是由其内部的物质结构所决定的。多晶体虽然各个单独晶粒存在各向异性现象，但是大量晶粒的贡献此消彼长，整个晶体呈现各向同性状态。

(2) 非晶体的特征

非晶体又称无定形体，是指组成物质的分子（或原子、离子）不呈空间有规则周期性排列的固体。非晶体的特征可归纳如下：

① 非晶体是内部质点在三维空间不呈周期性重复排列的固体，具有短程有序，但不具有长程有序，其外形为无规则形状。玻璃、蜂蜡、松香、沥青、橡胶等就是常见的非晶体。图 5-48 为石蜡、橡胶示意图。

图 5-48 非晶体石蜡、橡胶

② 非晶体无固定的熔点，它的熔化过程中温度随加热不断升高。非晶体由于分子、原子的排列不规则，吸收热量后不需要破坏其空间点阵，只用来提高平均动能，所以当从外界吸收热量时，便由硬变软，最后变成液体。

③ 非晶体多数是各向同性。

5.4.2 晶体的基本类型

根据晶体中微粒的不同，习惯上把晶体分为四种基本类型。

① 离子晶体。晶体中微粒是正、负离子，微粒之间作用力是离子键。

② 原子晶体。晶体中微粒是原子，微粒之间的作用力是共价键。

③ 金属晶体。晶体中微粒是金属离子或原子，微粒之间的作用力是金属键。

④ 分子晶体。晶体中微粒是分子，微粒之间的作用力是分子间力（有的存在氢键）。

(1) 离子晶体

1）离子晶体的性质

① 离子晶体具有一定的几何外形，这是因为在离子晶体结构中正、负离子或离子集团在空间排列上具有交替相间的结构特征。例如 NaCl 是正立方体晶体，钠离子与氯离子相间排列，每个钠离子同时吸引 6 个氯离子，每个氯离子同时吸引 6 个钠离子，见图 5-49。不同的离子晶体，离子的排列方式可能不同，形成的晶体类型也不一定相同。离子晶体不存在分子，没有分子式。离子晶体通常根据正、负离子的数目比，用化学式表示该物质的组成，如 NaCl 表示氯化钠晶体中钠离子与氯离子个数比为 1∶1，$CaCl_2$ 表示氯化钙晶体中钙离子与氯离子个数比为 1∶2。

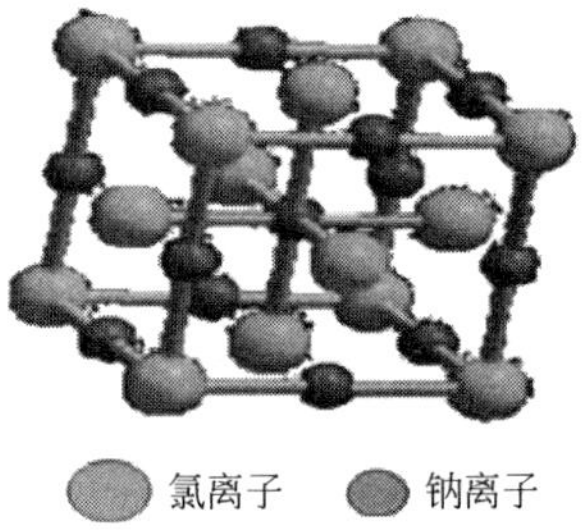

图 5-49 氯化钠晶体

② 离子晶体整体上具有电中性。这是因为离子晶体中各类正离子带电量总和与负离子带电量总和的绝对值相当。

③ 离子晶体一般硬而脆，无延展性，具有较高的熔沸点，熔融或溶解时可以导电。这是因为离子晶体中如果发生位错，正正离子相切，负负离子相切，彼此排斥，离子键失去作用，故无延展性。因为离子键的强度大，所以离子晶体的硬度高。由于要使晶体熔化就要破坏离子键，所以要加热到较高温度，故离子晶体具有较高的熔沸点。离子晶体在固态时有离子，但不能自由移动，不能导电，溶于水或熔化时离子能自由移动而能导电。因此水溶液或熔融态导电，是通过离子的定向迁移导电，而不是通过电子流动导电。

离子晶体的熔点、硬度等性质可以相差很大，主要与晶格能有关。

2）离子晶体的晶格能

离子晶体的晶格能是指 1mol 的离子化合物中的正、负离子，由相互远离的气态结合成离子晶体时所释放出的能量或拆开 1mol 离子晶体使之形成气态负离子和正离子所吸收的能量。单位是 $kJ \cdot mol^{-1}$。

晶格能与正、负离子所带的电荷（分别以 z^+、z^- 表示）及正、负离子的半径（分别以 r^+、r^- 表示）有关：

$$E_L \propto |z^+ \cdot z^-| / (r^+ + r^-) \qquad (5\text{-}10)$$

从式(5-10) 可以看出，离子所带的电荷越多，离子的半径越小，离子晶体的晶格能越大，晶体也越稳定。因此，当离子的电荷数相同时，晶体的熔点和硬度随着正、负离子间距的增大而降低。当离子间距相差不远，则晶体熔点和硬度取决于离子的电荷数，见表 5-10。

表 5-10　某些离子晶体的晶格能以及离子电荷、核间距离、熔点、硬度

AB 型 离子晶体	离子电荷 Z	最短核间距 r_0/pm	晶格能 U/(kJ·mol^{-1})	熔点 t/℃	莫氏硬度[①]
NaF	1	231	923	993	3.2
NaCl	1	282	786	801	2.5
NaBr	1	298	747	747	>2.5
NaI	1	323	704	661	>2.5
MgO	2	210	3791	2852	6.5
CaO	2	240	3401	2614	4.5
SrO	2	257	3223	2430	3.5
BaO	2	256	3054	1918	3.3

① 莫氏硬度是用刻痕法将棱锥形金刚钻针刻划所测试矿物的表面，并测量划痕的深度，该划痕的深度就是莫氏硬度，以符号 HM 表示。

(2) 原子晶体

1) 原子晶体的性质

① 在这类晶体中，不存在独立的小分子，而只能把整个晶体看成一个大分子。原子晶体中不存在分子，用化学式表示物质的组成，单质的化学式直接用元素符号表示，两种以上元素组成的原子晶体，按各原子数目的最简比写化学式，见图 5-50、图 5-51。常见的原子晶体是周期表第ⅣA 族元素的一些单质和某些化合物，例如金刚石、硅晶体、SiO_2、SiC 等。

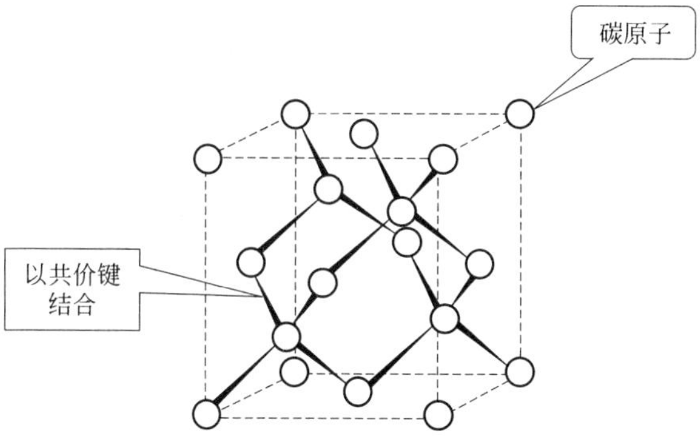

图 5-50　金刚石晶体的结构

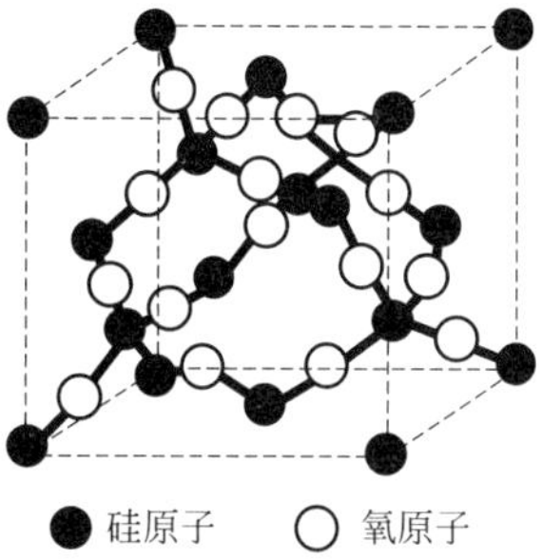

图 5-51　二氧化硅晶体的结构

② 原子晶体中原子间以共价键相联系，由于结合较牢，所以原子晶体的硬度较大，熔点较高。例如金刚石，由于碳原子半径较小，共价键的强度很大，要破坏 4 个共价键或扭歪键角都需要很大能量，所以金刚石的硬度最大，熔点达 3570℃。

③ 原子晶体不导电、不易溶于任何溶剂，化学性质十分稳定。这与原子晶体中原子间的相互作用是共价键，共价键结合牢固有关。

2) 影响原子晶体熔沸点高低的因素

原子晶体熔沸点的高低与共价键的强弱有关。一般来说，半径越小形成共价键的键长越短，键能就越大，晶体的熔沸点也就越高。如金刚石（C—C）>二氧化硅（Si—O）>碳化硅（Si—C）>晶体硅（Si—Si）。

共价键的强弱与下列因素有关：

① 原子间形成共价键，原子轨道发生重叠。原子轨道重叠程度越大，共价键的键能越大，两原子核的平均间距——键长越短。

② 一般情况下，结构相似的分子，其共价键的键长越短，共价键的键能越大，分子越稳定。

③ 一般情况下，成键电子数越多，键长越短，形成的共价键越牢固，键能越大。在成键电子数相同、键长相近时，键的极性越大，键能越大，形成时释放的能量就越多，反之破坏它消耗的能量也就越多，付出的代价也就越大。

(3) 金属晶体

金属元素的电负性较小，电离能也较小，最外层的价电子容易脱离原子核的束缚而在金属晶粒间比较自由地运动，形成“自由电子”或称为离域电子。这些在三维空间运动、离域范围很大的“自由电子”，把失去价电子的金属正离子吸引在一起，形成金属晶体，见图 5-52。金属中这种自由电子与原子（或离子）间的作用力称为金属键，见图 5-53。

由于电子的自由运动，金属键没有固定的方向，因而是非极性键。

(a) 金属钨

(b) 金属铝

(c) 金属铜

图 5-52　金属样品

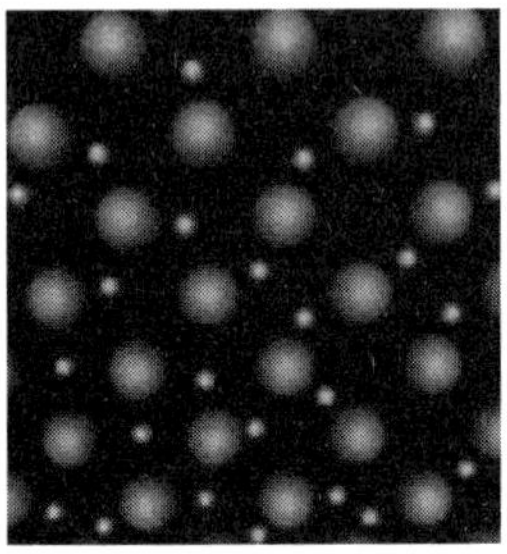

图 5-53　金属键的形成

1）金属晶体的性质

① 金属晶体熔沸点高、硬度大。例如第 3 周期金属单质 Al＞Mg＞Na，再如元素周期表中第 ⅠA 族元素单质 Li＞Na＞K＞Rb＞Cs。硬度最大的金属是铬，熔点最高的金属是钨。这是因为金属阳离子所带电荷越高，半径越小，金属键越强，熔沸点越高，硬度越大。

② 金属晶体具有延展性。由于自由电子的流动性，当金属受到外力时，金属原子间容易相对滑动，表现出良好的延展性。

③ 金属晶体容易导电和导热。由于自由电子可以比较自由地在整个金属晶体中运动，使得金属具有良好的导电性与导热性。

④ 金属晶体具有光泽。金属晶体中的自由电子能吸收可见光，并将能量向四周散射，使得金属不透明，具有金属光泽。

2）影响金属键强弱的因素

金属键的强弱通常与金属离子半径成逆相关，与金属内部自由电子密度成正相关，即其原子半径越小，价电子越多，金属键就越强。

(4) 分子晶体

1）分子晶体的性质

① 分子晶体是由分子组成的（如图 5-54），可以是极性分子，也可以是非极性分子，例如 O_2、CO_2 是非极性分子，乙醇是极性分子。

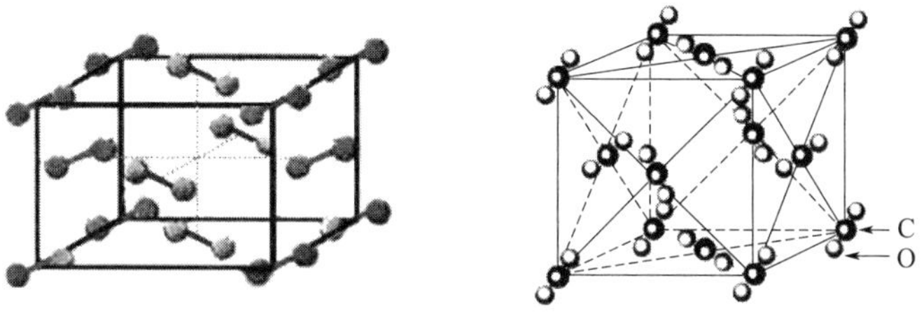

(a) I_2分子晶体　　(b) 干冰分子晶体

图 5-54　分子晶体

② 分子间的作用力很弱，分子晶体具有较低的熔点、沸点，硬度小、易挥发，许多物质在常温下呈气态或液态。同类型分子的晶体，其熔、沸点随分子量的增加而升高。

③ 分子晶体在固态和熔融状态时都不导电。

④ 分子晶体溶解性遵守“相似相溶”原理。例如 NH_3、HCl 极易溶于水，难溶于 CCl_4 和苯；而 Br_2、I_2 难溶于水，易溶于 CCl_4、苯等有机溶剂。

2）影响分子晶体熔沸点高低的因素

① 分子间作用力越强，熔沸点越高。

② 组成和结构相似的分子晶体，一般相对分子量越大，分子间力越强，熔沸点越高。例如卤素单质的熔点、沸点按 F_2、Cl_2、Br_2、I_2 顺序递增。

③ 若分子间有氢键，则分子间作用力比结构相似的同类晶体大，故熔沸点较高。如非金属元素的氢化物，同主族如ⅤA 至ⅦA 氢化物由上而下熔沸点升高，但 HF、H_2O、NH_3 除存在分子间力外，还有氢键的作用力，它们的熔沸点较高，例如 HF>HI>HBr>HCl、$H_2O>H_2Se>H_2S$、$NH_3>PH_3$。

④ 组成和结构不相似的物质，分子极性越大，其熔沸点越高，例如 $CO>N_2$。

以上四种晶体基本类型的特征概括在表 5-11 中。

表 5-11　晶体的基本类型

项目	离子晶体	原子晶体	金属晶体	分子晶体
实例	NaCl	金刚石(C)	Fe	CO_2
微粒间作用力	离子键	共价键	金属键	分子间力
熔沸点	较高	高	一般较高，部分低	低
硬度	较大	大	一般较大，部分小	小
导电性	水溶液或熔融液易导电	绝缘体或半导体	良导体	一般不导电

(5) 过渡型晶体

近几十年中，随着 X 射线晶体结构测定技术的成熟与发展，大量的晶体结构被精确测定。结果表明，许多物质的晶体结构不能简单地用上述四种基本结构类型来描述，表现为链状结构和层状结构。

1）链状结构晶体

链状结构硅酸盐为金属元素和链状硅酸盐长链负离子形成的化合物。在天然硅酸盐晶体中的基本结构单元为 1 个硅原子和 4 个氧原子所组成的四面体，见图 5-55。

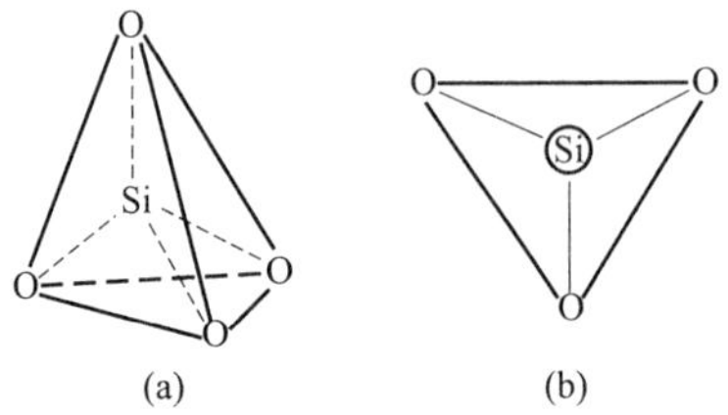

图 5-55　硅氧四面体透视图（a）和俯视图（b）

若将各个四面体通过两个顶角的氧原子与另外两个四面体中的硅原子相连，便构成链状结构的硅酸盐负离子，如图 5-56。

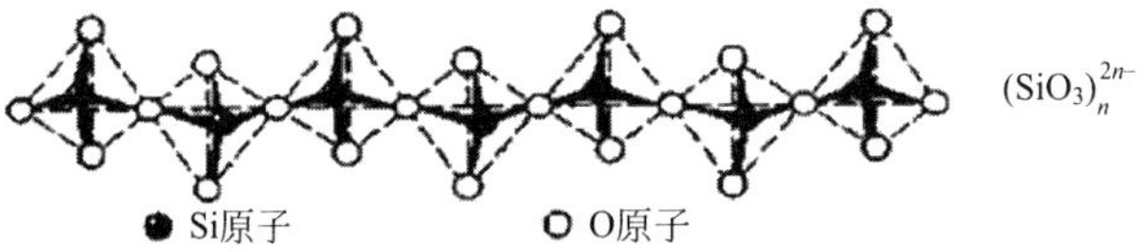

图 5-56　硅酸盐负离子单链结构

这些硅酸盐负离子具有由无数硅、氧原子通过共价键组成的长链形式，链与链之间充填着金属正离子（如 Na^+、Ca^{2+} 等）。由于带负电荷的长链与金属正离子之间的静电作用比链内共价键的作用要弱，因此，若沿平行于链的方向用力，晶体往往易裂开成柱状或纤维状。石棉（化学式为 $CaO \cdot 3MgO \cdot 4SiO_2$）就是类似于这类结构的双链状结构的晶体。

2）层状结构晶体

石墨是典型的层状结构晶体。在石墨中，每个碳原子以 sp^2 杂化形成 3 个 sp^2 杂化轨道，分别与相邻的 3 个碳原子形成 3 个 sp^2-sp^2 重叠的键，键角为 120°，从而得到由许多六边形构成的平面结构，如图 5-57。在平面层中的每个碳原子还有 1 个 2p 原子轨道垂直于

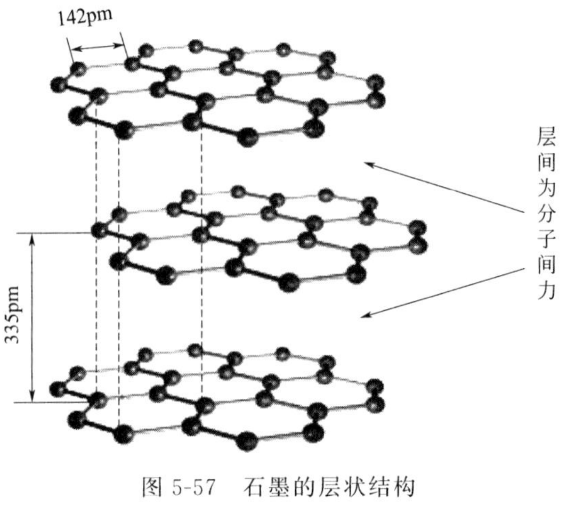

图 5-57　石墨的层状结构

sp^2 杂化轨道，每个 2p 轨道中各有一个电子，由这些相互平行的 2p 轨道相互重叠可以形成遍及整个平面层的离域大 π 键。由于 π 键的离域性，电子能沿平面方向移动，使石墨具有良好的导电性和导热性。石墨晶体中层与层之间相隔 335pm，距离较大，是分子间力结合起来的，所以石墨的层间易滑动，工业上常用作固体润滑剂和铅笔芯的原料。但是，由于同一平面层上的碳原子间结合很强，极难破坏，所以石墨的熔点很高，化学性质也稳定。

石墨还有一些新的用途，如柔性石墨制品。柔性石墨又称膨胀石墨，是开发的一种石墨制品。随着美国研究成功柔性石墨密封材料，原子能阀门泄漏问题被解决，随后德、日、法也开始研制生产。这种产品除具有天然石墨所具有的特性外，还具有特殊的柔性和弹性。因此，石墨是一种理想的密封材料，广泛用于石油化工、原子能等工业领域，国际市场需求量逐年增长。此外，石墨还是轻工业中玻璃和造纸的磨光剂和防锈剂，是制造铅笔、墨汁、黑漆、油墨、人造金刚石和人造钻石不可缺少的原料。它是一种很好的节能环保材料，美国已用它做汽车电池。随着现代科学技术和工业的发展，石墨的应用领域还在不断拓宽，已成为高科技领域中新型复合材料的重要原料，在国民经济中具有重要的作用。

知识扩展

给分子做个 CT 检查

2017 年因在“冷冻电镜”领域做出卓越贡献，三位生物物理学家获得诺贝尔化学奖，他们是瑞士洛桑大学的 Jacques Dubochet 教授、美国哥伦比亚大学的 Joachim Frank 教授、英国剑桥 MRC 分子生物学实验室的 Richard Henderson 教授。

冷冻电镜可以说是目前生命科学领域最热门的技术，帮助科学家获得了很多依靠其他结构生物学技术完全不可能获得的生物分子结构。这一方面帮助人们更好地理解这些分子的功能和活性，另一方面可以指导相应的药物研发。

在过去很长一段时间，分子结构解析主要使用 X 射线晶体学和核磁共振（NMR）。在已解析的一千多种膜蛋白结构当中，90%以上都采用的是 X 射线晶体学方法，核磁共振在小分子量的蛋白质结构解析中也发挥了重要的作用。

但是这两种方法存在一些局限性，如核磁共振（NMR）仅适用于相对较小的蛋白质；X 射线晶体学需要目标分子能形成高质量的晶体，就算这样也只能得到结晶态分子的结构，而无法反映生物分子的动态变化。现实的情况是，相当数量的生物分子无法形成良好的晶体，无法使用 X 射线晶体学方法解析结构。

电镜在被发明之后的很长一段时间之内，都无法用于生物材料的结构表征，这是因为电镜的电子束能量高，而且操作时要求真空和脱水，这些让脆弱的生物分子无法承受。

(1) 冷冻电镜为什么会获得诺贝尔奖?

诺贝尔奖委员会给出的获奖理由原话是“for developing cryo-electron microscopy for the high-resolution structure determination of biomolecules in solution”，这句话的意思是发展冷冻电镜，用于溶液中生物分子的高分辨率结构测定，这表明了冷冻电镜（通常缩写为 Cryo-EM）的意义，让科学家们能高效率地以原子级分辨率获得生物分子的三维结构。

图 1(a) 是控制“昼夜节律”的蛋白质复合物，图 1(b) 是与听觉相关的压力变化传感器，图 1(c) 是寨卡病毒，这些结构，依靠之前的结构生物学研究技术根本不可能获得。

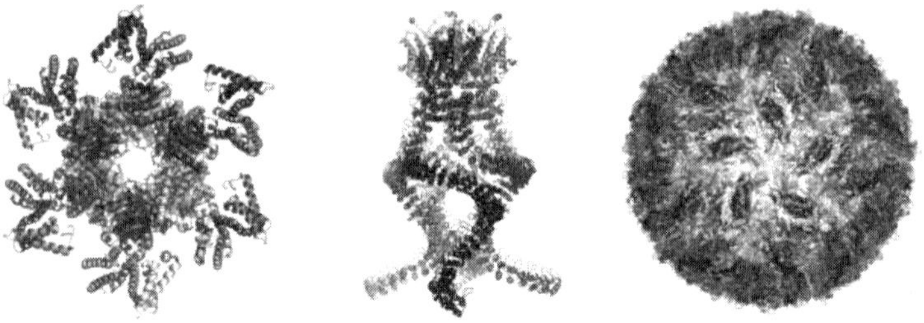

(a)　(b)　(c)

图 1　近些年几个依靠冷冻电镜获得的生物大分子结构

(2) 冷冻电镜技术的优势

冷冻电镜技术的突破给结构生物学领域带来了一场大风暴，大量高分辨率的分子机器、膜蛋白、蛋白质复合物结构被报道，相关领域的研究也迈进了一个崭新的时代。

冷冻电镜的基本原理是先把样品冰冻，然后保持超低温进入电子显微镜，高度相干的电子照射样品，电子穿透样品和附近的冰层并被散射，探测器和透镜系统将散射信号转换为放大的图像并记录下来，最后进行三维重构，从二维图像通过计算得到样品的三维结构。

冷冻电镜技术的优势可总结为：

① 不需要结晶，很多难以结晶的大分子复合物也能成为研究对象，范围大大扩展；

② 样品量小，制备快，可重复性高；

③ 可解析天然、动态的结构，非常适合生物分子。

(3) 冷冻电镜发展过程

1974 年，加州大学伯克利分校的 Robert Glaeser 教授和他的学生 Kenneth A. Taylor 首次提出了冷冻电镜技术，成功实现了冷冻含水生物样品的电镜成像，在超低温条件下可有效降低电子辐射对冰冻样品的结构破坏并可维持高真空度。

1990 年，Richard Henderson 教授等人通过冷冻电镜技术获得了第一张分辨率在原子级别的膜蛋白细菌视紫红质三维结构图像。这一工作证明冷冻电镜可以像 X 射线晶体学那样提供高分辨率的生物分子结构信息。

Richard Henderson 教授研究结构规整的细菌视紫红质的成功，助推了人们将这一技术推广到种类繁多的其他生物分子并获得高分辨率的三维结构的研究。Joachim Frank 教授在 1975 到 1986 年间发展了一种图像处理方法，通过算法可以对电镜下模糊的二维图像进行分析和合并，从而获得相对清晰的三维结构。Frank 教授提出的单颗粒三维重构算法对于实现无需结晶的蛋白质三维结构解析至关重要，也是冷冻电镜技术发展的基石。

将样品直接冰冻，冰晶体会干扰电子束使得最后得到的图像一团糟。有没有办法既能让分子处于水环境又不形成冰晶体呢？Jacques Dubochet 教授在 1982 年找到了一个完美的解决方案——让水“玻璃化”。通过快速降温，在生物分子周围的水以液态形式被固化，形成无定形的冰。这样一来，生物分子即使在真空中也能维持天然形态，而且玻璃态冰在电镜下几乎透明，不会形成干扰。这一突破使得快速制备高质量冷冻电镜样品成为可能，冷冻电镜技术也开始推广开来。

在这些奠基者的工作之后，冷冻电镜技术不断地得到优化，最近两三年里发生了很重要的技术突破，包括直接电子探测器的发明和高分辨率图像处理算法的改进，使得冷冻电镜的分辨率终于达到了梦寐以求的原子级。以谷氨酸脱氢酶为例，通过冷冻电镜能得到的最高分辨率已经达到 0.18nm。

思考题

5-1 微观粒子有何特性？

5-2 n、l、m 三个量子数的组合方式有何规律？这三个量子数各有何物理意义？

5-3 波函数与概率密度有何关系？电子云图中黑点疏密程度有何含义？

5-4 比较波函数的角度分布图与电子云的角度分布图的特征。

5-5 多电子原子的轨道能级与氢原子的有什么不同？

5-6 多电子原子外层构型可分为几类？如何表示？举例说明。

5-7 氧原子核外有 8 个电子，请列出该原子基态时 8 个电子所对应的量子数。

5-8 判断下列原子基态的核外电子构型是否有误，若有误，请解释何处有误，并写出正确的构型以及它们各位于第几周期、第几族、什么区。

(1) Al($Z=13$)　$1s^2 2s^2 2p^6 3s^2 3p^1$

(2) F($Z=9$)　$1s^2 2s^1 2p^6$

(3) K($Z=19$) $1s^2 2s^2 2p^6 3s^2 3p^6 3d^1$

(4) Cu($Z=29$) $1s^2 2s^2 2p^6 3s^2 3p^6 3d^1$

5-9 主族元素和过渡元素的原子半径随着原子序数的增加，在周期表中由上到下和由左到右分别呈现什么规律？当原子失去电子变为正离子和得到电子变为负离子时，半径分别有何变化？

5-10 试说明元素的第一电离能在同周期中的变化规律，并给予解释。

5-11 原子中吸引电子能力大小是否能用电离能表示？若不能，应该用什么表示？为什么？

5-12 金属正离子的外层电子构型主要有哪几类？如何表示？举例说明。

5-13 化学键有哪几种？分别简要说明。

5-14 为什么说共价键具有饱和性和方向性？

5-15 判断 CO_2、H_2O、NF_3、NH_3 的构型，并指出其中心原子的杂化形式及是否等性杂化，分子极性如何。

5-16 分子极性以什么来衡量？举例说明它为什么是键的极性和分子构型的综合反映。

5-17 判断题

(1) 凡是以 sp^3 杂化轨道成键的分子，其空间构型必为正四面体。　(　)

(2) 非极性分子永远不会产生偶极。 ( )

(3) 分子中键的极性可以根据电负性差值判断，电负性差值越大，则键的极性越大。 ( )

(4) 非金属元素间的化合物为分子晶体。 ( )

5-18 比较下列物质的熔沸点，按照从高到低的顺序排列，并从物质结构的角度说明原因。

KCl SiC HI H_2O

5-19 排列物质 H_2O、H_2S、H_2Se、H_2Te 的沸点高低顺序，并说明原因。

5-20 氢键形成必须具备哪些基本条件？举例说明氢键存在对物性的影响。

5-21 离子的电荷和半径对典型的离子晶体性能有何影响？离子晶体的通性有哪些？

5-22 为什么 CO_2 和 SiO_2 的性质差别很大？

5-23 根据下列物质的性质，判断它们属于何种类型的晶体，各有何结构特征。

(1) $CaCl_2$ 晶体的熔点、硬度高，溶液导电。

(2) B 的硬度极高，熔点为 2573K，导电性极差。

(3) I_2 很容易升华。

5-24 金属晶体的特性与金属键有何联系？

5-25 石墨可用作干电池的电极及工业上许多电化学过程的电极，或者作为固体润滑剂，试解释这些用途与其结构有何关系。

5-26 化学键与分子间力的本质有何区别？

习 题

5-1 判断题（对的在括号内填"√"号，错的填"×"号）

(1) 所谓原子轨道就是指一定的电子云。 ( )

(2) 当主量子数为 4 时，共有 4s、4p、4d、4f 四个轨道。 ( )

(3) 原子基态时没有未成对电子，就肯定不能形成共价键。 ( )

(4) 形成离子晶体的化合物中不可能有共价键。 ( )

(5) 在 CCl_4、$CHCl_3$ 和 CH_2Cl_2 分子中，碳原子都是采用 sp^3 杂化，因此这些分子都呈正四面体。 ( )

5-2 选择题（将正确答案的标号填入括号内）

(1) 在电子云示意图中，小黑点（ ）

(a) 其疏密表示电子出现的概率密度的大小 (b) 表示电子在该处出现

(c) 其疏密表示电子出现的概率的大小 (d) 表示电子

(2) 下列元素原子半径排列顺序正确的是（ ）

(a) Mg>B>Si>Ar (b) Ar>Mg>Si>B

(c) Si>Mg>B>Ar (d) B>Mg>Ar>Si

(3) 在各种不同的原子中，3d 和 4s 电子的能量相比时（ ）

(a) 3d>4s (b) 不同原子中情况可能不同

(c) 3d<4s (d) 3d 和 4s 几乎相等

(4) 下列分子中，偶极矩最大的是（ ）

(a) HCl (b) HBr (c) HF (d) HI

(5) NaF、MgO、CaO 的晶格能大小的次序正确的一组是（ ）

(a) MgO>CaO>NaF　　(b) CaO>MgO>NaF

(c) NaF>MgO>CaO　　(d) NaF>CaO>MgO

5-3 判断下列各对元素哪个元素第一电离能大，并说明原因。

(1) S和P　(2) Al和Mg　(3) Sr和Rb

(4) Cu和Zn　(5) Cs和Au

5-4 请从原子结构的角度解释，为什么 Fe^{2+} 氧化成 Fe^{3+} 比 Mn^{2+} 氧化成 Mn^{3+} 要容易。

5-5 列表写出外层电子构型分别为 $3s^2$、$2s^22p^3$、$3d^{10}4s^2$、$3d^54s^1$、$4d^15s^2$ 的各元素的最高氧化数及元素的名称。

5-6 原子中的电子在原子轨道上排布需遵循（　　）、（　　）和（　　）三条原则。

5-7 填充下表

原子序号	原子的外层电子构型	未成对电子数	周期	族	所属区
16					
19					
42					
48					

5-8 在多电子原子中，轨道能量是由四个量子数中的（　　）决定的；在单电子原子中，轨道能量是由四个轨道量子数中的（　　）决定的。

5-9 符号4d表示电子的量子数 $n=$（　　），角量子数 $l=$（　　），此轨道最多有（　　）种空间取向，最多容纳（　　）个电子。

5-10 元素周期表的本质是什么？有人用下面的话来描述原子结构、元素性质及周期表中的位置关系：结构是基础、性质是表现、位置是形式。你认为如何？

5-11 写出下列各种离子的外层电子分布式，并指出它们各属何种构型。

(1) Ba^{2+}　(2) Cd^{2+}　(3) Fe^{3+}　(4) Ag^+　(5) O^{2-}　(6) Cu^{2+}　(7) Sn^{4+}

5-12 请指出电离能、电负性在周期表中的变化规律。

5-13 共价键的键型有几种？分别是什么？哪种键键能比较大？

5-14 根据下列分子的空间构型，指出中心原子的杂化轨道类型：(1) BCl_3（平面三角形）中B的杂化轨道类型是（　　）；(2) NF_3（三角锥形，键角102°）中N的杂化轨道类型是（　　）。

5-15 比较并简单解释 BBr_3 与 NCl_3 分子的空间构型。

5-16 请指出下列分子中哪些是极性分子，哪些是非极性分子。

CCl_4、$CHCl_3$、CO_2、BCl_3、H_2S、HI

5-17 下列各物质的分子之间，分别存在何种类型的分子间作用力？

(1) H_2　(2) SiH_4　(3) CH_3COOH　(4) CCl_4　(5) HCHO

5-18 乙醇和水可以任何比例互溶，但油却不能与水混溶，为什么？

5-19 下列过程需要克服哪种类型的力：(1) NaCl溶于水；(2) 液 NH_3 蒸发；(3) SiC熔化；(4) 干冰的升华

5-20 下列各组不同的分子间能形成氢键的有哪些：(1) CH_4、H_2O (2) HBr、HCl (3) HF、H_2O (4) H_2S、H_2O

5-21 下列各物质中哪些可溶于水？哪些难溶于水？试根据分子的结构，简单说明原因。

(1) 甲醇（CH_3OH）　(2) 丙酮（CH_3COCH_3）　(3) 氯仿（$CHCl_3$）

（4）乙醚（$CH_3CH_2OCH_2CH_3$）　　（5）甲醛（HCHO）　　（6）甲烷（CH_4）

5-22　为什么 F_2、Cl_2、Br_2、I_2 的熔点从上到下依次增高，而 NaF、NaCl、NaBr、NaI 的熔点则依次降低？

5-23　填充下表

物质	晶体中质点间作用力	晶体类型	熔点/℃
KI			680
Cr			1857
BN(立方)			3300
BBr_3			−46

第 6 章

配位化学

微信扫码获取本章微课

学习要求

（1）掌握配合物的命名规则。

（2）掌握配合物的空间构型及空间构型的理论预测方法。

（3）了解配合物的分类、同分异构现象及配合物的磁性。

（4）掌握配合物的化学键理论。

配位化学是在无机化学基础上发展起来的一门兼容并蓄的交叉学科。自从 Werner 在 1893 年发表配位理论的论文以来，配位化学已经走过了将近一百三十年的历史。目前通过 X 射线单晶衍射仪确定结构的配合物超过 210 万个。配合物在光、电、磁、吸附、分离、生物、医药等方面存在重要的应用，成为化学、材料科学、生物医学等学科的重点研究领域之一。

配位化学研究的对象是配位化合物（coordination compound，简称配合物），即由可以给出孤对电子或多个不定域电子的一定数目的离子或分子（称为配位体，简称配体，ligand）和具有接受孤对电子或多个不定域电子的原子或离子（统称为中心原子或形成体），按一定的组成和空间构型所形成的化合物。近年来，配位化学的发展打破了传统的有机化学和无机化学之间的界限，推动了无机-有机杂化材料的形成。设计和构筑具有特定结构和功能的配合物（简称**功能配合物**）不仅是当代科学界重要的研究方向，也是配位化学研究领域中的一个重要的组成部分。

功能配合物是指具有光、电、磁、吸附、分离、生物、医药等功能的配合物，从广义上讲是指具有特定的物理、化学和生物特性的配合物。随着对特定功能分子基材料的开发，功能配合物的结构和种类也日趋丰富，构成形成体的范围从传统的过渡金属发展到主族金属、稀土金属甚至是放射性金属，而许多无机功能簇也被引入配合物中；同时有机配体也从原来的含氮、含氧的有机配体发展到含硫、含磷和含 π 键的配体，还有许多含金属有机基团的化合物也被选作合成配合物的配体。通过引入具有特定功能的有机官能团配体或者功能性的金属，可以使目标功能材料在气体储存、磁性、手性拆分和催化等方面具备应用潜力。

6.1 我国配位化学研究

我国配位化学的研究在新中国成立前几乎一片空白。新中国成立后，随着国民经济的发展，在一些重点高等院校及科研单位开展这方面的教学和科研工作。20 世纪 60 年代中期以前，主要工作集中在简单配合物的合成、结构、性质及应用方面的研究，特别是溶液配合物的平衡理论、混合和多核配合物的稳定性、过渡金属配位催化、稀土等我国丰产元素的分离提纯以及配位场理论的研究。1963 年戴安邦院士在南京大学建立了我国第一个配位化学研究机构——络合物化学研究室。

改革开放以后，在改革开放政策的指引下，在国家自然科学基金委员会的支持下，我国配位化学取得突飞猛进的发展，1982 年创办了《结构化学》杂志，1985 年创办了《无机化学》杂志。在国家自然科学基金委员会、科技部以及国际纯粹和应用化学联合会的发起下，1987 年，第二十五届国际配位化学会议在我国召开，标志着我国配位化学开始走向国际。一系列研究实体如南京大学配位化学研究所、北京大学稀土研究中心、中科院长春应用化学研究所和福建物质结构研究所等的建立，标志着我国配位化学研究已步入国际先进行列，研究水平大幅提升，特别在以下几个方面取得重要进展。

① 新型配（簇）合物、聚合物、有机金属化合物和生物无机配合物，特别是配位超分子化合物等基于无机合成及其结构的研究取得丰硕成果，数量品种不断增加。

② 现代溶液结构的谱学研究及其分析方法以及配合物结构和性质的基础研究水平大为提高。

③ 具有光、电、磁功能及多功能配合物的研究取得重要进展。

④ 开展动力学、热力学和反应机理方面的研究，特别是在溶液中离子萃取分离和均相催化等应用方面取得了重要成果。

6.2 配合物的组成、命名和分类

配合物是由中心原子（或离子）和配体（阴离子或分子）以配位键的形式结合而成的复杂离子或分子。这种复杂离子或分子称为配位单元。凡含有**配位单元的化合物称为配合物。**自 1798 年 Tassaert（法国化学家）合成了第一个配合物 $[Co(NH_3)_6]\cdot Cl_3$ 以来，人们已合成出超过 210 万种配合物。特别是单晶衍射仪应用以来，人们对配合物的合成、性质、结构和应用做了大量的研究，配位化学得到迅速发展。它已广泛地渗透到化学、材料、生物医学等各领域中，已成为自然科学的中心学科并发展成为独立的分支学科。

常见的配离子（或分子），如$[Ni(NH_3)_6]^{3+}$、$[Fe_5(\mu_3\text{-}O)_2L_3(HL)(ATZ)_4]$（$H_2L$＝5-氨基-四氮唑缩水杨醛席夫碱，HATZ＝5-氨基-1、2、3、4-四氮唑）、$[Co(NH_3)_5(H_2O)]^{3+}$，由它们组成的化合物$[Ni(NH_3)_6]\cdot Cl_3$、$[Fe_5(\mu_3\text{-}O)_2L_3(HL)(ATZ)_4]\cdot 4H_2O$、$[Co(NH_3)_5(H_2O)]\cdot Br_3$ 就是配合物。一些常见的配合物见表 6-1。

表 6-1 一些常见的配合物

配合物化学式	命名	形成体	配体	配位原子	配位数
$[Cu(NH_3)_2]\cdot Cl$	氯化二氨合铜（Ⅰ）	Cu^+	NH_3	N	2
$Na_4[Fe(NCS)_6]$	六异硫氰根合铁（Ⅱ）酸钠	Fe^{2+}	NCS^-	N	6
$H_2[PtCl_6]$	六氯合铂（Ⅳ）酸	Pt^{4+}	Cl^-	Cl	6

续表

配合物化学式	命名	形成体	配体	配位原子	配位数
$[Cu(NH_3)_4]\cdot(OH)_2$	氢氧化四氨合铜(Ⅱ)	Cu^{2+}	NH_3	N	4
$K[PtCl_5(NH_3)]$	五氯·氨合铂(Ⅳ)酸钾	Pt^{4+}	Cl^-、NH_3	Cl、N	6
$[Zn(OH)(H_2O)_3]\cdot NO_3$	硝酸羟基·三水合锌(Ⅱ)	Zn^{2+}	OH^-、H_2O	O	4
$[Co(NH_3)_5(H_2O)]\cdot Br_3$	(三)溴化五氨·水合钴(Ⅲ)	Co^{3+}	NH_3、H_2O	N、O	6
$Ni(CO)_5$	五羰(基)合镍(0)	Ni	CO	C	5
$[Co(NO_2)_2(NH_3)_4]$	二硝基·四氨合钴(Ⅱ)	Co^{2+}	NO_2、NH_3	N	6
$[Ca(EDTA)]^{2-}$	乙二胺四乙酸根合钙(Ⅱ)	Ca^{2+}	EDTA①	N、O	6

① EDTA=乙二胺四乙酸根。

6.2.1 配合物的组成

配合物是典型的 Lewis 酸碱加合物。例如，Tollens 试剂中的银氨离子 $[Ag(NH_3)_2]^+$ 是 Lewis 酸 Ag^+ 和 Lewis 碱 NH_3 的加合物，Ag^+ 有空轨道，NH_3 中的氮原子上有孤对电子，可以作为电子对的给予体，Ag^+ 与 NH_3 以配位键结合：$[H_3N\rightarrow Ag\leftarrow NH_3]^+$。

又如，在 $CoCl_2$ 的氨溶液中加入 H_2O_2，可以得到一种橙黄色晶体。橙黄色晶体在 488K 转化为紫红色晶体。

① 紫红色晶体溶于水后加入 $AgNO_3$ 溶液，立即出现白色 AgCl 沉淀，沉淀量相当于该化合物中氯总量的 2/3。

$$CoCl_3\cdot 5NH_3+2AgNO_3 = 2AgCl+Co(NO_3)_2\cdot 5NH_3\cdot Cl$$

上述现象表明化合物中，2 个 Cl^- 是自由的，能独立显示其化学性质；另一个 Cl^- 不是自由的，不能独立显示其化学性质。

② 此化合物中氨的含量很高，但水溶液却呈中性或弱酸性。

③ 化合物水溶液，用碳酸盐或磷酸盐实验，也检查不出钴离子存在。

以上实验证明，化合物中，Co^{3+} 和五个 NH_3 分子以及一个 Cl^- 已经配合，形成配离子 $[Co(NH_3)_5Cl]^{2+}$，从而一定程度上丧失了 Co^{3+} 和 NH_3 及部分 Cl^- 各自存在时的化学性质。

在这个化合物中，Co^{3+} 称中心离子（或形成体），五个配位的 NH_3 分子和一个 Cl^- 称配位体（简称配体），中心离子和配位体构成配合物的内配位层（内界，放在方括号内）；内界中，配体（单基）的总数叫配位数，Cl^- 称外配位层（也称外界）。配合物结构如图 6-1 所示。内外界之间以离子键结合，且在水中可以完全解离。

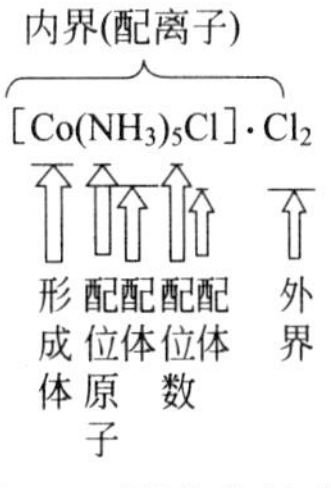

图 6-1 配合物结构

(1) 中心离子（形成体）

配合物中，形成体一般有以下几种：a. 阳离子，如 Ni^{2+}、Cu^+、Co^{3+}、Fe^{2+} 等；b. 原子，如 $Cr(CO)_6$、$Fe(CO)_5$、$Ni(CO)_4$ 中的 Cr、Fe、Ni 都是电中性原子；c. 阴离子，如 $H[Co(CO)_4]$中的钴为 Co^-；d. 高价非金属元素，如 PF_6^- 中的 P(Ⅴ)、SiF_6^{2-} 中的 Si(Ⅳ) 等。

(2) 配体

配体可以是：a. 阴离子，如 $tssb^{2-}$（H_2tssb=牛磺酸缩水杨醛席夫碱）、SCN^-、X^-（卤素阴离子）、OH^-、$C_2O_4^{2-}$、NO_3^- 等；b. 中性分子，如 H_2O、NH_3、CO、phen（邻菲罗啉）、bipy（2,2′-联吡啶）、en（乙二胺）。在配体中，直接与形成体成键的原子称为配位原子，如 N、O、S、X 等，主要是第ⅤA、ⅥA、ⅦA 族元素，配位原子必须含有孤对电子（即 Lewis 碱）。

配体可以分为以下 3 类。

① 单基（齿）配体：只有一个配位原子的配体，称为单基（齿）配体，如 X^-、H_2O、NH_3 等。

② 多基（齿）配体：有两个或多个配位原子的配体，称为多基（齿）配体，如 phen、bipy、en、$C_2O_4^{2-}$、$tssb^{2-}$ 等，常见的多基（齿）配体见表 6-2。

表 6-2　常见的多基（齿）配体

配体	配体结构	配位原子
phen	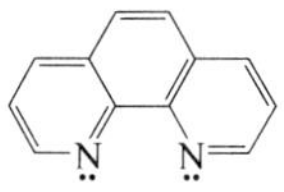	2 个 N 为配位原子
bipy	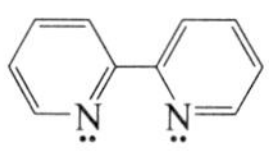	2 个 N 为配位原子
en		2 个 N 为配位原子
$C_2O_4^{2-}$	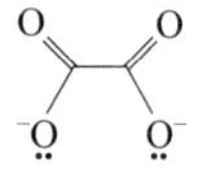	4 个 O 为配位原子
H_2tssb(牛磺酸缩水杨醛席夫碱)	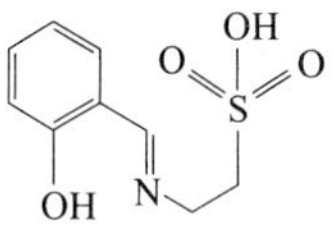	4 个 O 和 1 个 N 为配位原子

③ 两可配体：虽有多个配位原子，但在一定的条件下，仅有一种配位原子与金属配位，这种配体称为两可配体。如亚硝酸根（—O—N=O$^-$，以 O 配位）与硝基（—NO_2^-，以 N 配位）、异硫氰酸根（NCS^-，以 N 配位）与硫氰酸根（SCN^-，以 S 配位），都是两可配体。

(3) 配位数

直接同形成体配位的原子数目称为形成体的配位数。如 $[Cu(NH_3)_4]^{2+}$，形成体 Cu^{2+} 的配位数为 4。在这里，配位数等于配体的数目（对单基配体）。又如 $[Ni(en)_3]Cl_2$ 中 Ni^{2+} 的配位数为 6，在这里，en 为二齿配体，配体数为 3，配位数等于配体数乘以齿数（对多基配体）。

配位数一般为 2、4、6、8 等，4、6 常见而 3、5、7 不常见。配位数的大小取决于形成体和配体的性质（它们的电荷、体积、电子层结构以及它们之间的相互影响的情况）

及配合物形成时的条件，特别是温度、浓度、酸度。一般来说，a. 形成体的电荷越高，配位数越大，如 $[PtCl_6]^{2-}$ 和 $[PtCl_4]^{2-}$、$[Cu(NH_3)_4]^{2+}$ 和 $[Cu(NH_3)_2]^{+}$；b. 配体的负电荷增加，配位数减小（一方面增大了配体和形成体之间的静电引力，但另一方面，又增大了配体之间的斥力，总结果使配位数减小），如 $[Zn(NH_3)_6]^{2+}$ 和 $[Zn(CN)_4]^{2-}$；c. 形成体半径越大，配位数越大，如 AlF_6^{3-} 和 BF_4^-；d. 配体半径越大，配位数越小，如 AlF_6^{3-} 和 $AlBr_4^-$；e. 增大配体的浓度，有利于形成配位数大的配合物；f. 反应温度升高，配位数减小。

(4) 配离子电荷

配离子的电荷等于形成体电荷和配体总电荷的代数和。如 $[Co(H_2O)_6]^{2+}$、$[Co(NH_3)_6]^{3+}$、$[Co(NH_3)_5Cl]^{2+}$ 配离子的电荷分别为+2、+3、+2。

6.2.2 配合物的化学式和命名

配合物的化学式：配合物的化学式中首先应列出配合物中形成体的元素符号，再列出阴离子和中性分子配体，将整个配离子或分子的化学式放在方括号 [] 中。命名时，不同配体之间以圆点（·）分开，在最后一个配体名称之后缀以“合”字。形成体元素符号之后圆括号 () 内用罗马数字或带正负号的阿拉伯数字表示其氧化数（见表 6-1）。

命名：**配合物的命名与一般无机化合物的命名原则相同**。a. 外界酸根为简单离子的酸根（如 Cl^-），称某化某，如 $[Au(NH_3)_4]\cdot Cl_3$ 命名为氯化四氨合金（Ⅲ）；b. 外界酸根为复杂阴离子（如 NO_3^-），称某酸某，如 $[Ni(H_2O)_6]\cdot(NO_3^-)_2$ 命名为硝酸六水合镍（Ⅱ）；c. 外界为氢离子，在配阴离子后加“酸”字，如 $H[PtCl_5(NH_3)]$ 命名为五氯·氨合铂（Ⅳ）酸；d. 外界为氢氧根离子，称为氢氧化某，如 $[Co(NH_3)_6]\cdot(OH)_2$ 命名为氢氧化六氨合钴（Ⅱ）。

内界命名顺序：**配体数→配体名称→合→中心离子（氧化数）**。如 $[Cu(NH_3)_2]^+$，命名为二氨合铜（Ⅰ）配离子。阴配离子：阴离子配体→中性分子配体→中心离子（氧化数)→酸根，如 $[PtCl_3(NH_3)]^-$，命名为三氯·氨合铂（Ⅱ）酸根；阳配离子：外界阴离子→化→阴离子配体→中性分子配体→中心离子（氧化数）；中性配合物：阴离子配体→中性分子配体→中心离子（氧化数）。

配体顺序：含有多种无机配体时，通常先列出阴离子的名称，后列出中性分子的名称，如 $K[PtCl_5(NH_3)]$ 命名为五氯·氨合铂（Ⅳ）酸钾。

配体同为中性分子或阴离子，按配位原子元素符号的英文字母顺序排列，如 $[Co(NH_3)_5(H_2O)]Cl_3$ 命名为（三）氯化五氨·水合钴（Ⅲ）。

配体同为中性分子或阴离子且配位原子相同，含原子数较少的配体排在前面，较多原子数的配体排在后面，如 $[Pt(NO_2)(NH_3)(NH_2OH)(py)]\cdot Cl$（py，吡啶）命名为氯化硝基·氨·羟胺·吡啶合铂（Ⅱ）。

配位原子相同且配体含有相同的原子数，按结构中与配位原子相连的非配位原子的元素符号的英文字母顺序，如 $[Pt(NH_2)(NO_2)(NH_3)_2]$，命名为氨基·硝基·二氨合铂（Ⅱ）。

配合物中同时含有无机和有机配体，则无机配体在前，有机配体在后。如 $K[PtCl_3(C_2H_4)]$ 命名为三氯·乙烯合铂（Ⅱ）酸钾。

6.2.3 配合物的分类

根据配合物的组成，可将配合物分为以下几种。

① 简单配合物：简单配合物分子或离子中只有一个中心离子，每个配体只有一个配位原子与中心离子成键。如 $[Cu(NH_3)_4]^{2+}$、SiF_6^{2-}、$[Pt(NH_2)(NO_2)(NH_3)_2]$等。

② 螯合物：在螯合物分子或离子中其配体为多基配体，配体与中心离子成键，形成环状结构。如 $[Zn(en)_2]SO_4$、$[Co(TMP)_2(H_2O)_2]$（图 6-2），HTMP 为 4-氨基-1,2,4-三氮唑缩 2-羟基-3-甲氧基苯甲醛席夫碱。

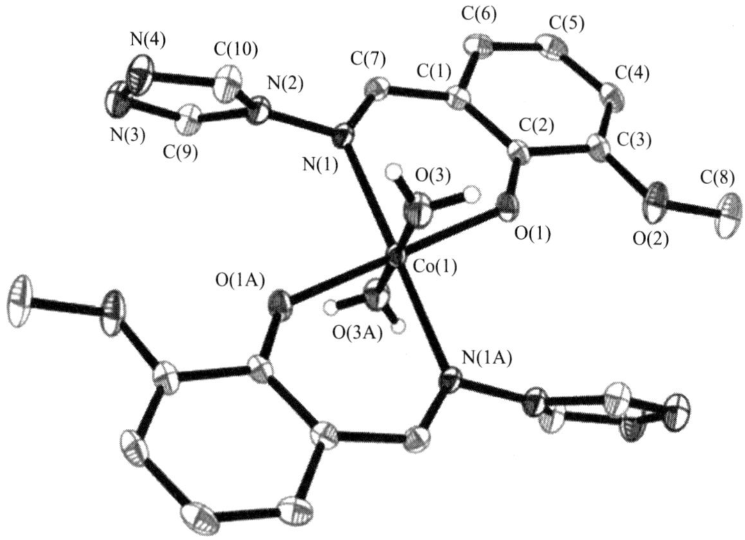

图 6-2　螯合物$[Co(TMP)_2(H_2O)_2]$的分子结构

③ 双核配合物：双核配合物分子或离子含有两个中心离子。两个中心金属离子常以配体连接起来。如$[Cu_2(L^2)_2Cl_2]\cdot 2DMF$（图 6-3），$HL^2$ 为苯并咪唑甲醇。

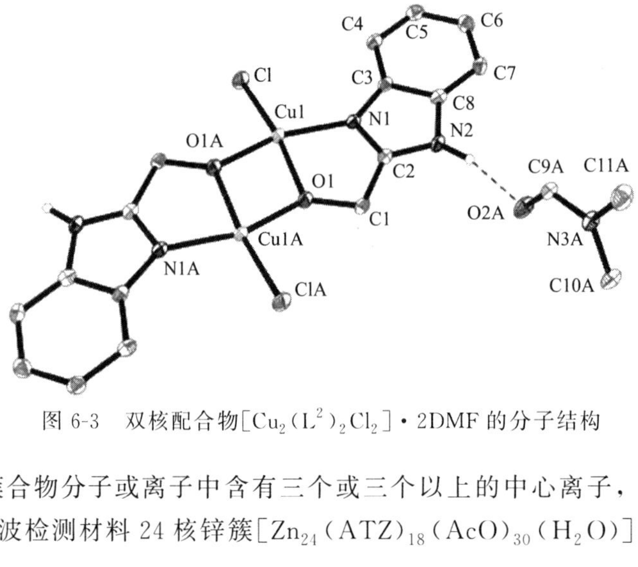

图 6-3　双核配合物$[Cu_2(L^2)_2Cl_2]\cdot 2DMF$ 的分子结构

④ 簇合物：簇合物分子或离子中含有三个或三个以上的中心离子，离子之间常以配体相互连接。例如光波检测材料 24 核锌簇$[Zn_{24}(ATZ)_{18}(AcO)_{30}(H_2O)]\cdot 4H_2O$[HATZ 为

5-氨基-1,2,3,4-四氮唑，图 6-4(a)]。再如 32 核钴簇[$Co_{24}^{II}Co_8^{III}(\mu_3\text{-}O)_{24}(H_2O)_{24}(TC4A)_6$][图 6-4(b)]，它是由六个 {$Co_4$(TC4A)} 亚单元环绕在一个八核钴立方烷周围组成，所有的钴原子都是通过 μ_3-O 桥联的，这是迄今为止，核数最大的钴基单分子磁体。

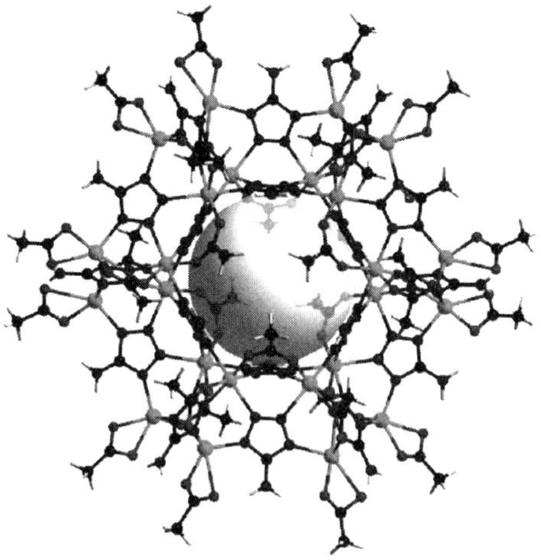

(a) Zn_{24}簇光波检测材料

(b) Co_{32}单分子磁体簇

图 6-4　簇合物

⑤ 羰合物：某些 d 区元素以 CO 为配体形成的配合物称为羰合物。如 $Ni(CO)_4$、$Co(CO)_4$ 等。

⑥ 烯烃配合物：这类配合物的配体是不饱和烃，如乙烯、丙烯等。它们常与一些 d 区元素的金属离子形成配合物。如氯化三氯·乙烯合铂（Ⅳ）[$PtCl_3(C_2H_4)$]·Cl 等。

⑦ 多酸型配合物：这类配合物是一些复杂的无机含氧酸及其盐类。如磷钼酸铵 $(NH_4)_3[P(Mo_3O_{10})_4]\cdot 6H_2O$，其中 P(V) 是中心离子，$Mo_3O_{10}^{2-}$ 是配体。

⑧ 大环配合物：大环配合物是指其环的骨架上含有 O、N、P、As、S 和 Se 等多个配位原子的多基配体的环状配合物，主要是冠醚配合物、卟啉配合物、杂原子大环配合物等。

⑨ 簇基配位聚合物：这类配合物是以簇合物为配体构筑的聚合物，簇合物配体通过其他的配体或其本身相互连接而形成，这类化合物因具有多种功能而受到广泛的关注。

6.3　配合物的构型

6.3.1　配合物的空间构型

配合物的空间构型是指**配体围绕着中心离子或原子排布的几何构型**。现在已有多种方法测定配合物的空间构型。常用的是单晶 X 射线衍射法。这种方法能够比较精确地确定配合物中各个原子的位置、键长、键角、扭转角等，从而得出配合物分子或离子的空间构型。空间构型与配位数的多少存在密切的关系。现将其中主要构型举例列于表 6-3 中。

表 6-3　配合物的空间构型

配位数	空间构型		配合物
2	直线形(straight line)		$Cu(NH_3)_2^+$, $Ag(CN)_2^-$, AuI_2^-
3	平面三角形 (plane triangle)	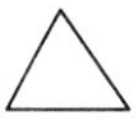	$Cu(CN)_2^-$, HgI_3^-, $[Pt(PPh_3)_3]$, $Ln[N(SiMe_3)_2]_3$ (Ln=La, Ce, Pr, Nd, Sm, Eu, Gd, Ho, Yb, Lu)
4	四面体(tetrahedron)		$BeCl_4^{2-}$, $HgCl_4^{2-}$, AlF_4^-, VCl_4, $FeCl_4^-$, TiI_4, NiX_4^{2-} (X=F, Cl, Br, I)
	平面正方形 (plane quadrilateral)		$Pt(NH_3)_4^{2+}$, AuF_4^-, $PdCl_4^{2-}$, $Au(CN)_4^-$, $Rh(CO)_2I_2^-$, $Ni(CN)_4^{2-}$
	跷跷板(see-saw)		$[Ag(HL)(4,4'\text{-bpy})]_n$ (4,4′-bpy=4,4′-联吡啶)
5	四方锥(square pyramid)		TiF_5^{2-}, $Co(CN)_5^{2-}$, $SbCl_5^{2-}$, $MnCl_5^{2-}$
	三角双锥 (trigonal bipyramid)	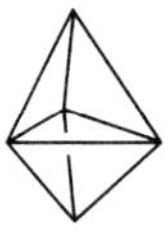	$CuCl_5^{2-}$, $Fe(CO)_5$, $Cd(CN)_5^{3-}$
6	八面体(octahedron)		$Fe(CN)_6^{3-}$, $[Cu(NH_3)_6Cl_2]$
7	五角双锥 (pentagonal bipyramid)	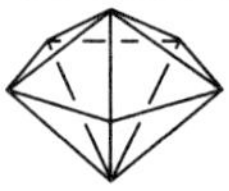	$[M(NO_3)_2(Py)_3]$(M=Co, Cu, Zn, Cd; Py=吡啶), $K_4[V(CN)_7]\cdot 2H_2O$
	单帽八面体 (capped octahedron)		$(NEt_4)[W(CO)_4Br_3]$(NEt_4 = 四乙基胺正离子), $[Mo(CO)_3(Pet_3)_2Cl_2]$
	单帽三角棱柱体 (capped trigonal prism)		$K_2[NbF_7]$, $Li[Mn(H_2O)\cdot EDTA]\cdot 4H_2O$
8	四方反棱柱体 (square antiprism)		ZrF_4, $Na_3[TaF_8]$, $H_4[W(CN)_8]\cdot 6H_2O$
	十二面体(dodecahedron)		$Ti(NO_3)_4$; $K_2[ZrF_8]$, $K_3[Cr(O_2)_4]$, $[\{Ln_2(bpdc)_3(H_2O)_3\}\cdot H_2O]_n$ (Ln=Sm, Eu, Tb; H_2bpdc=2,2′-联吡啶-4,4′-二羧酸)
	双帽三角棱柱体 (bicapped trigonal prism)	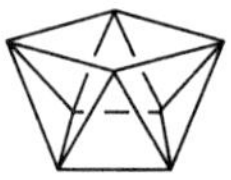	$Li_4[UF_8]$, $[Pt_6(\mu_3\text{-}SnBr_3)_2(\mu\text{-}CO)_6(\mu\text{-}Ph_2PCH_2PPh_2)_3]$, $[Ba(ClO_2)_2]\cdot 3.5H_2O$
	六角双锥 (hexagonal bipyramid)	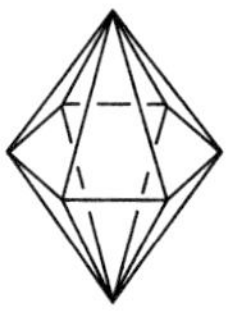	$[UO_2(C_2O_4)_3]^{4-}$

续表

配位数	空间构型	配合物
8	立方体(cube) 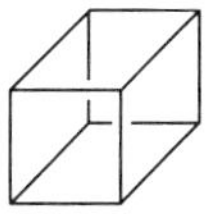	$Na_3[PaF_8]$

配位数更高的配合物比较少，尤其是九配位和十一配位的化合物为数更少。九配位化合物大多以聚合物的形式存在于晶体中，典型的几何构型为单帽四方反棱柱体（capped square antiprism）如 $Ni@Ge_{10}^{2-}$ 和三帽三角棱柱体（tricapped trigonal prism）如 $[Ln(dca)_3(2,2'\text{-}bipy)_2(H_2O)]_n$。十配位化合物有三种理想的多面体结构，即双帽四方反棱柱体（bicapped square antiprism），如 $M@Ge_{10}$（M=Ni，Pb，Pt）、$K_4[Th(C_2O_4)_4]\cdot 4H_2O$、双帽十二面体（bicapped dodecahedron）和十四面体（tetradecahedron）.

十一配位的化合物，目前已知的有 $[Th(NO_3)_3(H_2O)(OH)]_2$ 和 $Th(NO_3)_4(H_2O)_3$。十二配位的化合物最稳定的几何构型是二十面体（icosahedron），如 $(CH_6N_3)_2[Pr(NO_3)_5(H_2O)_2]$、$K_2[RE(NO_3)_5(H_2O)_2]$（RE=La，Ce，Pr，Nd）。12 并不是最高的配位数，据报道 U（BH_4）$_4$ 中铀的配位数为 14，它的几何构型为畸变的双帽六角反棱柱体。

从表 6-3 可以看出，在各种不同的配位数的配合物中，围绕形成体（中心离子或原子）排布的配体，趋向于处在彼此排斥作用最小的位置上。这样的排布有利于使体系的能量最低。这与价层电子对互斥理论对一般分子的空间构型的推断是一致的。从表 6-3 还可以看出配合物空间构型不仅仅取决于配位数，当配位数相同时，还常与中心离子和配体的种类有关，如 $Ni(CN)_4^{2-}$ 的构型是平面正方形，而 $NiCl_4^{2-}$ 的构型为四面体构型。

6.3.2 配合物同分异构现象

两种或两种以上配合物具有相同的原子种类，但结构和性质不同，这种现象称为配合物的同分异构现象。配合物同分异构是一种非常普遍的现象，通常可分为几何异构、旋光异构、键合异构、电离异构、溶剂合异构、配位异构等。

(1) 几何异构现象

空间异构是**配体相同、内外界相同但配体在中心离子周围空间分布不同的现象**。空间异构又可分为几何异构和旋光异构。

配合物中配体相同但空间排布方式不同形成几何异构。四面体配合物不存在几何异构（geometrical isomerism）现象，但 MA_2B_2 型平面正方形配合物存在顺式（*cis*-）和反式（*trans*-）几何异构现象。如 $Pt(NH_3)_2Cl_2$ 有两种几何异构体 *cis*-$Pt(NH_3)_2Cl_2$（顺式）、*trans*-$Pt(NH_3)_2Cl_2$（反式），如图 6-5。

(a) (b)

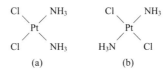

图 6-5 $Pt(NH_3)_2Cl_2$ 的顺式(a) 和反式(b) 异构体

这两种几何异构体的性质不同：*cis*-$Pt(NH_3)_2Cl_2$ 呈棕黄色，为极性分子，在水中的溶解度为 0.258g/100g，而且具有抗癌活性。邻位的 Cl^- 可被 OH^- 取代，然后被草酸根取代，形成 $Pt(NH_3)_2(C_2O_4)$，结构如图 6-6。

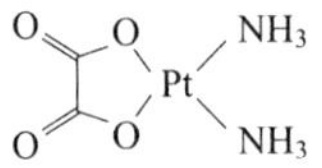

图 6-6 $Pt(NH_3)_2(C_2O_4)$ 的结构

而 *trans*-$Pt(NH_3)_2Cl_2$ 呈淡黄色，为非极性分子，在水中的溶解度仅为 0.037g/100g，难溶于水，也不具有抗癌活性，而且也不能转化为草酸配合物。

一般来说，中性顺、反异构体可以通过测量偶极矩来区分。因为顺式异构体的偶极矩不为零，是极性分子，而反式异构体偶极矩为零，是非极性分子。

MA_4B_2 型八面体配合物的顺、反异构体数目很多，如 $Co(NH_3)_4Cl_2^+$（图 6-7）、$Pt(NH_3)_4Cl_2^{2+}$ 和 $Ru(PMe)_4Cl_2$ 等。而 MA_3B_3 型八面体配合物有经式(*mer*-) 和面式(*fac*-) 异构体。在经式异构体中，三个相同的配体中的两个互相处于反位上；面式异构体中，三个相同的配体占据八面体同一个三角面的三个顶点。和顺、反异构体不同，经、面异构体的数目有限，已知的有 $Co(NH_3)_3(NO_2)_3$、$RhCl_3(H_2O)_3$、$[PtX_3(NH_3)_3]^+$(X=Br,I)、$IrCl_3(H_2O)_3$（图 6-8）、$RhCl_3(CH_3CN)_3$、$RhX_3(PMe_3)_3$(X=Cl，Br)。

配合物的几何异构现象，可以通过 IR（红外）和 Raman（拉曼）光谱进行研究。

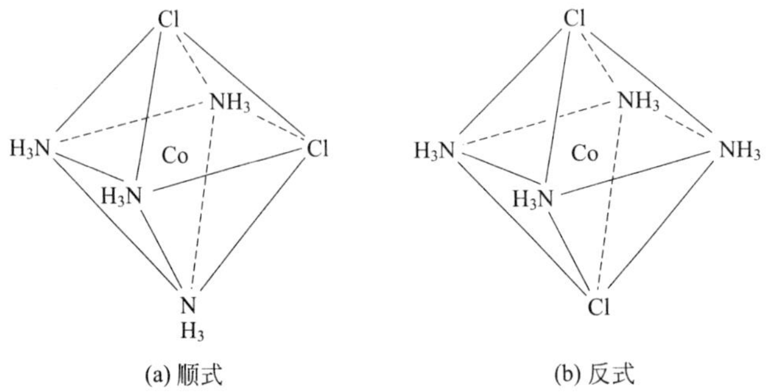

图 6-7 八面体配合物的顺、反异构体

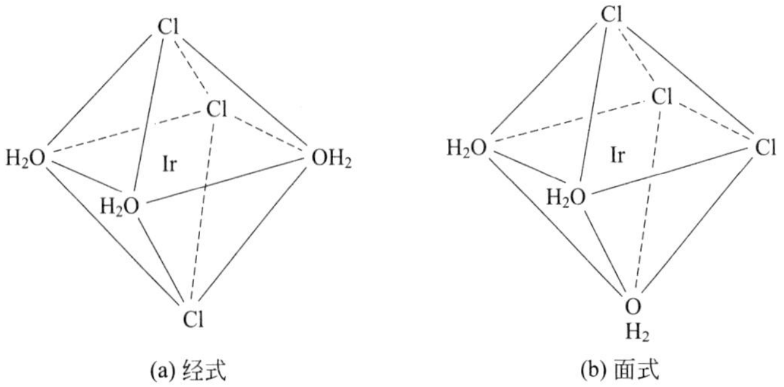

图 6-8 八面体配合物的经、面异构体

(2) 旋光异构现象

旋光异构体又**称光学异构体或光学活性异构体，是指两种异构体的对称关系类似于一个**

人的左手和右手，互成镜像关系（图 6-9）。右手的镜像看起来与左手一样，但与实际的左手不能重叠。光学活性是一种普遍现象，许多分子具有这样的特性，这类分子叫作手性分子。例如，*cis*-$[Cr(SCN)_2(en)_2]^+$ 与它的镜像是不能重叠的，但异构体Ⅱ与异构体Ⅰ的镜像相同，故 *cis*-$[Cr(SCN)_2(en)_2]^+$ 属于手性离子，具有旋光异构体（异构体Ⅰ、Ⅱ）；而 *trans*-$[Cr(SCN)_2(en)_2]^+$ 与它的镜像相同（图 6-10），不是手性离子，没有旋光异构体。具有旋光异构体的配合物可使平面偏振光发生方向相反的偏转，其中使偏振光向右（顺时针）偏转的为右旋旋光异构体（用符号 *d* 表示），使偏振光向左（逆时针）偏转的为左旋旋光异构体（用符号 *l* 表示）。

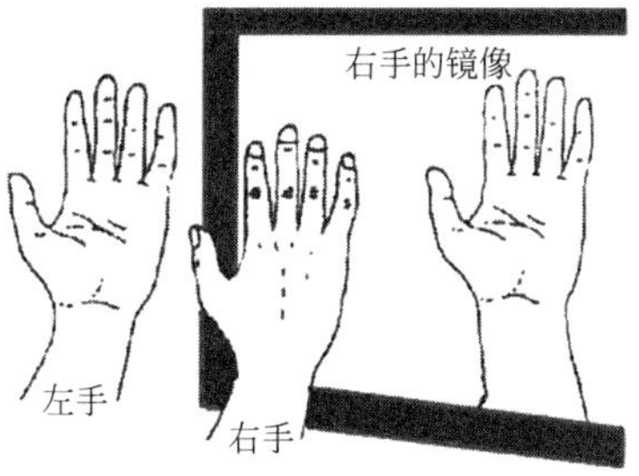

图 6-9　左手和右手的关系

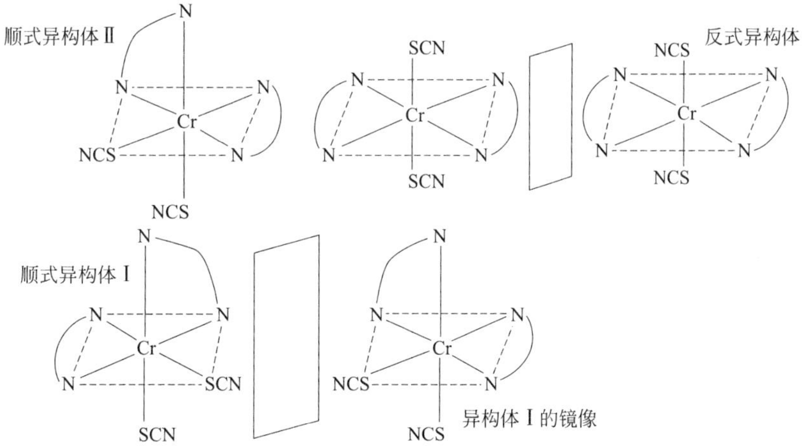

图 6-10　*cis*-$[Cr(SCN)_2(en)_2]^+$ 和 *trans*-$[Cr(SCN)_2(en)_2]^+$ 及其镜像

对映体的熔点、沸点、在非手性溶剂中的溶解度及与非手性试剂反应的速度均相同，而旋光性、与手性试剂的反应速度、在手性催化剂或手性溶剂中的反应速度则不同。这类配合物异构体在生物体内的生理功能有极大的差异，生物体内含有许多具有旋光活性的有机物。

(3) 键合异构现象

两可配体如亚硝酸根、硫氰酸根、氰根等配体可以以不同的配位原子与中心离子键合，形成键合异构体（linkage isomer）。如$[Co(NH_3)_5(NO_2)]\cdot Cl_2$ 和$[Co(NH_3)_5(ONO)]\cdot Cl_2$，$[Co(en)_2(NCS)(NO_2)]\cdot Cl$ 和$[Co(en)_2(NCS)(ONO)]\cdot Cl$，$[Co(en)_2(NO_2)_2]\cdot X$ 和$[Co(en)_2(ONO)_2]\cdot X(X=F,Cl,Br,I)$，$[Co(NH_3)_2(Py)_2(NO_2)_2]\cdot Cl_2$ 和$[Co(NH_3)_2(Py)_2(ONO)_2]\cdot Cl_2$ 等都是键合异构体。

为区分 M—NO_2 和 M—ONO 两种键合异构体中的配体，我们将前者称为硝基（nitro），后者称为亚硝酸根（nitrito）。如$[Co(en)_2(NO_2)_2]\cdot Cl$，命名为氯化二硝基·二乙二胺合钴（Ⅲ），而$[Co(en)_2(ONO)_2]\cdot Cl$，命名为氯化二亚硝酸根·二乙二胺合钴（Ⅲ）。

硝基的配位模式很多，到目前为止，已报道的配位模式有 8 种，如图 6-11。由图可知，硝基的配位模式确实丰富多彩，而且有的配合物能同时存在几种配位模式，如 $Ni_3(3\text{-}mepy)_6(NO_2)_2$ 同时存在三种配位模式［图 6-11（c）、（e）、（f）］。

两可配体 SCN^- 分别以 S 配位或 N 配位形成键合异构体，如 $[Pd(bipy)(SCN)_2]$ 和

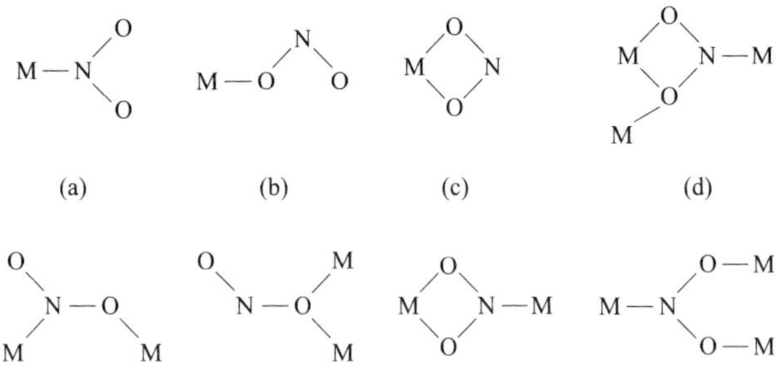

图 6-11　M-NO_2^- 的配位模式

[Pd(bipy)(NCS)₂], [Pd(AsPh₃)₂(SCN)₂]和[Pd(AsPh₃)₂(NCS)₂]。对这类键合异构体，我们将 S 配位的称为硫氰酸根配合物，而将 N 配位的称为异硫氰酸根配合物。在晶体学上通过看 M—X—C 键角（X＝S 或者 N）很容易判断是 S 还是 N 配位，键角接近 180°，X＝N，键角远离 180°，X＝S。如图 6-12。

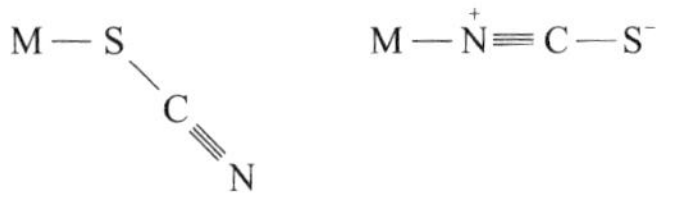

图 6-12　M—X—C 键角（X＝S、N）

在加热情况下，以硫原子配位的键合异构体可转变为以氮原子配位的键合异构体，表明以氮原子配位的异构体稳定性稍高。此外，配合物中的其他配体，会影响硫氰酸根配体以 S 原子配位还是以 N 原子配位，例如，在 *cis*-$[Pt(PR_3)_2(NCS)_2]$中，由于磷原子通过 dπ-dπ（M⇨L）的反馈 π 键，从中心金属离子获得较多电子，因而能独占铂（Ⅱ）离子 π 对称性的 d 轨道，从而削弱硫氰酸根配体中硫原子对铂（Ⅱ）离子 π 轨道的竞争。也就是说，磷原子的 π 电子接受性比硫原子强。结果，硫氰酸根通过 N 原子配位，形成 M—NCS 键。当不存在这种对金属离子 π 轨道的竞争时，例如 *cis*-$[Pt(NH_3)_2(SCN)_2]$的情况，由于氨分子不能形成反馈 π 键，因而硫氰酸根通过硫原子配位，形成 M—SCN 键。

6.3.3　几何构型的理论预测

对于主族元素化合物的几何构型，可通过价层电子对互斥（valence shell electron pair repulsion，简称 VSEPR）理论预测。VSEPR 理论的核心是：a. 中心原子价层电子对最适宜的空间排布是使它们之间的距离最大，排斥力最小；b. 中心原子的孤对电子比成键电子所占的空间大。运用 VSEPR 理论预示 n 对价电子的空间排布，得到的结果列于表 6-4。

表 6-4　价层电子对的空间排布

价电子对数	价层电子对的排布方式
2	直线
3	平面三角形
4	四面体
5	三角双锥

续表

价电子对数	价层电子对的排布方式
6	八面体
7	五角双锥
8	十二面体

6.4 配合物的磁性

分子磁学处于物理磁学与化学之间的交叉领域，它以开壳层分子化合物为研究对象，开壳层分子中至少含有一种自旋载体（未成对电子的顺磁金属离子或自由基），分子磁学的基本内容就是研究这些开壳层分子体系的磁行为，包括分子的微观磁性及分子聚集体的宏观磁性，以及具有磁性与吸附或光学或电导等物理性能相结合的分子体系的设计、合成。分子基磁性材料（molecule based magnetic materials），指在一定临界温度（T_c）下具有自发磁化作用的铁磁性分子化合物，涉及物理、化学、材料和生命科学等诸多学科的新兴交叉研究领域。与以往的合金类铁磁体比较，由于分子基磁性材料具有广泛的化学选择性，可以在分子级别上对材料进行设计、加工，而且它具有体积小、质轻、易于加工成型、结构多样化等优越性，适于作电磁屏蔽材料、航天材料、信息存储材料和生物兼容材料等，非常有希望成为一类高技术材料，尤其是新一代信息存储材料和光致变色材料。传统磁体以单原子或离子为构件，三维磁有序化主要来自通过化学键传递的磁相互作用，其制备采用冶金学或其他物理方法；而分子磁体以分子或离子为构件，在临界温度以下的三维磁有序化主要来源于分子间的相互作用，其制备采用常规的有机或无机化学合成方法。由于在分子磁体中没有伸展的离子键、共价键和金属键，因而易溶于常规的有机溶剂，从而很容易得到配合物的单晶，有利于进行磁性与晶体结构的相关性研究和磁性机制的理论研究。

分子磁性研究始于理论探索。分子基铁磁体理论基础是量子交换作用，即分子间铁磁交换偶合的机制。分子间铁磁交换偶合的机制是 1963 年 Mc. Connel 提出的。1967 年，他又提出了电子从激发态到基态转移的分子离子之间产生稳定铁磁偶合的方法。同年，Wickman 在贝尔实验室合成了第一个分子铁磁体；20 世纪 70 年代中期，Hay 等人提出桥联双核金属化合物的分子轨道相互作用理论，即通过分子轨道来半定量地解释双核金属化合物的磁中心交换偶合作用，不久，Kahn 和 Briat 提出了磁性的价键理论。随后一些类铁磁性质的磁性化合物相继被报道，这些磁性化合物都没有表现出铁磁所具有的磁滞特征。直到 1986 年，美国杜邦公司的 Miller 等人将二茂铁衍生物 [$Fe(Cp)_2$]（Cp 为五甲基环戊二烯）与四氰基乙烯自由基（TCNE）经电荷转移合成了第一个分子铁磁体 [$Fe(Cp_3)_2(TCNE)$]，其转换温度 $T_c=4.8K$，以及 1991 年法国科研中心的 Kahn 等人报道的 Cu(Ⅱ) 和 Mn(Ⅱ) 交替排布的链状的具有铁磁性的 $MnCu(pbaOH)\cdot(H_2O)_3$ 配合物，其转换温度 $T_c=30K$。从此，分子磁体的研究引起了人们的广泛关注，分子基磁性材料也应运而生。由于分子间的磁相互作用较弱，分子磁体的转换温度 T_c 通常远远低于室温，难于达到应用的要求。1991 年由 Manriquez 报道了第一例室温下的分子磁体 $V(TCNE)_2\cdot xCH_2Cl_2$，它是一个不稳定的电荷转移的 V(Ⅱ) 配合物，实际上已失去了分子的特性。1993 年 Verdauger 报道了 T_c 高达 340K 的稳定类普鲁士蓝（prussian blue）的分子铁磁体。1999 年，Girolam、Miller 分别报道了 T_c 高达 376K、372K 时稳定的类普鲁士蓝的分子铁磁体。

6.4.1 配（聚）合物磁性材料分类

根据铁磁体理论，要使材料产生铁磁性，首先体系的原子或离子必须是顺磁性的，其次它们间的相互作用是铁磁性的。对于分子磁性材料，分子中所具有的未成对电子，是产生铁磁性所需的顺磁中心，一个分子内往往包含一个或多个顺磁中心，即自旋载体。分子磁体的磁性来源于分子中具有未成对电子的离子自旋之间的偶合，这些偶合相互作用既可来自分子内，也可来自分子间。分子内的自旋-自旋相互作用往往通过“化学键”来实现磁偶合相互作用。根据磁性分子中自旋载体的不同取向，分子磁性物质可以分为下列几种不同的类型。

① 顺磁性　物质内有顺磁中心，产生的磁场方向与外磁场方向相同，磁化率 χ 数值在 $10^{-6}\sim10^{-5}cm^3\cdot mol^{-1}$ 范围内。

② 反磁性　物质内有顺磁中心，产生的磁场方向与外磁场方向相反，磁化率 χ 数值在 $10^{-7}\sim10^{-6}cm^3\cdot mol^{-1}$ 范围内。

③ 反铁磁性　在临界温度 T_N 下，自旋在外磁场作用下作反向平行有序排列，磁化率 χ 数值在 $10^{-5}\sim10^{-3}cm^3\cdot mol^{-1}$ 范围内。

④ 铁磁性　在临界温度 T_c 下，自旋在外磁场作用下作平行有序排列，磁化率 χ 数值在 $10^{-5}\sim10^{-1}cm^3\cdot mol^{-1}$ 范围内。

⑤ 亚铁磁性　自旋在外磁场作用下作平行有序排列，与反向平行有序排列相比具有一定的差值，出现净磁矩，磁化率 χ 数值在 $10^{-4}\sim10^{-1}cm^3\cdot mol^{-1}$ 范围内。

⑥ 倾斜铁磁性　有时也可称为弱铁磁性，是一种较为倾斜的铁磁体，磁化强度较低，饱和磁化强度只有自旋平行排列的 72%左右。

⑦ 介磁性　由磁场引起的从反铁磁性到铁磁性转变的一种状态。

⑧ 自旋玻璃态　由邻近自旋的局部空间相关引起的，自旋保持固定的取向，但不是长程有序。

6.4.2 分子磁性材料热点研究体系

按照自旋载体和产生的磁性不同，分子磁性材料目前的热点可分为以下几个方面。

(1) 有机自由基分子磁体

此类磁性分子中不含任何带顺磁性中心的金属离子，自旋载体为有机自由基，如氮氧自由基。1963 年 Mc. Connel 就提出有机化合物内存在铁磁偶合的机制。目前，得到广泛研究并进行了结构标定的有机铁磁体主要有氮氧自由基及其衍生物以及 C_{60}(TDAE)［TDAE 为四（二甲氨基)-1,2-亚乙基］等。磁性有机自由基分子制备方法一般采用有机合成方法。由于它们具有有机材料特殊的物理、化学性能，因而是更具应用前景的分子铁磁材料。但直至今日，纯有机分子磁体的转换温度仍极低，和有机超导材料一样，在小于 50K 的低温区。

(2) 金属-有机自由基分子磁体

此类磁性分子中含有带顺磁性中心的金属离子，同时也含有有机自由基的基团，自旋载体为金属离子和有机自由基并存，并发生相互作用。美国的 Miller 和 Epstein 教授发现了 $[M(C_p^*)_2][TCNZ]$（Z＝E 或 Q，TCNE 为四氰基乙烯，TCNQ 为四氰代对苯醌二甲烷，$M(C_p^*)_2$ 为环戊二烯金属衍生物）系列。如 $[Fe(C_p^*)_2][TCNZ]$ 为由阳离子与阴离子交替排列构成一维链的变磁体，在临界外场为 1500Oe（1Oe＝79.5775A/m）时，反铁磁基态转变为具有高磁矩的类铁磁态，其中 $[Fe(C_p^*)_2]^+[TC_2NE]^-$ 在 4.8K 以下表现为磁有序，在 2K 时，其矫顽力为 1000Oe，超过了传统磁存储材料的值。随后他们又开创了 $M[TCNE]_x \cdot yS$（M＝V，Mn，Fe，Ni，Co；S 为溶剂分子）系列，磁有序温度得到大大提高。$V[TCNE]_x \cdot yCH_2Cl_2$ 是第一例室温以上的分子磁体，其 T_c 高达 400K，且矫顽力超过无机磁体。但这类化合物的结构至今仍不清楚。Mn(Ⅱ)-氮氧自由基链状配合物 $Mn(hfac)_2(NIT_2Me)$（hfac 是六氟乙酰丙酮，NIT_2Me 为 2-甲基-4,4,5,5-四甲基咪唑啉-1-氧基-3-氧化物自由基，$T_c=7.8K$）及 Cu(Ⅱ) 自由基配合物 $[Cu(hfac)_2](NIT_pP_y)_2$ [NIT_pP_y 为 2-（2′-吡啶)-4,4,5,5-四甲基咪唑啉-1-氧基-3-氧化物] 是另一类的金属-有机自由基分子磁体。近年来，金属-有机自由基分子磁体由单自由基-金属配合物扩展到多自由基-金属配合物。由于多自由基较单自由基有更多的自旋中心和配位方式，并且与金属配位更易形成多维结构的优点，多自由基-金属配位物的研究已成为分子磁体研究的热点之一。

(3) 金属配合物分子磁体

金属配合物分子磁体的自旋载体只含有带顺磁性中心的金属离子，包括过渡金属和稀土金属离子。按构建单元来分，可以形成单核、双核及多核配合物。从空间结构来看，金属配合物可以形成零维离散型、一维链状、二维层状及三维网络结构分子磁体。根据桥联配体的不同，有氰根桥联分子磁体、含氮类桥联分子磁体、羧酸桥联分子磁体等。氰根桥联分子磁体最普遍的是具有普鲁士蓝类结构的分子磁体，此类分子磁体是基于构筑元件 $M(CN)_6^{k-}$ 与金属离子 A^{n+} 通过氰根桥联的双金属配合物，均具有氰根桥联的三维结构，并已经得到了一些 T_c 温度接近或高于室温的异金属普鲁士蓝类分子磁体。目前已发现的 T_c 温度在室温附近的有 $(NEt_4)_{0.5}Mn^{II}_{0.25}[V^{III}(CN)_6] \cdot 2H_2O$(230K)、$Cr_3^{II}[Cr^{III}(CN)_6]_2 \cdot 10H_2O$(240K)、$V^{III}_{0.4}V^{III}_{0.6}[Cr^{III}(CN)_6]_{0.86} \cdot 2.8H_2O$(315K) 和 $Cr^{II}_{0.36}[Cr^{III}_{1.76}(CN)_6] \cdot 2.8H_2O$(270K)。

含氮类桥联分子磁体研究较多的有酰胺类、吡啶类、咪唑类等。羧酸桥联分子磁体由于官能团羧酸桥联及与其他官能团相结合的数目、种类、方式的多样化以及羧酸基团本身的丰富多彩，是目前研究最多、最广泛的一类金属配合物的分子磁体。以草酸根桥联的异多核配合物为例。草酸根桥联组装此类化合物可以有零维、一维、二维、三维几种，$[(salen)Cr(ox)M(taea)]BPh_4$ [$M=Mn^{II}$，Fe^{II}，Co^{II} 或 Ni^{II}；taea 为三乙胺；双核]、$\{Cr(ox)_3[Cu(phen)_2]_2\} \cdot NO_3$（三核）、$Cr[(ox)Ni(Me_6\text{-}[14]ane\text{-}N_4)]_3(ClO_4)_3$（四核），这些化合物均具有高自旋基态，为零维配合物。Kahn 等报道了首例草酸根桥联的 3d-4d 配合物 $N(n\text{-}C_4H_9)_4 \cdot [Fe^{II}Ru^{III}(ox)_3]$ 为二维石墨型层状结构的亚铁磁体，在温度低于 12K（$T_c=12K$）时，层间铁磁相互作用导致配合物的三维磁有序。另外 $A[M^{II}M^{III}(ox)_3]$[$A=N(n\text{-}C_4H_9)^{4+}$、$P(C_6H_5)^{4+}$] 的铁磁体（$M^{III}=Cr$；$M^{II}=Cu$，Mn，Fe，Co 或 Ni；$T_c=6\sim23K$）和亚铁磁体（$M^{III}=Fe$；$M^{II}=Fe$，Ni；$T_c=30\sim50K$），这类化合物都为二维配合物。配合物 $[Ni^{II}(bipy)_3][Mn_2^{II}(ox)_3]$ 是一种三维反铁磁体，其中阴离子 $[Mn_2^{II}(ox)_3]^{2-}$ 形成三维反铁磁晶格，阳离子 $[Ni^{II}(bipy)_3]^{2+}$ 占据晶格中的空隙，Ni^{II}-Mn^{II} 间无相互作用。

(4) 自旋交叉配合物

具有 $3d^4$-$3d^7$ 电子构型的过渡金属配合物，在八面体场下，当轨道分裂能隙的大小与平均电子成对能 P 相近时，配合物的自旋态可能由于某些外界条件如温度、光、压力等的微扰，呈现高自旋态与低自旋态的交叉转变，伴随自旋相变，化合物可能有结构甚至颜色的变化，有一些的转变温度还在常温区。最典型的是一些 Fe(Ⅱ) 的配合物，发生高自旋态 $^5T_2$ ($S=2$，顺磁性) 与低自旋态 $^1A_1$ ($S=0$，抗磁性) 的转变。如 $[Fe(Htrz)_{3-3x}(NH_2trz)_{3x}](ClO_4)_2 \cdot H_2O$(trz=1,2,4-三唑类)，在常温下从紫色（低自旋）随温度上升转为白色（高自旋），成为另一种新的可利用的双稳态化合物，并期望能用作纳秒级的快速光开关和存储器。我国在自旋交叉研究方面也取得了可喜的成绩，如南京大学发现温度回滞宽度近 45K 的自旋交叉化合物 $[Fe(dpp)_2(NCS)_2(py)]$[dpp=二吡嗪(3,2,2′,3′)邻菲罗啉]，而且首次发现在快速冷却下仍保持高自旋亚稳态，实现了不通过光诱导得到低温下的双稳态。

自旋交叉可以通过温度、光、压力等诱导而发生，研究手段有变温晶体结构、变温红外等。

开发自旋交叉化合物将导致作为分子显示、存储和快速光开关材料研究的革命。

(5) 单分子磁体

单分子磁体（single molecular magnets）是一种真正意义上纳米尺寸（分子直径在 1～2nm 之间）的分子磁体，即第一个由分立的、从磁学意义上讲是没有相互作用的纳米尺寸的分子单元而不是由一个三维扩展晶格（如金属、金属氧化物等）构成的磁体。单分子磁体的制备可以由相对简单的试剂通过溶液方法制得而且很容易纯化。其溶解性好，可以溶于常用有机溶剂中，这一点正好迎合了未来应用的要求，例如在薄膜上的应用。近年来，应用微波辅助合成制备单分子磁体，是一种清洁、快速、节约能源、产率高、重现性好的合成方法。

单分子磁体是一种可磁化的磁体。在外磁场的作用下，它们的磁矩可以统一定向取向。当外场去掉后，如果温度足够低，分子的磁矩（自旋）重新取向的速度非常缓慢，也就是说，零场下磁化作用能够保持。在强场下饱和后，人们发现单分子磁体 $[Mn_{12}O_{12}(O_2CMe)(H_2O)_4] \cdot 2(CH_3COOH) \cdot 4H_2O$ 在 2K 下的半衰期为两个月。

单分子磁体由相对独立的分子单元构成，因而具有单一固定的尺寸而不是一定范围内的尺寸分布。单分子磁体可以满足形状、尺寸、自旋的不同要求，其磁体的性质来源于单个分子的本身，而不像常规磁体那样来源于大量自旋载体在晶体中分子间的相互作用及长程有序。单分子磁体的研究开辟了分子基纳米磁化学新的学术领域并成为解释磁现象的量子力学和经典力学之间的桥梁。

关于单分子磁体的定义目前尚无统一的说法。文献已见报道的提法是“**如果一个分子在翻转磁矩方向有一定的势能壁垒，那么这种分子可以作为单分子磁体**”；“单分子在**外磁场的作用下磁化强度对外磁场的曲线中会显示出磁滞回线的现象，这种分子称为单分子磁体**”；“单分子磁体的概念应该包括两点：第一是组成上的判据，即由单个独立的分子构成；第二是性质上的判据，低温下磁化后会显示出磁滞回线或在交流磁化率的测量中有与外场频率相关的虚部频率依赖性”。

一个分子要作为单分子磁体，必须满足以下两个条件。一是存在明显负的各向异性(negative anisotropy)。各向异性为负值以保证最大的自旋能量最低。分子基态中的零场分裂是这种各向异性产生的原因，其来源于分子中单个金属离子（如 Mn_{12} 簇的各向异性就来源于 Mn^{III} 离子）的零场分裂。二是具有一个大的自旋基态，大的自旋基态的产生来源于分子内铁磁相互作用或由于特定的拓扑（topology）结构而导致的自旋失措（spin frustration），尤其是后者在多核 Mn 的单分子磁体配合物中更为常见。在以上条件满足时，单分子磁体在分子磁化强度矢量重新取向时存在一个明显的能量壁垒，从而导致低温下翻转速率减慢，即磁化强度弛豫作用（magnetization relaxation）的发生。

基于单分子磁体本身所具备的特征，人们研究单分子磁体主要有以下两个目的：一是由单个分子构成的纳米单分子磁体可能最终用于高密度的信息存储设备；二是对单分子磁体的研究有助于对纳米磁性粒子物理学的理解。解释量子力学行为是如何在宏观尺度上起作用从而解释宏观磁学行为，实现科学家几十年来努力试图表征纳米磁体的量子磁化隧道效应（quantum tunneling of magnetization，QTM）的愿望。

6.5 配合物的化学键理论

美国化学家 L. Pauling 将杂化轨道理论应用到研究配合物的结构，较好地说明了配合物的空间构型和某些性质，从 20 世纪 30 年代到 50 年代主要用这个理论讨论配合物中的化学键，这就是价键理论。其理论要点是：

① 在形成配合物时，由配体提供孤对电子进入形成体的空轨道形成配位键（σ 键）。

② 为了形成结构匀称的配合物，形成体采用杂化轨道与配体成键。

③ 不同类型的杂化轨道具有不同的空间构型。

前面章节曾讨论了主族元素的杂化轨道，如 sp^3、sp^2、sp 杂化轨道。对大多数 d 区元素的原子来说，d 轨道也能参与杂化，形成含有 s、p、d 成分的杂化轨道，如 sp^3d^2、dsp^3 等杂化轨道，现将常见的杂化轨道类型、空间构型和一些实例列于表 6-5。

表 6-5 杂化轨道类型、空间结构和实例

配位数	杂化轨道	空间构型	实例
2	sp	直线形	BeH_2、$Ag(NH_3)_2^+$ BeF_2、AgI_2^+
3	sp^2	三角形	BF_3
4	sp^3	正四面体	$NiCl_4^{2-}$、BeF_4^{2-}、$Be(H_2O)_4^{2+}$
4	dsp^2	平面正方形	$Ni(CN)_4^{2-}$
5	dsp^3	三角双锥	$Ni(CN)_5^{3-}$
5	d^2sp^2	四方锥	Co(L)(H_2O)(图 6-13)①
6	d^2sp^3、sp^3d^2	八面体	$Fe(CN)_6^{3-}$、FeF_6^{3-}

① H_2L=邻香草醛缩乙二胺双席夫碱

(1) 配位数为 2 的配合物

一般来说，d^{10} 金属离子易形成配位数为 2 的配合物，如 Cu^+ 的配合物 $[Cu(NH_3)_2]^+$，Ag^+ 的配合物 $[Ag(NH_3)_2]^+$、$[AgBr_2]^+$ 等。价键理论对它们的结构给予了说明。

Cu^+ 的价层电子分布如图 6-14。

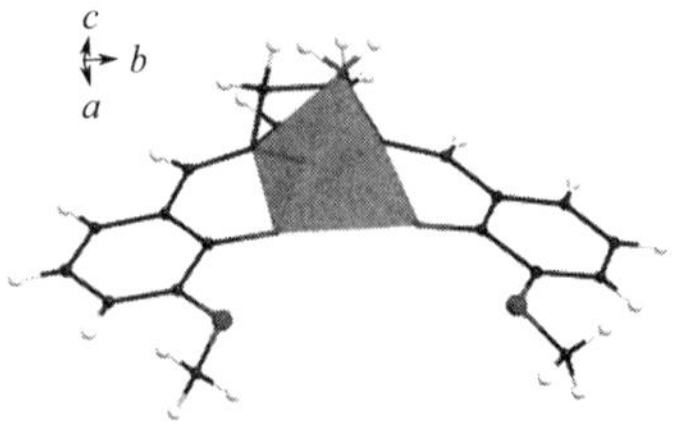

图 6-13　Co(L)(H_2O) 多面体图

图 6-14　Cu^+ 的价层电子分布图

从 Cu^+ 的价电子轨道的电子分布可以看出，Cu^+ 与配体形成配位数为 2 的配合物时，它可以提供一个 4s 轨道和一个 4p 轨道来接受配体提供的电子对。按杂化轨道理论，为了增强成键能力，并形成结构匀称的配合物，Cu^+ 的 4s 和 4p 轨道混合起来组成两个新的杂化轨道，即 sp 杂化轨道。以 sp 杂化轨道成键的配合物的空间构型为直线形，键角 180°。如 $[Cu(NH_3)_2]^+$，它的电子构型如图 6-15。

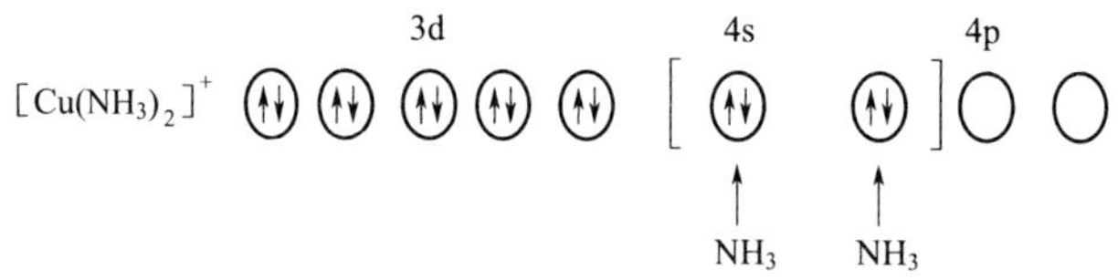

图 6-15　$[Cu(NH_3)_2]^+$ 电子构型图

(2) 配位数为 3 的配合物

配位数为 3 的配合物不是很多，常见的有 BF_3，价键理论认为 B^{3+} 的电子构型如图 6-16。

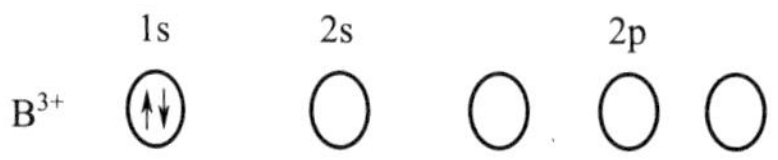

图 6-16　B^{3+} 的电子构型图

B^{3+} 与配体形成配位数为 3 的配合物时，它可以提供一个 2s 轨道和二个 2p 轨道来接受配体提供的电子对。按杂化轨道理论，为了增强成键能力，并形成结构匀称的配合物，B^{3+} 的一个 2s 轨道和二个 2p 轨道混合起来组成三个新的杂化轨道，即 sp^2 杂化轨道。根据表 6-5 可知，以 sp^2 杂化轨道成键的配合物，构型为平面三角形，BF_3 的电子构型如图 6-17。

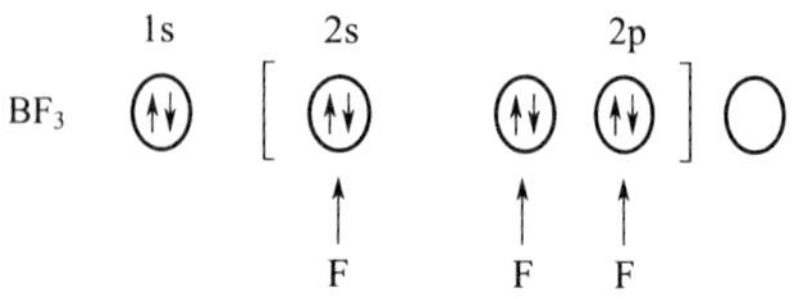

图 6-17　BF_3 的电子构型图

(3) 配位数为 4 的配合物

由表 6-5 可知，配位数为 4 的配合物有两种构型：一种是以 sp^3 杂化轨道成键的配合物，构型为四面体；另一种是以 dsp^2 杂化轨道成键的配合物，构型为平面正方形。至于在何种情况下以 sp^3 杂化轨道成键，何种情况下以 dsp^2 杂化轨道成键，则主要由中心离子的价电子构型和配体的性质决定。如 Ni^{2+} 的价电子构型如图 6-18。

图 6-18　Ni^{2+} 的价电子构型图

Ni^{2+} 形成配位数为 4 的配合物，当配体是卤离子时，它利用一个 4s 轨道和三个 4p 轨道形成 sp^3 杂化轨道成键，形成四面体构型，这时，镍离子有两个未成对电子，理论磁矩为 2.83B. M.（玻尔磁子），实测的磁矩为 2.65B. M.。如 NiX_4^{2-} 的电子构型如图 6-19。

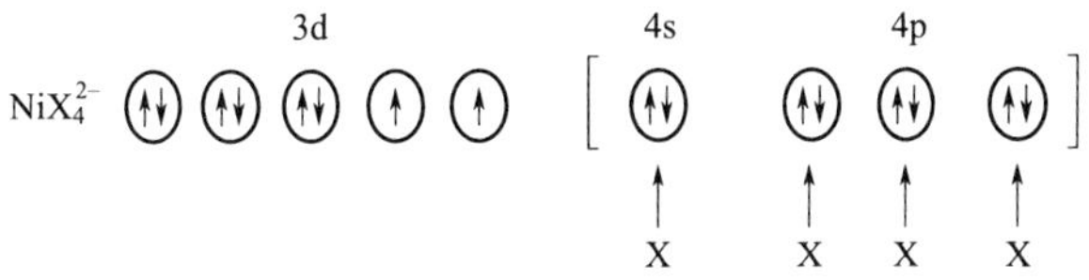

图 6-19　NiX_4^{2-} 的电子构型图

当配体是 CN^- 时，$[Ni(CN)_4]^{2-}$ 配离子为平面正方形，且为反铁磁（理论磁矩为 0B. M.）的配合物。$[Ni(CN)_4]^{2-}$ 形成时以 dsp^2 杂化轨道成键，它的电子构型如图 6-20。

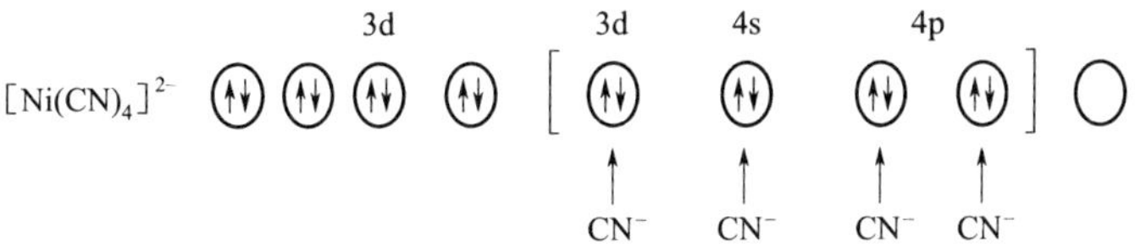

图 6-20　$[Ni(CN)_4]^{2-}$ 的电子构型图

在 $[Ni(CN)_4]^{2-}$ 中还有一个空的 4p 轨道，Ni^{2+} 还可以形成配位数为 5 的配合物。以 dsp^3 杂化轨道成键，构型为三角双锥。实验证明，Ni^{2+} 在过量的 CN^- 溶液中，确实能形成 $[Ni(CN)_5]^{3-}$，它的空间构型确实为三角双锥。

(4) 配位数为 6 的配合物

配位数为 6 的配合物空间构型大多为八面体构型，常用的杂化轨道方式为 d^2sp^3-sp^3d^2。例如 $[Fe(CN)_6]^{3-}$，配合物的空间构型为八面体，磁矩为 2.4B. M.。根据这些事实，利用价键理论推测它的成键情况，Fe^{3+} 的价电子轨道中的价电子分布如图 6-21。

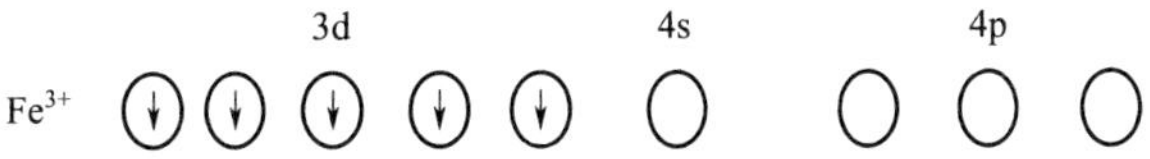

图 6-21　Fe^{3+} 的价电子构型图

当 $[Fe(CN)_6]^{3-}$ 形成时，若 Fe^{3+} 仍保留 5 个未成对的电子，其磁矩应为 5.92B. M.，这一数值与它的磁矩（2.4B. M.）相差太远。若 Fe^{3+} 保留 3 个或 1 个未成对的电子，其理论磁矩应分别为 3.87B. M. 和 1.73B. M.，实测得的磁矩 2.4B. M. 与 1.73B. M. 比较接近，故可以确定 $[Fe(CN)_6]^{3-}$ 仅有 1 个未成对 d 电子，其他 4 个 d 电子两两偶合。因此，$[Fe(CN)_6]^{3-}$ 形成时以 d^2sp^3 杂化轨道成键，形成内轨型配合物，其电子构型如图 6-22。

已知 Fe^{3+} 的另一配合物 $[FeF_6]^{3-}$ 的空间构型也是八面体，但它的磁矩却是

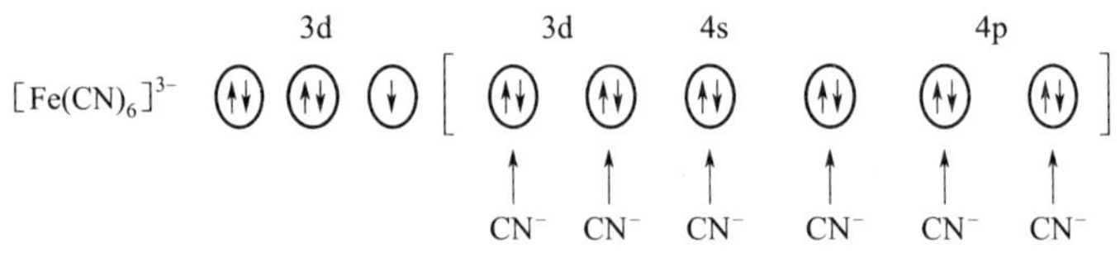

图 6-22 $[Fe(CN)_6]^{3-}$ 的电子构型图

5.90B.M.，相当于有 5 个未成对的电子。显然，$[FeF_6]^{3-}$ 中 Fe^{3+} 的电子排布明显不同于 $[Fe(CN)_6]^{3-}$ 中的 Fe^{3+} 的电子排布。$[FeF_6]^{3-}$ 是以 sp^3d^2 杂化轨道成键的，形成外轨型配合物，其电子构型如图 6-23。

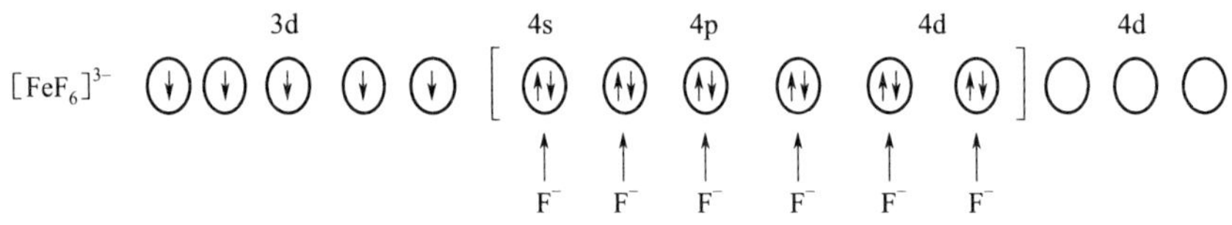

图 6-23 $[FeF_6]^{3-}$ 的电子构型图

由于 $(n-1)$d 轨道比 nd 轨道的能量低，同一中心离子形成的内轨型配合物比外轨型配合物稳定。如 $K_f[Fe(CN)_6]^{3-}=52.6$，而 $K_f[FeF_6]^{3-}=14.3$。该理论目前尚不能准确预测什么情况下形成内轨型配合物或外轨型配合物，一般：

① 中心离子具有 $d^4 \sim d^7$ 构型，既可形成内轨型配合物也可形成外轨型配合物，这类离子形成的配合物是自旋交叉化合物的重要候选物。

② 电负性大的配位原子（如 F、O）大多与 $d^4 \sim d^7$ 型离子形成外轨型配合物，而 CN^- 常与 $d^4 \sim d^7$ 型离子形成内轨型配合物。原因为电负性较小，易给出孤对电子，对中心离子的影响较大，使电子层结构发生变化，$(n-1)$d 轨道上的电子被强行配对，腾出内层能量较低的 d 轨道，形成内轨型配合物。

价键理论的优点是能说明配合物的配位数、空间构型、磁性和稳定性。价键理论的不足是：a. 不能定量说明配合物的性质，如无法解释配合物的吸收光谱；b. d^9 型配合物说明很勉强。

知识扩展

把 MOF 做成从空气中捕捉水的“神器”

世界上有三分之二的人口遭受缺水困扰。大气中水蒸气含量约有 13000 万亿升，如果能得到有效利用，将很好地解决缺水问题。这是一个老生常谈的话题，很多国内外研究学者围绕这一课题做过诸多工作，比如北京航空航天大学郭林研究组发明的人造仙人掌刺可有效收集空气中的水分，发表在 *Advanced Science*。但现有的研究结果显示，若想从空气中收集水分，需要较大的空气湿度，通常都是在雾气中收集，或者需要较高的能量。加州大学伯克利分校 Omar M. Yaghi 教授和麻省理工学院 Evelyn N. Wang 教授团队仅利用太阳能在相对湿度低达 20% 的条件下，使用金属有机框架 (MOF)（图 1）材料成功收集空气中的水分，每天每千克 MOF 材料集水量能达到 2.8L。

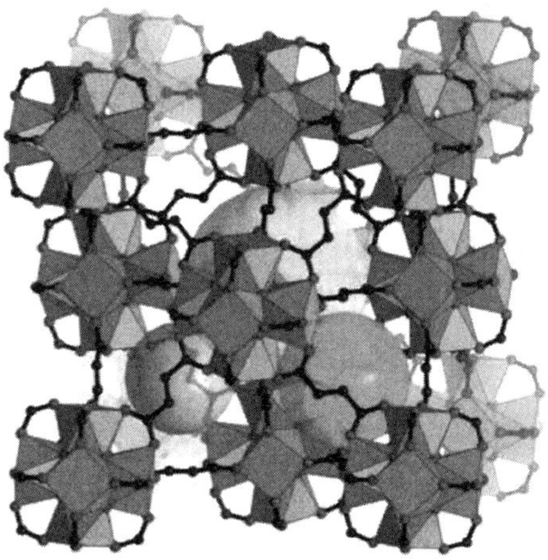

图 1　$Zr_6O_4(OH)_4(COO)_{12}$ 结构单元通过延胡索酸酯连接形成 MOF-801

黄色、橘色和绿色球代表三种不同孔道，黑色、红色、蓝色多面体分别表示 C、O、Zr

研究人员利用 MOF-801（$[Zr_6O_4(OH)_4(fumarate)_6]$）与冷凝器组成 MOF 集水系统在太阳能的辅助下收集空气中的水分（图 2）。晚上水蒸气吸附在 MOF 层上，白天在阳光照射下 MOF 温度升高，而下方的冷凝器与室温相同，因此结合在 MOF 中的水蒸气逐渐凝结，形成液态水。MOF-801 在温度区间为 25～65℃的条件下，0.6kPa 蒸气压下收集至少 0.25L 水。

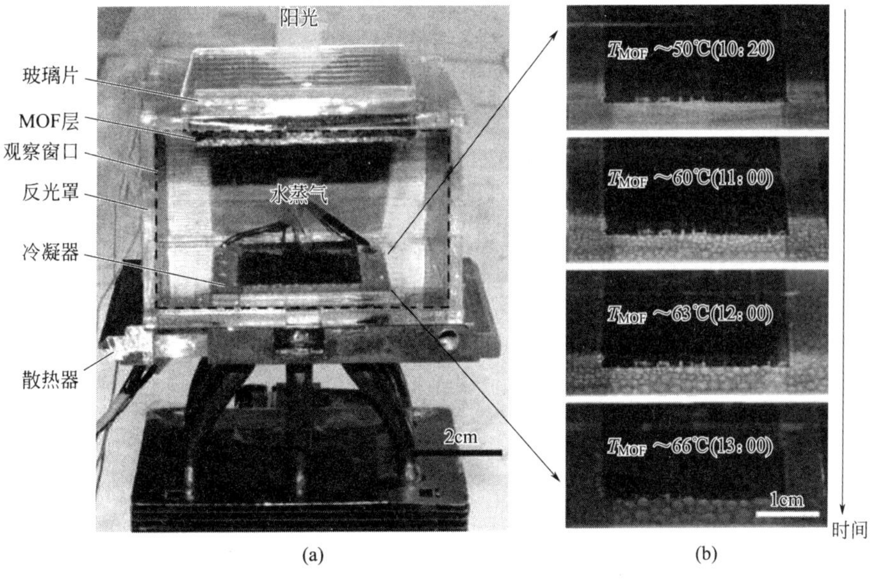

图 2　MOF 集水系统

（a）一种 MOF-801 的集水原型的图像，其质量为 1.34g，填充孔隙度约为 0.85，外部尺寸为 7cm×7cm×4.5cm；（b）水滴的形成和生长是 MOF 温度（T_{MOF}）和一天中当地时间的函数

为进一步增加 MOF-801 的集水量，研究人员通过计算优化孔隙度和材料厚度，在空

隙率（ε）为 0.7 的条件下，不同厚度的 MOF-801（1mm、3mm、5mm）24h 内可产生 2.8L·kg^{-1} 或 0.9L·m^{-2} 的水。最后研究人员还建立了相关模型［图 3(a)］，随着白天 MOF 温度的升高，冷凝器上的水珠也逐渐增多［图 3(b)］。

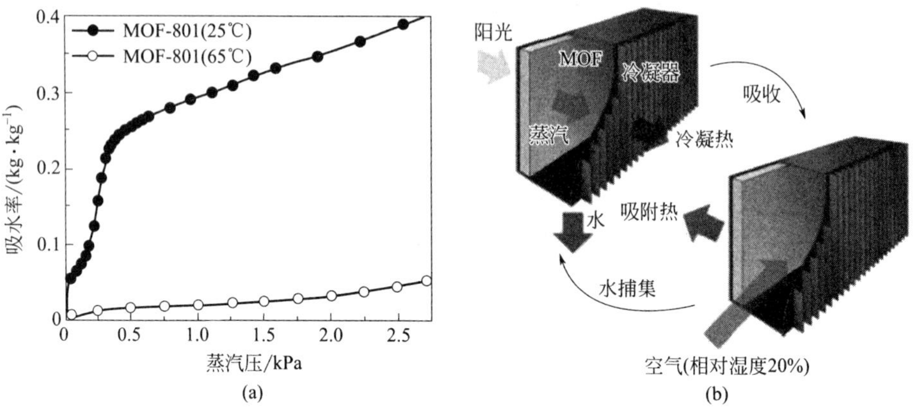

图 3　MOF 集水工作原理

Yaghi 教授认为这种新型收集水的方法，不需要较高的相对湿度，仅在太阳照射下即可完成，因此更节能。即使在北非的干旱地区，该方法也同样适用。目前 Yaghi 教授团队也正在寻找新的 MOF 材料，收集更多空气中的水蒸气。

思考题

6-1　区分下列概念。

（1）旋光异构体、几何异构体及键合异构体；（2）外轨型配合物与内轨型配合物

6-2　简单配合物、双核配合物、簇合物、簇基配位聚合物有何不同？

6-3　说明下列概念。

（1）配体；（2）形成体；（3）配位数；（4）配位原子；（5）MOFs

6-4　配合物价键理论的要点是什么？它有哪些优点和不足？

6-5　配合物同分异构现象有哪些？

习　题

6-1　命名下列各配合物和配离子。

（1）$Na[BH_4]$　（2）$[Co(H_2O)_5Cl]·Cl_2$

（3）$[Cr(H_2O)(en)(C_2O_4)(OH)]$　（4）$[Ni(CN)_5]^{3-}$

（5）$[Co(NH_3)_4(NO_2)Cl]$　（6）$[Cu(NH_3)_6]^{2+}$

6-2　指出下列配合物的空间构型并画出它们可能的立体异构体。

（1）$[Ni(NH_3)_2Cl_2]$　（2）$[Cu(H_2O)_2(C_2O_4)_2]^{2-}$

（3）$[Pt(NH_3)_2(NO_2)Cl]$　（4）$[Co(NH_3)_2(NO_2)_4]^-$

（5）$[Cu(NH_3)(en)Cl_3]$　（6）$[PdI_2(NH_3)_4]^{2+}$

6-3　配离子 $[NiBr_4]^{2-}$ 含有 2 个未成对电子，但 $[Ni(CO)_4]^{2+}$ 是反铁磁性的，指出两种离子的空间

构型，并估计它们的磁矩。

6-4 已知下列螯合物的磁矩，画出它们中心离子的价层电子分布，并指出其空间构型，这些螯合物中哪些是内轨型？哪些是外轨型？

	$[Co(EDTA)]^{2-}$	$[Fe(C_2O_4)_3]^{3-}$	$[Mn(CN)_6]^{3-}$
μ/B. M.	1.70	5.75	2.81

6-5 指出下列配离子的形成体、配体、配位原子、配位数。

配离子	形成体	配体	配位原子	配位数
$[Cu(NH_3)_3(H_2O)]^{2+}$				
$[Co(en)_3]^{3+}$				
$[Ni(CO)_4]$				
$[Ag(NH_3)_2]^+$				
$[Fe(OH)_3(H_2O)_3]^-$				
$[Cr(C_2O_4)(OH)(H_2O)(en)]^-$				
$[Ni(Cl)(bipy)_2(H_2O)]^+$				
$[Ca(EDAT)]^{2-}$				
$[AuCl_2(NH_3)_2]^+$				

6-6 填空

(1) 配合物 $[Co(NH_3)_6]SO_4$ 中，配合物的内界是__________，外界是__________，内界和外界之间以__________键结合。

(2) 在配合物中，提供孤对电子的阴离子或分子称为__________，接受孤对电子的原子或离子称为__________，它们之间以__________键结合。

(3) 配合物 $[Mn(NH_3)_3Cl_3]Cl$ 的名称是__________，内界是__________，外界是__________，配体是__________，配位原子是__________，配位数是__________。

(4) $[NiCl_2(NH_3)_4]Cl$ 的系统命名是____________________________，外界是__________，内界是__________，中心原子是__________，中心原子采取的杂化类型为__________，配离子的空间构型是__________，配体有__________，配位原子有__________，配位数为__________。

(5) 已知$[Fe(CN)_6]^{4-}$为低自旋状态，则该配离子中未成对电子数为__________，其磁矩估计为__________（B. M.）。

6-7 选择题

(1) 配合物的空间构型和配位数之间有着密切的关系，配位数为 4 的配合物空间构型可能是（　　）。

A. 平面三角形　　B. 三角双锥　　C. 正四面体　　D. 正八面体

(2) 已知螯合物 $[Fe(C_2O_4)_3]^{3-}$ 的磁矩等于 5.78B. M.，则其空间构型和中心离子的杂化轨道类型是（　　）。

A. 三角形和 sp^2 杂化　　B. 三角双锥和 sp^3d^2 杂化

C. 八面体和 d^2sp^3 杂化　　D. 八面体和 sp^3d^2 杂化

(3) 已知配合物 $[Fe(en)_3]^{2-}$ 在低温下的磁矩等于 0B. M.，而其在高温下的磁矩等于 5.11B. M.，则该配合物低温下和高温下中心离子的杂化轨道类型分别是（　　）

A. sp^3 杂化和 dsp^2 杂化　　B. d^2sp^3 杂化和 sp^3d^2 杂化

C. sp^3d^2 杂化和 d^2sp^3 杂化　　D. sp^2 杂化和 dsp 杂化

(4) 配合物 $[Fe(en)_3]^{2-}$ 空间构型可能是（　　）

A. 三角形　　B. 平面四边形　　C. 正四面体

D. 八面体　　　　E. 三角双锥

（5）在 $[Co(C_2O_4)_2(en)]^{2-}$ 中，中心离子 Co^{2+} 的配位数是（　　）

A. 6　　　　B. 5　　　　C. 4　　　　D. 3

（6）在硝酸银溶液中，开始滴加一定量的氯化钠溶液，然后再滴加一定量的氨水，最后再滴加碘化钾溶液，先后观察到的现象是（　　）

A. 先出现白色沉淀，加入氨水，沉淀增加，最后沉淀转变为黄色

B. 先出现白色沉淀，加入氨水，沉淀消失，滴加碘化钾溶液又出现黄色沉淀

C. 开始没有现象，滴加碘化钾溶液后出现黄色沉淀

D. 先出现白色沉淀，加入氨水，沉淀消失，滴加碘化钾溶液又出现淡黄色沉淀

（7）铂能溶于王水的原因是（　　）

A. 硝酸具有氧化性　　　　B. 盐酸具有还原性

C. Cl^- 具有配位能力　　　　D. 硝酸具有氧化性，而且 Cl^- 具有配位能力

6-8　某二价金属离子在八面体弱场中的磁矩为 4.90B. M.，而它在八面体强场中的磁矩为 0B. M.，该中心金属离子可能是哪个？

6-9　已知 $[Ni(Br)_2(H_2O)_2]$ 有两种不同的结构，成键电子所占据的杂化轨道应该是哪种杂化轨道？

6-10　为什么在水溶液中，$[Co(NH_3)_6]^{3+}$ 不能氧化水，Co^{3+} 却能氧化水？

$E^{\ominus}(Co^{3+}/Co^{2+})=1.808V$；$E^{\ominus}(O_2/H_2O)=1.229V$；$E^{\ominus}(O_2/OH^-)=0.401V$；

$K_{稳}([Co(NH_3)_6]^{2+})=1.38\times10^5$；$K_{稳}([Co(NH_3)_6]^{3+})=1.58\times10^{35}$；$K_{b,NH_3}=1.8\times10^{-5}$

第7章 元素化学

学习要求

（1）掌握碱金属和碱土金属单质的物理和化学性质以及碱金属和碱土金属的氢化物、氧化物、氢氧化物和盐类的化学性质。

（2）了解 p 区元素单质的结构、基本性质及其同素异形体；掌握 p 区元素重要化合物的结构、性质及制备；熟悉 p 区元素的重要化合物的分析鉴定。

（3）了解 d 区、 ds 区元素通性；掌握 d 区元素的单质、氧化物、含氧酸及其盐、化合物的结构、性质和用途。

前面的章节中已经讨论了化学热力学与平衡、化学动力学以及物质结构等基本理论，在此基础上，本章开始讨论元素化学。元素除了按周期和族分类之外，还可以根据原子的价电子构型把周期表分为五个区。

s 区：价电子构型为 $ns^{1\sim2}$，包括ⅠA、ⅡA 族；

p 区：价电子构型为 $ns^2np^{1\sim6}$（He 无 p 电子），包括ⅢA～ⅦA 族和零族；

d 区：价电子构型为 $(n-1)d^{1\sim9}ns^{1\sim2}$（有例外），包括ⅢB～ⅦB 族和Ⅷ族；

ds 区：价电子构型为 $(n-1)d^{10}ns^{1\sim2}$，包括ⅠB、ⅡB 族；

f 区：价电子构型为 $(n-2)f^{0\sim14}(n-1)d^{0\sim2}ns^2$，包括镧系、锕系。

元素化学是化学的中心内容，本章主要讨论 s 区、p 区、d 区和 ds 区元素及其化合物的存在、性质、制备以及用途。

7.1 s 区元素

s 区元素主要包括元素周期表中第ⅠA 族元素和第ⅡA 族元素。ⅠA 族元素包括氢、锂、钠、钾、铷、铯、钫七种元素，由于后六种元素的氢氧化物都有强碱性，因此又称碱金属，ⅡA 族元素包括铍、镁、钙、锶、钡、镭六种元素，由于这类元素的氧化物难熔，被称为“土”，又因为它们与水作用显碱性，因此又称碱土金属。

7.1.1 s 区元素概述

碱金属和碱土金属原子的价层电子构型分别为 ns^1 和 ns^2，即原子最外层有 1 个和 2 个 s 电子，因此这些元素被称为 s 区元素。s 区元素中，锂、铷、铯、铍是稀有金属元素，钫和镭是放射性元素。

7.1.2 s 区元素的单质

由于碱金属和碱土金属的化学活泼性强，所以它们不能以单质的形式存在于自然界中。

表 7-1 列出了碱金属和碱土金属的一些基本性质。一般来说，碱金属和碱土金属的新鲜表面都为具有金属光泽的银白色（铍为灰色），接触空气后会生成一层含有氧化物、氮化物和碳酸盐的外壳使颜色变暗。碱金属和碱土金属（除铍和镁外）硬度都小于 2，碱金属和钙、钡可以用刀子切割。

s 区元素的物理性质与它们在实际中的应用密切相关。镁合金具有机械强度良好和质轻的特点，因此镁合金广泛应用于直升机的制造上。此外，锂-铝合金由于具有高强度和低密度的特点，也是制造航空、宇航产品所需要的材料。铍作为最有效的中子减速剂和反射剂之一用于核反应堆。

表 7-1　碱金属和碱土金属的性质

性质	锂	钠	钾	铷	铯	铍	镁	钙	锶	钡
元素符号	Li	Na	K	Rb	Cs	Be	Mg	Ca	Sr	Ba
原子序数	3	11	19	37	55	4	12	20	38	56
价电子层结构	$2s^1$	$3s^1$	$4s^1$	$5s^1$	$6s^1$	$2s^2$	$3s^2$	$4s^2$	$5s^2$	$6s^2$
氧化数	+1	+1	+1	+1	+1	+2	+2	+2	+2	+2
固体密度(20℃)/(kg·m^{-3})	0.53	0.97	0.86	1.53	1.88	1.85	1.74	1.54	2.60	3.51
熔点/℃	180.5	97.81	63.25	38.89	28.40	1278	648.8	839	769	725
沸点/℃	1342	882.9	760	686	669.3	2970	1107	1484	1384	1640
硬度（金刚石=10）	0.6	0.4	0.5	0.3	0.2	4.0	2.0	1.5	1.8	—
金属半径/pm	155	190	235	248	267	112	160	197	215	222
离子半径/pm	60	95	133	148	169	31	65	99	113	135
相对导电性(Hg=1)	11	21	14	8	5	5.2	21.4	20.8	4.2	—
第一电离能/(kJ·mol^{-1})	520.3	495.8	418.9	403	375.7	899.5	737.4	589.8	549.5	502.9
电负性	0.98	0.93	0.82	0.8	0.7	1.5	1.2	1.0	0.95	0.89
$\varphi^{\ominus}(M^{n+}/M)/V$	−3.04	−2.71	−2.93	−2.98	−3.03	−1.85	−2.37	−2.87	−2.89	−2.91

碱金属和碱土金属是很活泼的金属元素，能与电负性较高的非金属元素，如卤素、磷、硫、氢等形成相应化合物。除了锂、铍和镁的某些化合物具有比较明显的共价性质外，其余化合物一般具有离子键的性质。碱金属对所有化学试剂（除氮气外）的反应活泼性都随碱金属电正性的增加而增加。Li 最不活泼，只以较慢速率和水作用，而 Na 和水反应剧烈，K 能燃烧，Rb 和 Cs 则会爆炸。碱金属和碱土金属重要的化学反应分别列于表 7-2 和表 7-3 中。

表 7-2　碱金属的化学反应

化学反应	性质
$4Li+O_2$(过量)$\longrightarrow 2Li_2O$	其他金属形成 Na_2O_2、K_2O_2、KO_2、RbO_2、Cs_2O_2
$2M+S \longrightarrow M_2S$	反应剧烈，也有多硫化物产生
$2M+2H_2O \longrightarrow 2MOH+H_2$	Li 反应缓慢，K 发生燃烧，与酸作用时都发生爆炸
$2M+H_2 \longrightarrow 2MH$	高温下反应，LiH 最稳定
$2M+X_2 \longrightarrow 2MX$	X 为卤素
$6Li+N_2 \longrightarrow 2Li_3N$	室温，其他碱金属无此反应
$3M+E \longrightarrow M_3E$	E＝P，As，Sb，Bi；加热反应
$M+Hg \longrightarrow$ 汞齐	

表 7-3　碱土金属的化学反应

化学反应	性质
$2M+O_2 \longrightarrow 2MO$	加热能燃烧，钡能形成过氧化物 BaO_2
$M+S \longrightarrow MS$	
$M+2H_2O \longrightarrow M(OH)_2+H_2$	Be、Mg 与冷水反应缓慢
$M+2H^+ \longrightarrow M^{2+}+H_2$	Be 反应缓慢，其余反应较快
$M+H_2 \longrightarrow MH_2$	仅高温下反应，Mg 需高压
$M+X_2 \longrightarrow MX_2$	
$3M+N_2 \longrightarrow M_3N_2$	水解生成 NH_3 和 $M(OH)_2$
$Be+2OH^-+2H_2O \longrightarrow Be(OH)_4^{2-}+H_2$	余者无此类反应

7.1.3　s 区元素的化合物

地壳中，Na、K、Mg 的丰度很高，主要的矿物有光卤石 $KCl \cdot MgCl_2 \cdot 6H_2O$、钠长石 $Na[AlSi_3O_8]$、白云石 $CaCO_3 \cdot MgCO_3$ 和菱镁石 $MgCO_3$ 等。Ca、Sr、Ba 在自然界中存在的主要形式为难溶碳酸盐和硫酸盐，例如方解石 $CaCO_3$、石膏 $CaSO_4 \cdot 2H_2O$、天青石 $SrSO_4$ 以及重晶石 $BaSO_4$ 等。

(1) 氢化物

碱金属和碱土金属在氢气流中加热时，可以分别生成离子型氢化物。例如

$$2Li+H_2 \xrightarrow{\triangle} 2LiH \tag{7-1}$$

$$2Na+H_2 \xrightarrow{653K} 2NaH \tag{7-2}$$

碱金属氢化物具有 NaCl 型晶体结构，钙、锶、钡的氢化物类似于某些重金属氯化物（如斜方 $PbCl_2$）的晶体结构。离子型氢化物和水剧烈反应，生成氢气。

$$MH+H_2O \longrightarrow MOH+H_2 \tag{7-3}$$

$$MH_2+2H_2O \longrightarrow M(OH)_2+2H_2 \tag{7-4}$$

CaH_2 常用作军事和气象野外作业的生氢剂。

离子型氢化物能在非水溶剂中与 B^{3+}、Al^{3+} 和 Ga^{3+} 等结合形成复合氢化物。例如，LiH 和无水 $AlCl_3$ 在乙醚溶液中作用，生成氢化铝锂。

$$4\text{LiH} + \text{AlCl}_3 \xrightarrow{\text{乙醚}} \text{LiAlH}_4 + 3\text{LiCl} \tag{7-5}$$

在有机合成中，LiAlH_4 常用于有机官能团的还原。例如，可以把醛、酮和羧酸等还原为醇，将硝基还原为氨基。

(2) 氧化物

碱金属、碱土金属与氧形成的二元化合物，包括正常氧化物、过氧化物以及超氧化物，此外碱金属还可以形成臭氧化物 MO_3。

在碱金属氧化物中，从 Li_2O 到 Cs_2O，颜色逐渐加深。由于 Li^+ 的离子半径很小，Li_2O 的熔点很高，Na_2O 的熔点也较高，其余氧化物未达到熔点时开始分解。氧化物（M_2O）与水反应生成氢氧化物（MOH）。Li_2O 与水缓慢反应，Rb_2O 和 Cs_2O 与水反应剧烈，会发生燃烧甚至爆炸。

碱土金属的氧化物都为白色粉末，一般在水中的溶解度小。BeO 几乎不与水反应，MgO 与水缓慢反应，CaO、SrO 和 BaO 与水均发生剧烈反应生成相应的碱，并放出大量热量。除了 BeO 是 ZnS 型晶体外，其余均为 NaCl 型晶体。

1）过氧化物

过氧化物是含有过氧基（—O—O—）的化合物，可看作是 H_2O_2 的衍生物。过氧化物中的阴离子是过氧离子 O_2^{2-}，其结构式如图 7-1。

$$[:\ddot{\text{O}}:\ddot{\text{O}}:]^{2-} \text{ 或 } [\text{—O—O—}]^{2-}$$

图 7-1 过氧离子 O_2^{2-} 的结构式

除了 Be 以外，所有碱金属和碱土金属都能形成过氧化物。其中比较常见的是 Na_2O_2 和 BaO_2。过氧化钠与水或酸在室温反应生成过氧化氢，反应式为

$$\text{Na}_2\text{O}_2 + 2\text{H}_2\text{O} \longrightarrow 2\text{NaOH} + \text{H}_2\text{O}_2 \tag{7-6}$$

$$\text{Na}_2\text{O}_2 + \text{H}_2\text{SO}_4(稀) \longrightarrow \text{Na}_2\text{SO}_4 + \text{H}_2\text{O}_2 \longrightarrow \text{H}_2\text{O} + \frac{1}{2}\text{O}_2 \tag{7-7}$$

所生成的 H_2O_2 立即分解生成氧气，故过氧化钠广泛用作氧气发生剂和漂白剂。

在潮湿空气中，Na_2O_2 能吸收 CO_2，产生 O_2，所以可用作供氧剂。

$$\text{Na}_2\text{O}_2 + \text{CO}_2 \longrightarrow \text{Na}_2\text{CO}_3 + \frac{1}{2}\text{O}_2 \tag{7-8}$$

2）超氧化物

在碱金属和碱土金属的超氧化物中，阴离子是超氧离子 O_2^-，其结构式如图 7-2。

$$[:\ddot{\text{O}} = \ddot{\text{O}}:]^-$$

图 7-2 超氧离子 O_2^- 的结构式

除锂、铍和镁外，其余的碱金属和碱土金属均能形成超氧化物 MO_2（碱金属）和 $\text{M}(\text{O}_2)_2$（碱土金属）。钠、钾、铷和铯在过量的氧气中燃烧直接生成超氧化物。例如

$$\text{K} + \text{O}_2 \longrightarrow \text{KO}_2 \tag{7-9}$$

高温下，Na_2O_2 和 O_2 作用形成 NaO_2。将 O_2 通入 K、Rb 和 Cs 的液氨溶液中，也能得到相应的超氧化物。

$$\text{Na}_2\text{O}_2 + \text{O}_2 \longrightarrow 2\text{NaO}_2 \tag{7-10}$$

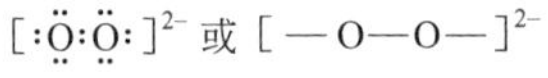

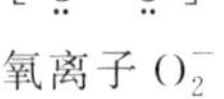

超氧化物是强氧化剂，能和 H_2O、CO_2 反应放出 O_2，被用作高空飞行或潜水的供氧剂。

$$2MO_2+2H_2O \longrightarrow O_2+H_2O_2+2MOH \tag{7-11}$$

$$4MO_2+2CO_2 \longrightarrow 2M_2CO_3+3O_2 \tag{7-12}$$

3）臭氧化物

臭氧 O_3 同钾、铷、铯的氢氧化物作用，得到它们的臭氧化物。例如

$$6KOH+4O_3 \longrightarrow 4KO_3+2KOH \cdot H_2O+O_2(g) \tag{7-13}$$

利用液氨重结晶，得到橘红色 KO_3 晶体，不稳定，缓慢分解成 KO_2 和 O_2。

(3) 氢氧化物

碱金属和碱土金属的氢氧化物中，除了 $Be(OH)_2$ 为两性氢氧化物外，其余的氢氧化物都是强碱或者中强碱，并且同族元素（ⅠA 和ⅡA）自上而下氢氧化物的碱性依次增强。

7.1.4 对角线规则

锂及其化合物的性质不同于本族元素，但其中大部分性质与镁相似。主要表现如下：

① 单质在过量的氧气中燃烧时，只生成普通氧化物；

② 氢氧化物均为中强碱，而且在水中的溶解度都不大；

③ 氟化物、碳酸盐和磷酸盐等都难溶于水；

④ 氯化物都能溶解在有机溶剂中；

⑤ 碳酸盐受热时，都能分解成相应的氧化物（Li_2O、MgO）。

在周期表中，除了锂和镁、铍和铝性质相似以外，硼和硅也具有相似性，呈现出一定的规律。即在 s 区和 p 区元素中，位于左上方的元素与其右下方的元素，在性质上呈现相似性，这种规律被称为对角线规则（图 7-3）。

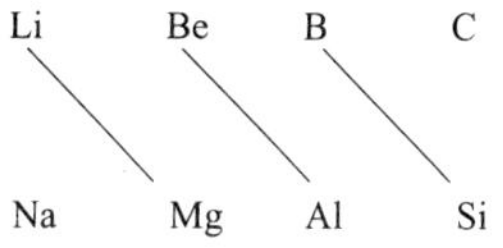

图 7-3 对角线规则

对角线规则可以用离子极化的观点粗略解释。例如 Li^+ 和 Na^+ 虽然属于同一族，离子电荷数相同，但 Li^+ 半径小，而且具有 2 电子结构，因此 Li^+ 的极化能力要远强于同族的 Na^+，导致锂和钠的化合物在性质上差别很大。由于 Mg^{2+} 的电荷数较高，而半径又小于 Na^+，其极化能力与 Li^+ 接近。因此，Li^+ 与它右下方的 Mg^{2+} 在性质上显示出某些相似性。

因此，处于周期表中左上右下对角线位置的邻近两个元素，由于电荷和半径的影响刚好相反，它们的离子极化作用比较接近，从而使它们的化学性质比较接近。

7.2 p 区元素

7.2.1 p 区元素概述

p 区元素的价层电子构型为 $ns^2np^{1\sim6}$，它们大多数都有多种氧化数，如氯的氧化数有 +1、+3、+5、+7、−1、0 等。p 区元素的电负性大，在许多化合物中以共价键结合。p

区中各族元素性质由上到下呈现二次周期性：

① 第二周期元素具有反常性（只有 2s、2p 轨道）。

② 形成配合物时，配位数最多不超过 4。

③ 第二周期元素单键键能小于第三周期元素单键键能（$kJ \cdot mol^{-1}$）。

第二周期　$E(N—N)=159$　　$E(O—O)=143$　　$E(F—F)=158$

第三周期　$E(P—P)=209$　　$E(S—S)=268$　　$E(Cl—Cl)=242$

④ 第四周期元素表现出异样性（d 区插入），例如溴酸、高溴酸氧化性分别比其他卤酸（$HClO_3$、HIO_3）、高卤酸（$HClO_4$、H_5IO_6）强。

⑤ 第六周期 p 区元素由于镧系收缩的影响与第五周期相应元素的性质比较接近。

			ⅢA	ⅣA	ⅤA
	Rb^+	Sr^{2+}	In^{3+}	Sn^{4+}	Sb^{5+}
r/pm	148	113	81	71	62
	Cs^+	Ba^{2+}	Tl^{3+}	Pb^{4+}	Bi^{5+}
r/pm	169	135	95	84	74

7.2.2 硼族元素

(1) 硼族元素的概述

硼族元素是指第ⅢA 族元素，包括硼、铝、镓、铟、铊 5 种元素（未列出人造元素）。铝在地壳中的含量仅次于氧和硅，在金属元素中铝的丰度居首位。本节重点讨论硼、铝及其化合物。硼族元素的一些性质列于表 7-4 中。

表 7-4　硼族元素的基本性质

性质	硼	铝	镓	铟	铊
元素符号	B	Al	Ga	In	Tl
原子序数	5	13	31	49	81
价层电子结构	$2s^22p^1$	$3s^23p^1$	$4s^24p^1$	$5s^25p^1$	$6s^26p^1$
氧化数	+3	+3	+1，+3	+1，+3	+1，+3
共价(原子)半径/pm	88	143	122	163	170
离子(M^{3+})半径/pm	20	50	62	81	95
熔点/℃	2076	660.3	29.8	156.6	303.5
沸点/℃	3864	2518	2203	2072	1457
电负性	2.0	1.5	1.6	1.7	1.8
电离能/($kJ \cdot mol^{-1}$)	807	583	585	541	596
电子亲和能/($kJ \cdot mol^{-1}$)	−23	−42.5	−28.9	−28.9	−50
$\varphi^{\ominus}(M^{3+}/M)$/V	—	−1.62	−0.5493	−0.339	0.741
$\varphi^{\ominus}(M^{+}/M)$/V	—	—	—	—	−0.3358
配位数	3，4	3，4，6	3，6	3，6	3，6
晶体结构	原子晶体	金属晶体	金属晶体	金属晶体	金属晶体

硼族元素原子的价层电子构型为 ns^2np^1，因此一般形成氧化数为+3 的化合物。随着原子序数的增加，形成低氧化数+1 化合物的趋势逐渐增强。硼的原子半径较小，电负性较大，因此硼的化合物是共价型的。

硼族元素原子的价电子轨道数（ns 和 np）为 4，而其价电子仅有 3 个，这种价电子数小于价电子轨道数的原子称为缺电子原子，所形成的化合物有些为缺电子化合物。例如：BF_3、H_3BO_3。

(2) 硼族元素的单质

单质硼有无定形硼和晶形硼等多种同素异形体。无定形硼为棕色粉末，比较活泼，能与熔融 NaOH 反应，在高温下能与 N_2、O_2、S、X_2（X 指卤素）等单质反应，也能同金属反应生成金属硼化物。晶形硼呈黑灰色，很稳定，不与氧、硝酸、热浓硫酸、烧碱等作用。

铝在自然界分布很广，是有光泽的银白色金属，密度为 $2.7g \cdot cm^{-3}$，具有良好的导电性和延展性。由于铝表面覆盖了一层致密的氧化物膜，使铝不能进一步同氧和水作用而具有高稳定性。

(3) 硼的化合物

1）硼的氢化物

硼可以形成一系列共价型氢化物，这类化合物的性质与烷烃相似，故又称为硼烷，最简单的是乙硼烷 B_2H_6。在 B_2H_6 中，B 原子利用 sp^3 杂化轨道，除了形成一部分正常共价键外，还形成一部分三中心键，即 2 个硼原子与 1 个氢原子通过共用 2 个电子而形成三中心二电子键，其结构如图 7-4 所示。常以弧线表示三中心键，好像是 2 个硼原子通过氢原子作为桥梁而联结起来的，该三中心键又称为氢桥。氢桥与氢键不同，它是一种特殊的共价键，体现了硼的氢化物的缺电子特征。

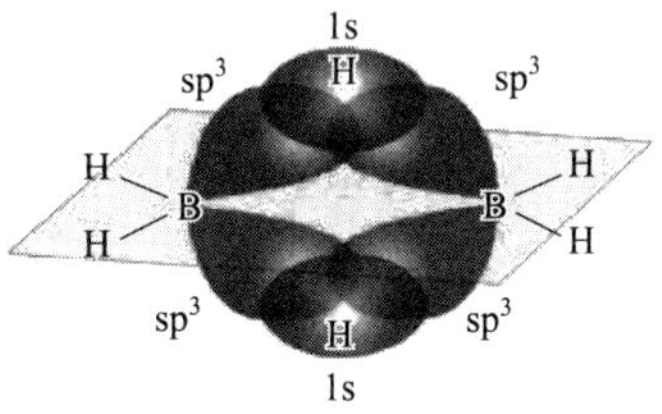

图 7-4　B_2H_6 分子结构示意图

2）硼的含氧化合物

① 三氧化二硼　B_2O_3 是原子晶体，熔点 450℃。B_2O_3 能被碱金属以及镁和铝还原为单质硼，也可与水反应生成偏硼酸 HBO_2 和硼酸。

$$B_2O_3 + 3Mg \longrightarrow 2B + 3MgO \tag{7-14}$$

$$B_2O_3 \underset{-H_2O}{\overset{+H_2O}{\rightleftharpoons}} 2HBO_2 \underset{-2H_2O}{\overset{+2H_2O}{\rightleftharpoons}} 2H_3BO_3 \tag{7-15}$$

B_2O_3 同某些金属氧化物反应，形成具有特征颜色的玻璃状偏硼酸盐。利用这一类反应，可以鉴定某些金属离子，称为硼砂珠试验。如

$$B_2O_3 + CuO \longrightarrow Cu(BO_2)_2 \quad 蓝色 \tag{7-16}$$

$$B_2O_3 + NiO \longrightarrow Ni(BO_2)_2 \quad 绿色 \tag{7-17}$$

② 硼酸　硼酸包括原硼酸 H_3BO_3、偏硼酸 HBO_2 和多硼酸 $xB_2O_3 \cdot yH_2O$。原硼酸通常又简称为硼酸。硼酸为层状晶体，硼酸晶体的基本结构单元为 H_3BO_3 分子，构型为平面三角形，如图 7-5 所示。在 H_3BO_3 分子中，硼原子以 sp^2 杂化轨道与 3 个氧原子形成 3 个 σ 键，在同一层内彼此通过氢键相互连接，层与层之间距离为 318pm，层间以弱的分子间力结合起来，因此硼酸晶体呈鳞片状，可作润滑剂。

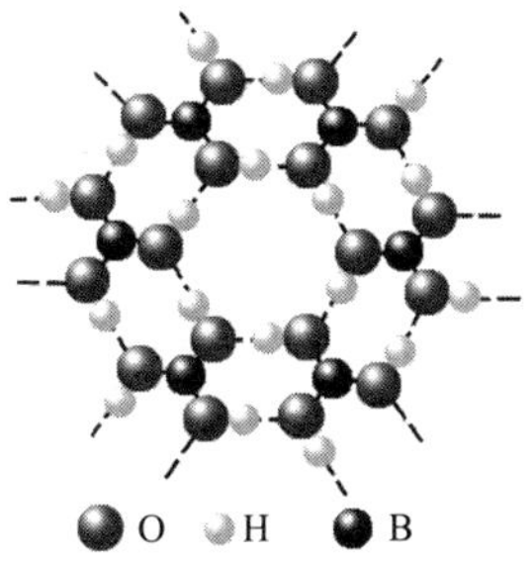

图 7-5　硼酸的分子结构

硼酸是一元酸，其水溶液呈弱酸性，与水的反应如下

$$B(OH)_3 + H_2O \longrightarrow B(OH)_4^- + H^+ \tag{7-18}$$

$K_a^{\ominus}(H_3BO_3) = 7.3 \times 10^{-10}$，$H_3BO_3$ 与多羟基化合物如丙三醇、甘露醇 $CH_2OH(CHOH)_4CH_2OH$ 等反应形成配合物和 H^+ 而使溶液酸性增强

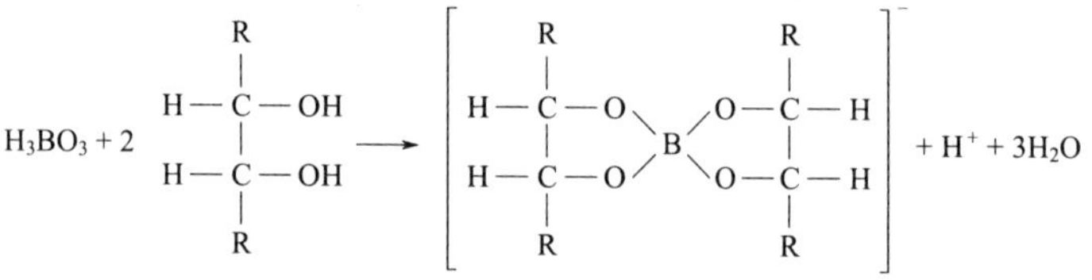

$$H_3BO_3 + 2 \begin{array}{c} H-C-OH \\ | \\ H-C-OH \\ | \\ R \end{array} \longrightarrow \left[\begin{array}{c} R \quad\quad R \\ | \quad\quad | \\ H-C-O \quad O-C-H \\ | \quad\quad\quad B \quad\quad | \\ H-C-O \quad O-C-H \\ | \quad\quad | \\ R \quad\quad R \end{array} \right]^- + H^+ + 3H_2O \tag{7-19}$$

3）硼的卤化物

硼的卤化物为三卤化硼 BX_3。三卤化硼的分子构型为平面三角形，硼原子以 sp^2 杂化轨道与卤素原子形成 σ 键。BX_3 是缺电子化合物，有接受孤对电子的能力，因而表现出 Lewis 酸的性质，与 Lewis 碱（如氨、醚等）生成加合物。例如

$$BF_3 + NH_3 \longrightarrow F_3B\text{-}NH_3 \tag{7-20}$$

三氟化硼水解生成硼酸和氢氟酸，BF_3 与生成的 HF 加合产生氟硼酸 $H[BF_4]$，氟硼酸是一种强酸，其酸性比氢氟酸强。反应如下

$$BF_3 + 3H_2O \longrightarrow H_3BO_3 + 3HF \tag{7-21}$$

$$BF_3 + HF \longrightarrow H[BF_4] \tag{7-22}$$

4）硼的氮化物

六方氮化硼 BN 有 12 个电子，与 C_2 是等电子体，具有类似石墨的层状结构，有良好的润滑性、电绝缘性、导热性和耐化学腐蚀性，具有中子吸收能力。其化学性质稳定，对所有熔融金属呈化学惰性，成型制品便于机械加工，有很高的耐湿性。BN 有无定形（类似无定形碳）、六方晶型（类似于石墨）以及立方晶型（类似于金刚石）三种晶型。六方晶型的 BN（图 7-6）也称为白石墨，是一种优良的耐高温润滑剂，用它做成的氮化硼纤维具有质轻、防火、耐高温、耐腐蚀等特点，已被用于工业上。立方晶型的 BN，硬度接近金刚石，可用作磨料。

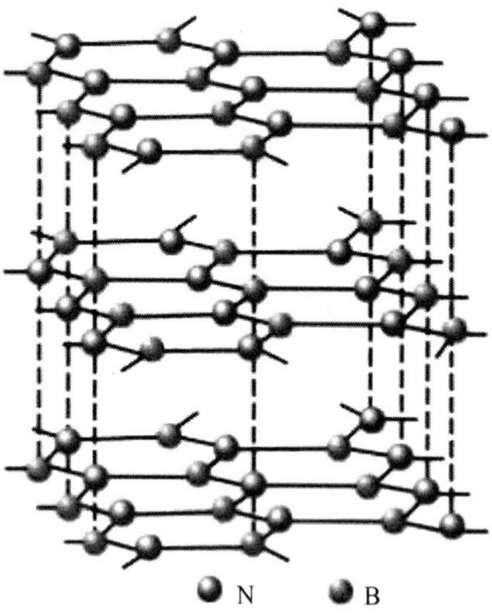

图 7-6 六方氮化硼的晶体结构

(4) 铝的化合物

1）氧化铝

氧化铝 Al_2O_3 有多种晶型，其中 α-Al_2O_3 和 γ-Al_2O_3 是两种主要的晶型。自然界中以结晶状态存在的 α-Al_2O_3 称为刚玉。刚玉的熔点高，硬度仅次于金刚石。其化学性质极不活泼，只溶于熔融的碱，与所有试剂都不反应。γ-Al_2O_3 也称活性氧化铝，可溶于酸、碱，比表面积大，可用作吸附剂和催化剂载体。

有些氧化铝晶体透明，因含有杂质而呈现鲜明颜色（图 7-7）。

(a) 红宝石(Cr^{3+})　　(b) 蓝宝石(Fe^{3+}、Cr^{3+})　　(c) 黄玉/黄晶(Fe^{3+})

图 7-7　部分氧化铝晶体

2）氢氧化铝

氢氧化铝是两性氢氧化物，它可以溶于酸生成 Al^{3+}，又可溶于过量的碱生成 $[Al(OH)_4]^-$

$$Al(OH)_3 + 3H^+ \longrightarrow Al^{3+} + 3H_2O \tag{7-23}$$

$$Al(OH)_3(s) + OH^- \longrightarrow [Al(OH)_4]^- \tag{7-24}$$

3）铝的卤化物

AlX_3 中除 AlF_3 是离子型化合物外，其他均为共价型化合物，熔点低，易挥发，易溶于有机溶剂，易形成双聚物。$AlCl_3$ 分子中的铝原子是缺电子原子，因此 $AlCl_3$ 是典型的 Lewis 酸。$AlCl_3$ 遇水发生剧烈反应

$$AlCl_3 + 3H_2O \longrightarrow Al(OH)_3 + 3HCl \tag{7-25}$$

4）铝的含氧酸盐

铝的含氧酸盐有硫酸铝、钾铝矾（明矾）等。由于 Al^{3+} 的水解作用，使得溶液呈酸性。铝的弱酸盐水解更加明显

$$2Al^{3+} + 3S^{2-} + 6H_2O \longrightarrow 2Al(OH)_3(s) + 3H_2S(g) \tag{7-26}$$

$$2Al^{3+} + 3CO_3^{2-} + 3H_2O \longrightarrow 2Al(OH)_3(s) + 3CO_2(g) \tag{7-27}$$

在 Al^{3+} 溶液中加入茜素（1,2-二羟基蒽醌）的氨溶液，生成红色沉淀，反应方程式如下

$$Al^{3+} + 3NH_3 \cdot H_2O \longrightarrow Al(OH)_3(s) + 3NH_4^+ \tag{7-28}$$

$$Al(OH)_3 + 3C_{14}H_6O_2(OH)_2(\text{茜素}) \longrightarrow Al(C_{14}H_7O_4)_3(\text{红色}) + 3H_2O \tag{7-29}$$

7.2.3 碳族元素

(1) 碳族元素的概述

第ⅣA 族元素称为碳族元素，包括碳、硅、锗、锡、铅 5 种元素（未列出人造元素），价层电子构型为 ns^2np^2，因此它们能生成氧化数为+4 和+2 的化合物。在碳族元素中，碳和硅是非金属元素，硅呈现较弱的金属性，但以非金属性为主，锗、锡、铅是金属元素。

(2) 碳族元素的单质

金刚石和石墨是碳的最常见的两种同素异形体。金刚石是原子晶体，其晶体结构如图 7-8 所示。C—C 键长为 155pm，键能为 $347.3kJ \cdot mol^{-1}$。

石墨是层状晶体，质软，有金属光泽，可以导电，其结构如图 7-9 所示。通常所谓无定形碳如焦炭、炭黑等都具有石墨结构。

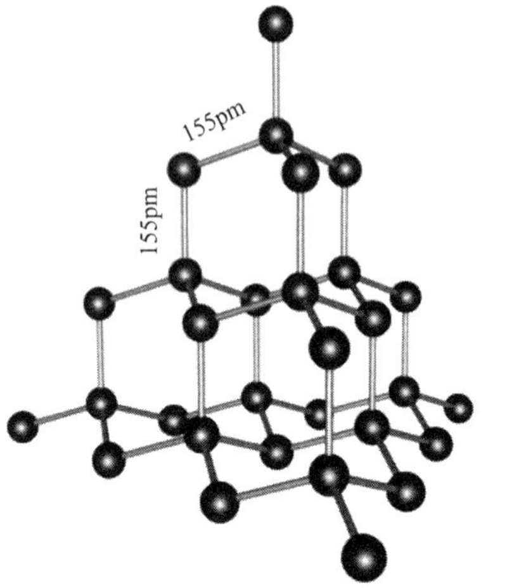

图 7-8　金刚石的结构

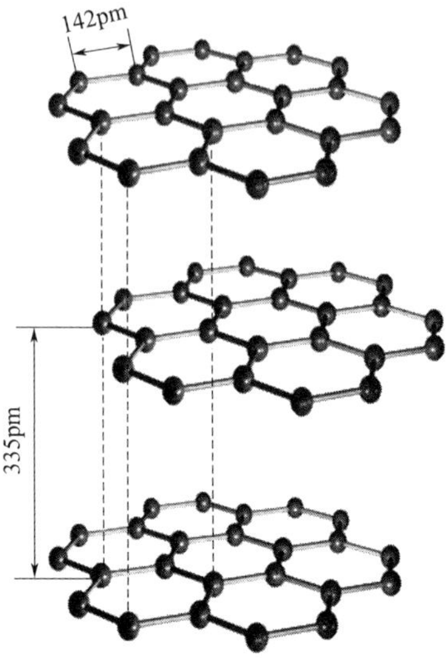

图 7-9　石墨的结构

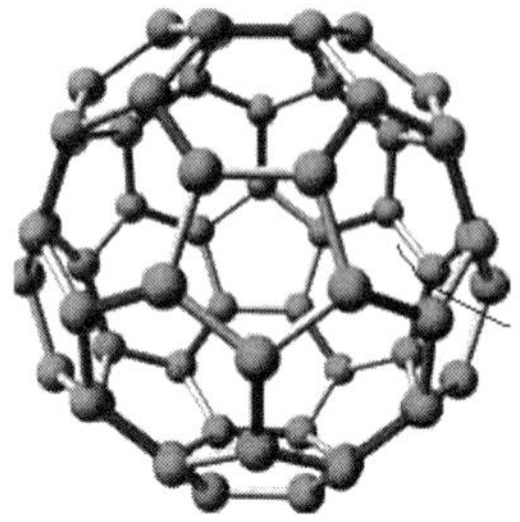

图 7-10　C_{60} 的结构示意图

1985 年，英国化学家哈罗德·沃特尔·克罗托博士和美国科学家理查德·埃里特·史沫莱等人在氦气流中以激光汽化蒸发石墨实验中首次制得原子簇结构分子 C_{60}。克罗托博士因此获得 1996 年的诺贝尔化学奖。C_{60} 分子具有球形结构，由 12 个正五边形和 20 个正六边形组成，60 个碳原子构成近似球形的 32 面体，如图 7-10 所示。每个碳原子以 sp^2 杂化轨道和相邻三个碳原子相连，剩余的 p 轨道在 C_{60} 外围和腔内形成大 π 键。

碳族单质的化学活泼性自上而下逐渐增强。碳族元素的化学性质列于表 7-5 中。

表 7-5　碳族元素的化学性质

试剂	反应	说明
热的浓 HCl	$E+2H^+ \longrightarrow E^{2+}+H_2$	C、Si、Ge 不反应，Pb 反应缓慢
热的浓 H_2SO_4	$C+2H_2SO_4 \longrightarrow CO_2+2SO_2+2H_2O$ $E+4H_2SO_4 \longrightarrow E(SO_4)_2+2SO_2+4H_2O$	Si 不反应 E＝Sn，Ge Pb 生成 $PbSO_4$
浓 HNO_3	$3E+4H^++4NO_3^- \longrightarrow 3EO_2+4NO+2H_2O$ $3Pb+8H^++2NO_3^- \longrightarrow 3Pb^{2+}+2NO+4H_2O$	不包括 Si 但发烟 HNO_3 使 Pb 钝化
HF	$Si+6HF \longrightarrow H_2SiF_6+2H_2$	Si 只与 HF 反应
碱溶液	$Si+2OH^-+H_2O \longrightarrow SiO_3^{2-}+2H_2$ $Sn+2OH^-+2H_2O \longrightarrow Sn(OH)_4^{2-}+H_2\uparrow$	C、Ge、Pb 不反应 $Sn(OH)_4^{2-}$ 很缓慢生成，不易察觉

试剂	反应	说明
熔融碱	$E+4OH^- \longrightarrow EO_4^{4-}+2H_2$	C 不反应，Sn 生成$[Sn(OH)_4]^{2-}$，Pb 生成$[Pb(OH)_4]^{2-}$
空气中加热	$E+O_2 \longrightarrow EO_2$	E=C、Si、Ge、Sn；Pb 生成 PbO
热水蒸气	$E+2H_2O \longrightarrow EO_2+2H_2$ $C+H_2O \longrightarrow CO+H_2$	E=Si、Sn；Ge 和 Pb 不反应
S，加热	$E+2S \longrightarrow ES_2$	Pb 生成 PbS
Cl_2，加热	$E+2Cl_2 \longrightarrow ECl_4$	Pb 生成 $PbCl_2$
金属，加热	碳化物，硅化物，Pb、Sn 形成合金	

(3) 碳的化合物

1) 碳的氧化物

一氧化碳 CO 是无色、无臭气体，微溶于水。CO 与 N_2 是等电子体，结构相似。CO 分子中碳原子与氧原子间形成三重键，即 1 个 σ 键和 2 个 π 键，其中 1 个 π 键是配键，这对电子由氧原子提供。CO 分子的结构式如图 7-11 所示。

CO 具有还原性，能被氧化为 CO_2。CO 作为配体与过渡金属原子（或离子）形成羰基配合物，如 $Fe(CO)_5$、$Ni(CO)_4$ 等。CO 毒性很大，它能与人体血液中的血红蛋白结合，CO 的含量达 0.1%（体积分数）时，就会引起中毒，导致缺氧症，甚至引起心肌坏死。

CO_2 是无色、无臭的气体，常温加压至 7.6MPa 即可液化，固体二氧化碳称为干冰。CO_2 分子是直线形的，其结构式可以写作 O═C═O。有人认为在 CO_2 分子中可能存在着离域的大 π 键，即碳原子除了与氧原子形成 2 个 σ 键外，还形成 2 个三中心四电子的大 π 键。CO_2 分子结构的另一种表示如图 7-12 所示。

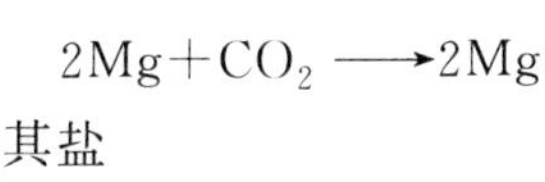

图 7-11 CO 分子的结构式

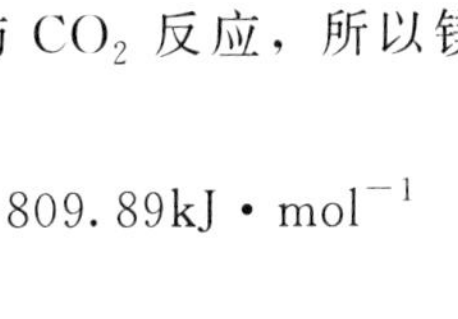

图 7-12 CO_2 分子的结构式

CO_2 不助燃，可用作灭火剂。但燃着的金属镁可与 CO_2 反应，所以镁燃烧时不能用 CO_2 扑灭。

$$2Mg+CO_2 \longrightarrow 2MgO+C \quad \Delta_r H_m^{\ominus}=-809.89kJ \cdot mol^{-1} \tag{7-30}$$

2) 碳酸及其盐

碳酸是二元弱酸，通常将水溶液中 H_2CO_3 的解离平衡写成

$$H_2CO_3 \rightleftharpoons H^+ + HCO_3^- \qquad K_{a1}^{\ominus}=4.30\times10^{-7} \tag{7-31}$$

$$HCO_3^- \rightleftharpoons H^+ + CO_3^{2-} \qquad K_{a2}^{\ominus}=5.61\times10^{-11} \tag{7-32}$$

碳酸盐有两种类型，即碳酸盐和碳酸氢盐。碱金属（锂除外）和铵的碳酸盐易溶于水，其他金属的碳酸盐难溶于水。对于难溶的碳酸盐来说，通常其相应的酸式盐溶解度较大。但对于易溶的碳酸盐来说，其相应的酸式盐的溶解度则较小。

碳酸及其盐的热稳定性较差。碳酸氢盐受热分解为相应的碳酸盐、水和二氧化碳

$$2M^{I}HCO_3 \xrightarrow{\triangle} M_2^{I}CO_3 + H_2O + CO_2 \quad (7\text{-}33)$$

大多数碳酸盐在加热时分解为金属氧化物和二氧化碳

$$M^{II}CO_3 \xrightarrow{\triangle} M^{II}O + CO_2 \quad (7\text{-}34)$$

3）碳的卤化物

碳的卤化物 CX_4 中，常温下 CF_4 是气体，CCl_4 是液体，CBr_4 和 CI_4 是固体。四氯化碳 CCl_4 是无色液体，带有微弱特殊臭味，沸点为 77℃，几乎不溶于水。CCl_4 是脂肪、油、树脂以及不少油漆等的优良溶剂，因此能洗除油渍。CCl_4 不能燃烧，可用作灭火剂。

二氟二氯甲烷，分子式为 CCl_2F_2，商业名是氟利昂-12，其化学性质极不活泼，无毒，不燃，在−30℃冷凝，用作冰箱、空调器等装置的制冷剂。近年来，由于大气中氟利昂不断增加，对臭氧层有破坏作用，所以氟利昂逐步被无氟制冷剂代替。

4）碳化物

碳化物都是具有高熔点的固体。碳化物可按其成键的特点分为离子型、共价型和间充型三种类型。周期系ⅠA、ⅡA、ⅢA族元素（除硼外）与碳生成无色透明的离子型碳化物。这些碳化物的稳定性都很高，但大多数在水或稀酸中水解生成乙炔或甲烷

$$CaC_2 + 2H_2O \longrightarrow Ca(OH)_2 + C_2H_2 \quad (7\text{-}35)$$

$$Al_4C_3 + 12H_2O \longrightarrow 3CH_4 + 4Al(OH)_3 \quad (7\text{-}36)$$

硼、硅的碳化物 B_4C 和 SiC 是共价型的，都是原子晶体，具有高硬度、高熔点以及化学惰性等特征。碳化硅又名金刚砂，是无色晶体，可用作优良磨料，碳化硼为黑色有光泽晶体，可用来研磨金刚石。

(4) 硅的化合物

1）硅的氧化物

自然界中常见的石英就是二氧化硅的晶体，它是一种坚硬、性脆、难溶的无色透明固体。石英是原子晶体，其中每个硅原子与 4 个氧原子以单键相连，构成 SiO_4 四面体结构单元，如图 7-13 所示。SiO_4 四面体间通过共用顶角的氧原子而彼此连接起来，并在三维空间里多次重复这一结构单元。二氧化硅的最简式是 SiO_2，SiO_2 不代表一个简单分子。

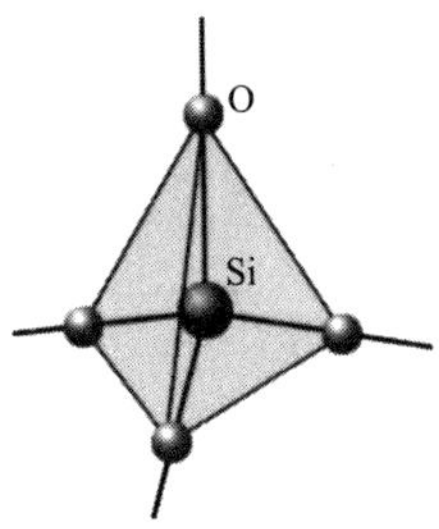

图 7-13　SiO_4 四面体

石英玻璃是无定形二氧化硅。石英玻璃能高度透过可见光和紫外光，膨胀系数小，能经受温度剧变，因此石英玻璃可用来制造紫外灯和光学仪器。石英玻璃有强的耐酸性，但能被 HF 所腐蚀，反应式如下

$$SiO_2 + 4HF \longrightarrow SiF_4(g) + 2H_2O \quad (7\text{-}37)$$

二氧化硅是酸性氧化物，能与热的浓碱溶液反应生成硅酸盐，与熔融的碱反应更快。

$$SiO_2 + 2NaOH \longrightarrow Na_2SiO_3 + H_2O \quad (7\text{-}38)$$

2）硅酸及其盐

硅酸 H_2SiO_3 的酸性比碳酸弱。H_2SiO_3 的 $K_{a1}^{\ominus} = 1.7 \times 10^{-10}$、$K_{a2}^{\ominus} = 1.6 \times 10^{-12}$。硅酸的组成比较复杂，常以通式 $x SiO_2 \cdot y H_2O$ 表示。从凝胶状硅酸中除去大部分水，得到白色稍透明的固体硅胶。硅胶具有许多细小孔隙，比表面积大，常用作干燥剂或催化剂的载体。

硅酸盐按其溶解性分为可溶性和不溶性两大类。硅酸盐 Na_2SiO_3 和 K_2SiO_3 易溶于水，水溶液因 SiO_3^{2-} 水解显碱性。硅酸钠（通常写作 $Na_2O \cdot nSiO_2$）的水溶液俗称水玻璃。

3）硅的卤化物

硅的卤化物 SiX_4 都是无色的，常温下 SiF_4 是气体，$SiCl_4$ 和 $SiBr_4$ 是液体，SiI_4 是固体。

四氟化硅在水中强烈水解，生成氟硅酸和正硅酸

$$3SiF_4 + 4H_2O \longrightarrow H_4SiO_4 + 4H^+ + 2SiF_6^{2-} \quad (7\text{-}39)$$

$SiCl_4$ 在潮湿的空气中与水蒸气发生水解作用会产生烟雾，其反应方程式如下

$$SiCl_4 + 3H_2O \longrightarrow H_2SiO_3 + 4HCl \quad (7\text{-}40)$$

4）硅的氢化物

硅与氢形成的氢化物称为硅烷。硅与氢不能生成与烯烃、炔烃类似的不饱和化合物。硅烷的通式可以写作 Si_nO_{2n+2}，结构与烷烃相似。

7.2.4 氮族元素

(1) 氮族元素概述

周期系第ⅤA族为氮族元素，包括氮、磷、砷、锑、铋5种元素（未列出人造元素）。价层电子构型为 ns^2np^3。氮和磷是非金属元素，砷和锑为准金属，铋是金属元素。表7-6列出了氮族元素的性质。

表 7-6 氮族元素的性质

性质	氮	磷	砷	锑	铋
元素符号	N	P	As	Sb	Bi
原子序数	7	15	33	51	83
原子量	14.01	30.97	74.92	121.76	208.98
价层电子构型	$2s^22p^3$	$3s^23p^3$	$4s^24p^3$	$5s^{25}p^3$	$6s^26p^3$
共价半径/pm	70	110	121	141	155
沸点/℃	−195.79	280.3	615(升华)	1587	1564
熔点/℃	−210.01	44.15	817	630.7	271.5
电负性	3.0	2.1	2.0	1.9	1.9
第一电离能/($kJ \cdot mol^{-1}$)	1402.3	1011.8	944	831.6	703.3
电子亲和能/($kJ \cdot mol^{-1}$)	6.75	−72.1	−78.2	−103.2	−110
$\varphi^{\ominus}(M^{V}/M^{III})$	0.94	−0.276	0.5748	0.58 (Sb_2O_5/SbO^+)	1.6 (Bi_2O_5/BiO^+)
$\varphi^{\ominus}(M^{III}/M^{0})$	1.46 HNO_2	−0.503 H_3PO_3	0.2473 $HAsO_2$	0.21 (SbO^+)	0.32 (BiO^+)
氧化数	1,2,3,4,5,−3,−2,−1	1,3,5,−2,−3	−3,3,5	−3,3,5	−3,3,5

续表

性质	氮	磷	砷	锑	铋
配位数	3，4	3，4，5，6	3，4，5，6	3，4，5，6	3，6
晶体结构	分子晶体	分子晶体（白磷），层状晶体（黑磷）	分子晶体（黄砷），层状晶体（灰砷）	分子晶体（黑锑），层状晶体（灰锑）	层状晶体

(2) 氮族元素的单质

氮主要以单质存在于大气中，约占空气的 78%。氮气是无色、无臭、无味的气体。沸点为 −195.8℃，微溶于水。常温下化学性质极不活泼，加热时与活泼金属 Li、Ca、Mg 等反应，生成离子型化合物。

磷存在于细胞、蛋白质、骨骼和牙齿中，是生命体的重要元素。常见的磷的同素异形体有白磷、红磷和黑磷三种。白磷是透明的、软的蜡状固体，P_4 分子是通过分子间力堆积起来的四面体构型，其结构如图 7-14 所示。在 P_4 分子中，键角∠PPP 为 60°，这样的分子内部具有张力，其结构不稳定。P—P 键的键能小，易被破坏，所以白磷的化学性质很活泼，容易被氧化，在空气中能自燃，因此必须将其保存在水中。白磷是剧毒物质。

将白磷在隔绝空气的条件下加热至 400℃，可以得到红磷。红磷的结构比较复杂，曾被报道过的结构是 P_4 分子中的一个 P—P 键断裂后相互连接起来的长链结构，如图 7-15 所示。红磷较白磷稳定，不溶于有机溶剂。

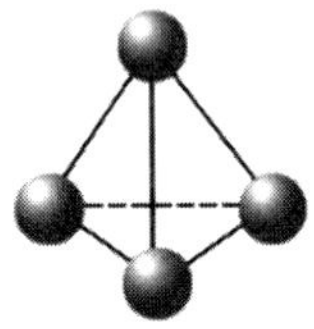

图 7-14 白磷的结构

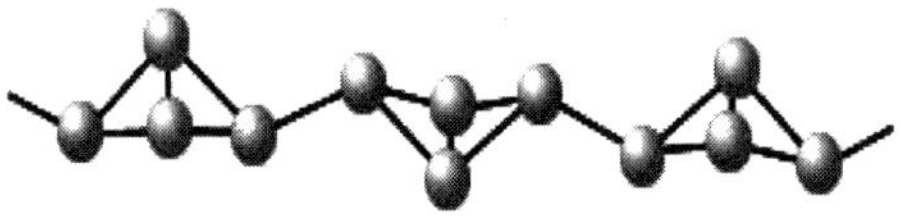

图 7-15 红磷的结构

白磷在高压和较高温度下可以转变为黑磷。黑磷具有与石墨类似的层状结构，具有导电性，但与石墨不同的是黑磷每一层内的磷原子并不都在同一平面上，而是相互以共价键连接成网状结构，如图 7-16 所示。

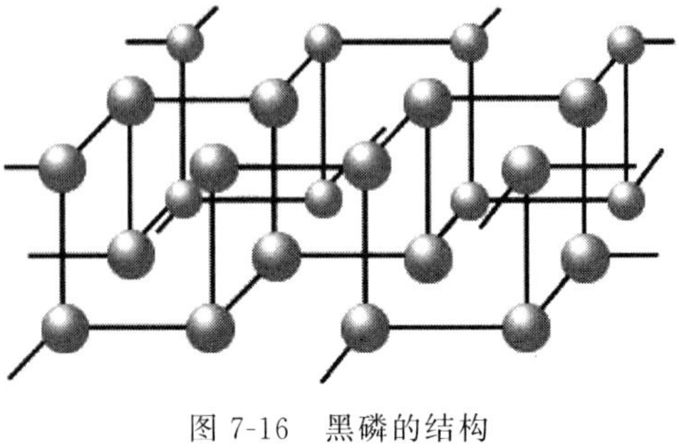

图 7-16 黑磷的结构

氮族元素中，除氮气外，其他元素的单质都比较活泼。氮族元素（除氮外）的化学性质列在表 7-7 中。

表 7-7 氮族元素的化学性质

试剂	P	As	Sb	Bi
O_2	P_2O_3、P_2O_5（白磷极易氧化，故保存在水中）	As_2O_3 在强热下反应	Sb_2O_3 在强热下反应	Bi_2O_3 在强热下反应
H_2	PH_3（磷与氢气在气相反应）	不能直接反应	不能直接反应	不能直接反应
Cl_2	PCl_5、PCl_3	$AsCl_3$	$SbCl_3$、$SbCl_5$	$BiCl_3$
S	P_2S_3	As_2S	Sb_2S_3	Bi_2S_3
浓 H_2SO_4	—	H_3AsO_3	$Sb_2(SO_4)_3$	$Bi_2(SO_4)_3$
浓 HNO_3	H_3PO_4	H_3AsO_4	Sb_2O_5	Bi_2O_3
碱溶液	$H_2PO_2^- + PH_3$（白磷歧化）			

(3) 氮的化合物

1）氨

氨分子的构型为三角锥形，氮原子除以 sp^3 不等性杂化轨道与氢原子成键外，还有一对孤对电子，图 7-17 为氨的结构图。氨作为 Lewis 碱能与一些物质发生加和反应。例如，NH_3 与 Ag^+ 和 Cu^{2+} 分别形成 $[Ag(NH_3)_2]^+$ 和 $[Cu(NH_3)_4]^{2+}$。

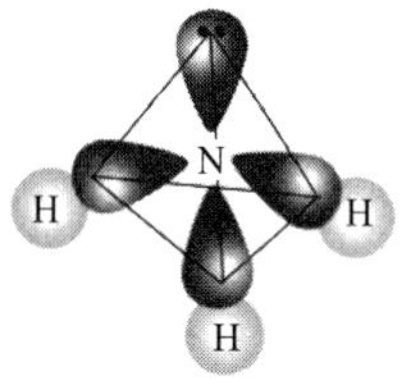

图 7-17 氨的结构

2）氮的氧化物

氮的氧化物常见的有 5 种：一氧化二氮 N_2O、一氧化氮 NO、三氧化二氮 N_2O_3、二氧化氮 NO_2、五氧化二氮 N_2O_5。这些氧化物的结构和物理性质列于表 7-8 中。

表 7-8 氮的氧化物的结构和物理性质

氮的氧化物	颜色和状态	结构	熔点/℃	沸点/℃
一氧化二氮 N_2O	无色气体	N═N═O 直线型	−90.8	−88.5
一氧化氮 NO	无色气体	$\dot{N}$═O 或 N$\overset{\cdots}{\equiv}$O	−163.6	−151.8
三氧化二氮 N_2O_3	蓝色气体	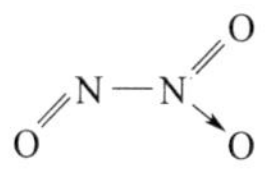 平面	−100.7	2 升华
二氧化氮 NO_2	红棕色气体	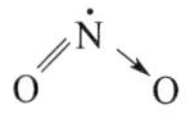 V字形	−11.2	21.2
四氧化二氮 N_2O_4	无色气体	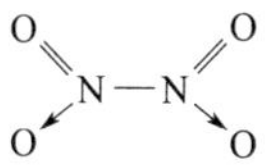 平面	−9.3	21.2 分解
五氧化二氮 N_2O_5	无色固体	气态：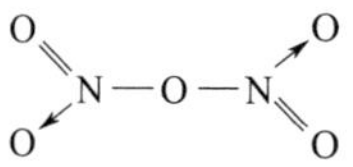 平面；固态：$NO_2^+ \cdot NO_3^-$ 离子型	30	47.0

3）氮的含氧酸及其盐

① 亚硝酸及其盐 亚硝酸是一种弱酸，$K_a^\ominus = 4.6 \times 10^{-4}$，酸性稍强于醋酸。亚硝酸极

不稳定，只能存在于很稀的冷溶液中，溶液浓缩或加热时就分解为 H_2O 和 N_2O_3，N_2O_3 又分解为 NO_2 和 NO

$$2HNO_2 \rightleftharpoons H_2O + N_2O_3 \rightleftharpoons H_2O + NO + NO_2 \quad (7\text{-}41)$$

（淡蓝色）　　　　（红棕色）

亚硝酸盐大多是无色的，除淡黄色的 $AgNO_2$ 外，一般都易溶于水。亚硝酸根离子的构型为 V 字形，氮原子采取 sp^2 杂化与氧原子形成 σ 键，此外还形成一个三中心四电子大 π 键，如图 7-18 所示。

碱金属、碱土金属的亚硝酸盐有很高的热稳定性，在水溶液中这些亚硝酸盐相对稳定。所有亚硝酸盐都是剧毒的致癌物质。

亚硝酸盐在酸性介质中具有氧化性，其还原产物一般为 NO。例如

$$2NaNO_2 + 2KI + 2H_2SO_4 \longrightarrow 2NO + I_2 + Na_2SO_4 + K_2SO_4 + 2H_2O \quad (7\text{-}42)$$

② 硝酸及其盐　在硝酸分子中，氮原子采用 sp^2 杂化轨道与 3 个氧原子形成 3 个 σ 键，呈平面三角形分布。此外，氮原子上余下一个未参与杂化的 p 轨道则与 2 个非羟基氧原子的 p 轨道相重叠，在 O—N—O 间形成三中心四电子大 π 键，如图 7-19 所示。HNO_3 分子内还可以形成氢键。

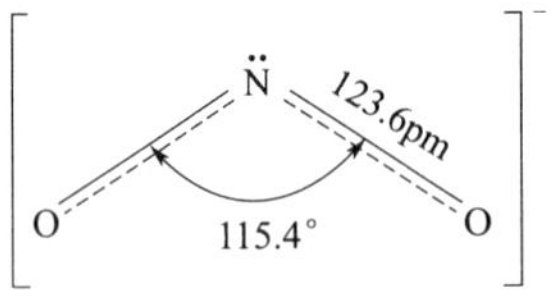

图 7-18　NO_2^- 的分子结构

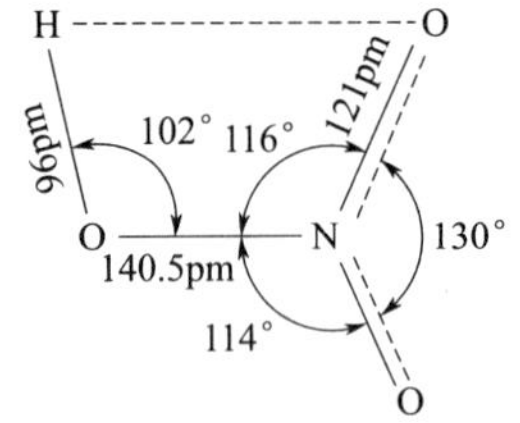

图 7-19　HNO_3 的分子结构

纯硝酸是无色液体，密度为 $1.53g \cdot cm^{-3}$。含 HNO_3 69%的浓硝酸密度为 $1.4g \cdot cm^{-3}$。硝酸挥发而产生白烟，溶有过量 NO_2 的浓硝酸（含 HNO_3 86%～97.5%）产生红烟，通常称为发烟硝酸。发烟硝酸可用作火箭燃料的氧化剂。

硝酸具有强氧化性。除了不活泼的金属如金、铂等和某些稀有金属外，硝酸几乎能与所有的其他金属反应生成相应的硝酸盐。有些金属（如铁、铝、铬等）可溶于稀硝酸而不溶于冷的浓硝酸。这是由于浓硝酸将其金属表面氧化成一层薄而致密的氧化物保护膜，致使金属钝化不能再与硝酸继续作用。当较稀的硝酸与较活泼的金属作用时，可得到 N_2O。例如

$$Cu + 4HNO_3(浓) \longrightarrow Cu(NO_3)_2 + 2NO_2 + 2H_2O \quad (7\text{-}43)$$

$$3Cu + 8HNO_3(稀) \longrightarrow 3Cu(NO_3)_2 + 2NO + 4H_2O \quad (7\text{-}44)$$

$$4Zn + 10HNO_3(稀) \longrightarrow 4Zn(NO_3)_2 + N_2O + 5H_2O \quad (7\text{-}45)$$

浓硝酸和浓盐酸的混合物（体积比为 1∶3）叫作王水。在王水中发生下列反应

$$HNO_3 + 3HCl \longrightarrow Cl_2 + NOCl + 2H_2O \quad (7\text{-}46)$$

因此实际上王水中存在着 HNO_3、Cl_2 和亚硝酰氯 NOCl 等几种氧化剂。王水的氧化性比硝酸更强，可以将金、铂等不活泼金属溶解。例如

$$Au + HNO_3 + 4HCl \longrightarrow H[AuCl_4] + NO + 2H_2O \quad (7\text{-}47)$$

$$3Pt + 4HNO_3 + 18HCl \longrightarrow 3H_2[PtCl_6] + 4NO + 8H_2O \quad (7\text{-}48)$$

(4) 磷的化合物

1) 磷的氢化物

磷的氢化物常见的有 PH_3（磷化氢），称为膦。膦是无色气体，有似大蒜的气味，剧毒，在−87.78℃凝聚为液体，在−133.81℃结晶为固体。纯净的膦在空气内的着火点为150℃，膦燃烧生成磷酸

$$PH_3 + 2O_2 \longrightarrow H_3PO_4 \tag{7-49}$$

膦分子的结构与氨分子相似，也呈现三角锥形，磷原子上有对孤对电子。膦的碱性比氨弱，它是一种较强的还原剂，稳定性较差。

2) 磷的氧化物

① 三氧化二磷　气态和液态的三氧化二磷都是二聚分子 P_4O_6，该氧化物可以看成是 P_4 分子中受到弯曲应力的 P—P 键因氧分子的进攻而断开，在每两个 P 原子间嵌入一个氧原子而形成的稠环分子，如图 7-20 所示。

由于 P_4O_6 分子具有似球状的结构而容易滑动，所以三氧化二磷是有滑腻感的白色吸潮性蜡状固体，熔点 23.8℃，沸点（在 N_2 气氛中）173℃。

② 五氧化二磷　根据蒸气密度的测定证明五氧化二磷为二聚分子 P_4O_{10}，P_4O_{10} 分子的结构基本与 P_4O_6 相似，只是在每个磷原子上还有一对孤对电子会受到氧分子的进攻，因此，P_4O_6 还可以继续氧化成 P_4O_{10}，如图 7-21 所示。

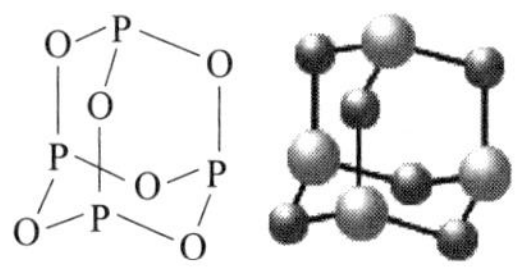

图 7-20　P_4O_6 的分子结构

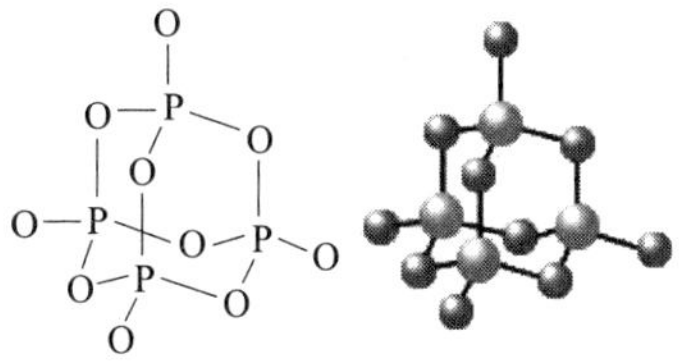

图 7-21　P_4O_{10} 的分子结构

P_4O_{10} 是白色雪花状晶体，在 360℃ 时升华。P_4O_{10} 与水反应时先生成偏磷酸（HPO_3），然后形成焦磷酸（$H_4P_2O_7$），最后形成正磷酸（H_3PO_4）。P_4O_{10} 吸水性很强，在空气中吸收水分迅速潮解，因此常用作气体和液体的干燥剂。P_4O_{10} 甚至可以使硫酸、硝酸等脱水成为相应的氧化物

$$P_4O_{10} + 6H_2SO_4 \longrightarrow 6SO_3 + 4H_3PO_4 \tag{7-50}$$

$$P_4O_{10} + 12HNO_3 \longrightarrow 6N_2O_5 + 4H_3PO_4 \tag{7-51}$$

3) 磷的含氧酸及其盐

① 次磷酸及其盐　次磷酸（H_3PO_2）是一种无色晶状固体，熔点为 26.5℃，易潮解，H_3PO_2 极易溶于水。H_3PO_2 是一元中强酸，$K_a^{\ominus} = 1.0 \times 10^{-2}$。$H_3PO_2$ 的结构如图 7-22 所示。

H_3PO_2 常温下比较稳定，升温至 50℃ 分解。但在碱性溶液中 H_3PO_2 非常不稳定，容易歧化为 HPO_3^{2-} 和 PH_3。H_3PO_2 是强还原剂，能在溶液中将 $AgNO_3$、$HgCl_2$、$CuCl_2$ 等重金属盐还原为金属单质。

次磷酸盐多易溶于水。次磷酸盐也是强还原剂。例如，化学镀镍就是用 NaH_2PO_2 将镍盐还原为金属镍，沉积在钢或其他金属镀件的表面。

② 亚磷酸及其盐　亚磷酸通常是指正亚磷酸（H_3PO_3）。偏亚磷酸（HPO_2）和焦亚磷

酸（$H_4P_2O_5$）在水溶液中快速水合成正亚磷酸。亚磷酸是无色晶体，熔点为73℃，易潮解，在水中的溶解度较大，20℃时其溶解度为82g/100g。亚磷酸为二元酸，$K_{a1}^{\ominus}=6.3\times10^{-2}$，$K_{a2}^{\ominus}=2.0\times10^{-7}$。$H_3PO_3$ 的结构如图7-23所示。

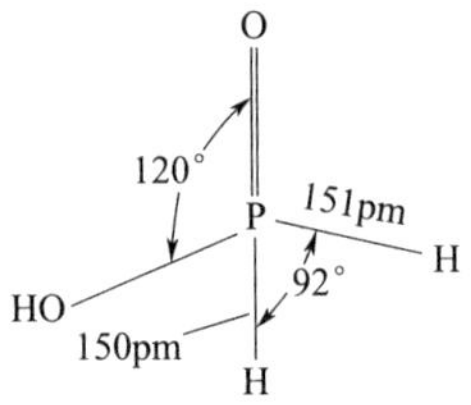

图7-22　H_3PO_2 的分子结构

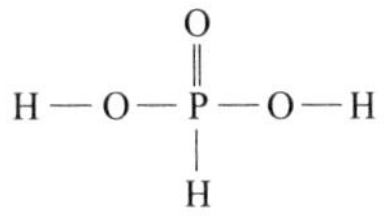

图7-23　H_3PO_3 的分子结构

H_3PO_3 受热发生歧化反应，生成磷酸和膦。亚磷酸和亚磷酸盐都是较强的还原剂，能将热的浓硫酸还原为二氧化硫。

③ 磷酸及其盐　磷酸（H_3PO_4）是三元中强酸，其三级解离常数分别为：$K_{a1}^{\ominus}=7.52\times10^{-3}$，$K_{a2}^{\ominus}=6.25\times10^{-8}$，$K_{a3}^{\ominus}=4.4\times10^{-13}$。磷酸的分子构型如图7-24所示。其中，$PO_4$ 原子团呈四面体构型，磷原子以 sp^3 杂化轨道与4个氧原子形成4个σ键。

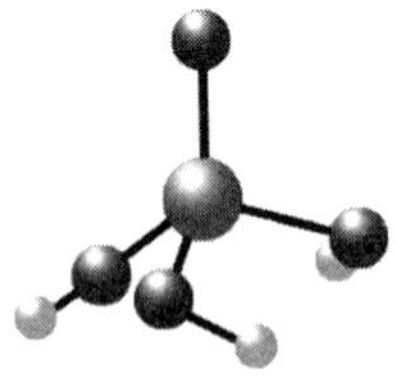

图7-24　磷酸的分子构型

磷酸经强热时会发生脱水作用，生成焦磷酸、三聚磷酸或偏磷酸。磷酸可以形成三种类型的盐，即磷酸二氢盐、磷酸一氢盐和正盐。磷酸正盐比较稳定，一般不易分解，但酸式磷酸盐受热容易脱水成焦磷酸盐或偏磷酸盐。大多数磷酸二氢盐都容易溶于水，而磷酸一氢盐和正盐（除钠盐、钾盐及铵盐等少数盐外）都难溶于水。

PO_4^{3-} 具有较强的配位能力，能与许多金属离子形成可溶性的配合物。例如，Fe^{3+} 与 PO_4^{3-}、$H_2PO_4^-$ 形成无色的 $H_3[Fe(PO_4)_2]$、$H[Fe(HPO_4)_2]$，在分析化学上常用 PO_4^{3-} 作为 Fe^{3+} 的掩蔽剂。

磷酸盐与过量的钼酸铵 $(NH_4)_2MoO_4$ 及适量的浓硝酸混合后加热，可慢慢生成黄色的磷钼酸铵沉淀，可用来鉴定 PO_4^{3-}

$$PO_4^{3-}+12MoO_4^{2-}+24H^++3NH_4^+\longrightarrow(NH_4)_3PO_4\cdot12MoO_3\cdot6H_2O(s)+6H_2O \tag{7-52}$$

4）磷的卤化物

① 三卤化磷　三卤化磷分子的构型为三角锥形，如图7-25所示。磷原子除了采取 sp^3 杂化与3个卤原子形成3个σ键外，还有一对孤对电子，因此 PX_3 具有加合性。

三卤化磷中以三氯化磷最为重要。过量的磷在氯气中燃烧生成 PCl_3。PCl_3 在室温下是无色液体，在潮湿空气中强烈发烟，在水中强烈水解，生成亚磷酸和氯化氢

$$PCl_3+3H_2O\longrightarrow H_3PO_3+3HCl \tag{7-53}$$

② 五卤化磷　磷与过量卤素单质直接反应生成五卤化磷，三卤化磷和卤素反应也可得到五卤化磷。PCl_5 的气态分子为三角双锥形，如图7-26所示。磷原子以 sp^3d 杂化轨道与5个卤原子形成5个σ键。

PX_5 受热分解为 PX_3 和 X_2，且热稳定性随 X_2 氧化性的增强而增强。例如，PCl_5 在

300℃以上分解为 PCl_3 和 Cl_2，此时 PF_5 尚不分解。

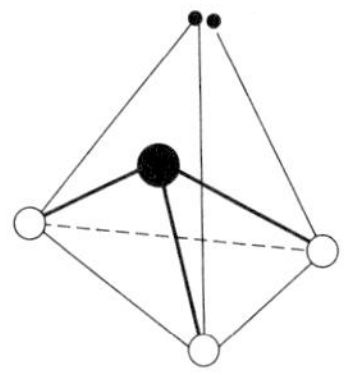

图 7-25　三卤化磷分子的构型

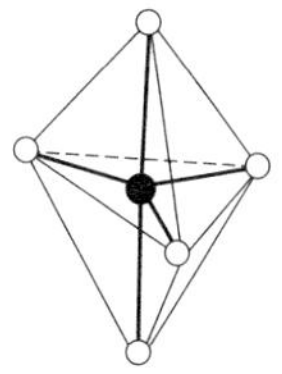

图 7-26　五卤化磷分子的构型

PCl_5 是白色晶体，水解得到磷酸和氯化氢，反应分两步进行

$$PCl_5 + H_2O \longrightarrow POCl_3 + 2HCl \tag{7-54}$$

$$POCl_3 + 3H_2O \longrightarrow H_3PO_4 + 3HCl \tag{7-55}$$

7.2.5　氧族元素

(1) 氧族元素的概述

周期系第ⅥA 族的氧族元素包括氧、硫、硒、碲、钋 5 种元素（未列出人造元素）。氧、硫、硒、碲是非金属元素，钋则是放射性金属元素。

氧族元素原子的价层电子构型为 ns^2np^4，氧有获得 2 个电子到达稀有气体的稳定电子层结构的趋势，表现出较强的非金属性。氧族元素的一般性质列于表 7-9。

表 7-9　氧族元素的一般性质

性质	氧	硫	硒	碲	钋
元素符号	O	S	Se	Te	Po
原子序数	8	16	34	52	84
价层电子构型	$2s^22p^1$	$3s^23p^1$	$4s^24p^1$	$5s^25p^1$	$6s^26p^1$
共价半径/pm	66	104	112	140	187
沸点/℃	−183	445	685	990	962
熔点/℃	−218	115	217	450	254
电负性	3.5	2.5	2.4	2.1	2.0
电离能/(kJ·mol^{-1})	1320	1005	947	875	812
电子亲和能/(kJ·mol^{-1})	−141	−200	−195	−190	—
$\varphi^{\ominus}(X/X^{2-})$/V	—	−0.45	−0.78	−0.92	—
氧化数	−2，−1	−2，2，4，6	−2，2，4，6	−2，2，4，6	−2，2，3，4，6
晶体结构	分子晶体	分子晶体	分子晶体（红硒），链状晶体（灰硒）	链状晶体	金属晶体

(2) 氧族元素的单质

在氧族元素中，氧和硫能以单质和化合态存在于自然界，硒和碲属于分散稀有元素，它们以极微量存在于各种硫化物矿中。碲是银白色链状晶体，很脆，易成粉末，主要用来制造合金以增加合金的坚硬性和耐磨性。

氧族元素单质的非金属化学活泼性按 O>S>Se>Te 顺序降低。氧和硫比较活泼，氧几乎与所有元素（除大多数稀有气体外）反应生成相应氧化物。单质硫与许多金属接触时都能发生反应。室温时硫化物也能与汞化合；高温下硫能与氢、氧、碳等非金属作用。硒和碲也能与大多数元素反应。除钋外，氧族元素单质不与水和稀酸反应。

(3) 氧及其化合物

1）氧

氧是地壳中分布最广的元素，其丰度居各种元素之首，其质量约占地壳的一半。大气层中，氧以单质状态存在，空气中氧的体积分数约为 21%。自然界的氧有三种同位素，即^{16}O、^{17}O、^{18}O，其中^{16}O的含量最高，占氧原子数的 99.76%。^{18}O是一种稳定的同位素，常作为示踪原子用于化学反应机理的研究。

O_2 的分子轨道电子排布式

$[(\sigma_{1s})^2(\sigma_{1s}^*)^2(\sigma_{2s})^2(\sigma_{2s}^*)^2(\sigma_{2px})^2(\pi_{2py})^2(\pi_{2pz})^2(\pi_{2py}^*)^1(\pi_{2pz}^*)^1]$

其中π键为 3 电子π键，每个键由 2 个成键电子和 1 个反键电子组成。

氧分子的键解离能较大，常温下空气中的氧气只能将某些强还原性的物质（如 NO、$SnCl_2$、H_2SO_3 等）氧化。在加热条件下，除卤素、少数贵金属（如 Au、Pt 等）以及稀有气体外，氧气几乎能与所有元素直接化合。

2）臭氧

臭氧 O_3 是氧气 O_2 的同素异形体，在地面附近的大气层中含量极少，仅为 $1.0\times10^{-3}cm^3\cdot m^{-3}$。臭氧主要存在于平流层，它能吸收太阳光的紫外辐射。在大雷雨的天气，空气中的氧气在电火花的作用下也部分转化为臭氧。复印机工作时有臭氧产生。

臭氧分子的构型为 V 字形，如图 7-27 所示。在臭氧分子中，中心氧原子以 2 个 sp^2 杂化轨道与另外 2 个氧原子形成 σ 键，第 3 个 sp^2 杂化轨道为孤对电子所占有。此外，中心氧原子未参与杂化的 p 轨道上有一对电子，两端氧原子与其平行的 p 轨道上各有 1 个电子，它们之间形成垂直于分子平面的三中心四电子大 π 键，用 π_3^4 表示。臭氧分子无成单电子，为反磁性的。

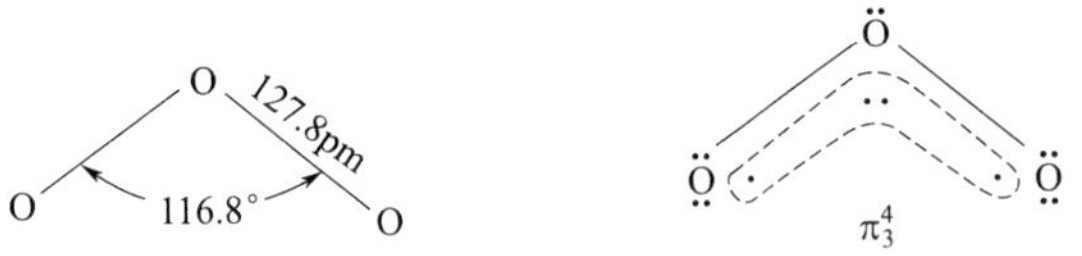

图 7-27　臭氧分子的结构

臭氧是淡蓝色气体，有鱼腥味。臭氧在−112℃时凝聚为深蓝色液体，在−193℃时凝结为黑紫色固体。臭氧分子为极性分子，比氧气易溶于水。臭氧的氧化性比 O_2 强，能将 I^- 氧化而析出单质碘，该反应用于测定臭氧的含量，反应式为

$$O_3+2I^-+2H^+ \longrightarrow I_2+O_2+H_2O \tag{7-56}$$

3）过氧化氢

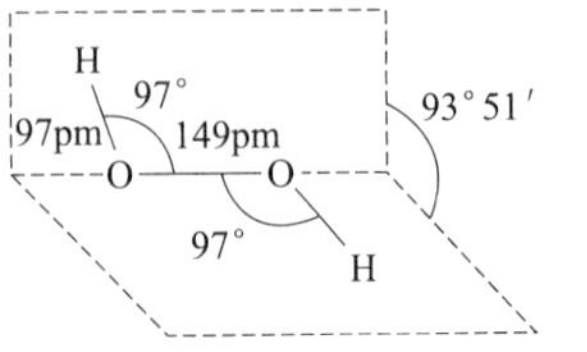

图 7-28　H_2O_2 分子的结构

过氧化氢 H_2O_2 分子的结构如图 7-28 所示。H_2O_2 分子不是直线形的，在 H_2O_2 分子中有一个过氧链—O—O—，2 个氧原子都以 sp^3 杂化轨道成键，除连接形成 O—O 键外，还各与 1 个氢原子成键。

H_2O_2 的水溶液一般也称为双氧水。H_2O_2 分子间通过氢键

发生缔合，能与水混溶。高纯度的 H_2O_2 在低温下比较稳定，当加热到 426K 以上，便发生强烈的爆炸性分解

$$2H_2O_2(l) \longrightarrow 2H_2O(l)+O_2(g) \quad \Delta_r H_m^{\ominus}=-196kJ \cdot mol^{-1} \tag{7-57}$$

浓度高于 65% 的 H_2O_2 和某些有机物接触时，易发生爆炸。少量 Fe^{2+}、Mn^{2+}、Cu^{2+}、Cr^{3+} 等金属离子能大大加速 H_2O_2 分解，光照也可使 H_2O_2 的分解速率加大。因此，H_2O_2 应贮存在棕色瓶中，置于阴凉处。

过氧化氢是一种极弱的酸，298K 时，$K_{a1}^{\ominus}=2.0\times10^{-12}$，$K_{a2}^{\ominus}$ 约为 10^{-25}。H_2O_2 能与某些金属氢氧化物反应，生成过氧化物和水。例如

$$H_2O_2+Ba(OH)_2 \longrightarrow BaO_2+2H_2O \tag{7-58}$$

H_2O_2 既有氧化性，又有还原性。H_2O_2 无论在酸性还是在碱性溶液中都是强氧化剂，可将黑色的 PbS 氧化为白色的 $PbSO_4$

$$PbS+4H_2O_2 \longrightarrow PbSO_4+4H_2O \tag{7-59}$$

(4) 硫及其化合物

1) 单质硫

单质硫俗称硫黄，是分子晶体，很松脆，不溶于水，导电性、导热性很差。天然硫黄是黄色固体，叫作正交硫（菱形硫），温度高于 94.5℃时，正交硫转变为单斜硫。单斜硫呈浅黄色，在 94.5～115℃范围内稳定。94.5℃是正交硫和单斜硫这两种同素异形体的转变温度

$$S(\text{正交}) \xrightarrow{94.5℃} S(\text{单斜}) \quad \Delta_r H_m^{\ominus}=0.33kJ \cdot mol^{-1} \tag{7-60}$$

正交硫和单斜硫的分子都是由 8 个硫原子组成的，具有环状结构，如图 7-29 所示。在 S_8 分子中，每个硫原子各以 sp^3 杂化轨道中的 2 个轨道与相邻的 2 个硫原子形成 σ 键，而剩下的两个 sp^3 杂化轨道中各有一对孤对电子。

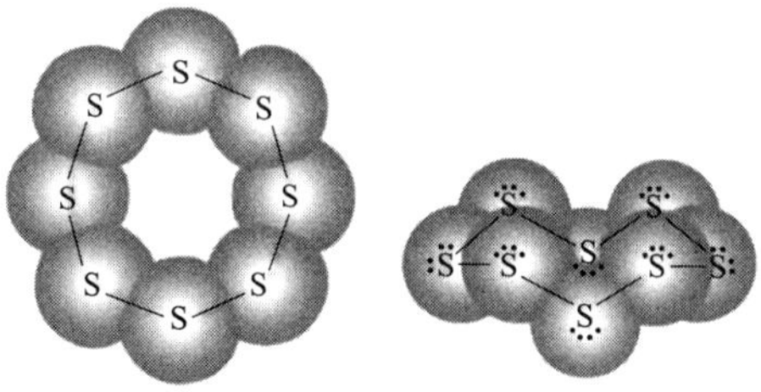

图 7-29 S_8 的分子构型

硫的化学性质比较活泼，能与许多金属直接化合生成相应的硫化物，也能与氢、氧、卤素（碘除外）、碳、磷等直接作用生成相应的共价化合物。硫能与具有氧化性的酸如硝酸、浓硫酸等反应，也能与热的碱液反应生成硫的化合物和亚硫酸盐

$$3S+6NaOH \xrightarrow{\triangle} 2Na_2S+Na_2SO_3+3H_2O \tag{7-61}$$

当硫过量时则生成硫代硫酸盐

$$4S+6NaOH \xrightarrow{\triangle} 2Na_2S+Na_2S_2O_3+3H_2O \tag{7-62}$$

硫的最大用途是制造硫酸。硫在橡胶工业、造纸工业、火柴和焰火制造等方面也是不可缺少的。

2) 硫化氢和硫化物

① 硫化氢　硫化氢（H_2S）是无色、剧毒气体，沸点为－60℃，熔点为－86℃，微溶

于水。硫化氢分子的构型与水分子相似，呈 V 字形。H_2S 分子的极性比 H_2O 弱。空气中 H_2S 含量达到 0.05%时，即可闻到其腐蛋臭味。工业上允许的空气中 H_2S 的含量不超过 $0.01mg\cdot dm^{-3}$。由于 H_2S 能与血红素中的 Fe^{2+} 作用生成 FeS 沉淀，使 Fe^{2+} 失去原来的生理作用，因而使人中毒。

硫化氢具有较强的还原性。硫化氢在充足的空气中燃烧生成二氧化硫和水，当空气不足或温度较低时，生成游离的硫和水。硫化氢能被卤素氧化成游离的硫。

硫化氢的水溶液称为氢硫酸，它是一种很弱的二元酸，其 $K_{a1}^{\ominus}=9.1\times10^{-8}$，$K_{a2}^{\ominus}=1.1\times10^{-12}$。硫化氢水溶液在空气中放置后，由于空气中的氧把硫化氢氧化成游离硫而变混浊。

② 金属硫化物　金属硫化物大多数是有颜色的。碱金属硫化物和 BaS 易溶于水，其他碱土金属硫化物微溶于水（BeS 难溶）。除此之外，大多数金属硫化物难溶于水，有些还难溶于酸。

各种难溶金属硫化物在酸中的溶解情况差异很大，这与它们的溶度积有关。$K_{sp}^{\ominus}$ 大于 10^{-24} 的硫化物一般可溶于稀酸，$K_{sp}^{\ominus}$ 介于 10^{-25} 与 10^{-30} 之间的硫化物一般不溶于稀酸而溶于浓盐酸。溶度积更小的硫化物（如 CuS）在浓盐酸中也不溶解，但可溶于硝酸。对于在硝酸中也不溶解的 HgS 来说，王水才能将其溶解。

3）二氧化硫、亚硫酸及其盐

气态 SO_2 的分子构型为 V 字形，如图 7-30 所示。在 SO_2 分子中，硫原子以 2 个 sp^2 杂化轨道分别与 2 个氧原子形成 σ 键，而另 1 个 sp^2 杂化轨道上则保留 1 对孤对电子，未参与杂化的 p 轨道上的 2 个电子与 2 个氧原子的未成对 p 电子形成三中心四电子大 π 键 π_3^4。

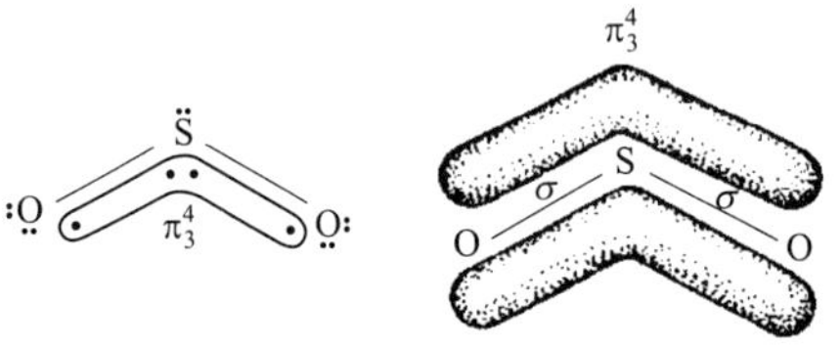

图 7-30　SO_2 分子结构

SO_2 是无色、具有强烈刺激性气味的气体，沸点 −10℃，熔点 −75.5℃，较易液化。液态 SO_2 能够解离，是一种良好的非水溶剂

$$2SO_2 \rightleftharpoons SO^{2+}+SO_3^{2-} \tag{7-63}$$

SO_2 分子的极性较强，易溶于水，生成很不稳定的亚硫酸 H_2SO_3。亚硫酸 H_2SO_3 是二元中强酸，其 $K_{a1}^{\ominus}=1.54\times10^{-2}$，$K_{a2}^{\ominus}=1.02\times10^{-7}$。

亚硫酸可形成正盐（如 Na_2SO_3）和酸式盐（如 $NaHSO_3$）。碱金属和铵的亚硫酸盐易溶于水，并发生水解；亚硫酸氢盐的溶解度大于相应的正盐，也易溶于水。亚硫酸盐的还原性比亚硫酸要强，在空气中易被氧化成硫酸盐而失去还原性。

4）三氧化硫、硫酸及其盐

① 三氧化硫　气态 SO_3 为单分子，其分子构型为平面三角形，如图 7-31 所示。在 SO_3 分子中，硫原子以 sp^2 杂化轨道与 3 个氧原子形成 3 个 σ 键，此外，还以 pd^2 杂化 π 轨道与 3 个氧原子形成垂直于分子平面的大 π 键，叫作四中心六电子大 π 键 π_4^6。在大 π 键中，有 3 个电子原来属于硫原子，而另外 3 个电子原来分别属于 3 个氧原子。在 SO_3 分子中，S—O

键长为 143pm，比 S—O 单键（155pm）短，因此具有双键特征。

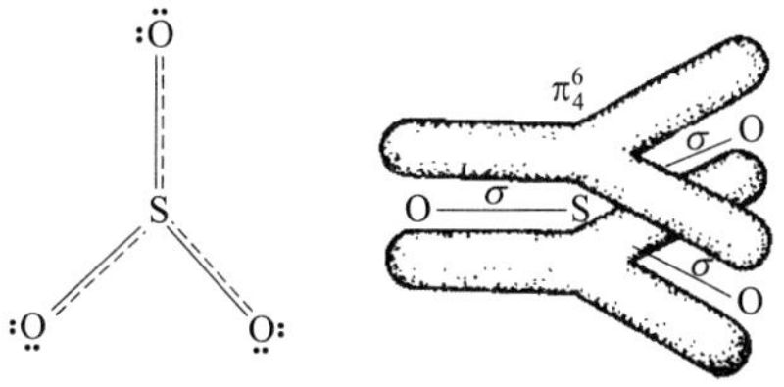

图 7-31　SO_3 分子的构型

三氧化硫具有很强的氧化性。例如，当磷和它接触时会燃烧。高温时 SO_3 的氧化性更为显著，能氧化 KI、HBr 和 Fe、Zn 等。

三氧化硫极易与水化合生成硫酸，同时放出大量的热

$$SO_3(g)+H_2O(l) \longrightarrow H_2SO_4(aq) \quad \Delta_r H_m^{\ominus}=-132.44kJ \cdot mol^{-1} \tag{7-64}$$

② 硫酸　纯硫酸是无色油状液体，在 10.38℃ 时凝固成晶体，市售的浓硫酸密度为 $1.84g \cdot cm^{-3}$，浓度约为 $18mol \cdot dm^{-3}$。98%的浓硫酸沸点为 330℃，是常用的高沸点酸，这是硫酸分子间形成氢键的缘故。浓硫酸有强吸水性。

在硫酸分子中，各键角和 4 个 S—O 键长是全不相等的，如图 7-32。硫原子采取 sp^3 杂化轨道与 4 个氧原子中的 2 个氧原子形成 2 个 σ 键；另 2 个氧原子则接受硫的电子对分别形成 σ 配键；与此同时，硫原子的空的 3d 轨道与 2 个不在 OH 基中的氧原子的 2p 轨道对称性匹配，相互重叠，反过来接受来自 2 个氧原子的孤对电子，从而形成了附加的 (p-d)π 反馈配键，如图 7-33 所示。

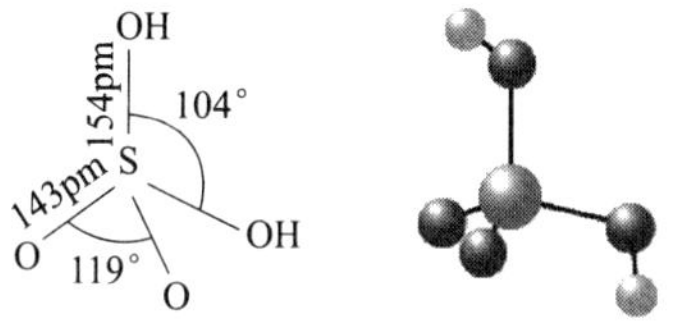

图 7-32　硫酸分子的结构

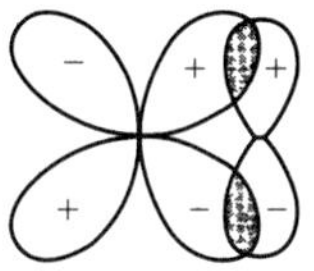

图 7-33　(p-d)π 配键

浓硫酸是一种氧化剂，在加热的情况下，能氧化多种金属和某些非金属。通常浓硫酸被还原为二氧化硫。例如

$$Zn+2H_2SO_4(浓) \xrightarrow{\triangle} ZnSO_4+SO_2+2H_2O \tag{7-65}$$

$$S+2H_2SO_4(浓) \xrightarrow{\triangle} 3SO_2+2H_2O \tag{7-66}$$

比较活泼的金属也可以将浓硫酸还原为硫或硫化氢，例如

$$3Zn+4H_2SO_4(浓) \xrightarrow{\triangle} 3ZnSO_4+S+4H_2O \tag{7-67}$$

$$4Zn+5H_2SO_4(浓) \xrightarrow{\triangle} 4ZnSO_4+H_2S+4H_2O \tag{7-68}$$

浓硫酸氧化金属并不放出氢气。稀硫酸与比氢活泼的金属（如 Mg、Zn、Fe 等）作用时，能放出氢气。冷的浓硫酸（70%以上）能使铁的表面钝化，因此可以用钢罐贮装和运输浓硫酸（80%～90%）。硫酸是二元强酸。在一般温度下，硫酸并不分解，是比较稳定的酸。

③ 硫酸盐　硫酸能形成两种类型的盐，即正盐和酸式盐。大多数硫酸盐易溶于水，但 $PbSO_4$、$CaSO_4$ 和 $SrSO_4$ 溶解度很小，$BaSO_4$ 几乎不溶于水，而且也不溶于酸。根据

$BaSO_4$ 的这一特性，可以用 $BaCl_2$ 等可溶性钡盐鉴定 SO_4^{2-}。虽然 SO_3^{2-} 和 Ba^{2-} 也生成白色 $BaSO_3$ 沉淀，但它能溶于盐酸而放出 SO_2。

大多数硫酸盐结晶时带有结晶水，如 $Na_2SO_4 \cdot 10H_2O$、$CaSO_4 \cdot 2H_2O$、$CuSO_4 \cdot 5H_2O$、$FeSO_4 \cdot 7H_2O$ 等。硫酸盐容易形成复盐，例如 $K_2SO_4 \cdot Al_2(SO_4)_3 \cdot 24H_2O$（明矾）、$K_2SO_4 \cdot Cr_2(SO_4)_3 \cdot 24H_2O$（铬钾矾）和 $(NH_4)_2SO_4 \cdot FeSO_4 \cdot 6H_2O$ 等是常见的硫酸复盐。

5）硫的其他含氧酸及其盐

① 焦硫酸　冷却发烟硫酸时，可以析出焦硫酸 $H_2S_2O_7$ 无色晶体，焦硫酸可以看作是两分子硫酸脱去一分子水所得的产物，其吸水性和腐蚀性强于硫酸，其结构式如图 7-34。

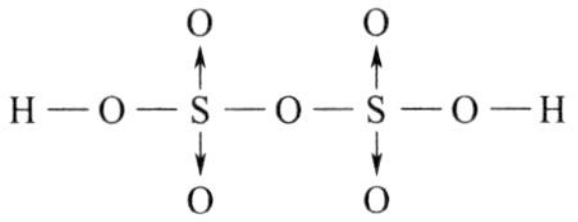

图 7-34　焦硫酸的结构式

② 硫代硫酸及其盐　硫代硫酸（$H_2S_2O_3$）可以看作是硫酸分子中的一个氧原子被硫原子取代的产物，其极不稳定。将硫粉和亚硫酸钠一同煮沸可制得硫代硫酸钠

$$Na_2SO_3 + S \xrightarrow{\triangle} Na_2S_2O_3 \qquad (7\text{-}69)$$

硫代硫酸钠具有还原性。例如，$Na_2S_2O_3$ 可以被较强的氧化剂 Cl_2 氧化为硫酸钠

$$S_2O_3^{2-} + 4Cl_2 + 5H_2O \longrightarrow 2SO_4^{2-} + 8Cl^- + 10H^+ \qquad (7\text{-}70)$$

在纺织工业上用 $Na_2S_2O_3$ 作脱氯剂。$Na_2S_2O_3$ 与碘的反应是定量的，在分析化学上用于碘量法的滴定，其反应方程式为

$$2S_2O_3^{2-} + I_2 \longrightarrow S_4O_6^{2-} + 2I^- \qquad (7\text{-}71)$$

反应产物中的 $S_4O_6^{2-}$ 叫作连四硫酸根离子，其结构式如图 7-35。

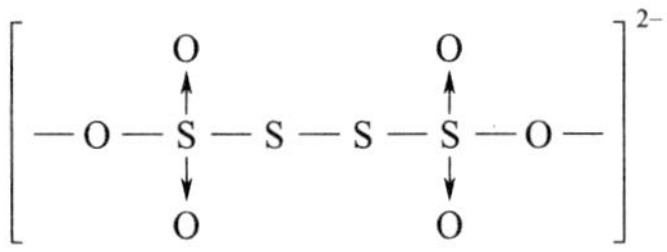

图 7-35　连四硫酸根的结构式

③ 过硫酸及其盐　过硫酸可以看作是过氧化氢的衍生物。若 H_2O_2 分子中的一个氢原子被—SO_3H 基团取代，形成过一硫酸 H_2SO_5，若两个氢原子都被—SO_3H 基团取代则形成过二硫酸 $H_2S_2O_8$。过一硫酸和过二硫酸的结构式如图 7-36 和图 7-37。

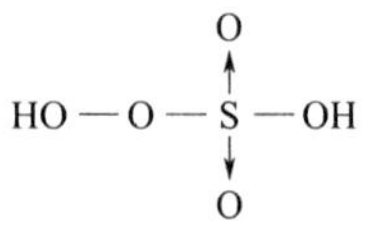

图 7-36　过一硫酸的结构式

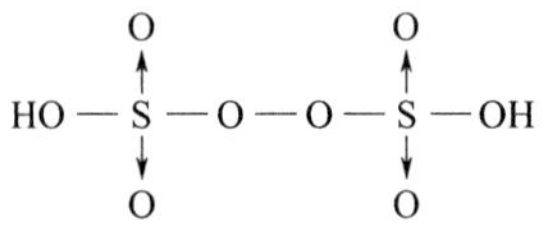

图 7-37　过二硫酸的结构式

重要的过二硫酸盐有 $K_2S_2O_8$ 和 $(NH_4)_2S_2O_8$，它们是强氧化剂，能将 Cr^{3+} 和 Mn^{2+} 等氧化成相应的高氧化数的 $Cr_2O_7^{2-}$、MnO_4^-。但其中有些反应的速率较小，在催化剂作用下，反应进行较快。例如

$$S_2O_8^{2-} + 2I^- \xrightarrow[\text{催化}]{Cu^{2+}} 2SO_4^{2-} + I_2 \qquad (7\text{-}72)$$

$$2Mn^{2+} + 5S_2O_8^{2-} + 8H_2O \xrightarrow[\text{催化}]{Ag^+} 2MnO_4^- + 10SO_4^{2-} + 16H^+ \qquad (7\text{-}73)$$

7.2.6 卤素

(1) 卤素概述

周期系第ⅦA族元素称为卤素，包括氟、氯、溴、碘、砹5种元素（未列出人造元素）。其中氟是所有元素中非金属性最强的，碘具有微弱金属性，砹是放射性元素。卤素的一般性质列于表7-10中。

表7-10 卤素的一般性质

性质	氟	氯	溴	碘
元素符号	F	Cl	Br	I
原子序数	9	17	35	53
价电子结构	$2s^22p^5$	$3s^23p^5$	$4s^24p^5$	$5s^25p^5$
氧化值	−1	−1,+1,+3,+5,+7	−1,+1,+3,+5,+7	−1,+1,+3,+5,+7
共价半径/pm	64	99	114	133
X^-离子半径/pm	133	181	196	220
电负性	4.0	3.0	2.8	2.5
电离能/($kJ \cdot mol^{-1}$)	1687	1257	1146	1015
电子亲和能/($kJ \cdot mol^{-1}$)	−328	−349	−325	−295
X^-的水合能/($kJ \cdot mol^{-1}$)	−507	−368	−335	−293
X_2的解离能/($kJ \cdot mol^{-1}$)	157	243	194	153
配位数	1	1,2,3,4	1,2,3,4,5	1,2,3,4,5,7

卤素原子的价层电子构型为ns^2np^5，它们容易得到一个电子形成卤离子，从而达到稳定的8电子构型。氯、溴、碘的氧化数多为奇数，即+1、+3、+5、+7。

(2) 卤素单质

卤素单质均为非极性双原子分子，从氟到碘，随着分子量的增大，分子间色散力逐渐增加，卤素单质的密度、熔点、沸点等物理性质均依次递增。卤素单质都是有颜色的，且随着原子序数的增大，颜色逐渐加深。卤素单质的一些物理性质列于表7-11中。

表7-11 卤素单质的一些物理性质

物理性质	氟	氯	溴	碘
物态(298K,101.3kPa)	气体	气体	液体	固体
颜色	淡黄色	黄绿色	红棕色	紫黑色(有金属光泽)
密度(液体)/($mg \cdot mL^{-1}$)	1.513(85K)	1.655(203K)	3.187(273K)	3.960(393K)
熔点/K	53.38	172	265.8	386.5
沸点/K	84.86	238.4	331.8	457.4
汽化热/($kJ \cdot mol^{-1}$)	6.54	20.41	29.56	41.95
临界温度/K	144	417	588	785

续表

物理性质	氟	氯	溴	碘
临界压力/MPa	5.57	7.7	10.33	11.75
$\Delta_f H_m^{\ominus}(X^-,aq)/(kJ \cdot mol^{-1})$	−332.63	−167.159	−121.55	−55.19
$\varphi^{\ominus}(X_2/X^-)/V$	2.866	1.35827	1.066	0.5355
晶体结构	分子晶体	分子晶体	分子晶体	分子晶体(具有部分金属性)

卤素单质在水中的溶解度不大。其中，氟使水剧烈地分解而放出氧气。常温下，$1m^3$ 水可溶解约 $2.5m^3$ 的氯气。氯、溴和碘的水溶液分别称为氯水、溴水和碘水。卤素单质在有机溶剂中的溶解度比在水中的溶解度大得多。根据这一差别，可以用四氯化碳等有机溶剂将卤素单质从水溶液中萃取出来。卤素单质强烈地刺激眼、鼻、气管等器官的黏膜，吸入较多的卤素蒸气会导致严重中毒，甚至死亡。液溴会使皮肤严重灼伤而难以治愈，在使用溴时要特别小心。

卤素单质最典型的化学性质是氧化性。卤素是很活泼的非金属元素，可以与金属、非金属和水作用。随着原子半径的增大，卤素的氧化性依次减弱，因此，位于前面的卤素单质可以氧化后面卤素的阴离子。卤素与水发生下列两类反应

$$X_2 + H_2O \rightleftharpoons 2H^+ + 2X^- + \frac{1}{2}O_2 \tag{7-74}$$

$$X_2 + H_2O \rightleftharpoons H^+ + X^- + HXO \tag{7-75}$$

氟的氧化性最强，与水发生第一类反应，反应放热

$$2F_2 + 2H_2O \longrightarrow 4HF + O_2 \qquad \Delta_r G_m^{\ominus} = -713.02kJ \cdot mol^{-1}$$

Cl_2、Br_2、I_2 与水主要发生第二类反应，反应进行的程度随原子序数的增大依次减小。

当溶液的 pH 增大时，卤素的歧化反应平衡向右移动。卤素在碱性溶液中易发生如下的歧化反应

$$X_2 + 2OH^- \longrightarrow X^- + OX^- + H_2O \tag{7-76}$$

$$3OX^- \longrightarrow 2X^- + XO_3^- \tag{7-77}$$

(3) 卤化氢和氢卤酸

常温下卤化氢是无色、有刺激性臭味的气体。卤化氢分子都是共价型极性分子，分子中键的极性、键能、分子的极性及热稳定性均按 HF、HCl、HBr、HI 的顺序减弱。氟化氢的熔点、沸点反常的高，这是由于 HF 分子间存在氢键形成缔合分子的缘故。

卤化氢的水溶液称氢卤酸，氢卤酸的酸性、还原性按 HF、HCl、HBr、HI 的顺序依次增强。其中，除氢氟酸为弱酸且没有还原性外，其他的氢卤酸都是强酸，氢溴酸、氢碘酸的酸性甚至强于高氯酸。

(4) 卤化物和多卤化物

1) 卤化物

卤素和电负性比它小的元素生成的化合物叫作卤化物。卤化物可以分为金属卤化物和非金属卤化物两类。非金属卤化物是共价型卤化物。共价型卤化物的熔点、沸点按 F、Cl、Br、I 顺序而升高，如表 7-12 所示。

表 7-12 卤化硅的熔点和沸点

物理性质	SiF_4	$SiCl_4$	$SiBr_4$	SiI_4
熔点/℃	−90.3	−68.8	5.2	120.5
沸点/℃	−86	57.6	154	287.3

金属卤化物大多为离子型化合物，在某些卤化物中，阳离子与阴离子之间极化作用比较明显，表现出一定的共价性，如 AgCl、$AlCl_3$ 等。

同一周期元素的卤化物，自左向右随阳离子电荷数依次升高，离子半径逐渐减小，键型从离子型过渡到共价型，熔点、沸点显著地降低，导电性下降。

同一金属的不同卤化物，从 F 至 I 随着离子半径的依次增大，极化率逐渐变大，键的离子性依次减小，共价性依次增大。卤化物的熔点和沸点通常也从 F 至 I 依次降低，但卤化铝的熔点、沸点以及键型过渡不符合上述变化规律。AlF_3 为离子型化合物，熔点、沸点均高；其他卤化铝多为共价型化合物，熔点、沸点较低，且沸点随着分子量增大而依次增高。

大多数金属卤化物易溶于水，仅 AgCl、Hg_2Cl_2、$PbCl_2$ 和 CuCl 是难溶的。溴化物和碘化物的溶解性和相应氯化物相似。氟化物的溶解度与其他卤化物有些不同。例如，CaF_2 难溶，而其他卤化钙则易溶。同一金属的不同卤化物，离子型卤化物的溶解度按 F、Cl、Br、I 顺序增大；共价型卤化物的溶解度则按 F、Cl、Br、I 顺序减小。

由于卤离子能和许多金属离子形成配合物，所以难溶金属卤化物常常可以与相应的 X^- 发生加合反应，生成配离子而溶解。例如

$$HgI_2 + 2I^- \longrightarrow [HgI_4]^{2-} \tag{7-78}$$

2）多卤化物

有些金属卤化物能与卤素单质或卤素互化物发生加合作用生成多卤化物。例如

$$KI + I_2 \longrightarrow KI_3 \tag{7-79}$$

I_2 在含有 I^- 的溶液中溶解度比在纯水中大很多，这与上述加合反应有关。这一反应中，I^- 和 I_2 结合生成 I_3^-，溶液中存在下列平衡

$$I^- + I_2 \rightleftharpoons I_3^- \quad K^{\ominus} = 725 \tag{7-80}$$

(5) 卤素的含氧化合物

1）卤素的氧化物

卤素的氧化物都具有较强的氧化性，大多数是不稳定的，其中 I_2O_5 是最稳定的卤素氧化物，主要的卤素氧化物见表 7-13。

表 7-13 卤素的氧化物

卤素	−1	+1	+3	+4	+5	+6	+7
F	OF_2,O_2F_2						
Cl		Cl_2O	Cl_2O_3	ClO_2		Cl_2O_6	Cl_2O_7
Br		Br_2O		BrO_2	Br_2O_5	BrO_3	Br_2O_7
I				I_2O_4	I_2O_5		

在氯氧化合物中，ClO_2 是最稳定的，也是唯一大量生产的卤素氧化物。ClO_2 的分子构型为 V 字形，有成单电子，具有顺磁性。ClO_2 为黄绿色气体，熔点为 −59.6℃，沸点为 10.9℃。ClO_2 的化学活性强，可用于水的净化和纸张、纺织品的漂白。

2）卤素的含氧酸及其盐

除了氟的含氧酸仅限于次氟酸 HOF 外，氯、溴、碘可以形成多种类型的含氧酸，见表 7-14。

表 7-14 卤素的含氧酸

命名	氟	氯	溴	碘
次卤酸	HOF	HClO①	HBrO①	HIO①
亚卤酸		$HClO_2$①		
卤酸		$HClO_3$①	$HBrO_3$①	HIO_3
高卤酸		$HClO_4$①	$HBrO_4$①	HIO_4，H_5IO_6

① 表示仅存在于水溶液中。

在卤素的含氧酸根离子中，卤素原子作为中心原子，采用 sp^3 杂化轨道与氧原子成键，形成不同构型的卤素含氧酸根（图 7-38）。而在 H_5IO_6 中，碘原子采用 sp^3d^2 杂化轨道与氧原子成键，如图 7-39 所示。

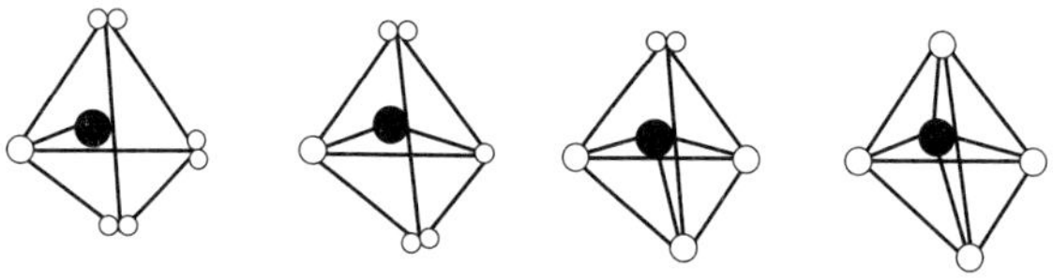

图 7-38 氯的含氧酸根的结构

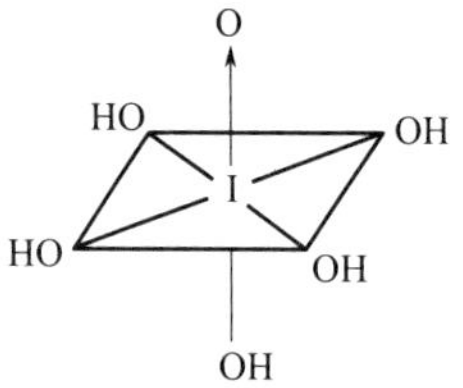

图 7-39 H_5IO_6 的结构

① 次卤酸及其盐 次卤酸均为弱酸，酸性按 HClO、HBrO、HIO 的次序减弱。但 HIO 的 $K_b^{\ominus}=3.2\times10^{-10}$ 比其 $K_a^{\ominus}=2.4\times10^{-11}$ 大，故其碱式解离的倾向稍大于酸式解离。在次卤酸中，只有 HFO 可得到纯的化合物，次氯酸、次溴酸、次碘酸都不稳定，只能存在于稀溶液中，并且在光的作用下迅速分解

$$2HXO \xrightarrow{光} O_2 + 2HX \tag{7-81}$$

当在碱性介质和加热条件下，次卤酸按另一种方式分解，即歧化为卤酸和氢卤酸

$$3HXO \longrightarrow HXO_3 + 2HX \quad 或 \quad 3XO^- \longrightarrow XO_3^- + 2X^- \tag{7-82}$$

ClO^- 和 BrO^- 分别在 75℃ 和 50℃ 时歧化速度快，而 IO^- 在室温下就迅速歧化。次卤酸都具有强氧化性，其氧化性按 Cl、Br、I 顺序降低。

② 亚卤酸及其盐 已知的亚卤酸仅有亚氯酸。亚氯酸是二氧化氯与水反应的产物之一

$$2ClO_2 + H_2O \longrightarrow HClO_2 + HClO_3 \tag{7-83}$$

但亚氯酸溶液极不稳定，只要数分钟便分解出 ClO_2 和 Cl_2，溶液从无色变为黄色

$$8HClO_2 \longrightarrow 6ClO_2 + Cl_2 + 4H_2O \tag{7-84}$$

二氧化氯与过氧化物反应时，得到亚氯酸盐和氧气

$$2ClO_2 + Na_2O_2 \longrightarrow 2NaClO_2 + O_2 \tag{7-85}$$

$$2ClO_2 + BaO_2 \longrightarrow Ba(ClO_2)_2 + O_2 \tag{7-86}$$

亚氯酸盐虽比亚氯酸稳定，但加热或敲击固体亚氯酸盐时，会立即发生爆炸，分解成氯酸盐和氧化物。

③ 卤酸及其盐 卤酸主要有氯酸、溴酸和碘酸。氯酸和溴酸均为强酸（$pK_a^{\ominus}\leqslant0$），而碘酸为中强酸（$pK_a^{\ominus}=0.8$）。卤酸的酸性按 Cl、Br、I 顺序依次减弱。氯酸和溴酸都只能存在于溶液中，卤酸的稳定性按 Cl、Br、I 的顺序依次增强。

氯酸作为强氧化剂，其还原产物可以是 Cl_2 或 Cl^-，这与还原剂的强弱及氯酸的用量有

关。例如，$HClO_3$ 过量时，还原产物为 Cl_2

$$HClO_3+5HCl \longrightarrow 3Cl_2+3H_2O \tag{7-87}$$

重要的氯酸盐有氯酸钾和氯酸钠。在催化剂存在下加热 $KClO_3$ 分解为氯化钾和氧气

$$2KClO_3 \xrightarrow{催化剂} 2KCl+3O_2 \tag{7-88}$$

无催化剂存在时，小心加热 $KClO_3$，则发生歧化反应而生成高氯酸钾和氯化钾

$$4KClO_3 \longrightarrow 3KClO_4+KCl \tag{7-89}$$

固体 $KClO_3$ 是强氧化剂，与各种易燃物混合后，经撞击会引起爆炸着火。因此 $KClO_3$ 多用来制造火柴和焰火等。溴酸钾、碘酸钾是重要的分析基准物质。

④ 高卤酸　高氯酸是最强的无机含氧酸，高溴酸也是强酸，而高碘酸是一种弱酸（$K_{a1}^{\ominus}=4.4\times10^{-4}$，$K_{a2}^{\ominus}=2\times10^{-7}$，$K_{a3}^{\ominus}=6.3\times10^{-13}$）。高卤酸的酸性按 Cl、Br、I 顺序依次减弱。

无水的高氯酸是无色液体。$HClO_4$ 的稀溶液比较稳定，在冷的稀溶液中 $HClO_4$ 的氧化性弱，但浓的 $HClO_4$ 不稳定，受热分解为氯气、氧气和水

$$4HClO_4 \longrightarrow 2Cl_2+7O_2+2H_2O \tag{7-90}$$

浓的 $HClO_4$ 是强氧化剂，与有机物质接触会引起爆炸，所以贮存时必须远离有机物质，使用时要注意安全。

高溴酸呈艳黄色，在溶液中比较稳定，其浓度可达 55%，蒸馏时可得到 83% 的 $HBrO_4$，利用脱水剂可结晶出 $HBrO_4\cdot2H_2O$。高溴酸是强氧化剂。

高碘酸 H_5IO_6 是无色单斜晶体，其分子为八面体构型，碘原子采用 sp^3d^2 杂化轨道成键，这与其他高卤酸是不同的。由于碘原子半径较大，故其周围可容纳 6 个氧原子。与其他高卤酸相应的 HIO_4 称为偏高碘酸。高碘酸在真空下加热脱水则转化为偏高碘酸。

⑤ 氯的各种含氧酸及其盐的性质比较　氯能形成四种含氧酸，即次氯酸、亚氯酸、氯酸和高氯酸，现将氯的各种含氧酸及其盐的性质的一般规律总结如下：

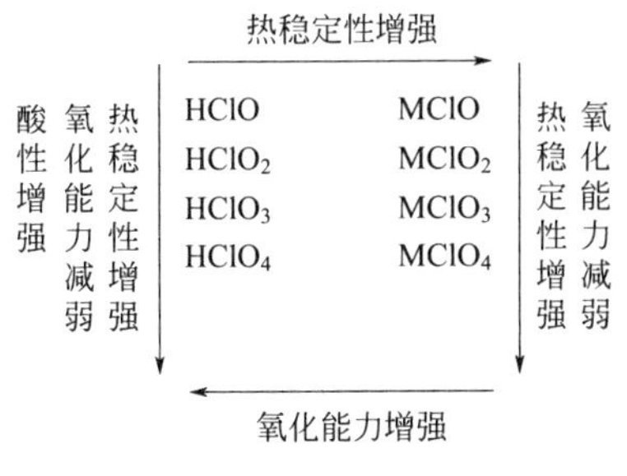

7.2.7　稀有气体

稀有气体包括氦、氖、氩、氪、氙、氡等 6 种元素，其原子的最外层电子构型除氦为 $1s^2$ 外，其余均为稳定的 8 电子构型 ns^2np^6。稀有气体的化学性质很不活泼，所以过去的人们曾认为它们与其他元素之间不会发生化学反应，将它们列为周期表中的零族，并称之为“惰性气体”。1962 年，26 岁的英国青年化学家 N. Bartlett 合成了第一个稀有气体化合物 $Xe[PtF_6]$，引起了化学界的兴趣和重视。

(1) 稀有气体的性质和用途

稀有气体在自然界是以单质状态存在的。在空气中氩的体积分数约为 0.93%，氖、氦、

氪和氙的含量则更少。

稀有气体均无色、无臭、无味，都是单原子分子，分子间仅存在着微弱的范德华力。稀有气体的熔点、沸点、溶解度、密度和临界温度等随原子序数的增大而递增。

利用液氦可以获得 0.001K 的低温。因氦不燃烧，用气体氦代替氢气填充气球或汽艇要比氢安全得多。氦在血液中的溶解度比氮小，用氦和氧的混合物代替空气供潜水员呼吸用，可以延长潜水员在水底工作的时间，避免潜水员返回水面时因压力突然下降而引起氮气自血液中溢出，导致阻塞血管造成的“气塞病”。氖、氦等常用于霓虹灯、航标灯等照明设备。氪和氙也用于制造特种电光源，如用氙制造的高压长弧氙灯被称为“人造小太阳”。医学上氡已用于治疗癌症，但氡的放射性也会危害人体健康。

(2) 稀有气体的化合物

到目前为止，对稀有气体化合物研究得比较多的主要是氙的化合物。例如，氙的氟化物（XeF_2、XeF_4、XeF_6 等）、氧化物（XeO_3、XeO_4 等）、氟氧化物（$XeOF_2$、$XeOF_4$ 等）和含氧酸盐（$MHXeO_4$、M_4XeO_6 等）。

(3) 稀有气体化合物的应用

氙的氟化物是很强的氧化剂也是很有前途的氟化剂。作为氧化剂 XeF_2 在氧化过程中自身被还原为氙逸出，不给系统增加杂质，所以，氙的化合物是性能非常优异的分析试剂。近几年来发现的稀有气体卤化物，具有优质激光材料性能，可发射出大功率及特定波长的激光。

7.3 d 区元素

7.3.1 d 区元素概述

d 区元素包括周期系第ⅢB～ⅦB、Ⅷ族元素（不包括镧系元素和锕系元素），d 区元素都是金属元素，通常称为过渡元素或过渡金属。这些元素位于长式元素周期表的中部，即典型金属元素和典型非金属元素之间。

d 区元素在原子结构上的共同特征是随着核电荷增加，电子依次填充在次外层的 d 轨道上，而最外层 s 轨道上仅有 1～2 个电子，其价层电子构型的通式为 $(n-1)d^{1\sim9}ns^{1\sim2}$（Pd 为 $4d^{10}$），都是具有未充满电子的 d 轨道。由于 d 区元素具有相似的电子层结构，所以它们具有许多共同的性质。

在 d 区元素中不仅 s 电子参与成键，d 电子也可参与成键。单质的金属键很强，一般质地坚硬，色泽光亮，是电和热的良导体，其密度、硬度、熔点、沸点一般较高。在所有元素中，铬的硬度最大，钨的熔点最高，锇的密度最大，铼的沸点最高。d 区金属具有较好的延展性、良好的导热和导电性。

d 区元素因其特殊的电子构型，从而表现出以下几方面特性。

(1) 可变的氧化数

由于 $(n-1)d$、ns 轨道能量相近，不仅 ns 电子可作为价电子，$(n-1)d$ 电子也可部分或全部作为价电子，因此，该区元素常具有多种氧化数。

(2) 较强的配位性

由于 d 区元素的原子或离子具有未充满的 $(n-1)$d 轨道及 ns、np 空轨道，并且有较大的有效核电荷，同时其原子或离子的半径又较主族元素小，因此它们不仅具有接受电子对的空轨道，还具有较强的吸引配体的能力，因而有很强的形成配合物的倾向。

7.3.2 钛、钒

(1) 钛的单质

常温下钛不溶于无机酸，但它被热盐酸侵蚀，生成 Ti(Ⅲ) 和 H_2。热 HNO_3 将钛氧化得到水合 TiO_2。碱则不侵蚀金属钛。Ti 在高温下与 N_2、H_2 化合，分别形成化合物 TiN 和 TiH_2。

(2) 钛的化合物

二氧化钛 TiO_2 俗称钛白，是迄今为止公认的最好的白色颜料，具有折射率高、着色力强、遮盖力大、化学性能稳定、耐化学腐蚀性及抗紫外线作用良好等性能，广泛用于油漆、造纸、塑料、橡胶、陶瓷等领域。

(3) 钒的单质

钒在自然界中分布非常分散，制备困难，因此将钒归于稀有金属。钒在自然界中的矿物有 60 多种，主要有铅钒矿 $Pb_5[VO_4]_3Cl$、钒云母 $KV_2[AlSi_3O_{10}](OH)_2$ 等。

金属钒外观呈银灰色，硬度比钢大，熔点高、塑性好、有延展性，具有较高的抗冲击性、良好的焊接性和传热性以及耐腐蚀性。钒主要用于制造钒钢，当钒在钒钢中的含量达到 0.1%～0.2%时，可使钢质紧密，提高钢的韧性、弹性、强度、耐腐性和抗冲击性。

(4) 钒的化合物

钒的价层电子构型为 $3d^3 4s^2$，能够形成氧化数为+2、+3、+4、+5 的化合物，最高氧化数为+5，其主要化合物有五氧化二钒 V_2O_5、偏钒酸盐 MVO_3、正钒酸盐 M_3VO_4 和多钒酸盐。

V_2O_5 是钒的重要化合物之一，是制备其他钒化合物的主要原料，微溶于水，是两性偏酸性的氧化物。V_2O_5 既可溶于强碱生成钒酸盐，又可溶于强酸。

$$V_2O_5 + 2NaOH \longrightarrow 2NaVO_3 + H_2O \tag{7-91}$$

$$V_2O_5 + H_2SO_4 \longrightarrow (VO_2)_2SO_4 + H_2O \tag{7-92}$$

V_2O_5 具有一定的氧化性，可以与浓盐酸反应，生成钒（Ⅳ）盐和氯气。

$$V_2O_5 + 6HCl \longrightarrow 2VOCl_2 + Cl_2 + 3H_2O \tag{7-93}$$

7.3.3 铬

(1) 铬的单质

铬是银白色金属，有延展性。铬在同周期中是熔点最高的元素（熔点 1890℃）。铬具有良好的光泽，抗蚀性强，常用于金属表面的镀层和冶炼合金。在钢中添加铬，可增强钢的耐磨性、耐热性和耐腐蚀性能，含铬 18%的钢称为不锈钢。

(2) 铬的化合物

铬的价层电子构型为 $3d^5 4s^1$，铬有+6、+5、+4、+3、+2 和 0 等多种氧化数，以

+3 和+6 最为常见。

1）Cr(Ⅵ）的化合物

将浓 H_2SO_4 加入 $K_2Cr_2O_7$ 溶液中，沉淀出紫红色固体三氧化铬 CrO_3

$$K_2Cr_2O_7 + H_2SO_4(浓) \longrightarrow K_2SO_4 + 2CrO_3(s) + H_2O \tag{7-94}$$

CrO_3 的水溶液呈黄色，含有铬酸，显强酸性。常见的铬酸盐是 K_2CrO_4 和 Na_2CrO_4，都是黄色晶状固体。在碱性或中性溶液中 Cr(Ⅵ）主要以 CrO_4^{2-} 存在，当增加溶液中 H^+ 浓度时，先生成 $HCrO_4^-$，随之转变为 $Cr_2O_7^{2-}$，溶液颜色由黄色（CrO_4^{2-}）转变成橘红色（$Cr_2O_7^{2-}$）

$$2CrO_4^{2-} + 2H^+ \rightleftharpoons 2HCrO_4^- \rightleftharpoons Cr_2O_7^{2-} + H_2O \tag{7-95}$$

有些铬酸盐比相应的重铬酸盐难溶于水。在 $Cr_2O_7^{2-}$ 的溶液中加入 Ag^+、Ba^{2+}、Pb^{2+} 时，分别生成 Ag_2CrO_4（砖红色）、$BaCrO_4$（淡黄色）、$PbCrO_4$（黄色）沉淀。

$$4Ag^+ + Cr_2O_7^{2-} + H_2O \rightleftharpoons 2Ag_2CrO_4(s) + 2H^+ \tag{7-96}$$

$$2Ba^{2+} + Cr_2O_7^{2-} + H_2O \rightleftharpoons 2BaCrO_4(s) + 2H^+ \tag{7-97}$$

$$2Pb^{2+} + Cr_2O_7^{2-} + H_2O \rightleftharpoons 2PbCrO_4(s) + 2H^+ \tag{7-98}$$

在 $Cr_2O_7^{2-}$ 的溶液中加入少量的 H_2O_2 和乙醚，振荡，生成溶于乙醚的过氧化铬 $CrO(O_2)_2$，乙醚层呈现蓝色，这一反应用来鉴定溶液中是否有 Cr(Ⅵ）存在，反应方程式为

$$Cr_2O_7^{2-} + 4H_2O_2 + 2H^+ \longrightarrow 2CrO(O_2)_2 + 5H_2O \tag{7-99}$$

$Cr_2O_7^{2-}$ 有较强的氧化性，在酸性溶液中，$Cr_2O_7^{2-}$ 可把 Fe^{2+}、SO_3^{2-}、H_2S、I^- 等氧化。以 Fe^{2+} 为例，反应如下

$$6Fe^{2+} + Cr_2O_7^{2-} + 14H^+ \longrightarrow 2Cr^{3+} + 6Fe^{3+} + 7H_2O \tag{7-100}$$

2）Cr(Ⅲ）的化合物

Cr_2O_3 是绿色晶体，通常在水、酸、碱中皆不溶解。Cr_2O_3 可用作绿色颜料。在 Cr^{3+} 溶液中加入 OH^- 时，首先生成灰绿色的 $Cr(OH)_3$ 沉淀，当碱过量时因生成亮绿色的 $[Cr(OH)_4]^-$ 而使沉淀溶解

$$Cr^{3+} + 3OH^- \longrightarrow Cr(OH)_3 \tag{7-101}$$

$$Cr(OH)_3 + OH^- \longrightarrow [Cr(OH)_4]^- \tag{7-102}$$

在酸性溶液中，使 Cr^{3+} 氧化为 $Cr_2O_7^{2-}$ 是比较困难的，通常采用氧化性更强的过硫酸铵 $(NH_4)_2S_2O_8$ 等作氧化剂，反应如下

$$2Cr^{3+} + 3S_2O_8^{2-} + 7H_2O \longrightarrow Cr_2O_7^{2-} + 6SO_4^{2-} + 14H^+ \tag{7-103}$$

7.3.4 锰

(1) 锰的单质

锰是白色金属，质硬而脆，外形与铁相似。常温下，锰能缓慢地溶于水

$$Mn + 2H_2O \longrightarrow Mn(OH)_2(s) + H_2 \tag{7-104}$$

锰能溶于稀酸并放出氢气

$$Mn + 2H^+ \longrightarrow Mn^{2+} + H_2 \tag{7-105}$$

(2) 锰的化合物

锰原子的价电子构型为 $3d^5 4s^2$。锰的重要化合物有：紫黑色晶体高锰酸钾（$KMnO_4$）、深绿色晶体锰酸钾（K_2MnO_4）、黑色粉末二氧化锰（MnO_2）、肉红色晶体硫酸锰（$MnSO_4 \cdot 7H_2O$）、肉红色晶体氯化锰（$MnCl_2 \cdot 4H_2O$）。

1） Mn(Ⅱ) 的性质

Mn(Ⅱ) 是锰最稳定的氧化态，在酸性溶液中呈浅紫色。在酸性溶液中，Mn^{2+} 相当稳定，只有强氧化剂如 $NaBiO_3$、$(NH_4)_2S_2O_8$、PbO_2 等才能将 Mn(Ⅱ) 氧化

$$2Mn^{2+} + 5NaBiO_3 + 14H^+ \longrightarrow 2MnO_4^- + 5Bi^{3+} + 5Na^+ + 7H_2O \quad (7\text{-}106)$$

这一反应是 Mn^{2+} 的特征反应。由于生成了 MnO_4^- 而使溶液呈紫红色，因此常用这一反应来检验溶液中是否存在微量 Mn^{2+}。

2） Mn(Ⅳ) 的性质

最常见的 Mn(Ⅳ) 化合物是棕黑色的固体 MnO_2。由于 Mn(Ⅳ) 处于中间氧化态，所以 Mn(Ⅳ) 既具有氧化性，又具有还原性。

在酸性溶液中，MnO_2 有强氧化性

$$MnO_2 + 4HCl(\text{浓}) \xrightarrow{\triangle} Cl_2 + MnCl_2 + 2H_2O \quad (7\text{-}107)$$

在碱性溶液中，MnO_2 主要表现为还原性

$$MnO_2 + 2MnO_4^- + 4OH^-(\text{浓}) \longrightarrow 3MnO_4^{2-} + 2H_2O \quad (7\text{-}108)$$

3） Mn(Ⅵ) 的性质

最重要的 Mn(Ⅵ) 的化合物是锰酸钾，它是深绿色晶体，溶于水中呈绿色。锰酸盐只能存在于强碱溶液中，在酸性和中性溶液中，易发生歧化反应

$$3K_2MnO_4 + 2H_2O \longrightarrow 2KMnO_4 + MnO_2 + 4KOH \quad (7\text{-}109)$$

4） Mn(Ⅶ) 的性质

$KMnO_4$ 是 Mn(Ⅶ) 最重要的化合物，为紫黑色晶体，易溶于水，溶液呈高锰酸根离子的特征紫色。$KMnO_4$ 在水溶液中是比较稳定的，但是放置时会缓慢地按下式反应

$$4MnO_4^- + 4H^+ \longrightarrow 4MnO_2 + 2H_2O + 3O_2 \quad (7\text{-}110)$$

光照下反应会加速进行，通常用棕色瓶盛装 $KMnO_4$ 溶液。MnO_4^- 离子在酸性、中性和碱性溶液中均有氧化性，但在不同的介质中，其还原产物各不相同

酸性介质 $$2MnO_4^- + 5SO_3^{2-} + 6H^+ \longrightarrow 2Mn^{2+} + 5SO_4^{2-} + 3H_2O \quad (7\text{-}111)$$

中性介质 $$2MnO_4^- + 3SO_3^{2-} + H_2O \longrightarrow 2MnO_2 + 3SO_4^{2-} + 2OH^- \quad (7\text{-}112)$$

碱性介质 $$2MnO_4^- + SO_3^{2-} + 2OH^- \longrightarrow 2MnO_4^{2-} + SO_4^{2-} + H_2O \quad (7\text{-}113)$$

7.3.5 铁、钴、镍

铁、钴、镍是第四周期第Ⅷ族元素，它们的物理性质和化学性质都比较相似，因此统称为铁系元素。

(1) 铁、钴、镍的单质

它们均是有金属光泽的银白色金属，钴略带灰色，都有强磁性。铁和镍的延展性好，钴则硬而脆。依 Fe、Co、Ni 顺序，其原子半径逐渐减小，密度依次增大，熔点和沸点接近。

铁、钴、镍是中等活泼的金属，含有杂质的铁在潮湿空气中易生锈。钴和镍被空气氧化

可生成致密的膜，这层膜可保护金属不继续被腐蚀。在红热情况下，它们与硫、氯、溴等发生剧烈作用。

(2) 铁、钴、镍的化合物

铁、钴、镍原子的价层电子构型分别为 $3d^6 4s^2$、$3d^7 4s^2$ 和 $3d^8 4s^2$。虽然它们的 3d 和 4s 电子都是价层电子，但是它们的最高氧化数都没有达到它们的 3d 和 4s 电子的总数。

1）铁、钴、镍的氧化物

铁的常见氧化物有红棕色的氧化铁 Fe_2O_3、黑色的氧化亚铁 FeO 和黑色的四氧化三铁 Fe_3O_4。Fe_3O_4 是 Fe(Ⅱ) 和 Fe(Ⅲ) 的混合型氧化物，能被磁铁吸引。

钴、镍的氧化物有暗褐色的 $Co_2O_3 \cdot xH_2O$ 和灰黑色的 $Ni_2O_3 \cdot 2H_2O$，灰绿色的 CoO 和绿色的 NiO 等。氧化数为 +3 的钴、镍的氧化物在酸性溶液中有强氧化性，如 Co_2O_3 与浓盐酸反应放出 Cl_2

$$Co_2O_3 + 6HCl \longrightarrow 2CoCl_2 + Cl_2 + 3H_2O \quad (7\text{-}114)$$

2）铁、钴、镍的氢氧化物

Fe(Ⅱ)、Co(Ⅱ)、Ni(Ⅱ) 的氢氧化物依次为白色、粉红色、苹果绿。$Fe(OH)_2$ 具有很强的还原性，易被空气中的氧气氧化

$$4Fe(OH)_2 + O_2 + 2H_2O = 4Fe(OH)_3(s)(\text{棕红色}) \quad (7\text{-}115)$$

在 $Fe(OH)_2$ 转变为 $Fe(OH)_3$ 的过程中，有中间产物 $Fe(OH)_2 \cdot Fe(OH)_3$（黑色）生成，可以看到颜色由白色→土绿色→黑色→棕红色的变化过程。

$CoCl_2$ 溶液与 OH^- 反应先生成碱式氯化钴沉淀，继续加 OH^- 时才生成 $Co(OH)_2$。

$$Co^{2+} + Cl^- + OH^- = Co(OH)Cl(s)(\text{蓝色}) \quad (7\text{-}116)$$

$$Co(OH)Cl + OH^- = Co(OH)_2(s) + Cl^- \quad (7\text{-}117)$$

$Co(OH)_2$ 也能被空气中的氧气慢慢氧化。

$$4Co(OH)_2 + O_2 + 2H_2O = 4Co(OH)_3(s)(\text{褐色}) \quad (7\text{-}118)$$

$Ni(OH)_2$ 在空气中是比较稳定的，只有较强的氧化剂如 Cl_2、NaClO 等才能将其氧化。

$$2Ni(OH)_2 + Cl_2 + 2NaOH \longrightarrow 2Ni(OH)_3(s)(\text{黑色}) + 2NaCl \quad (7\text{-}119)$$

$Fe(OH)_3$、$Co(OH)_3$、$Ni(OH)_3$ 显碱性，颜色依次为红棕色、褐色、黑色。$Fe(OH)_3$ 与酸反应生成盐，而 $Co(OH)_3$ 和 $Ni(OH)_3$ 因为有较强的氧化性，与盐酸反应时得不到相应的盐，而是生成 Co(Ⅱ)、Ni(Ⅱ) 的盐，并放出氯气。例如

$$2Co(OH)_3 + 6HCl(\text{浓}) = 2CoCl_2 + Cl_2(g) + 6H_2O \quad (7\text{-}120)$$

3）铁、钴、镍的盐

铁的卤化物以 $FeCl_3$ 应用较广，它是以共价键为主的化合物，它的蒸气含有双聚分子 Fe_2Cl_6。钴、镍的主要卤化物是氟化钴（CoF_3）、氯化钴（$CoCl_2$）和氯化镍（$NiCl_2$）等。CoF_3 是淡棕色粉末，与水猛烈作用放出氧气。

氯化钴 $CoCl_2 \cdot 6H_2O$ 在受热脱水过程中，伴随有颜色的变化

$$\underset{(\text{粉})}{CoCl_2 \cdot 6H_2O} \xrightleftharpoons{52.25℃} \underset{(\text{紫红})}{CoCl_2 \cdot 2H_2O} \xrightleftharpoons{90℃} \underset{(\text{蓝紫})}{CoCl_2 \cdot H_2O} \xrightleftharpoons{120℃} \underset{(\text{蓝})}{CoCl_2} \quad (7\text{-}121)$$

根据氯化钴的这一特性，常用它来显示某种物质的含水情况。例如，干燥剂无色硅胶用 $CoCl_2$ 溶液浸泡后，再烘干使其呈蓝色。当蓝色硅胶吸水后，逐渐变为粉红色，表示硅胶吸水已达饱和，必须烘干至蓝色出现，方可再使用。

4）铁、钴、镍的配合物

在 Fe^{2+} 的溶液中，加入 KCN 溶液，首先生成白色的氰化亚铁 $Fe(CN)_2$ 沉淀，当 KCN 过量时，$Fe(CN)_2$ 溶解生成 $[Fe(CN)_6]^{4-}$

$$Fe^{2+} + 2CN^- \longrightarrow Fe(CN)_2(s) \qquad (7\text{-}122)$$

$$Fe(CN)_2 + 4CN^- \longrightarrow [Fe(CN)_6]^{4-} \qquad (7\text{-}123)$$

$K_4[Fe(CN)_6]$ 为黄色，俗称黄血盐。$K_3[Fe(CN)_6]$ 为深红色，俗称赤血盐。

在 Fe^{3+} 的溶液中加入 $K_4[Fe(CN)_6]$ 溶液，生成蓝色沉淀，称为普鲁士蓝

$$xFe^{3+} + xK^+ + x[Fe(CN)_6]^{4-} \longrightarrow [KFe(CN)_6Fe]_x(s) \qquad (7\text{-}124)$$

在 Fe^{2+} 的溶液中加入 $K_3[Fe(CN)_6]$ 溶液，也能生成蓝色沉淀，称为藤氏蓝

$$xFe^{2+} + xK^+ + x[Fe(CN)_6]^{3-} \longrightarrow [KFe(CN)_6Fe]_x(s) \qquad (7\text{-}125)$$

这两个反应分别用来鉴定 Fe^{3+} 和 Fe^{2+}。实验证明普鲁士蓝和藤氏蓝的组成都是 $[KFe^{Ⅲ}(CN)_6Fe^{Ⅱ}]_x$。

Fe^{3+} 与 SCN^- 形成血红色的配合物

$$Fe^{3+} + nSCN^- \longrightarrow [Fe(SCN)_n]^{3-n} \quad (n=1\sim6 \text{ 均为红色}) \qquad (7\text{-}126)$$

此反应很灵敏，常用来检验 Fe^{3+} 的存在（该反应必须在酸性溶液中进行，否则会因为 Fe^{3+} 的水解而得不到 $[Fe(SCN)_n]^{3-n}$）。

Co^{2+} 与 SCN^- 在丙酮或戊醇等有机溶剂中反应生成 $[Co(SCN)_4]^{2-}$（蓝色），此反应用来鉴定 Co^{2+} 的存在

$$Co^{2+} + 4NCS^- \xrightarrow{\text{丙酮}} [Co(NCS)_4]^{2-} \qquad (7\text{-}127)$$

Ni^{2+} 与丁二酮肟在弱酸条件下反应得到玫瑰红色的内配盐，此反应用来鉴定 Ni^{2+} 的存在

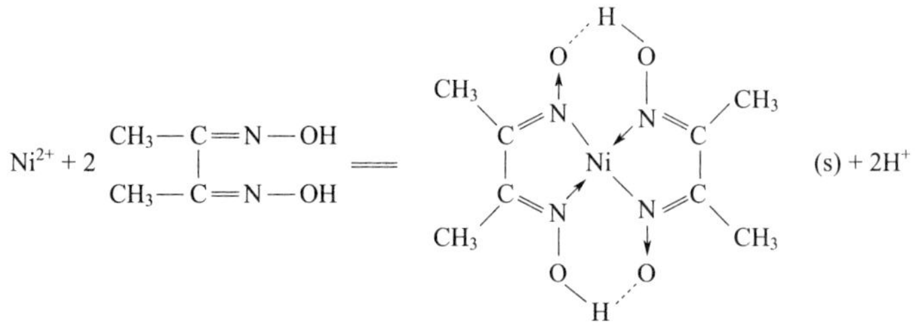

（7-128）

7.4 ds 区元素

ds 区元素的价电子构型为 $(n-1)d^{10}ns^{1\sim2}$，包括第ⅠB、ⅡB 族元素。

7.4.1 铜族元素

铜族元素是指周期系第ⅠB 元素，包括铜（Cu）、银（Ag）、金（Au）3 种元素（未列

出人造元素）。价电子构型为 $(n-1)d^{10}ns^1$。在自然界中，铜族元素除了以矿物形式存在外，还以单质形式存在。常见的矿物有孔雀石［$Cu_2(OH)_2CO_3$］、辉银矿（Ag_2S）、碲金矿（$AuTe_2$）等。

(1) 铜族元素的单质

铜、银、金都有特征颜色，分别为紫红、白、黄。三者具有较大密度，熔沸点较高，导电性、导热性、延展性特别突出，导电性顺序为：Ag＞Cu＞Au。

铜、银、金的化学活泼性较差，在室温下看不出它们与氧或水作用。在含有 CO_2 的潮湿空气中，铜的表面会逐渐蒙上绿色的铜锈［铜绿——碳酸羟铜 $Cu_2(OH)_2CO_3$］。

$$2Cu+O_2+H_2O+CO_2 \longrightarrow Cu_2(OH)_2CO_3 \qquad (7\text{-}129)$$

铜、银、金不能从稀酸中置换出氢气。铜、银能溶于硝酸中，也能溶于热浓硫酸。

$$3Cu+8HNO_3(稀) \longrightarrow 3Cu(NO_3)_2+2NO+4H_2O \qquad (7\text{-}130)$$

$$Cu+2H_2SO_4(浓) \xrightarrow{\triangle} CuSO_4+SO_2+2H_2O \qquad (7\text{-}131)$$

金只能溶于浓硝酸和浓盐酸的混合溶液——王水中

$$Au+4HCl+HNO_3 \longrightarrow H[AuCl_4]+NO+2H_2O \qquad (7\text{-}132)$$

当非氧化性酸中有适当配位剂时，铜有时能从此种酸中置换出氢气。例如，铜能在溶有硫脲［$CS(NH_2)_2$］的盐酸中置换出氢气

$$2Cu+2HCl+4CS(NH_2)_2 \longrightarrow 2[Cu(CS(NH_2)_2)_2]^++H_2+2Cl^- \qquad (7\text{-}133)$$

(2) 铜族元素的化合物

1）铜的化合物

铜的特征氧化数是＋2，也存在着＋1 氧化态的化合物。

① Cu(Ⅰ) 的化合物　在水溶液中 Cu(Ⅰ) 容易被氧化为 Cu(Ⅱ)，水溶液中 Cu(Ⅱ) 的化合物是稳定的。几乎所有 Cu(Ⅰ) 的化合物都难溶于水。常见的 Cu(Ⅰ) 化合物在水中的溶解度按下列顺序降低：

$$CuCl>CuBr>CuI>CuSCN>CuCN>Cu_2S$$

Cu^+ 在水溶液中很不稳定，容易歧化为 Cu^{2+} 和 Cu。

② Cu(Ⅱ) 的化合物　黑色的 CuO 是碱性氧化物，不溶于水可溶于酸。CuO 分别与 H_2SO_4、HNO_3 或 HCl 作用，可得到相应的铜盐。

水合［$Cu(H_2O)_6$］$^{2+}$ 呈蓝色，它在水中的水解程度不大，水解时生成［$Cu_2(OH)_2$］$^{2+}$。

$$2Cu^{2+}+2H_2O \rightleftharpoons [Cu_2(OH)_2]^{2+}+2H^+ \qquad K^{\ominus}=2.5\times10^{-11} \qquad (7\text{-}134)$$

在 Cu^{2+} 溶液中加入适量的碱，析出浅蓝色氢氧化铜沉淀

$$Cu^{2+}+2OH^- \longrightarrow Cu(OH)_2(s) \qquad (7\text{-}135)$$

$Cu(OH)_2$ 能溶解在过量浓碱溶液中，生成深蓝色的四羟基合铜（Ⅱ）配离子

$$Cu(OH)_2+2OH^- \longrightarrow [Cu(OH)_4]^{2-} \qquad (7\text{-}136)$$

在 $CuSO_4$ 和 NaOH 的混合溶液中加入葡萄糖并加热至沸腾，有暗红色的 Cu_2O 沉淀析出，这一反应在有机化学上用来检验某些糖的存在

$$2[Cu(OH)_4]^{2-}+C_6H_{12}O_6 = Cu_2O(s)+C_6H_{12}O_7+2H_2O+4OH^- \qquad (7\text{-}137)$$

$CuSO_4$ 与适量氨水反应生成浅蓝色的碱式硫酸铜沉淀，氨水过量则沉淀溶解生成深蓝色的$[Cu(NH_3)_4]^{2+}$

$$2Cu^{2+} + SO_4^{2-} + 2NH_3 \cdot H_2O = Cu_2(OH)_2SO_4 + 2NH_4^+ \quad (7\text{-}138)$$

$$Cu_2(OH)_2SO_4 + 6NH_3 \cdot H_2O + 2NH_4^+ = 2[Cu(NH_3)_4]^{2+} + SO_4^{2-} + 8H_2O \quad (7\text{-}139)$$

在中性或弱酸性溶液中，Cu^{2+} 与 $[Fe(CN)_6]^{4-}$ 反应，生成红棕色沉淀，反应常用来鉴定微量 Cu^{2+} 的存在

$$2Cu^{2+} + [Fe(CN)_6]^{4-} \longrightarrow Cu_2[Fe(CN)_6](s) \quad (7\text{-}140)$$

在水溶液中，Cu^{2+} 具有不太强的氧化性，可氧化 I^-、SCN^- 等，例如

$$2Cu^{2+} + 4I^- = 2CuI(s)(\text{白色}) + I_2(s) \quad (7\text{-}141)$$

这是由于 Cu^{2+} 与 I^- 反应生成了难溶于水的 CuI，使溶液中的 Cu^{2+} 浓度变得很小，增强了 Cu^{2+} 的氧化性，所以，Cu^{2+} 可以把 I^- 氧化。

2）银、金的化合物

在银的化合物中，Ag(Ⅰ）的化合物最稳定，而金则以 Au(Ⅲ）的化合物较为常见，但在水溶液中多以配合物形式存在。Ag(Ⅰ）的化合物具有以下特点：

① 易溶于水的 Ag(Ⅰ）的化合物有 $AgNO_3$、AgF、$AgClO_4$ 等，其他 Ag(Ⅰ）的常见化合物几乎都是难溶于水的，如 AgCl、AgBr、AgI、AgCN、AgSCN、Ag_2S、Ag_2CO_3、Ag_2CrO_4 等。

② Ag(Ⅰ）的化合物热稳定性差，见光、受热易分解。如

$$2AgNO_3 \xrightarrow{440℃} 2Ag + 2NO_2 + O_2 \quad (7\text{-}142)$$

$$AgX \xrightarrow{\text{光}} Ag + \frac{1}{2}X_2 \quad (X = Cl, Br, I) \quad (7\text{-}143)$$

$$Ag_2O \xrightarrow{300℃} 2Ag + \frac{1}{2}O_2 \quad (7\text{-}144)$$

③ Ag^+ 为 d^{10} 构型，它的化合物一般呈白色或无色。但 AgBr 呈淡黄色，AgI 呈黄色，Ag_2O 呈褐色，Ag_2CrO_4 呈砖红色，Ag_2S 呈黑色等，这与阴离子和 Ag^+ 之间发生的电荷跃迁有关。

④ Ag^+ 在水中几乎不水解。$AgNO_3$ 的水溶液呈中性。在 Ag^+ 溶液中加入 NaOH 溶液，首先析出白色 AgOH 沉淀，常温下 AgOH 极不稳定，立即脱水生成暗棕色 Ag_2O 沉淀

$$2Ag^+ + 2OH^- \longrightarrow Ag_2O(s) + H_2O \quad (7\text{-}145)$$

Ag(Ⅰ）的许多化合物都是难溶于水的，在 Ag^+ 溶液中加入配位剂，首先生成难溶化合物，当配位剂过量时，难溶化合物溶解生成配离子。例如：在 Ag^+ 溶液中逐滴加入少量氨水时，首先生成 Ag_2O 沉淀，当溶液中氨水浓度增大时，Ag_2O 溶解生成 $[Ag(NH_3)_2]^+$

$$2Ag^+ + 2NH_3 + H_2O \longrightarrow Ag_2O(s) + 2NH_4^+ \quad (7\text{-}146)$$

$$Ag_2O + 4NH_3 + H_2O \longrightarrow 2[Ag(NH_3)_2]^+ + 2OH^- \quad (7\text{-}147)$$

含有 $[Ag(NH_3)_2]^+$ 的溶液能把醛或某些糖氧化，本身被还原为单质银。如

$$2[Ag(NH_3)_2]^+ + HCHO + 3OH^- \longrightarrow 2Ag(s) + HCOO^- + 4NH_3 + 2H_2O \quad (7\text{-}148)$$

此反应称作银镜反应，工业上利用这类反应来制作镜子或在暖水瓶的夹层内镀银。

7.4.2 锌族元素

周期系第ⅡB族元素，包括锌（Zn）、镉（Cd）、汞（Hg）3种元素（未列出人造元素），通常称为锌族元素。价电子构型为 $(n-1)d^{10}ns^2$。最外层只有2个s电子，次外层有18个电子。

(1) 锌族元素的单质

锌、镉、汞都是银白色金属。它们都是低熔点金属，汞是室温下唯一的液态金属。汞容易与其他金属形成合金，汞形成的合金称为"汞齐"，例如钠汞齐Na-Hg、金汞齐Au-Hg、银汞齐Ag-Hg等。在冶金工业中，利用汞的这种性质来提取贵金属如金、银等。锌、镉、汞的化学活泼性从锌到汞降低，它们在干燥的空气中都是稳定的。在有 CO_2 存在的潮湿空气中，锌的表面易生成一层致密的碱式碳酸盐，使锌有防腐性能

$$4Zn + 2O_2 + CO_2 + 3H_2O \longrightarrow ZnCO_3 \cdot 3Zn(OH)_2 \tag{7-149}$$

锌和镉与硫粉在加热时才能生成硫化物。汞在室温下就可以与硫粉作用生成HgS。当不慎把汞撒在地上时，可把硫粉撒在有汞的地方，并适当搅拌或研磨，使硫与汞化合生成HgS，防止有毒的汞蒸气进入空气中。

(2) 锌族元素的化合物

锌和镉通常形成氧化数为+2的化合物，汞除了形成氧化数为+2的化合物外，还有氧化数为+1（Hg_2^{2+}）的化合物。

1) 锌、镉的化合物

锌和镉的卤化物中，除氟化物微溶于水外，其余均易溶于水。

在 Zn^{2+}、Cd^{2+} 的溶液中加入强碱，都生成白色的氢氧化物沉淀，但 $Zn(OH)_2$ 是两性的，当碱过量时溶解生成 $[Zn(OH)_4]^{2-}$，而 $Cd(OH)_2$ 是碱性的则难溶解

$$Zn^{2+} + 2OH^- \longrightarrow Zn(OH)_2(s) \xrightleftharpoons{OH^-\text{过量}} [Zn(OH)_4]^{2-} \tag{7-150}$$

$$Cd^{2+} + 2OH^- \longrightarrow Cd(OH)_2 \tag{7-151}$$

在 Zn^{2+}、Cd^{2+} 的溶液中分别加入 $NH_3 \cdot H_2O$，均生成氢氧化物沉淀，当 $NH_3 \cdot H_2O$ 过量后生成氨的配合物

$$M^{2+} + 2NH_3 \cdot H_2O \longrightarrow M(OH)_2 + 2NH_4^+ \quad (M=Zn,Cd) \tag{7-152}$$

$$M(OH)_2 + 2NH_3 \cdot H_2O + 2NH_4^+ \longrightarrow [M(NH_3)_4]^{2+} + 4H_2O \tag{7-153}$$

在 $Zn^{2+}[c(H^+)<0.3 \text{mol} \cdot \text{dm}^{-3}]$ 和 Cd^{2+} 的溶液中分别通入 H_2S 时，都会有硫化物从溶液中沉淀出来

$$Zn^{2+} + H_2S \longrightarrow ZnS(s,\text{白色}) + 2H^+ \tag{7-154}$$

$$Cd^{2+} + H_2S \longrightarrow CdS(s,\text{黄色}) + 2H^+ \tag{7-155}$$

在碱性条件下，Zn^{2+} 与二苯硫腙反应，生成粉红色的内配盐沉淀

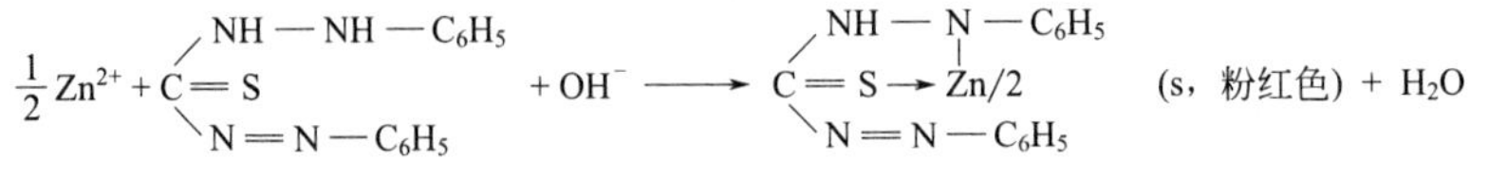

$$\frac{1}{2}Zn^{2+} + \underset{N=N-C_6H_5}{\overset{NH-NH-C_6H_5}{C=S}} + OH^- \longrightarrow \underset{N=N-C_6H_5}{\overset{NH-N-C_6H_5}{C=S \rightarrow Zn/2}} (s,\text{粉红色}) + H_2O \tag{7-156}$$

此内配盐能溶于 CCl_4 中，呈棕色。实验现象为：绿色的二苯硫腙四氯化碳溶液与 Zn^{2+}

反应后充分振荡，静置，上层为粉红色，下层为棕色。

2）汞的化合物

在氧化数为+1的汞的化合物中，汞以 Hg_2^{2+}（—Hg—Hg—）的形式存在，Hg_2X_2 是线形结构，汞（Ⅰ）化合物叫亚汞化合物，亚汞盐多数是无色的，绝大多数亚汞的无机化合物是难溶于水的。汞（Ⅱ）的化合物中难溶于水的也较多，易溶于水的汞的化合物都是有毒的。

氯化汞（$HgCl_2$ 也称升汞），是直线形共价分子，易升华，微溶于水，在水溶液中主要以分子形式存在，剧毒。氯化亚汞（Hg_2Cl_2 也称甘汞），有甜味，难溶于水，无毒。在光照射下，容易分解成有毒的汞和氯化汞

$$Hg_2Cl_2 \xrightarrow{光} HgCl_2 + Hg \tag{7-157}$$

所以氯化亚汞应储存在棕色瓶中，避光保存。

知识扩展

储氢合金

目前世界能源经济的基础是化石燃料，它们短期内不可再生，储量极其有限，因此必须在节能的同时积极开发新能源。H_2 发热值高，资源丰富，燃烧后生成水，具有零污染的特点，被称为“21世纪的绿色能源”。为了实现氢气作为能源载体的应用，必须实现氢气的廉价制取、安全高效储运以及大规模应用，其中氢气的储存是氢能系统的关键技术之一。

目前储存氢气的方法主要有：高压气态储氢、低温液态储氢、合金储氢、有机液体氢化物储氢、碳质材料储氢以及金属有机骨架类聚合物储氢等。传统的液态或高压气瓶储氢既不经济也不安全，储氢合金的出现为氢的储存开辟了一条新的途径。在一定的温度和压力下，某些金属能够像海绵一样大量“吸收”氢气生成金属氢化物，同时放出热量，如果将温度升高，这些金属氢化物又会分解，将储存在其中的氢气释放出来。这些可以“吸收”氢气的金属，称为储氢合金。

合金作为提供氢源的载体最成功的应用是作为Ni/MH电池的负极材料。Ni/MH电池以 $Ni(OH)_2/NiOOH$ 电极为正极，储氢合金电极为负极，$6mol \cdot dm^{-3}$ KOH溶液为电解液，正负极采用隔膜隔开。电池总反应为

$$M + xNi(OH)_2 \underset{放电}{\overset{充电}{\rightleftharpoons}} MH_x + xNiOOH$$

式中，M及 MH_x 分别为储氢合金和金属氢化物。电池的充放电过程可以看成氢原子或质子从一个电极移向另一个电极的往复过程。

（1）储氢合金的制备工艺

在具有相同合金成分的条件下，制备方法不同，合金的容量、循环寿命等性能会有很大的差异。现有单纯的某种合成方法不能彻底改善储氢合金的循环性能和动力学性能，因此对储氢材料合成工艺的研究已经向几种合成方法的综合或是研究出一种新合成方法的方向发展，即将现有的机械合金化法、熔炼法、粉末烧结法、燃烧合成法、置换扩散

法等方法进行综合形成一种新的有效方法。合金的制备方法有多种，物理方法如机械合金化法、熔炼法、烧结法、球磨+固态烧结法、气体雾化法、铸带法等，化学方法如置换扩散法、燃烧合成法等。

(2) 储氢合金的分类

储氢合金是由易生成稳定氢化物、原子半径较大的金属元素A（如La、Ce、Ca、Zr、Mg、Ti、V等，它们与氢的反应为放热反应）和其他对氢亲和力小、原子半径较小的金属元素B（如Fe、Co、Ni、Cu、Al、Cr、Mn等，氢溶于这些金属中时为吸热反应）组成的金属间化合物。其中A决定合金储氢量的大小，B影响着合金吸放氢反应的可逆性。目前所开发的储氢合金，一般是将放热性金属和吸热性金属按照合理的配比组合在一起，制备出在室温可以可逆吸放氢的储氢合金。储氢合金的分类方式有多种，按储氢合金的主要金属元素区分，可分为稀土系、钒系、钛系、锆系、镁系和稀土-镁-镍系等；如果把组成储氢合金的金属分为吸氢类（用A表示）和不吸氢类（用B表示），可将储氢合金分为AB_5型、AB_2型、AB型、A_2B型、AB_3型。A侧的元素主要有Ce、Pr、Nd等。和A侧元素相比，B侧元素的研究中涉及的元素种类更多，成分的研究更复杂，B侧组成元素主要有Ni、Co、Mn、Al、Cu、B、Fe、Sn、Si、Ti等。

1）AB_5型稀土系储氢合金

稀土系储氢合金具有电催化活性优异、高倍率放电性能好、原料丰富、制备方便等优点，是目前国内外Ni/MH电池生产中普遍采用的负极活性材料。$LaNi_5$是稀土系储氢合金材料的代表，具有$CaCu_5$型六方晶体结构，理论放电容量为$372mA \cdot h \cdot g^{-1}$，在室温0.2～0.3C放电速率下，比容量达$320 \sim 340mA \cdot h \cdot g^{-1}$。但$LaNi_5$合金在循环过程中，合金颗粒易粉化、氧化，从而降低了合金的循环寿命。虽然AB_5型合金具有一系列优良性质，但合金的放电容量不高，不能满足动力电池的需要，而且稀土金属密度大，成本较高。

2）AB_2型Laves相储氢合金

以$ZrMn_2$、$TiMn_2$为代表的AB_2型储氢合金具有Laves相结构，所涉及的有六方结构的C_{14}型Laves相和立方结构的C_{15}型Laves相两种。此类合金的储氢量大，放电容量比AB_5型的稀土系合金电极高30%～40%，在碱性电解液中形成的致密氧化膜能有效抑制电极成分的进一步氧化，稳定性好，循环寿命长。然而AB_2型Laves相储氢合金电极至今仍存在初期活化困难、无明显放电平台、高倍率放电性能极差等缺点，且成本较高，使其综合性能不能达到大规模应用的要求。尽管AB_2型储氢合金存在以上问题，但其储氢容量高和循环寿命长，被列为下一代高容量Ni/MH电池的首选材料。

3）V基固溶体型储氢合金

V及V基固溶体合金（V-Ti和V-Ti-Cr等）吸氢时可生成VH及VH_2两种氢化物，其中VH_2的储氢量高达3.8%（质量分数），电化学放电容量为$1018mA \cdot h \cdot g^{-1}$，约为$LaNi_5$型储氢合金的2.7倍。V基固溶体型合金具有储氢量大，氢在合金中扩散速度快等优点，但其成本高、破碎困难、平台不明显、寿命短，而且本身在碱液中缺乏电催化活性而不具备可逆的电化学容量。在V基固溶体型合金中，第二相的种类和性能对合金电极的动力学性能的影响很大，通过合金组织结构中作为吸氢相的V基固溶体主相和作为催化相的第二相之间的协同作用，可以使合金电极具有良好的电化学性能。

4）AB_3 型储氢合金

AB_3 型的R-Mg-Ni（R＝稀土、Ca或Y元素）基合金被认为是最具潜力的合金材料，是目前高容量储氢合金电极的研究热点，这不仅因为它对环境友好，更重要的是其储氢功能优异。R-Mg-Ni合金的放电容量达到 $360\sim410mA\cdot h\cdot g^{-1}$，高于现有的 AB_5 型稀土系合金，因而受到研究者的青睐。然而，此类合金电极只在30次充放电循环中显示出良好的循环稳定性。为了应用于实际，R-Mg-Ni合金在强碱性电解质中的动力学性能和循环稳定性必须进一步提高。目前的研究开发主要集中在合金成分的进一步优化、非化学计量比合金的研究以及合金的表面改性处理等方面，其中以元素取代以及合金成分的优化方面为主。

5）Mg基储氢合金

镁价格低廉，资源丰富，镁合金密度小、储氢量大（纯镁的理论储氢质量分数达7.6%），吸放氢平台好，对环境友好，被认为是最有前途的储氢介质和Ni/MH电池用负极材料。Mg_2Ni 合金的理论储氢质量分数达3.6%，理论电化学容量为 $1080mA\cdot h\cdot g^{-1}$，分别是 AB_5 型合金的2.9倍和 AB_2 型合金的1.6倍。具有非晶结构的MgNi合金，具有 $500mA\cdot h\cdot g^{-1}$ 的初始放电容量，有望应用于电动汽车等特殊领域。但Mg基合金也存在以下缺点：a. 吸放氢速度慢，反应动力学性能差；b. 氢化物稳定导致放氢温度过高；c. 表面容易形成一层致密的氧化膜，电极的循环寿命差。国内外的研究者主要通过元素取代、表面改性、多相复合等多种途径来改善合金电极的综合性能，并在探索该类合金的循环容量衰退机理和寻找改善其循环稳定性途径方面取得了一定进展。

思考题

7-1 请举出你亲身经历或使用过的s区金属单质和化合物，并说明它们的用途。

7-2 试说明 $BeCl_2$ 是共价化合物，而 $CaCl_2$ 是离子化合物。

7-3 碳单质有哪些同素异形体？其结构特点和物理性质如何？

7-4 硼酸和石墨均为层状晶体，试比较它们结构的异同。

7-5 说明 CO_2 和 SiO_2 在结构、物理性质方面的差异。

7-6 CCl_4 不易水解，而 $SiCl_4$ 较易水解，其原因是什么？

7-7 单质锡有哪些同素异形体，性质有何异同？

7-8 铅的氧化物有几种？分别简述其性质。

7-9 $SnCl_4$ 和 $SnCl_2$ 水溶液均为无色，如何加以鉴别？

7-10 为什么氮的电负性比磷大，但磷的化学性质却比氮活泼？

7-11 为什么氮可以形成二原子分子 N_2，而同族其他的元素则不能形成二原子分子？

7-12 为什么Bi(Ⅴ)的氧化能力比同族其他元素都强？

7-13 试从分子结构上比较 NH_3、HN_3、N_2H_4 和 NH_2OH 等的酸碱性。

7-14 硝酸与金属反应所得产物受什么因素影响？

7-15 单质硫的主要同素异形体有哪些？

7-16 卤素中哪种元素最活泼？为什么由氟到氯活泼性的变化有一个突变？

7-17 说明卤素单质氧化性和 X^- 还原性递变规律。

7-18 比较氧族元素和卤族元素氢化物在酸性、还原性、热稳定性方面的递变规律。

7-19 比较硫和氯的含氧酸在酸性、氧化性、热稳定性方面的递变规律。

7-20 为什么新沉淀出的 $Mn(OH)_2$ 是白色，但在空气中会转化为暗棕色？

7-21 解释下列现象和问题，并写出相应的反应方程式。

(1) 在 Fe^{3+} 的溶液中加入 KCNS 时出现血红色，若加入少许 NH_4F 固体则血红色消失。

(2) 在水溶液中，可溶性的简单亚铜化合物不能稳定的存在。

(3) 铜在含 CO_2 的潮湿空气中，表面会逐渐生成绿色的铜锈。

(4) 为什么要用棕色瓶储存 $AgNO_3$（固体或溶液）。

(5) 金可以耐普通酸的腐蚀，却能溶解在王水中。

(6) Cu^{2+} 可以被 I^- 还原成 Cu^+，但不会被 Cl^- 还原。

7-22 写出三种由 Mn^{2+} 变为 MnO_4^- 的反应。

7-23 写出 Cr^{3+}、Mn^{2+}、Fe^{3+}、Fe^{2+}、Co^{2+}、Ni^{2+} 的鉴定方法。

7-24 试总结 Mn^{2+}、Fe^{2+}、Fe^{3+}、Co^{2+}、Ni^{2+}、Cu^{2+}、Ag^+、Zn^{2+}、Cd^{2+}、Hg^{2+}、Hg_2^{2+} 分别与氨水、氢氧化钠溶液反应的产物以及反应过程中的现象。

7-25 比较 Cu(Ⅰ) 化合物与 Cu(Ⅱ) 化合物的热稳定性。

习 题

7-1 写出下列过程的反应方程式并配平。

(1) 金属镁在空气中燃烧生成两种二元化合物；

(2) 在纯氧中加热氧化钡；

(3) 氧化钙用来除去火力发电厂排出废气中的二氧化硫；

(4) 唯一能生成氮化物的碱金属与氮气反应；

(5) 在消防队员的空气背包中，超氧化钾既是空气净化剂又是供氧剂；

(6) 用硫酸锂与氢氧化钡反应制取氢氧化锂；

(7) 铍是 s 区元素中唯一的两性金属，它与氢氧化钠水溶液反应生成了气体和澄清的溶液；

(8) 铍的氢氧化物与氢氧化钠溶液混合；

(9) 金属钙在空气中燃烧，燃烧产物再与水反应。

7-2 下列物质均为白色固体，试用简单的方法、较少的实验步骤和常用的试剂区分它们，并写出反应现象。

$$Na_2CO_3, Na_2SO_4, MgCO_3, Mg(OH)_2, CaCl_2, BaCO_3$$

7-3 将 1.00g 白色固体 A 加强热，得到白色固体 B（加热到 B 的质量不再变化）和无色气体。将气体收集在 450mL 的烧瓶中，温度为 25℃，压力为 27.9kPa。将该气体通入 $Ca(OH)_2$ 饱和溶液中得到白色固体 C。如果将少量 B 加入水中，所得 B 溶液能使红色石蕊试纸变蓝。B 的水溶液被盐酸中和后，经蒸发干燥得到白色固体 D。用 D 做焰色反应实验，火焰为绿色。如果 B 的水溶液与 H_2SO_4 反应后，得到白色沉淀 E，E 不溶于盐酸。试确定 A、B、C、D、E 各是什么物质，并写出有关的反应方程式。

7-4 计算反应 $MgO(s)+C(石墨) \rightleftharpoons CO(g)+Mg(s)$ 的 $\Delta_r H_m^\ominus(298K)$、$\Delta_r S_m^\ominus(298K)$ 和 $\Delta_r G_m^\ominus(298K)$ 以及该反应可以自发进行的最低温度。

7-5 完成并配平下列反应方程式：

(1) $B_2H_6+O_2 \longrightarrow$

(2) $B_2H_6 + H_2O \longrightarrow$

(3) $H_3BO_3 + HOCH_2CH_2OH \longrightarrow$

(4) $BBr_3 + H_2O \longrightarrow$

7-6 写出下列反应方程式：

(1) 用氢气还原三氯化硼；

(2) 由三氟化硼和氢化铝锂制备乙硼烷；

(3) 由三氟化硼生成氟硼酸；

(4) 由三氯化硼生成硼酸；

(5) 由硼的氧化物、萤石和硫酸制取三氟化硼。

7-7 写出下列反应方程式：

(1) 氧化铝与碳和氯气反应；

(2) 在 $Na[Al(OH)_4]$ 溶液中加入氯化铵；

(3) 在 $AlCl_3$ 溶液中加入氨水。

7-8 完成并配平下列反应方程式：

(1) $Sr^{2+} + CO_3^{2-} \longrightarrow$

(2) $Al^{3+} + CO_3^{2-} + H_2O \longrightarrow$

(3) $Mg^{2+} + CO_3^{2-} + H_2O \longrightarrow$

7-9 试计算 25℃时反应 $H_3AsO_4 + 2I^- + 2H^+ \rightleftharpoons H_3AsO_3 + I_2 + H_2O$ 的标准平衡常数。当 H_3AsO_4、H_3AsO_3 和 I_2 的浓度均为 $1.0mol \cdot dm^{-3}$ 时，该反应正负极的电极电势相等时，溶液的 pH 为多少？

7-10 完成并配平下列反应方程式：

(1) $I^- + O_3 + H^+ \longrightarrow$

(2) $H_2O_2 + I^- + H^+ \longrightarrow$

(3) $H_2O_2 + MnO_4^- + H^+ \longrightarrow$

(4) $FeCl_3 + H_2S \longrightarrow$

(5) $Ag_2S + HNO_3$（浓）$\longrightarrow$

(6) $S + HNO_3$（浓）$\longrightarrow$

(7) $Na_2S_2O_3 + I_2 \longrightarrow$

(8) $I_2 + H_2SO_3 + H_2O \longrightarrow$

(9) $H_2S + H_2SO_3 \longrightarrow$

(10) $Na_2S_2O_3 + Cl_2 + H_2O \longrightarrow$

(11) $Mn^{2+} + S_2O_8^{2-} + H_2O \longrightarrow$

(12) $S_2O_8^{2-} + S^{2-} + OH^- \longrightarrow$

7-11 回答下列问题：

(1) 比较高氯酸、高溴酸、高碘酸的酸性大小和它们的氧化性的大小；

(2) 比较氯酸、溴酸、碘酸的酸性大小和它们的氧化性的大小。

7-12 比较下列各组化合物酸性的递变规律，并解释原因。

(1) H_3PO_4，$HBrO_4$，$HClO_4$

(2) $HClO$，$HClO_2$，$HClO_3$，$HClO_4$

(3) $HClO$，$HBrO$，HIO

7-13 完成并配平下列反应方程式：

(1) $K_2Cr_2O_7 + HCl$(浓)$\xrightarrow{\triangle}$

(2) $K_2Cr_2O_7 + H_2C_2O_4 + H_2SO_4 \longrightarrow$

(3) $Ag^+ + Cr_2O_7^{2-} + H_2O \longrightarrow$

(4) $Cr_2O_7^{2-}+H_2S+H^+ \longrightarrow$

(5) $Cr^{3+}+S_2O_8^{2-}+H_2O \longrightarrow$

(6) $Cr(OH)_3+OH^-+ClO^- \longrightarrow$

(7) $K_2Cr_2O_7+H_2O_2+H_2SO_4 \longrightarrow$

7-14 完成并配平下列反应方程式：

(1) $MnO_4^-+Fe^{2+}+H^+ \longrightarrow$

(2) $MnO_4^-+SO_3^{2-}+H_2O \longrightarrow$

(3) $MnO_4^-+MnO_2+OH^- \longrightarrow$

(4) $KMnO_4 \xrightarrow{\triangle}$

(5) $K_2MnO_4+HAc \longrightarrow$

(6) $MnO_2+KOH+O_2 \longrightarrow$

(7) $MnO_4^-+Mn^{2+}+H_2O \longrightarrow$

(8) $KMnO_4+KNO_2+H_2O \longrightarrow$

7-15 根据下列实验现象确定各字母所代表的物质。

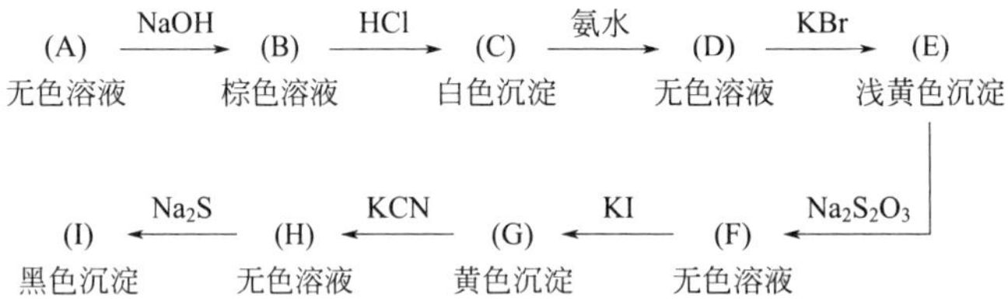

第8章 仪器分析基础

学习要求

（1）了解仪器分析的特点、分类及发展。

（2）理解几种常见仪器分析方法的基本原理、仪器组成和适用范围。

8.1 仪器分析概述

仪器分析是化学学科的重要分支，是指采用比较复杂或特殊的仪器设备，通过测量物质的某些物理或化学性质的参数及其变化来获取物质的化学组成、成分含量及化学结构等信息的一类方法。仪器分析与化学分析是分析化学的两种分析方法。

仪器分析一般是半微量（0.01～0.1g）、微量（0.1～10mg）、超微量（<0.1mg）组分的分析，灵敏度高；而化学分析一般是半微量（0.01～0.1g）、常量（>0.1g）组分的分析，准确度高。

8.1.1 仪器分析的特点

仪器分析是从事现代科学必不可少的重要手段和工具。仪器分析的特点主要有以下几点。

① 灵敏度高：大多数仪器分析法适用于微量、痕量分析。仪器分析的检出限一般在 $mg \cdot dm^{-3}$（$\mu g \cdot g^{-1}$）级，有的甚至可以达到 $\mu g \cdot dm^{-3}$（$ng \cdot g^{-1}$）级，见表8-1。随着电子技术及计算技术与仪器分析方法原理的结合，分析的灵敏度或最低检出限不断改进，有的可达 10^{-12} 甚至 10^{-23} 数量级，十分有利于超纯物质、环保及地质样品中的痕量或微量分析。

② 取样量少：化学分析试样需用 10^{-1}～10^{-4}g；仪器分析试样常在 10^{-2}～10^{-8}g。

③ 在低浓度下的分析准确度较高：含量在 10^{-5}%～10^{-9}%范围内的杂质测定，相对误差低达1%～10%。

④ 快速：在仪器分析方法中，常常是把样品中某一组分的某些特有性质直接或间接转化为检测信号，受样品中其他组分的干扰小于化学分析方法，可以省略分离过程和节省时间。

⑤ 可进行无损分析：有时可在不破坏试样的情况下进行测定，适于考古、文物等特殊领域的分析。有的方法还能进行表面或微区分析，或可回收试样。

⑥ 能进行多信息或特殊功能的分析：有时可同时做定性、定量分析，有时可同时测定材料的组分比和原子的价态。放射性分析法还可做痕量杂质分析。

⑦ 专一性强：例如，用单晶 X 衍射仪可专测晶体结构，用离子选择性电极可测指定离子的浓度等。

⑧ 便于遥测、遥控、自动化：可即时、在线分析控制生产过程、环境自动监测与控制。

⑨ 操作较简便：省去了繁多化学操作过程。随自动化、程序化程度的提高，操作将更趋于简化。

⑩ 仪器设备较复杂，价格较昂贵。

表 8-1　各类仪器分析方法的检出限和准确度

方法	检出限	准确度(相对误差)/%
原子发射光谱法(AES)	$10^{-6}\sim10^{-12}$g	1～10
原子吸收光谱法(AAS)	$10^{-4}\sim10^{-15}$g	0.1～5
紫外-可见光谱法(UV-Vis)	$10^{-5}\sim10^{-8}$g	1～5
红外光谱法(IR)	10^{-6}g	1～5
X 射线荧光法(XRF)	10^{-7}g	1～5
离子选择性电极法(ISE)	$10^{-7}\sim10^{-8}$mol·dm^{-3}	1～5
伏安分析法(VA)	$10^{-6}\sim10^{-12}$mol·dm^{-3}	2～5
库仑分析法(CA)	10^{-9}g	0.01～1
气相色谱法(GC)	$10^{-8}\sim10^{-14}$g	0.5～5
质谱法(MS)	10^{-12}g	0.1～5
核磁共振波谱法(NMR)	0.01g	2～10
电子能谱法(ES)	10^{-18}g	5～10

8.1.2 仪器分析的分类

仪器分析方法种类繁多，根据它们测量的物理量、原理，大致可以将其分为电化学分析、光学分析、色谱分析、质谱分析、表面分析等。

(1) 电化学分析法

电化学分析法（或称电分析化学）是应用电化学的基本原理和实验技术，依据物质的电化学性质（电导、电位、电量、电流等）来测定组成和含量的分析方法。电化学分析法又分为电导分析法、电位分析法、电解分析法、库仑分析法和伏安分析法等。

(2) 光学分析法

光学分析法是基于物质对光的吸收或激发后光的发射所建立起来的一类方法。光学分析法又分为以下几类：原子光谱法，包括原子发射、原子吸收和原子荧光等；分子光谱法，包括紫外-可见吸收、红外吸收、分子荧光和拉曼光谱等；X 射线光谱法，包括 X 射线发射、吸收、衍射和荧光等；核磁共振、顺磁共振波谱法等。

(3) 色谱法

色谱法又称色谱分析、色谱分析法、层析法。色谱法利用不同物质在不同相态的选择性分配，以流动相对固定相中的混合物进行洗脱，混合物中不同的物质会以不同的速度沿固定相移动，最终达到分离的效果。

色谱法按两相状态分类，分为液相色谱法（按固定相不同，又分为液-液色谱法、液-固色谱法）、气相色谱法（按固定相不同，又分为气-液色谱法、气-固色谱法）；按固定相形式分类，分为柱色谱法、纸色谱法和薄层色谱法等；按分离机理分类，分为吸附色谱法、分配色谱法、离子交换色谱法和排阻色谱法等。

8.1.3 仪器分析的重要性

(1) 仪器分析在药学中的作用

随着生产力的发展、科学技术的进步以及现代生活方式的转变，药品在人们生活中扮演着越来越重要的角色，而利用仪器分析评估药品的安全性就变得尤为重要。药学领域广泛使用的分析方法有红外吸收光谱法、核磁共振波谱法、质谱法、原子吸收分光光度法等。

近红外光是介于可见光和中红外光之间的电磁波，美国试验和材料检测协会（ASTM）将其定义为波长 780～2526nm 的电磁波，通常分为近红外短波和近红外长波。中药材的成分复杂，传统方法鉴定比较困难，利用近红外光谱分析技术，并结合计算机技术，借助化学计量学的定性分析手段，可对常见的中药材进行分类。以白芷、葛根、白术、白芍、当归等几种常见的中药材为例，利用近红外光谱技术和化学计量方法，可以很快地将它们分类。还可以利用近红外光谱技术测量中药的有效成分，以冰片含量为例，采用不同的波长选择算法对校正模型的波长进行优化，中药的有效成分含量测量精度大大提高。以中药大黄为例，利用该技术可以采集大黄的近红外漫反射光谱，通过分析光谱，可以对大黄的真伪进行鉴别，误判率仅为 6%左右。

自从 1946 年美国斯坦福大学的 Bloch 和哈佛大学的 Purcell 两个小组各自独立地观察到凝聚态的核磁共振信号之后，经过 70 多年的迅速发展，核磁共振波谱技术（NMR）早已从最初测定原子核的磁矩等物理方面的应用扩展到化学、医学、材料学和生命科学等几乎所有自然科学领域。生物大分子的动力学一般包括整个分子的翻转、结构域的重排、构象转变、侧链的旋转甚至键的振动。对许多生物分子相互作用来说，大分子的空间排列或者动态波动已经被证明是一种主要的推动力，甚至对于一些生命过程如信号转导、转录调控和免疫应答等，动力学也是主要的调控力量。因此在解析大分子结构的同时也常常要测量它的动力学信息。相对其他方法而言，NMR 能够提供原子水平分辨率、时间尺度从皮秒到秒的动力学信息。按照 NMR 信号获得的时间尺度，通常大分子的动力学信息测定可以被分为慢速、中速和快速测定。

质谱法（MS）即用电场和磁场将运动的离子（带电荷的原子、分子或分子碎片，由分子离子、同位素离子、碎片离子、重排离子、多电荷离子、亚稳离子、负离子和离子-分子相互作用产生的离子）按它们的质荷比分离后进行检测的方法。质谱分析技术因高速、高灵敏度、信息量丰富且能与多种色谱技术在线联用的特点，在药学领域如药物开发、天然药物化学、药物分析等有着广泛的应用。随着化学危害物质种类的增加，分析检测方向也正逐渐由目标型低通量检测向未知物高通量检测转变。这就需要高分辨质谱（HRMS）来完成。由于每种元素的各种同位素的质量均带有不同的小数部分，每种元素的各种同位素都不能恰好成为另一元素的各种同位素的整数倍，因此通过质量的精确测定可以确定离子的化学式。HRMS可以精确地测量离子的质量，质量数可以精确到小数点后4位。目前使用较多的高分辨质谱主要有飞行时间质谱（TOF-MS）、静电场轨道阱质谱（Orbitrap-MS）和傅里叶变换离子回旋共振质谱（FTICR-MS），均可以和四极杆或离子阱相串联以提高其性能，可在单次分析中同时进行定性和定量分析，是未知物高通量检测中极具潜力的技术手段。

(2) 仪器分析在环境分析中的作用

当前环境分析的特点主要体现在以下几个方面：样品种类繁多、样品成分复杂、分析结果的稳定性较差以及检测组分的含量较低。现代仪器分析在环境分析中的应用主要体现在原子荧光光谱法的应用、色谱分析法的应用、质谱法和联用技术的应用以及分光光度法和流动性注射分析技术的应用等方面。

原子荧光光谱法（AFS）是20世纪70年代发展起来的光谱技术：先将样品转变为原子蒸气，该原子蒸气吸收一定波长的辐射而被激发，然后回到基态时便发射出一定波长的原子荧光，再依据荧光的强度分析所测元素的含量。目前原子荧光光谱法在环境分析中具有重要应用，可以对水样中的As、Te、Sb、Ge、Bi、Sn、Pb、Se 8种元素进行有效检测。由于水中的物质容易转变成氯化物，使用原子荧光光谱法可以很好地解决这一问题，不仅受干扰小，而且检测灵敏准确。

色谱分析法是环境分析中较为常见的一种现代仪器分析方法。色谱分析法的主要内容是分离、测定样品，并对结果进行具体分析。因为环境污染物具有不同成分不相容的基本特征，且不同成分的分配系数与吸附效果具有显著差异，采用色谱分析法能够在一定时间内定量检测或定性分析检测样品，提高混合物分离工作的效率。

气相色谱-质谱联用技术（GC-MS）是将气相色谱（GC）和质谱（MS）通过接口连接起来，GC将复杂混合物分离成单组分后进入MS进行分析检测。该联用技术是气相色谱的高效分离能力和质谱强大的结构分析能力相互结合的技术，由于检测灵敏度高、适用范围广等特点，该技术被广泛应用于基础学科及医学、环保等领域。如对水果农药残留检测来说，气相色谱-质谱联用技术相比其他技术更能满足高分辨率的水果农药残留检测要求。以大葱农药残留物质为例，采用气相色谱法-质谱法联用技术可以在40分钟内完成残留农药物质的检测，并且无论从检测浓度还是准确度上，都能满足蔬菜农药残留的检测要求。

(3) 仪器分析在食品分析中的作用

目前，由于食品中新型添加剂越来越多、越来越复杂，传统的化学检测、物理检测已经无法满足食品检测分析的需求。在这一新形势下，仪器分析法得到了广泛的应用。与传统的食品检测分析法相比，仪器分析检测法灵敏度更高，并在很大程度上降低了检出限。同时，该方法操作也相对比较简单，可对多种指标进行快速检测和分析，并得出相应的结果。另外，通过仪器分析法还可以将食品检测中的相关数据进行分类处理，使得食品中不同物质的含量得到完整的呈现，进而可对食品内部情况进行详细的分析，进一步提升了食品检测的效果，最大限度保障了食品安全。

电化学分析法是仪器分析法中重要的方法之一，已经被广泛应用到食品生产、食品检测过程中。该方法的理论依据是物质在溶液中的电化学性质和变化规律，并据此对物质含量进行定性和定量分析。铅是一种重金属，积累中毒会损害人的中枢神经和肝脏，铅的测定方法常用的有比色法和原子吸收法，前者处理过程烦琐，后者仪器昂贵，用离子选择性电极法测定饮料中的铅，方法简便、快速、准确、测定费用低，最低可检测到 $1.2\times10^{-12}mol\cdot dm^{-3}$。

光谱分析法主要分为以下几种：a. 近红外光谱分析法，此方法在食品行业中主要被用来分析食品中含有的防腐剂成分，还能用于检测粮食中的脂肪、蛋白质、氨基酸、纤维素和水分等的含量，目前已被广泛应用于大豆脂肪和蛋白质含量的检测当中；b. 原子吸收分光光度法，此方法的优势是能够精确地测定生物样品中所含的痕量矿物质，广泛应用于食品营养、食品分析和食品生物化学等领域；c. 可见光光度分析法，此方法可用于食品中锌、铁、铜、铅的测定；d. 荧光分光光度法，此方法也属于痕量分析方法。

色谱分析法主要包括以下几种：a. 离子色谱法，这种方法创立于 20 世纪 70 年代中期，在食品分析领域的应用十分广泛，所分析的样品包括肉制品、谷物制品、水、奶制品、酒品等诸多品种，在食品分析领域中的地位十分重要；b. 液相及高效液相色谱法，这种方法主要包括柱色谱分析、纸色谱分析和薄层色谱分析等，多用于食品中外来物质和食品内部组成的分析中，具有独特的作用和优势；c. 气相色谱法，此方法可用于测定食品中能直接或间接气化的有机物质，脂肪酸、氨基酸、蛋白质和藻类等都属于这类物质。

8.1.4 仪器分析的发展趋势

现代科学技术的发展、生产的需要和人民生活水平的提高对分析化学提出了新的要求，为了适应科学发展，仪器分析随之也将出现以下发展趋势。

① 方法创新。进一步提高仪器分析方法的灵敏度、选择性和准确性。各种选择性检测技术和多组分同时分析技术等是当前仪器分析研究的重要课题。

② 分析仪器智能化。微机在仪器分析法中不仅运算分析结果，而且可以储存分析方法和标准数据，控制仪器的全部操作，实现分析操作自动化和智能化。

③ 新型动态分析检测和非破坏性检测。离线的分析检测不能瞬时、直接、准确地反映生产实际和生命环境的情景实况，不能及时控制生产、生态和生物过程。运用先进的技术和分析原理，研究并建立有效而实用的实时、在线和高灵敏度、高选择性的新型动态分析检测和非破坏性检测，将是 21 世纪仪器分析发展的主流。生物传感器和酶传感器、免疫传感器、DNA 传感器、细胞传感器等不断涌现，纳米传感器的出现也为活体分析带来了机遇。

④ 多种方法的联合使用。仪器分析多种方法的联合使用可以使每种方法的优点得以发挥，每种方法的缺点得以弥补。联用分析技术已成为当前仪器分析的重要发展方向。

⑤ 扩展时空多维信息。随着环境科学、宇宙科学、能源科学、生命科学、临床化学、生物医学等学科的兴起，现代仪器分析已不再局限于将待测组分分离出来进行表征和测量，而是已经成为一门尽可能多地提供物质化学信息的学科。随着人们对物质认识的深入，某些过去所不甚熟悉的领域（如多维、不稳定和边界条件等）也逐渐提上日程。采用现代核磁共振波谱、质谱、红外光谱等分析方法，可提供有机物分子的精细结构、空间排列构成及瞬态变化等信息，为人们对化学反应历程及生命的认识奠定了重要基础。

总之，仪器分析正在向快速、准确、灵敏及适应特殊分析的方向迅速发展。

8.2 紫外-可见吸收光谱法

8.2.1 紫外-可见吸收光谱概述

测量物质的分子化学键的价电子跃迁对紫外-可见光区（波长范围为200～800nm）电磁辐射的吸收可获得该物质的紫外-可见吸收光谱，见图8-1。

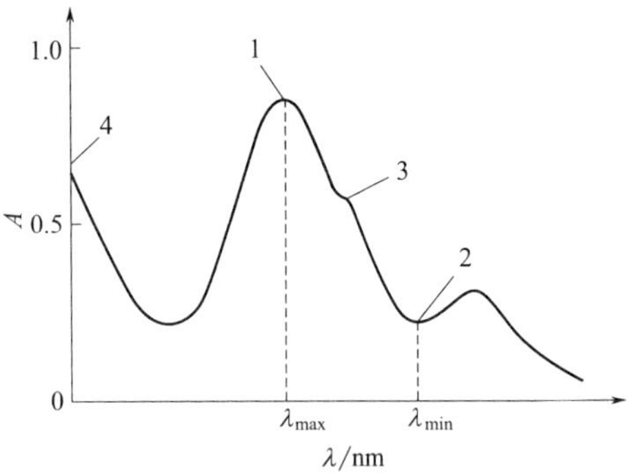

图8-1 紫外-可见吸收光谱示意图

1—吸收峰；2—谷；3—肩峰；4—末端吸收

紫外-可见吸收光谱的基本原理是利用光的照射下待测样品内部的电子跃迁，电子跃迁类型有：

① $\sigma\rightarrow\sigma^*$ 跃迁。指处于成键轨道上的σ电子吸收光子后被激发跃迁到 σ^* 反键轨道。

② $n\rightarrow\sigma^*$ 跃迁。指分子中处于非键轨道上的n电子吸收能量后向 σ^* 反键轨道的跃迁。

③ $\pi\rightarrow\pi^*$ 跃迁。指不饱和键中的π电子吸收光波能量后跃迁到 π^* 反键轨道。

④ $n\rightarrow\pi^*$ 跃迁。指分子中处于非键轨道上的n电子吸收能量后向 π^* 反键轨道的跃迁。

电子跃迁类型不同，实际跃迁需要的能量（波长）不同：$\sigma\rightarrow\sigma^*$ 约150nm；$n\rightarrow\sigma^*$ 约200nm；$\pi\rightarrow\pi^*$ 约200nm；$n\rightarrow\pi^*$ 约300nm。吸收能量的次序为：$\sigma\rightarrow\sigma^* > n\rightarrow\sigma^* \geqslant \pi\rightarrow\pi^* > n\rightarrow\pi^*$。

特殊的分子结构就会有特殊的电子跃迁，对应着不同的能量（波长），反映在紫外-可见吸收光谱图上就有一定位置一定强度的吸收峰，根据吸收峰的位置和强度就可以推知待测样品的结构信息。另外，同一试样中，不同的电子能级跃迁对应了不同波长的吸收。光谱中被吸收得最多的光的波长就称为最大吸收波长，用 λ_{max} 表示。如 $KMnO_4$ 溶液对波长545nm的光（绿色光）吸收最强，而对紫色光吸收最弱。

紫外-可见吸收光谱分析原理简单、仪器简便、易于操作，具有以下特点。

① 紫外-可见吸收光谱所对应的电磁波长较短，能量大，它反映了分子中价电子能级跃迁情况。主要应用于共轭体系（共轭烯烃和不饱和羰基化合物）及芳香族化合物的分析。

② 由于电子能级改变的同时，往往伴随有振动能级的跃迁，因此电子光谱图比较简单，但峰形较宽。一般来说，利用紫外-可见吸收光谱进行定性分析信号较少。

③ 紫外-可见吸收光谱常用于共轭体系的定量分析，灵敏度高，检出限低。

8.2.2 紫外-可见分光光度法分析原理

紫外-可见分光光度法分析是基于单色光辐射穿过被测物质溶液时，在一定的浓度范围内被该物质吸收的量与该物质的浓度和液层的厚度（光路长度）成正比，其关系可以用朗伯-比尔（Lambert-Beer）定律表述如下

$$A=\lg\frac{1}{T}=Ecl \tag{8-1}$$

式中，A 为吸光度；T 为透光率；E 为吸光系数；c 为溶液中所含物质的浓度；l 为液层厚度，cm。

式(8-1) 中，若 c 以 $mol\cdot dm^{-3}$ 为单位，l 的单位用 cm，则此时的吸光系数称为摩尔吸光系数，用 ε 表示，单位为 $dm^3\cdot mol^{-1}\cdot cm^{-1}$，式(8-1) 可以转化为

$$A=\varepsilon cl \tag{8-2}$$

ε 是衡量物质吸光能力的重要参数，ε_{max} 表明了物质最大的吸光能力，反映了光度法测定该物质时可能达到的最大灵敏度。

已知某纯物质在一定条件下的吸光系数，可用同样条件将含有该物质的样品配成溶液，测定其吸光度 A 值，即可由式(8-2) 得 $c=A/(\varepsilon l)$，计算出样品中该物质的含量。在实际应用中基本上不采用这种单点计算的方法，而是利用标准曲线（也称工作曲线、校准曲线等）法进行定量分析，即在相同条件下测定一系列不同浓度标准溶液的吸光度。以浓度（c）为横坐标，吸光度（A）为纵坐标，得到一条 A-c 关系曲线，即为标准曲线。然后再在相同条件下测得待测溶液的吸光度 A 值，即可从标准曲线中查得待测溶液的浓度 c。

在利用标准曲线法进行定量分析时，需要注意消除干扰、扣除空白、在线性范围内测定方可获得满意的结果。另外在可见光区，除某些物质对光有吸收外，很多物质本身并没有吸收，可在一定条件下加入显色试剂或经过处理使其显色后再测定。

8.2.3 紫外-可见分光光度计

紫外-可见分光光度计由光源、单色器、吸收池、检测器和信号处理器等部件组成，如图 8-2。

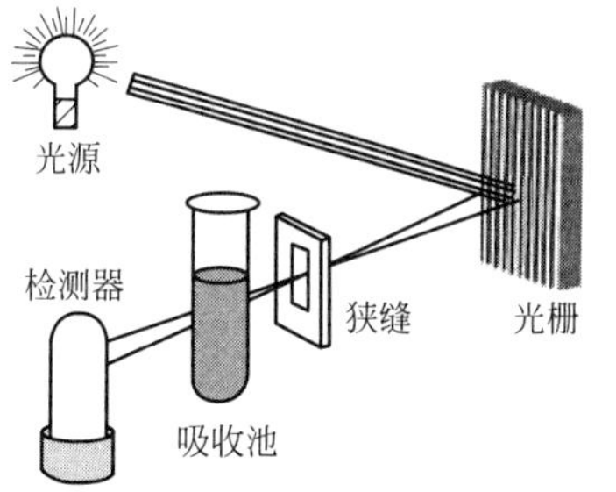

图 8-2 紫外-可见分光光度计原理示意图

① 光源。光源的功能是提供足够强度的、稳定的连续光谱。紫外-可见分光光度计同时具有紫外和可见两种光源。紫外光区通常用氢灯或氘灯，氘灯发射强度比氢灯大 4 倍。可见光区通常用钨灯或卤钨灯。

② 单色器。单色器的功能是将光源发出的复合光分解并从中分出所需波长的单色光。色散元件有棱镜和光栅两种。棱镜单色器的缺点是色散率随波长变化，得到的光谱呈非均匀排列，而且传递光的效率较低。光栅单色器在整个光学光谱区具有良好的几乎相同的色散率。因此，现代紫外-可见分光光度计多采用光栅单色器。

③ 吸收池。可见光区的测量用玻璃吸收池，紫外光区的测量须用石英吸收池。最常用

的吸收池厚度为 1cm。为了减少入射光的反射损失和光程差，应注意吸收池放置的位置，使其透光面垂直于光束方向。指纹、油渍或器皿壁上其他沉积物都会影响其透射特性，因此应注意保持吸收池的清洁。

④ 检测器。检测器的功能是通过光电转换元件检测透过光的强度，将光信号转变成电信号。要求检测器对测定波长范围内的光有快速、灵敏的响应，产生的光电流应与照射于检测器上的光强度成正比。常用的光电转换元件有光电管、光电倍增管及光二极管阵列。

紫外-可见分光光度计可归纳为 5 种类型，即单光束分光光度计、双光束分光光度计、双波长分光光度计、多通道分光光度计和探头式分光光度计。前三种类型较为普遍。

8.2.4 紫外-可见吸收光谱法的应用

(1) 紫外-可见吸收光谱定性分析

紫外-可见吸收光谱吸收峰少而宽，它仅能反映分子中生色团、助色团的特性，而不是整个分子的特性。因此，紫外-可见吸收光谱的独到之处是测定分子中的共轭程度，判断生色团和助色团的种类、位置和数目，确定几何异构、互变异构及氢键强度等。对于一个完全未知化合物的结构，仅靠紫外-可见吸收光谱推断是难以实现的，必须与红外光谱、核磁共振波谱、拉曼光谱、质谱相配合，加以综合分析才能得出分子结构的完整结论。

紫外-可见吸收光谱可用于互变异构体的确定。

一般共轭体系的 λ_{max}、ε_{max} 大于非共轭体系，如乙酰乙酸乙酯有酮式和烯醇式间的互变异构：

$$H_3C-\overset{O}{\underset{}{C}}-CH_2-\overset{O}{\underset{}{C}}-OC_2H_5 \rightleftharpoons H_3C-\overset{OH}{\underset{}{C}}=CH-\overset{O}{\underset{}{C}}-OC_2H_5$$

酮式结构(92.5%)　　　　　　　烯醇式结构(7.5%)

在酮式中两个 C=O 双键未共轭，在烯醇式中两个双键（C=C 和 C=O）共轭。随着所用溶剂极性不同，互变异构平衡将发生移动，导致两种异构体在溶剂中的浓度比例亦不同。如在极性溶剂水中，酮式可与水形成氢键而具有较大的稳定性，上述平衡向左移动。此时，乙酰乙酸乙酯的酮式占优势，吸收峰较弱。而烯醇式不能与水分子生成氢键，故在该体系中浓度极小。反之，在非极性溶剂环己烷中，烯醇式可生成分子内氢键而具有较大的稳定性，在平衡体系中占绝对优势，出现强的吸收峰。而酮式在非极性溶剂中不能生成分子内氢键，故在该体系中浓度很小。

(2) 紫外-可见吸收光谱定量分析

紫外-可见吸收光谱定量分析的依据是朗伯-比尔定律。常用的定量分析方法有直接比较法、标准曲线法、标准加入法、示差分光光度法以及根据吸光度加和性原理建立的多组分测定法、双波长分光光度法及导数光谱（微分光谱）法等。

紫外-可见吸收光谱可用于配合物组成及稳定常数的测定（摩尔比法）。

摩尔比法，又称饱和法，它是根据金属离子 M 在与配体 R 反应过程中被饱和的原则来测定配合物组成的。

设配合反应为

$$M + nR \rightleftharpoons MR_n$$

若 M 与 R 均不干扰 MR_n 的吸收，且分析浓度分别是 c_M、c_R，那么固定金属离子 M 的浓度，改变配体 R 的浓度，可得到一系列 c_R/c_M 不同的溶液。在适宜波长下测定各溶液的吸光度，然后以吸光度 A 对 c_R/c_M 作图（见图 8-3）。当加入配体 R 还没有使 M 定量转化为 MR_n 时，曲线处于直线阶段；当加入的配体 R 已使 M 定量转化为 MR_n 并稍有了过量时，曲线便出现转折；加入的 R 继续过量，曲线便成水平直线。转折点所对应的摩尔比便是配合物的组成比。若配合物稳定，则转折点明显；反之，则不明显，这时可用外推法求得两直线的交点。交点对应的 c_R/c_M 即是 n。

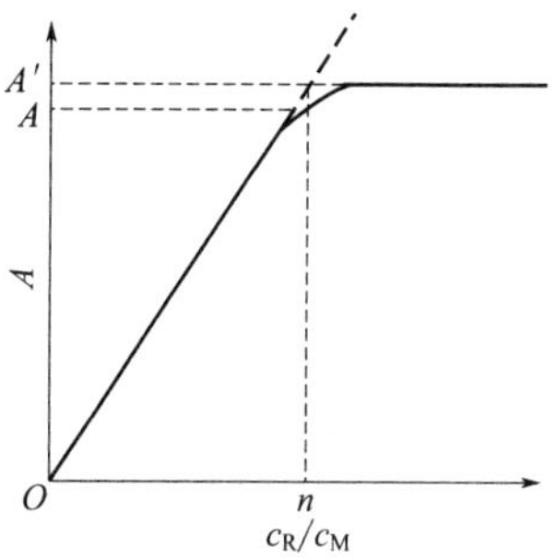

图 8-3 摩尔比法

8.3 红外吸收光谱法

8.3.1 红外吸收光谱概述

红外光谱可分为发射光谱和吸收光谱两类。本节主要讨论红外吸收光谱。分子能选择性吸收某些波长的红外线，而引起分子中振动能级和转动能级的跃迁，检测红外线被吸收的情况可得到物质的红外吸收光谱，又称分子振动光谱或振转光谱，见图 8-4。

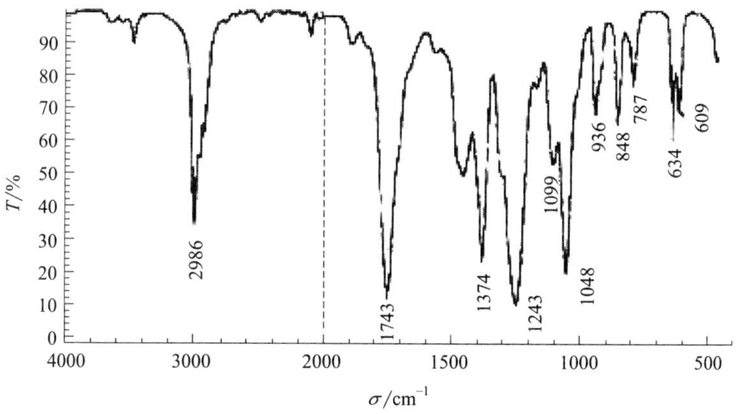

图 8-4 乙酸乙酯的红外吸收光谱

(1) 红外光谱的表示方法

红外光谱是研究波数在 $4000\sim400cm^{-1}$ 范围内不同波长的红外光通过化合物被吸收的谱图。

在红外光谱图中，如图 8-4，横坐标为波数，表示吸收峰的位置，单位为 cm^{-1}；纵坐标为透光率，表示吸收强度，单位为%。透光率值越小，表示吸收强度越好，所以谱图中低谷表示的是一个强的吸收峰。

透光率以下式表示

$$T=I/I_0\times100\% \tag{8-3}$$

式中，I 表示透过光的强度；I_0 表示入射光的强度。

红外光谱中吸收峰的强度遵守朗伯-比耳定律。吸光度与透光率关系为

$$A=\lg(1/T) \tag{8-4}$$

所以在红外光谱中“谷”越深（T 小），吸光度越大，吸收强度越强。

(2) 特征吸收频率

在有机物分子中原子之间的主要作用力是价键力，其作用力的大小以力常数 k 表示。可以认为，原子间同样化学键（如同为 C—H 键或同为 C═O 键等）的力常数在不同分子中的变化是很小的，因此，处于不同有机分子中的一些基团（或官能团）的简正振动频率总是在一个较窄的范围内变化，它们在红外光谱中似乎表现为相对独立的结构单元。换句话说，组成分子的各种基团（官能团）都有自己特定的红外吸收区域。通常把能代表某基团存在并有较高强度的吸收峰的位置，称为该基团（官能团）的特征频率，对应的吸收峰则称为特征吸收峰。如 CH_3CH_2Cl 中的—CH_3，在 2960cm^{-1} 附近有特征吸收，该吸收位置的波数（2960cm^{-1}）就称为甲基的基团频率或特征频率。

化学工作者依靠把红外光谱与分子结构单元联系起来的经验数据得知，同一种化学键的基团在不同化合物的红外光谱中吸收峰位置是大致相同的，这一特性提供了鉴定各种基团（官能团）是否存在的判断依据，从而成为红外光谱定性和结构分析的基础。表 8-2 为常见官能团的红外光谱特征吸收表。

表 8-2 常见官能团的红外光谱特征吸收

基团	振动	σ/cm^{-1}
—CH_3	C—H 对称伸缩振动	2885～2860
	C—H 不对称伸缩振动	2975～2950
	C—H 变形振动	1385～1365
—CH_2—	C—H 对称伸缩振动	2870～2845
	C—H 不对称伸缩振动	2940～2915
	C—H 变形振动	1480～1440
>C═C<	C═C 伸缩振动	1645～1640
—C≡C—H	C—H 伸缩振动	3310～3300
	C≡C 伸缩振动	2260～2100
苯环	C—H 伸缩振动	3080～3030
	苯环骨架振动	1600,1500
>C═O	C═O 伸缩振动	1870～1635
—NH—	N—H 伸缩振动	3500～3100
	N—H 变形振动	1650～1550
—C(—)(—)—OH	O—H 伸缩振动	3670～3230
	C—O 伸缩振动	1300～1000

通常的红外光谱频率在 4000～625cm^{-1} 之间，这正是一般有机物的基本振动频率范围，可以给出非常丰富的结构信息。红外光谱法具有的优点可以归纳如下：

① 任何气态、液态和固态样品均可进行测定。

② 每种化合物均有红外吸收，一般有机物的红外光谱至少有十几个吸收峰。官能团区的吸收峰显示了化合物所存在的官能团的类型，而指纹区的吸收峰可对化合物结构的确定提供可靠的依据。

③ 常规红外光谱仪价格便宜。

④ 样品用量少，较高级的红外光谱仪的样品用量可少到微克量级。

8.3.2 红外吸收光谱分析原理

(1) 分子的振动

红外吸收光谱是由分子不停地做振动和转动运动而产生的。分子振动是指分子中各原子在平衡位置附近做相对运动，多原子分子可组成多种振动图形。当分子中各原子以同一频率、同一相位在平衡位置附近做简谐振动时，这种振动形式称简正振动。

含 n 个原子的分子应有 $3n-6$ 种简正振动形式；如果是线性分子，只有 $3n-5$ 种简正振动形式。以非线性三原子分子为例，它的简正振动形式只有三种，见图 8-5。在 v_1 和 v_3 振动中，只是化学键的伸长和缩短，称为伸缩振动，而 v_2 的振动形式改变了分子中化学键间的夹角，称为变形振动（又称弯曲振动），它们是分子振动的主要形式。其中伸缩振动又可以分为对称伸缩振动和不对称伸缩振动；弯曲振动又可分为平面内（简称面内）弯曲振动和平面外（简称面外）弯曲振动。

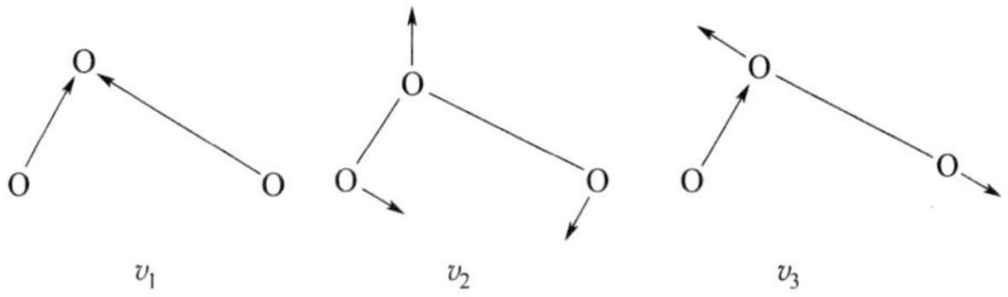

图 8-5 非线性三原子分子的三种简正振动形式

(2) 红外吸收光谱产生条件

分子在振动过程中，只有引起分子偶极矩发生改变的那些振动，才能吸收红外辐射能量，产生红外吸收光谱，这样的振动称为红外活性振动；不能引起偶极矩变化的振动称为红外非活性振动，它不能产生红外吸收光谱。如同核双原子分子 H_2、N_2、O_2、Cl_2，它们都是非极性分子，在振动中无偶极矩的变化，因此它们都是红外非活性振动，故同核双原子分子无红外吸收光谱。在多原子分子中，若分子具有对称性，则往往有些振动无偶极矩变化，因而也是红外非活性振动，不产生红外吸收峰。如线性分子 CO_2，按公式 $3n-5$，应有 4 种简正振动，见图 8-6。

图中振动形式(a) 是对称伸缩振动，此振动不引起分子偶极矩的变化，因此振动形式

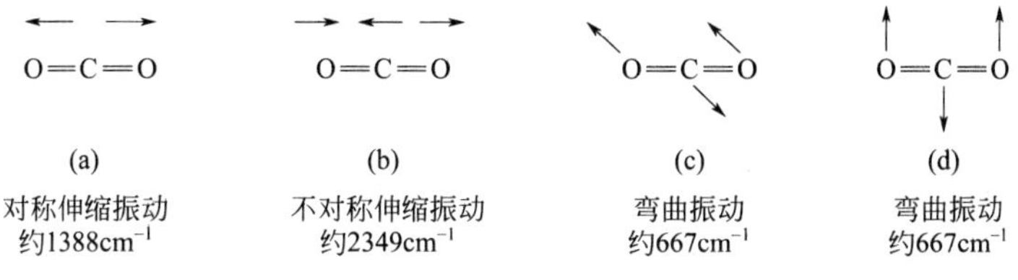

图 8-6 CO_2 分子振动及红外吸收

(a) 是红外非活性的，故在红外光谱中不出现吸收峰；振动形式(b) 是不对称伸缩振动，振动时有偶极矩变化，因此，它是红外活性的，在红外光谱的 2349cm^{-1} 处出现吸收峰；振动形式(c) 和振动形式(d) 都是弯曲振动，这两种振动方向互相垂直，振动形式和频率相同，产生双重简并，在红外光谱中只产生 667cm^{-1} 处的一个吸收峰。因此，CO_2 虽有 4 种振动形式，但在红外光谱中只能看到 2349cm^{-1} 和 667cm^{-1} 两个吸收峰。

总之，只有当红外辐射光的频率正好与分子中某基团振动频率一致，且分子振动引起瞬间偶极矩产生变化，才能产生红外光谱。

(3) 红外吸收峰的强度

分子振动时偶极矩的变化不仅决定了该分子能否吸收红外辐射产生红外光谱，而且还关系到吸收峰的强度。根据量子理论，红外吸收峰的强度与分子振动时偶极矩变化的平方成正比。因此，振动时偶极矩变化越大，吸收强度越强。而偶极矩变化大小主要取决于下列三种因素。

① 化学键两端连接的原子的电负性相差越大（极性越大），瞬间偶极矩的变化也越大，在伸缩振动时，引起的红外吸收峰也越强（有费米共振等因素时除外）。

② 振动形式不同对分子的电荷分布影响不同，故吸收峰强度也不同。通常不对称伸缩振动比对称伸缩振动的影响大，而伸缩振动又比弯曲振动影响大。

③ 结构对称的分子在振动过程中，如果整个分子的偶极矩始终为零，没有吸收峰出现。其他诸如费米共振、形成氢键及与偶极矩大的基团共轭等因素，也会使吸收峰强度改变。

8.3.3 傅里叶变换红外光谱仪

傅里叶变换红外光谱仪（FTIR 光谱仪）由 3 部分组成：红外光学台（光学系统）、计算机和打印机。而红外光学台是红外光谱仪的最主要部分。

红外光学台由红外光源、光阑、干涉仪、样品室、检测器以及各种红外反射镜、氦氖激光器、控制电路和电源组成。图 8-7 所示为傅里叶变换红外光谱仪工作原理示意图。

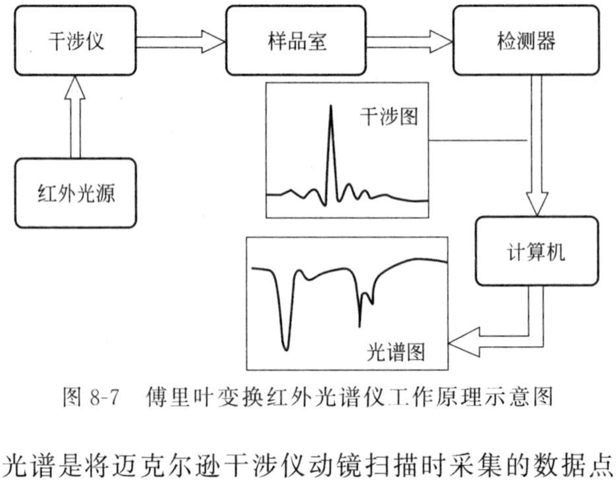

图 8-7 傅里叶变换红外光谱仪工作原理示意图

傅里叶变换红外光谱是将迈克尔逊干涉仪动镜扫描时采集的数据点进行傅里叶变换得到的。动镜在移动过程中，在一定的长度范围内，在大小有限、距离相等的位置采集数据，由这些数据点组成干涉图，然后对它进行傅里叶变换，得到一定范围内的红外光谱图。

以透光率表示的红外光谱，由于透光率与样品的质量不成正比关系，所以以透光率表示的红外光谱，不能用于红外光谱的定量分析，而以吸光度表示的红外光谱，因吸光度值在一定范围内与样品的厚度和样品的浓度成正比关系，所以可用以吸光度值表示的红外光谱进行定量分析。

傅里叶变换红外光谱仪的主要特点：

① 具有很高的分辨能力，在整个光谱范围内分辨能力达到 $0.1cm^{-1}$。

② 具有极高的波数准确度，波数准确度可以达到 $0.01cm^{-1}$。

③ 杂散光的影响度低，通常在全光谱范围杂散光影响低于 0.3%。

④ 扫描时间短，可以用于观测瞬时反应。

⑤ 可以研究很宽的光谱范围。

8.3.4 红外吸收光谱法的应用

红外光谱分析时，固体试样常与无机盐（纯 KBr）混合压片，然后直接进行测定。

(1) 定性分析

1）已知物的鉴定

将试样的谱图与标样的谱图进行对照，或者与文献上的标准谱图进行对照，如果两张谱图各吸收峰的位置和形状完全相同，峰的相对强度一样，就可以认为样品是该种标准物。如果两张谱图不一样，或峰位不对，则说明两者不为同一物，或样品中有杂质。如用计算机谱图检索，则采用相似度来判别。使用文献上的谱图时，应当注意试样的物态、结晶状态、溶剂、测定条件以及所用仪器类型均应与标准谱图相同。

最常见的标准光谱集（库）有 3 种：

① Sadtler 标准红外光谱集。这是一套连续出版的大型综合性活页光谱集，由美国 Sadtler Research Laboratories 收集的光谱已超过 13 万张。另外，它备有多种索引，便于查找。

② Aldrich 红外光谱库。C. J. Pouchert 编，Aldrich Chemical Co. 出版（第三版，1981）。它汇集了 12000 余张各类有机化合物的红外光谱图，全卷最后附有化学式索引，便于查找。

③ Sigma Fourier 红外光谱库。R. J. Keller 编，Sigma Chemical Co. 出版（2 卷，1986）。它汇集了 10400 张各类有机化合物的 FTIR 谱图，并附索引。

2）未知物结构的测定

红外吸收光谱是确定未知物结构的重要手段。在定性分析过程中，首先要获得清晰可靠的谱图，然后就是对谱图做出正确的解析。所谓谱图的解析就是根据实验所测绘的红外光谱图的吸收峰位置、强度和形状，利用基团振动频率与分子结构的关系来确定吸收带的归属，确认分子中所含的基团或化学键，进而推定分子的结构。简单地说，就是根据红外光谱所提供的信息，正确地把化合物的结构“翻译”出来。

红外光谱谱图解析注意事项：

① 通常先观察官能团区（$4000 \sim 1300cm^{-1}$），可借助手册或书籍中的基团频率表，对照谱图中基团频率区内的主要吸收带，找到各主要吸收带的基团归属，初步判断化合物中可能含有的基团和不可能含有的基团及分子的类型。

② 再查看指纹区（$1300 \sim 600cm^{-1}$），进一步确定基团的存在及其连接情况和基团间的

相互作用。任一基团由于都存在着伸缩振动和弯曲振动，因此会在不同的光谱区域中显示出几个相关峰，通过观察相关峰，可以更准确地判断基团的存在情况。

③ 红外光谱的三要素是吸收峰的位置、强度和形状。无疑三要素中吸收峰位置（即吸收峰的波数）是最为重要的特征，一般用于判断特征基团，但也需要其他两个要素辅以综合分析，才能得出正确的结论。例如 C ═O，其特征是在 $1780 \sim 1680cm^{-1}$ 范围内有很强的吸收峰，这个位置是最重要的，若有一样品在此位置上有一吸收峰，但吸收强度弱，就不能判定此化合物含有 C ═O，而只能说此样品中可能含有少量羰基化合物，它以杂质峰出现，或者可能为其他基团的相近吸收峰而非 C ═O 吸收峰。另外，还要注意每类化合物的相关吸收峰，例如，判断出 C ═O 的特征吸收峰之后，还不能断定它是属于醛、酮、酯或是酸酐等的哪一类，这时就要根据其他相关峰来确定。

④ 当初步推断出试样的结构式之后，还要结合其他的相关资料，综合判断分析结果，提出最可能的结构式，然后查找标准谱图进行对照核实。更为准确的方法是同时结合紫外、质谱、核磁共振谱图等数据综合分析。

【例 8-1】 一化合物的化学式为 $C_4H_6O_2$，其红外光谱如图 8-8 所示，试推测其结构。

解： 计算不饱和度：

因为 $$\Omega = 1 + n_4 - (n_1 - n_3)/2$$

式中，n_4 为四价原子数，如 C、Si 等原子；n_1 为一价原子数，如 H、卤素等；n_3 为三价原子数，如 N、P、As 等。不饱和度计算中不考虑二价原子如 O、S 等的个数。

如经计算得到：$\Omega = 0$，则表示分子是饱和的，由单键构成；$\Omega = 1$ 表示分子中有一个双键，或者一个环；$\Omega = 2$ 表示分子中有一个叁键，或者两个双键，或者一个双键一个环，或者两个环。苯环的不饱和度为 4，萘的不饱和度为 7，其余类推。

$$\Omega = 1 + 4 - (6 - 0)/2 = 2$$

化合物红外光谱在 $1770cm^{-1}$ 附近的强吸收峰（峰 1）为 C ═O 伸缩振动，此峰向高波数位移表明为酯的羰基。酯的另一个有价值的特征峰是位于 $1230cm^{-1}$（峰 3）和 $1030cm^{-1}$ 处的 C—O—C 不对称与对称伸缩振动的两个强峰，故可确定此化合物为酯。

在 $1650cm^{-1}$ 附近的中强吸收峰（峰 2）为不对称烯烃的 C ═C 伸缩振动吸收。指纹区 $990cm^{-1}$ 强峰和 $910cm^{-1}$ 中强峰表明此为 RCH ═CH_2 端一取代类型，$1380cm^{-1}$ 处为 —CH_3 的 C—H 弯曲振动吸收。综上分析，此化合物为 CH_3—COO—CH ═CH_2。

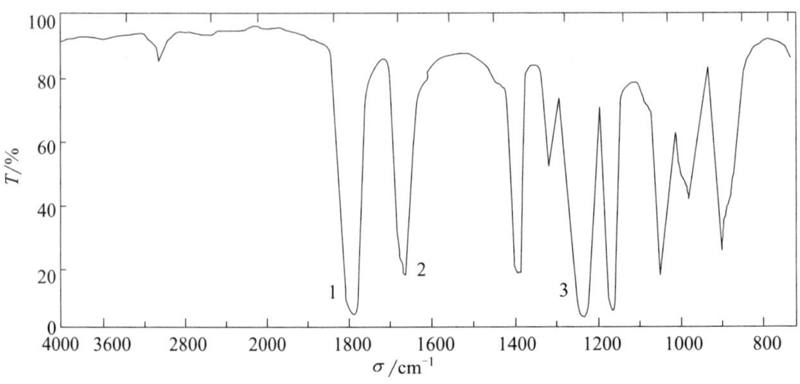

图 8-8 $C_4H_6O_2$ 的红外光谱

(2) 定量分析

红外光谱定量分析是依据物质组分的吸收峰强度进行的，它的理论基础是朗伯-比尔定律。用红外光谱做定量分析的优点是有许多谱带可供选择，有利于排除干扰；对于物理和化学性质相近，而用气相色谱法进行定量分析又存在困难的试样（如沸点高或气化时要分解的试样）往往可采用红外光谱法定量分析；而且气态、液态和固态物质均可用红外光谱法测定。

红外光谱定量分析时吸光度的测定常用基线法，例如甲苯红外光谱（图 8-9）。T_0 为 3050cm^{-1} 处吸收峰基线的透光率，T 为峰顶的透光率，则吸光度

$$A=\lg(T_0/T)=\lg(93/15)=0.79$$

一般用校准曲线法或者与标样比较来定量。

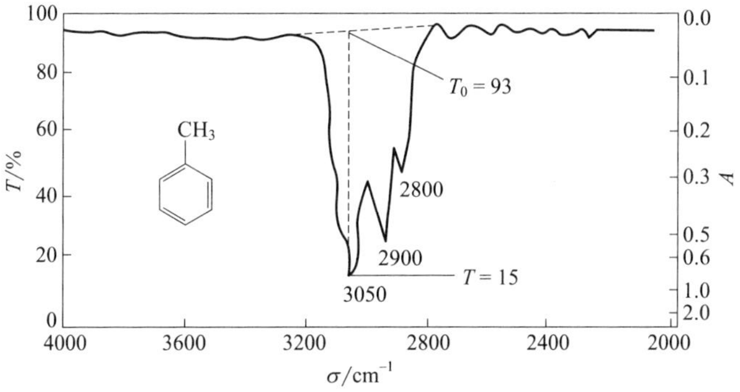

图 8-9　甲苯红外光谱

8.4 电分析化学

8.4.1 电分析化学概述

电分析化学是仪器分析的一个重要分支，它是以测量某一化学体系或试样的电响应为基础建立起来的一类分析方法。它把测定的对象构成一个化学电池的组成部分，通过测量电池的某些物理量，如电位、电流、电导或电量等，求得物质的含量或测定某些电化学性质。

电分析化学具有如下特点：

① 灵敏度较高。如溶出伏安法能同时测定几种含量很低的金属，其最低含量可达 $10^{-10}\%$（或质量分数为 10^{-12} 数量级）。

② 准确度高。如库仑分析法和电解分析法的准确度很高，前者特别适用于微量成分的测定，后者适用于高含量成分的测定。

③ 测量范围宽。电位分析法及微库仑分析法等可用于微量组分的测定；电解分析法、电容量分析法及库仑分析法则可用于中等含量组分及纯物质的分析。

④ 仪器设备较简单，价格低廉，仪器的调试和操作都较简单，容易实现自动化。

⑤ 选择性好。除电导分析法和恒电流电重量分析法以外，其他电分析化学法都具有较

好的选择性。例如控制阴极电位电解法，可以在多种金属共存时分离并测定某一金属。

根据测量的电信号不同，电化学分析法可分为电位分析法、电解分析法、电导分析法和伏安分析法。

电位分析法是通过测量电极电位以求得待测物质含量的分析方法。若根据电极电位测量值，直接求算待测物的含量，称为直接电位法；若根据滴定过程中电极电位的变化以确定滴定的终点，称为电位滴定法。

电解分析法是根据通电时，待测物在电池电极上发生定量沉积的性质以确定待测物含量的分析方法。

电导分析法是测量分析溶液的电导以确定待测物含量的分析方法。

伏安分析法是将一微电极插入待测溶液中，利用电解时得到的电流-电压曲线为基础而演变出来的各种分析方法的总称。

无论是哪一种类型的电化学分析法，都必须在一个化学电池中进行，因此化学电池的基本原理是各种电分析化学方法的基础。

本节重点介绍电位分析法。

8.4.2 电位分析法基本原理

电位分析法通过测定原电池的电动势或电极电位，利用能斯特方程直接求出待测物质含量。

在电位分析中，由两支电极和待测定溶液构成测量电池。其中的一支电极为指示电极，其电极电位随待测离子活度的变化而变化；另一支电极为参比电极，其电位在测定过程中保持恒定，不受试液组成变化的影响，与指示电极组成电极对。将指示电极和参比电极一起浸入试液，组成电池体系。如图 8-10 为电位分析基本装置示意图。

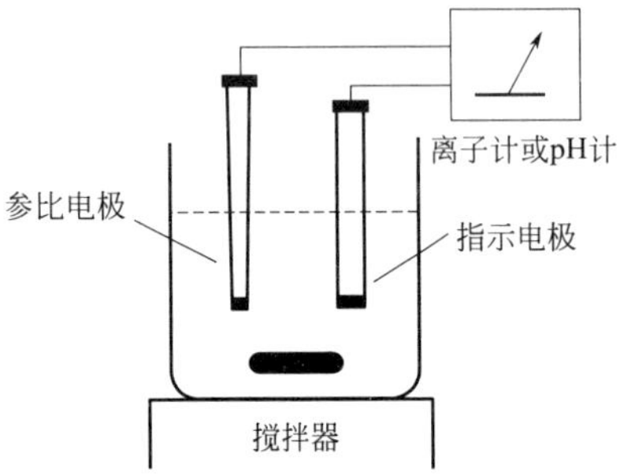

图 8-10　电位分析基本装置示意图

这时原电池的电动势为

$$E=E_{指示}-E_{参比}+E_{液接}$$

若用盐桥尽可能减小液接电位，液接电位可忽略不计，则上式可表示为

$$E=E_{指示}-E_{参比}$$

又由于参比电极的电位在测定过程中保持恒定，所以用高输入阻抗测试仪表如 pH/mV 计、离子计等，在通过电路中的电流接近于零的条件下测定电池的电动势，就可以求得指示电极的 $E_{指示}$，然后根据能斯特方程式，可求得待测离子的活度或浓度。

(1) 参比电极

电极电位固定不变且数值已知的电极叫参比电极。常用的参比电极是甘汞电极和银-氯化银电极。

1）甘汞电极

甘汞电极是最常用的参比电极，其构造见图 8-11。甘汞电极是以甘汞（Hg_2Cl_2）和汞（Hg）的一定浓度的 KCl 溶液为盐桥的汞电极。

半电池表达式为：$Hg, Hg_2Cl_2(s)|KCl(x\,mol \cdot dm^{-3})$

电极反应：　$Hg_2Cl_2+2e^- \longrightarrow 2Hg+2Cl^-$

电极电位表达式(25℃) 为：$E_{Hg_2Cl_2/Hg}=E^{\ominus}_{Hg_2Cl_2/Hg}-0.0592V\lg\alpha_{Cl^-}$

甘汞电极的电极电位随着氯化钾溶液浓度和温度的变化而变化，见表 8-3。饱和甘汞电极（SCE）使用最多，在 25℃时其电极电位为 0.2444V。

表 8-3　常用甘汞参比电极的电极电位

电极	KCl 浓度	电极电位/V
$0.1mol\cdot dm^{-3}$ 甘汞电极	$0.1mol\cdot dm^{-3}$	+0.3356
$3.5mol\cdot dm^{-3}$ 甘汞电极	$3.5mol\cdot dm^{-3}$	+0.250
饱和甘汞电极	饱和溶液	+0.2444

2）银-氯化银电极

银-氯化银电极是常用的参比电极，其构造见图 8-12。银-氯化银电极是由浸入氯化钾溶液中的细银棒或银丝上镀一层氯化银（将其在 KCl 或 NaCl 溶液中电解）而制得。

半电池表达式：$Ag, AgCl(s)|KCl(x\,mol\cdot dm^{-3})$

电极反应为：　　　　　$AgCl+e^-=\!=\!=Ag+Cl^-$

电极电位表达式(25℃) 为：$E_{AgCl/Ag}=E^{\ominus}_{AgCl/Ag}-0.0592V\lg\alpha_{Cl^-}$

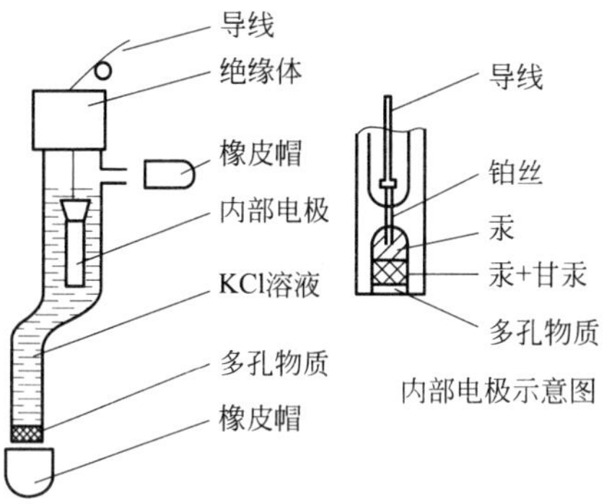

图 8-11　甘汞电极构造示意图

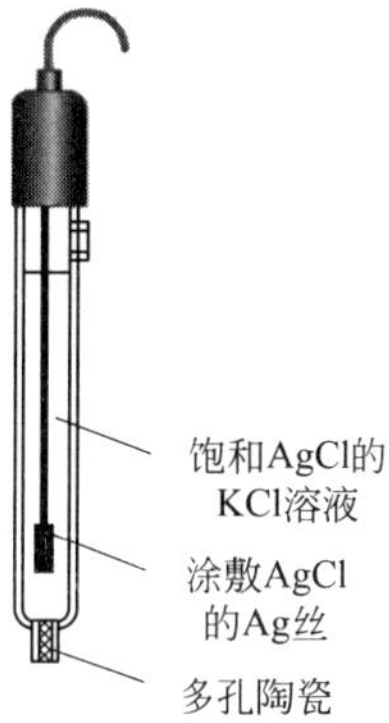

图 8-12　银-氯化银电极构造示意图

银-氯化银电极的电极电位随着氯化钾浓度和温度的变化而变化，见表 8-4。

表 8-4　常用银-氯化银参比电极的电极电位

电极	KCl 浓度	电极电位/V
$3.5mol\cdot dm^{-3}$ Ag-AgCl 电极	$3.5mol\cdot dm^{-3}$	+0.205
饱和 Ag-AgCl 电极	饱和溶液	+0.199

(2) 指示电极

1）金属电极

金属电极是由金属及其离子构成。如将一根锌丝插入 Zn^{2+} 溶液，就构成了一支能响应溶液中 Zn^{2+} 浓度的锌指示电极。又如 Ag、$AgCl/Cl^-$ 电极可以用于溶液中 Cl^- 浓度的测定。

2）离子选择性膜电极

电极表面含有对特定离子有选择性响应的敏感元件（敏感膜），被测离子在膜内外的浓度差异产生电位差。图 8-13 为膜电极结构示意图。

由图 8-13 可知，膜电极的敏感膜内外分别是已知浓度的内参比溶液和未知浓度的待测溶液，两溶液内的相关离子会与敏感膜表面的成分发生诸如离子交换等物理化学作用，产生溶液与敏感膜之间的液体接界电位，而膜内、膜外的接界电位差构成膜电极的电极电位。由于内参比电极的电位值固定，且内充溶液中离子的浓度也一定，则膜电极的电极电位与待测溶液中的离子浓度相关。

离子选择性膜电极的电极性能：

① 选择性。电极在对一种主要离子产生响应时，会受到其他离子，包括带有相同和相反电荷的离子的干扰。电极的选择性主要决定于电极活性材料的物理、化学性质和膜的组成。

② 测量范围。电极有很宽的测量范围，一般有几个数量级。根据膜电位的公式，以电位对离子活度的对数作图，可得一直线，其斜率为 RT/Z_iF。这就是校正曲线，见图 8-14。实际上，当活度 a_i 很低时，由于膜物质本身的溶解以及干扰离子的影响等，校正曲线明显弯曲。电极的线性响应范围是指校正曲线的直线部分，它是定量分析的基础，大多数电极的响应范围为 $10^{-1} \sim 10^{-5} mol \cdot dm^{-3}$，个别电极达 $10^{-7} mol \cdot dm^{-3}$。图 8-14 中 CD 和 FG 延长的交点 A 所对应的活度 a_i 称为检测下限。

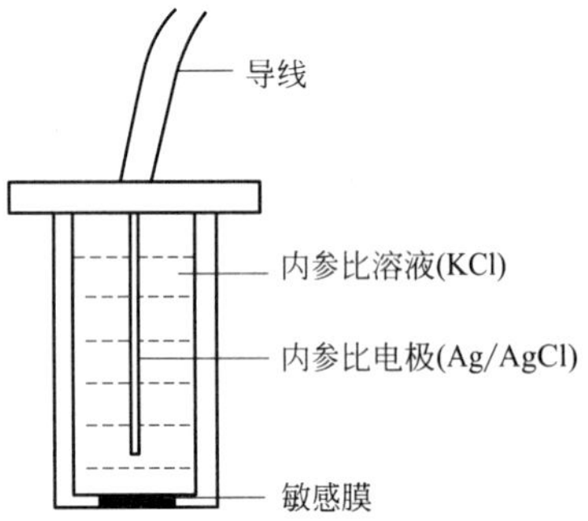

图 8-13　膜电极结构示意图

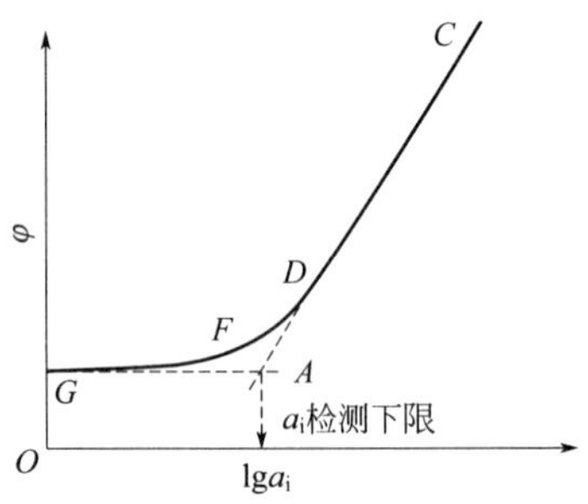

图 8-14　电极校正曲线

③ 响应时间。响应时间是指离子选择性膜电极和参比电极一起从接触试液开始到电极电位变化稳定（波动在 1mV）所经过的时间。该值与膜电位建立的快慢、参比电极的稳定性、溶液的搅拌速度有关。常常通过搅拌溶液来缩短响应时间。一般，固态电极响应较快，有的只有几毫秒（如硫化银电极）；液膜电极响应较慢，通常从几秒到几分钟。电极的响应速度是判断电极能否用于连续自动分析的重要参数。

④ 准确度。通过测量电位直接计算离子的活度或浓度，其准确度不高，且受到离子价态的限制。理论计算表明，对于一价离子，1mV 的测量误差会导致±4%的浓度相对误差。离子价态增加，误差也成倍增加。此外，电极在不同浓度范围有相同的准确度，因此它较适用于低浓度组分的测定。

⑤ 内阻。电极的内阻较高，一般在几百千欧到几兆欧之间，玻璃电极和微电极则更高，所以要求使用高输入阻抗的测量仪器。一般，电极寿命在数月至数年间。

8.4.3　电位分析测定离子活度（浓度）的方法

电位分析法有两类：第一类方法选用适当的指示电极浸入被测试液，测量其相对于一个参比电极的电位。根据测出的电位，直接求出被测物质的浓度，这类方法称为直接电位法。

第二类方法是向试液中滴加能与被测物质发生化学反应的已知浓度的试剂，观察滴定过程中指示电极电位的变化，以确定滴定的终点。根据所需滴定试剂的量，可计算出被测物的含量。这类方法称为电位滴定法。

本节重点介绍直接电位法。

直接电位法测量装置如图 8-15。将待测溶液、指示电极、参比电极和测量仪器构成回路，通过测定原电池的电动势来求得待测物的含量。通常用离子选择性膜电极作为指示电极。

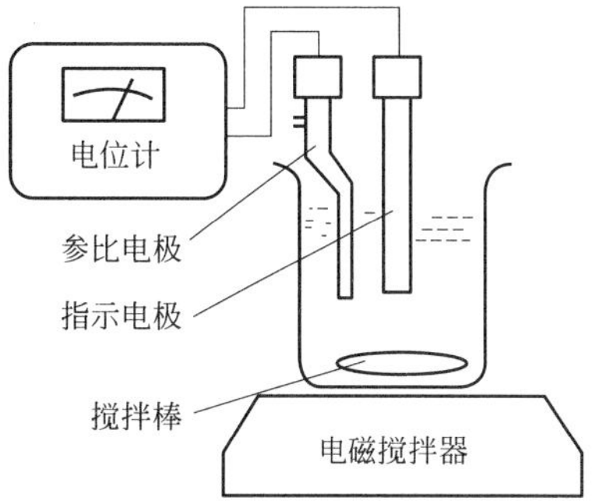

图 8-15 电位分析基本装置示意图

由于测定过程中，参比电极的电极电位保持恒定，$E_{参比}$为常数，$E_{指示}$用离子选择性膜电极的电位代入，则测得的$E_{电动势}$用能斯特方程表示为

$$E_{电动势}=K\pm RT/(nF)\ln\alpha_i-E_{参比}=k'\pm RT/(nF)\ln\alpha_i$$

式中，“+”号表示响应的是阳离子；“−”号则为阴离子；常数项k'包括内参比电极电位、膜电位中的不对称电位、外参比电极电位、液接电位、内参比液的活度和膜本身的性质等。

由上式可知，测量电池的电动势与待测离子活度的对数呈线性关系，这就是直接电位法的测定原理。

在实际测定中，k'无法准确测量，而且经常发生变化。此外，溶液中存在的所有电解质都会影响被测离子的活度。因此通常不能直接根据测得的电动势计算试样中被测离子的活度。被测离子的含量还需通过以下几种方法测定。

(1) 直接比较法

直接比较法主要用活度的负对数来表示结果的测定。如溶液 pH 的测量，测量时，先用一个或两个标准溶液校正仪器，然后测量试液，即可直接读取试液的 pH。

(2) 标准曲线法

配制系列标准浓度的溶液，分别测定其电动势，以浓度的负对数为横坐标，电动势 E 为纵坐标作图，得标准曲线，又称工作曲线。由未知试样的电动势 E 可在工作曲线上找到对应的负对数值。

标准曲线法的缺点是当试样组成比较复杂时，难以做到与标准曲线的基本条件一致，需要靠回收率试验对方法的准确性加以验证。

(3) 标准加入法

标准加入法是将一定体积和一定浓度的标准溶液加入到已知体积的待测试液中，根据加入前后电位的变化计算待测离子的含量。

标准加入法又称为添加法或增量法，由于加入前后试液的性质（组成、活度系数、pH、干扰离子、温度）基本不变，所以准确度较高。标准加入法适用于组成较复杂以及份数不多的试样分析。

8.4.4 电位分析法的应用

电位分析法的应用较广泛。它作为成分分析的手段应用于环境检测、生化分析、临床检验的实验室。在工业流程中，它也可用作自动在线分析的装置。电位分析法的应用可见表 8-5。

表 8-5 电位分析法的应用

被测物质	离子选择性膜电极	线性浓度范围 $c/(mol \cdot dm^{-3})$	适用的 pH 范围	应用举例
F^-	氟	$10^0 \sim 5\times10^{-7}$	5～8	水、牙膏、生物体液、矿物
Cl^-	氯	$10^{-2} \sim 5\times10^{-5}$	2～11	水、碱液、催化剂
CN^-	氰	$10^{-2} \sim 10^{-6}$	11～13	废水、废渣
NO_3^-	硝酸根	$10^{-1} \sim 10^{-5}$	3～10	天然水
H^+	pH 玻璃电极	$10^{-1} \sim 10^{-11}$	1～14	溶液酸度
Na^+	pNa 玻璃电极	$10^{-1} \sim 10^{-7}$	9～10	锅炉水、天然水、玻璃
NH_3	气敏氨电极	$10^0 \sim 10^{-6}$	11～13	废气、土壤、废水
脲	气敏氨电极	—	—	生物化学
氨基酸	气敏氨电极	—	—	生物化学
K^+	钾微电极	$10^{-1} \sim 10^{-4}$	3～10	血清
Na^+	钠微电极	$10^{-1} \sim 10^{-3}$	4～9	血清
Ca^{2+}	钙微电极	$10^{-1} \sim 10^{-7}$	4～10	血清

8.5 色谱分析法

8.5.1 色谱分析概述

色谱法又称色谱分析法、层析法，是一种分离分析技术，在分析化学、有机化学、生物化学等领域有着非常广泛的应用。色谱法利用不同物质在不同相态的选择性分配，以流动相对固定相中的混合物进行洗脱，混合物中不同的物质会以不同的速度沿固定相移动，最终达到分离的效果。

色谱法有多种类型。依据不同，分类方法也不同。

① 按流动相的物态，色谱法可分为气相色谱法（流动相为气体）、液相色谱法（流动相为液体）和超临界流体色谱法；再按固定相的状态，又可分为气-固色谱法、气-液色谱法、液-固色谱法和液-液色谱法等。

② 按色谱分离的原理，可以将色谱法分为吸附色谱法、分配色谱法、离子交换色谱法、凝胶渗透色谱法、离子色谱法等十余种方法。

③ 按固定相使用的方式，可分为柱色谱法、纸色谱法和薄层色谱法。

④ 按流动相洗脱的动力学过程，可分为冲洗色谱法、顶替色谱法和迎头色谱法等。

⑤ 按色谱技术分类，根据色谱技术的性质不同而形成了多种色谱种类，包括程序升温气相色谱法、反应气相色谱法、裂解气相色谱法、顶空气相色谱法、毛细管气相色谱法、多维气相色谱法、制备色谱法等 7 种方法。

色谱法的特点：

① 分离效率高。复杂混合物、有机同系物、异构体、手性异构体均可用此方法进行分离。

② 灵敏度高。可以检测出 μg 级甚至 ng 级的物质量。

③ 分析速度快。一般在几分钟或几十分钟内可以完成一个试样的分析。

④ 应用范围广。气相色谱用于沸点低的各种有机或无机试样的分析。液相色谱用于高沸点、热不稳定、生物试样的分离分析。不足之处是被分离组分的定性较为困难。

8.5.2 色谱分析的基本原理

(1) 吸附色谱

吸附色谱利用固定相吸附中心对物质分子吸附能力的差异实现对混合物的分离，吸附色谱的色谱过程是流动相分子与溶质分子竞争固定相吸附中心的过程。

1) 基本原理

① 物理吸附又称表面吸附，是因构成溶液的分子（含溶质及溶剂）与吸附剂表面分子的分子间相互作用所引起的。

a. 基本规律："相似者易于吸附"，固液吸附时，吸附剂、溶质、溶剂三者统称为吸附过程的三要素。

b. 基本特点：无选择性、可逆吸附、快速。

c. 基本原理：吸附与解吸附的往复循环。

d. 三要素：吸附剂、溶质（被分离物）、溶剂。

物理吸附过程：吸附——解吸附——再吸附——再解吸附——直至分离。

② 化学吸附

a. 基本特点：有选择性、不可逆吸附。

b. 基本原理：产生化学反应。酸性物质与 Al_2O_3 发生化学反应；碱性物质与硅胶发生化学反应；Al_2O_3 容易发生结构的异构化，应尽量避免。

③ 半化学吸附

a. 基本特点：介于物理吸附和化学吸附之间。

b. 基本原理：以氢键的形式产生吸附。

如聚酰胺对黄酮类、醌类等化合物之间的氢键吸附较弱，介于前两者之间，也有一定的应用。

2) 吸附剂

吸附剂的一般要求：较大的比表面积与一定的吸附能力。不与展开剂发生化学变化，不与待分离的物质产生反应或催化、分解或缔合，颗粒均匀。

① 极性吸附剂

硅胶、氧化铝均为极性吸附剂，特点为：

a. 对极性物质具有较强的亲和能力，极性强的溶质将被优先吸附。

b. 溶剂极性较弱，则吸附剂对溶质将表现出较强的吸附能力。溶剂极性增强，则吸附剂对溶质的吸附能力随之减弱。

c. 溶质即使被硅胶、氧化铝吸附，但一旦加入极性较强的溶剂时，又可被后者置换洗脱下来。

极性强弱的判断（与功能基的种类、数目和排列方式有关）：亲水性基团与极性成正比，亲脂性基团与极性成反比；游离型化合物极性弱、具亲脂性，解离型化合物极性强、具亲水性；溶剂的极性依据介电常数来决定。

② 聚酰胺

聚酰胺吸附剂包括锦纶 6（聚己内酰胺）和锦纶 66（聚己二酰己二胺），为半化学吸附。聚酰胺分子中有许多酰氨基，聚酰胺上的 C ═O 与酚基以及黄酮类、酸类中的—OH 或—COOH 形成氢键。酰氨基中的氨基与醌类或硝基类化合物中的醌基或硝基形成氢键。由于被分离物质结构的不同或同一类结构化合物中活性基团的数目及位置的不同，导致聚酰胺形成氢键的能力不同从而使被分离物质得到分离。

③ 活性炭

活性炭为非极性吸附剂，故与硅胶、氧化铝相反，对非极性物质具有较强的亲和能力，在水中对非极性溶质表现出强的吸附能力。溶剂极性降低，则活性炭对非极性溶质的吸附能力也随之降低。故从活性炭上洗脱被吸附物质时，洗脱溶剂的洗脱能力将随溶剂极性的减弱而增强。

3）分离方式

吸附色谱法是根据各成分对同一吸附剂吸附能力不同，使在移动相（溶剂）流过固定相（吸附剂）的过程中，连续地产生吸附、解吸附、再吸附、再解吸附，从而达到各成分互相分离的目的。

（2）分配色谱

1）原理

分配色谱利用固定相与流动相之间对待分离组分溶解度的差异来实现分离。分配色谱的固定相一般为液相的溶剂，依靠涂布、键合、吸附等手段分布于支持剂或者载体表面。分配色谱过程本质上是组分分子在固定相和流动相之间不断达到溶解平衡的过程。

通常，分离水溶性成分或极性较大的成分如生物碱、苷类、糖类、有机酸等化合物时，固定相多采用强极性溶剂，如水、缓冲溶液等，流动相则采用氯仿、乙酸乙酯、丁醇等弱极性有机溶剂，称之为正相分配色谱；但当分离脂溶性化合物，如高级脂肪酸、油脂、游离甾体等时，则两相可以颠倒，固定相可以用石蜡油，而流动相则用水或甲醇等强极性溶剂，故称之为反相分配色谱。

2）支持剂

常用的有硅胶、硅藻土、纤维素粉和滤纸等。

常用反相硅胶分配色谱系将普通硅胶经下列方式进行化学修饰，键合长度不同的烃基形成亲脂性表面。

乙基、辛基或十八烷基亲脂性顺序如下：RP-18＞RP-8＞RP-2。

3）分离方式

分配色谱法是指根据各种成分在固定相（液）和移动相（液）两相间的分配系数不同而达到相互分离的。

（3）交换色谱

离子交换色谱利用被分离组分与固定相之间发生离子交换的能力来实现分离。离子交换色谱的固定相一般为离子交换树脂，树脂分子结构中存在许多可以电离的活性中心，待分离组分中的离子与这些活性中心发生离子交换，形成离子交换平衡，从而在流动相与固定相之间形成分配。固定相的固有离子与待分离组分中的离子之间相互争夺固定相中的离子交换中心，并随着流动相的运动而运动，最终实现分离。

(4) 吸附树脂

大孔吸附树脂为吸附性和筛选性原理相结合的分离材料。

1）原理

大孔吸附树脂的吸附实质为一种物体高度分散或表面分子受作用力不均等而产生的表面吸附现象，这种吸附性能是由于范德华力或生成氢键。同时由于大孔吸附树脂的多孔结构使其对分子大小不同的物质具有筛选作用。通过上述这种吸附和筛选原理，有机化合物根据吸附力的不同及分子量的大小，在大孔吸附树脂上经一定溶剂洗脱而达到分离、纯化、除杂、浓缩等不同目的。

2）吸附作用及影响因素

a. 树脂化学结构的影响；b. 溶剂的影响；c. 被吸附的化合物的结构的影响。

3）基本操作

a. 预处理；b. 装柱和洗脱；c. 大孔树脂的再生。

(5) 凝胶色谱

1）原理

凝胶色谱的原理比较特殊，类似于分子筛。待分离组分进入凝胶色谱后，会依据分子量的不同，进入或者不进入固定相凝胶的孔隙中，不能进入凝胶孔隙的分子会很快随流动相洗脱，而能够进入凝胶孔隙的分子则需要更长时间的冲洗才能够流出固定相，从而实现了根据分子量差异对各组分的分离。调整固定相使用的凝胶的交联度可以调整凝胶孔隙的大小；改变流动相的溶剂组成会改变固定相凝胶的溶胀状态，进而改变孔隙的大小，获得不同的分离效果。

2）载体

载体是在水中不溶但可膨胀的球形颗粒，具有三维空间的网状结构。

3）凝胶色谱分类

根据分离的对象是水溶性的化合物还是有机溶剂可溶物，凝胶色谱又可分为凝胶过滤色谱（GFC）和凝胶渗透色谱（GPC）。

8.5.3 色谱分析的主要仪器

仪器分析中的色谱分析法主要包括气相色谱和高效液相色谱。

(1) 色谱常见检测器

1）气相色谱常见检测器

气相色谱检测器是把色谱柱后流出物质的信号转换为电信号的一种装置。

根据对被检测物质响应情况，气相色谱检测器又可分为通用型检测器和选择性检测器。常见的通用型检测器有：TCD（热导检测器）、FID（氢火焰离子化检测器）、PID（光离子化检测器）。热导检测器是目前使用最多的一种通用型浓度检测器，它具有结构简单、稳定、应用范围广、不破坏样品组分等优点，热导检测器是根据各种物质均具有不同的热传导系数，当载气中混入其他气态物质时，热导率发生变化的原理制成的，热导检测器结构示意图见图 8-16；氢火焰离子化检测器是质量型检测器，它具有灵敏度高、线性范围宽、响应快等特点；光离子化检测器具有良好的性能，和常用的气相色谱检测器相比有灵敏度高、可分

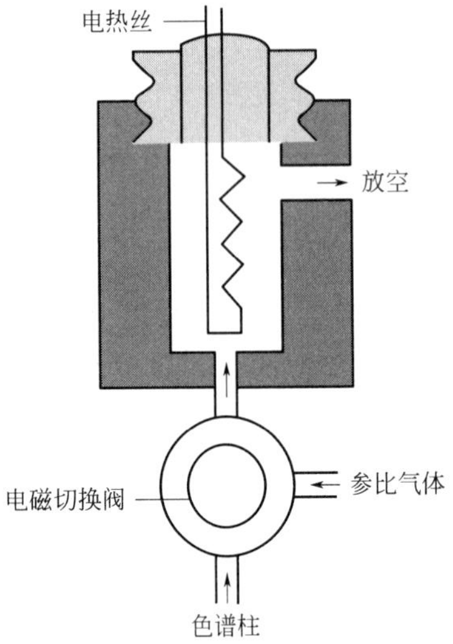

图 8-16　热导检测器结构示意图

析的物质范围广泛、可通过改变光源辐射光谱判断同分异构体、线性范围宽等优点。

2）高效液相色谱常见检测器

高效液相色谱检测器的作用是将柱流出物中样品组成和含量的变化转化为可供检测的信号，常用检测器有紫外可见吸收检测器、荧光检测器、示差折光检测器、化学发光检测器等。

紫外可见吸收检测器是高效液相色谱中应用最广泛的检测器之一，几乎所有的液相色谱仪都配有这种检测器。其特点是灵敏度较高、线性范围宽、噪声低，适用于梯度洗脱，对强吸收物质检测限可达 1ng，检测后不破坏样品，可用于高纯样品的制备，并能与任何检测器串联使用。紫外可见吸收检测器的工作原理与结构同一般分光光度计相似，实际上就是装有流通池的紫外可见分光光度计。

紫外可见吸收检测器常用氘灯作光源，氘灯则发射出紫外-可见光区范围的连续波长，并安装一个光栅型单色器，其波长选择范围宽（190～800nm）。它有两个流通池，一个作参比，一个作测量用，光源发出的紫外光照射到流通池上，若两流通池都通过纯的均匀溶剂，则它们在紫外波长下几乎无吸收，光电管上接受到的辐射强度相等，无信号输出。当组分进入测量池时，吸收一定的紫外光，使两光电管接受到的辐射强度不等，这时有信号输出，输出信号大小与组分浓度有关。

局限：流动相的选择受到一定限制，即具有一定紫外吸收的溶剂不能作流动相，每种溶剂都有截止波长，当小于该截止波长的紫外光通过溶剂时，溶剂的透光率降至 10%以下，因此，紫外吸收检测器的工作波长不能小于溶剂的截止波长。

（2）色谱定量方法

混合物试样经色谱分离后，从色谱柱后流出的各组分通过检测器产生的响应信号，记录成为色谱图，见图 8-17。纵坐标为信号强度，横坐标为组分在柱内的停留时间。其中，组分从进样到柱后出现浓度极大值时所需的时间，称为保留时间 t_R；不与固定相作用的气体（空气）的保留时间称为死时间 t_M（相当于组分在流动相中停留的时间）；而保留时间扣除死时间后称为调整保留时间 $t'_R=t_R-t_M$（相当于组分在固定相中停留的时间）。通过比较标准试样与待测试样在相同分离条件下的保留时间，可实现试样定性；通过计算保留时间与死时间之比 t'_R/t_M，可推算该组分在固定相/流动相中的分配质量比；通过计算不同分离组分的调整保留时间之比 t'_{R2}/t'_{R1}，可计算色谱条件对两组分的分离能力。

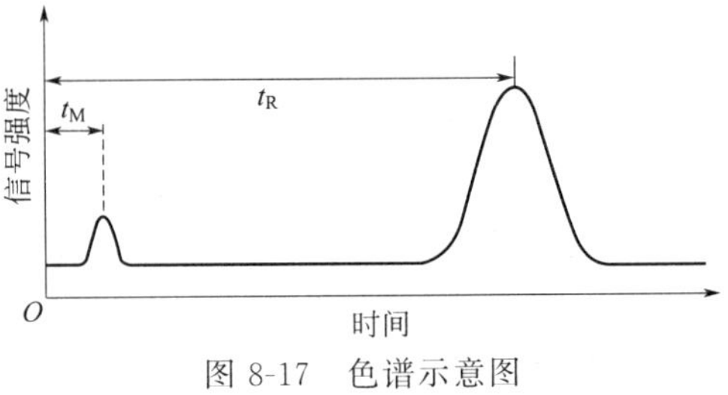

图 8-17　色谱示意图

对试样组分的定量是根据色谱峰的面积（或高度）加以推算。如果组分 i 的质量 m_i 与峰面积 A_i 成正比：$m_i = f_i \times A_i$，其中 f_i 为比例系数，称为校正因子，可通过称取一定质量 m_i 的标准样 i 进行色谱分析，测量峰面积 A_i 求得。如果组分 i 的质量 m_i，与峰面积 A_i 不成正比，需要称取一系列质量 m_{i1}，m_{i2}，m_{i3}，…的试样，测量色谱峰面积 A_{i1}，A_{i2}，A_{i3}，…绘制 m_i-A_i 标准曲线；最后通过测量未知试样的色谱峰面积求得质量。

8.5.4 色谱分析法的应用

色谱法的应用可以根据目的分为制备性色谱和分析性色谱两大类。

(1) 制备性色谱

制备性色谱的目的是分离混合物，获得一定数量的纯净组分，这包括对有机合成产物的纯化、天然产物的分离纯化以及去离子水的制备等。相对于色谱法出现之前的纯化分离技术如重结晶，色谱法能够在一步操作之内完成对混合物的分离，但是色谱法分离纯化的产量有限，只适合于实验室应用。

(2) 分析性色谱

分析性色谱的目的是定量或者定性测定混合物中各组分的性质和含量。定性的分析性色谱有薄层色谱、纸色谱等，定量的分析性色谱有气相色谱、高效液相色谱等。色谱法应用于分析领域使得分离和测定的过程合二为一，降低了混合物分析的难度，缩短了分析的周期，是目前比较主流的分析方法。在《中华人民共和国药典》中，共有超过 600 种化学合成药和超过 400 种中药的质量控制应用了高效液相色谱的方法。

8.6 原子发射光谱分析

8.6.1 原子发射光谱分析概述

原子发射光谱法（AES），是根据处于激发态的待测元素原子回到基态时发射的特征谱线，对元素进行定性与定量分析的方法，是光谱学各个分支中最为古老的一种。

一般认为原子发射光谱是 1860 年德国学者基尔霍夫（G. R. Kirchhoff）和本生（R. W. Bunsen）首先发现的，他们利用分光镜研究盐和盐溶液在火焰中加热时所产生的特征光辐射，从而发现了 Rb 和 Cs 两元素。其实在 1826 年泰尔博（Talbot）就说明了某些波长的光线是表征某些元素的特征。从此以后，原子发射光谱就为人们所关注。

原子发射光谱法的特点：

① 多元素同时检出能力强。可同时检测一个样品中的多种元素。一个样品一经激发，样品中各元素都各自发射出其特征谱线，可以分别检测从而同时测定多种元素。

② 分析速度快。试样多数不需经过化学处理就可分析，且固体、液体试样均可直接分析，同时还可多元素同时测定，若用光电直读光谱仪，则可在几分钟内同时做几十个元素的定量测定。

③ 选择性好。由于光谱的特征性强，所以对于一些化学性质极相似的元素的分析具有

特别重要的意义，如铌和钽、锆和铪、十几种稀土元素的分析用其他方法都很困难，而对原子发射光谱法来说则毫无困难。

④ 灵敏度高。直接光谱法进行分析时，相对灵敏度可达 0.1～10μg・g^{-1}，绝对灵敏度可达 10^{-9}～10^{-8}g，如果预先用化学或物理方法对样品进行浓缩或富集，则相对灵敏度可达 0.1～10ng・g^{-1}，绝对灵敏度可达到 10^{-11}g。

⑤ 用 ICP（电感耦合等离子体）光源时，准确度高，标准曲线的线性范围宽，可达 4～6 个数量级，可同时测定高、中、低含量的不同元素。

⑥ 样品消耗少，适于整批样品的多组分测定，尤其是定性分析更显示出独特的优势。

发射光谱分析法也有一定的缺点：

① 在经典分析中，影响谱线强度的因素较多，尤其是试样组分的影响较为显著，所以对标准参比的组分要求较高。

② 含量（浓度）较大时，准确度较差。

③ 只能用于元素分析，不能进行结构、形态的测定。

④ 大多数非金属元素难以得到灵敏的光谱线。

8.6.2 原子发射光谱分析的基本原理

原子发射光谱法（AES）是利用原子或离子在一定条件下受激而发射的特征光谱来研究物质化学组成的分析方法。

(1) 原子发射光谱的产生

物质是由各种元素的原子组成的，原子有结构紧密的原子核，核外围绕着不断运动的电子，电子处在一定的能级上，具有一定的能量。从整个原子来看，在一定的运动状态下，它也是处在一定的能级上，具有一定的能量。在一般情况下，大多数原子处在最低的能级状态，即基态。基态原子在激发光源（即外界能量）的作用下，获得足够的能量，外层电子跃迁到较高能级状态的激发态，这个过程叫激发。处在激发态的原子是很不稳定的，在极短的时间内（10s）外层电子便跃迁回基态或其他较低的能态而释放出多余的能量。释放能量的方式可以是通过与其他粒子的碰撞，进行能量的传递，这是无辐射跃迁，也可以以一定波长的电磁波形式辐射出去，形成光谱，其释放的能量及辐射线的波长（频率）取决于电子跃迁前后的能级差 ΔE。

$$\Delta E = E_j - E_0 = h\nu = hc/\lambda \tag{8-5}$$

式中，ΔE 为释放出的能量；E_j 为高能态的能量；E_0 为低能态的能量；c 为光速（3×10^{10}cm・s^{-1}）；h 为普朗克常数；λ 为辐射光的波长。

由于相同能级差之间的电子跃迁所辐射出的光量子能量相同，波长一致，经色散、聚焦后在同一焦面上形成谱线，所以原子光谱是线状光谱。实验证明，每种元素的原子谱线的条数都是有限的，而且各有其特征，说明并非任意两个能级之间都可发生跃迁，产生电子跃迁有一定的限制条件，这些限制条件在光谱学上称为光谱选律。

(2) 发射光谱分析的实质

不同的元素，核外电子结构不同，电子能级各异，因此，不同元素的原子发射光谱中的特征谱线各不相同。对于任一特定元素的原子，在光谱选律的允许跃迁条件下，可产生一系列不同波长的特征光谱线，这些谱线按一定的顺序排列，并保持一定的强度比例。

根据谱线的特征频率和特征波长可以进行定性分析。原子发射光谱的谱线强度 I 与试样中被测组分的浓度 c 成正比，据此可以进行光谱定量分析。光谱定量分析所依据的基本关系式是 $I=\alpha c b$，式中 b 为自吸收系数，α 为比例系数。

8.6.3 原子发射光谱仪

原子发射光谱仪是根据试样中被测元素的原子或离子在光源中被激发而产生特征辐射，通过判断这种特征辐射波长及强度的大小，对各元素进行定性分析和定量分析的仪器。原子发射光谱仪一般包括激发光源、分光系统、检测器等，其结构如图 8-18。

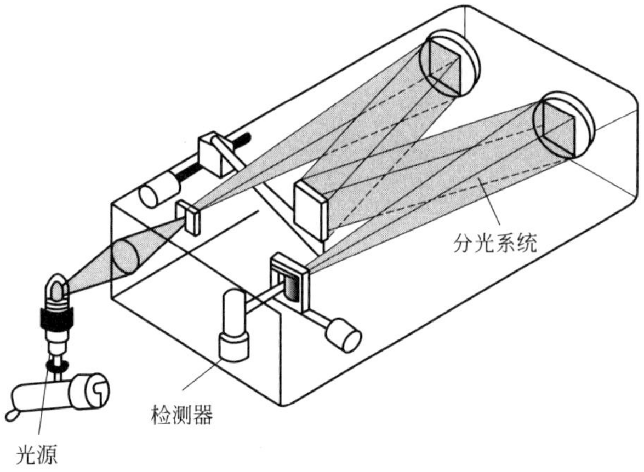

图 8-18　原子发射光谱仪装置示意图

(1) 激发光源

作为光谱分析的光源对试样都具有两个作用：a. 把试样中的组分蒸发、解离为气态原子；b. 使气态原子激发（即光源的主要作用是对试样的蒸发、解离和激发提供所需的能量）。对激发光源的要求主要有：激发能力强、灵敏度高、稳定性好、结构简单、操作方便、使用安全。常用的光源有：直流电弧、低压交流电弧、高压火花和电感耦合等离子体（ICP）等。

(2) 分光系统

分光系统的主要作用是将光源发射的不同波长的光色散成为光谱或单色光。分光系统分为棱镜分光或光栅分光。

(3) 检测器

在原子发射光谱法中，常用的检测方法有目视法、摄谱法和光电法。这三种方法基本原理相同，都是把激发试样获得的复合光通过入射狭缝照射到分光元件上，使之色散为光谱。然后通过测量谱线而检测试样中的分析元素，其区别就在于目视法用人眼接受，摄谱法用感光板接受，光电法用光电倍增管接受。目前，广泛使用的是摄谱法。

8.6.4 原子发射光谱分析过程

原子发射光谱分析的过程，一般有光谱的获得和光谱的分析两大过程。具体可分为：

① 试样的处理。要根据进样方式的不同进行处理——做成粉末或溶液等，有些时候还

要进行必要的分离或富集。

② 样品的激发。在激发源上进行，激发源把样品蒸发、分解原子化和激发。

③ 光谱的获得和记录。从光谱仪中获得光谱并进行记录。

④ 光谱的检测。用检测仪器进行光谱的定性、半定量、定量分析。

原子发射光谱分析在鉴定金属元素方面（定性分析）具有较大的优越性，不需要分离、多元素同时测定、灵敏、快捷，可鉴定周期表中约 70 多种元素，长期在钢铁工业（炉前快速分析）、地矿等方面发挥重要作用。在定量分析方面原子发射光谱分析也有着优越性。

知识扩展

食品安全检测行业市场发展趋势

我国食品安全检测技术在研究和应用方面取得了迅速发展，检测技术日益趋向于高技术化、系列化、速测化、便携化，分子技术和生物传感器等现代检测技术和手段诸如快速检验纸片法、免疫学技术、分子生物学检测方法（免疫捕获 PCR、荧光定量 PCR、ATP 生物发光法、微型自动荧光酶标法等）等，已越来越多地应用于我国食品安全检验中。

食品安全问题与群众生命健康密切相关，近年来媒体报道的安全事件刺激了群众和政府的神经，经常引起巨大的社会反响。政府监管部门会制定相关的强制检测标准法规；企业也加大检测方面的投入以打造在消费者心中的安全品牌的形象。据前瞻产业研究院发布的《2018—2023 年中国食品安全检测行业发展前景与投资机会分析报告》预计，未来几年，食品安全快速检测需求将保持 15%以上的速度增长。预计到 2022 年，国内食品安全检测行业市场规模将突破 1000 亿元。

我国食品安全检测行业市场发展趋势如下。

(1) 整体呈分布式发展

中国农产品与食品安全检测行业在仪器设备、检测服务领域已经形成稳定的发展区域，未来将继续向周边辐射。在重点城市及区域的带动下，国产检测仪器取得突破性技术进展，逐步进入行业高速发展期，并与下游检测服务行业形成良性互动。食品安全问题日益突出，在国家政策的引导下，农产品与食品安全检测行业特别是第三方检测服务将得到强有力的支持。

(2) 仪器“两高两低”格局

食品安全检测仪器设备目前已形成“两高两低”的格局，其中“两高两低”是指北京、上海在大型、中高端检测仪器设备上占有绝对优势，而广州、深圳则主要集中于小型、中低端检测仪器设备。由于北京、上海在研发、市场上基础雄厚，以及广州、深圳在灵活性、成本等方面的优势，这种格局短时间内很难被打破。

(3) 民营第三方检测服务崛起

食品安全检测服务“一内一外”区域分工格局可能会发生变化。北京凭借政治中心的地域优势主导国内政府检测服务；上海凭借明显的国际化特色主导了国外认证检测服务；广州、深圳的民营第三方检测服务机构借助当地外向型经济的优势，积极获取国内外相关认证，在“一内一外”的夹缝中异军突起，导致二分天下的格局有可能演变为三足鼎立。

(4) 食品快速检测市场前景乐观

快速检测产品检测结果准确率低一直被诟病，究其原因主要是其产品质量标准和检测标准的缺失。标准的缺失造成快速检测产品生产企业准入门槛低，进而造成市场上快速检测产品质量良莠不齐，制约着整个快速检测行业的发展。2015 年 10 月 1 日，修订的《中华人民共和国食品安全法》颁布实施，其中对于快速检测市场来说最重要的变化是食品安全快速检测产品执法合法化。总体来说，制约着食品安全快速检测产品发展的问题正在一个个得到解决，快速检测市场焕发着勃勃生机。

(5) 检测结果数据化、网络化

食品安全溯源是国家监管的大方向，近年来物联网、云数据等概念在食品安全监管中得到广泛的应用。如何将快速检测产品检测数据纳入溯源体系中来，是食品安全检测行业市场需要解决的问题。因此食品安全检测结果数据化、网络化及可查询等是行业发展的主要方向。

思考题

8-1 相比于棱镜分光，光栅分光主要有何优点？

8-2 何谓朗伯-比耳定律？数学表达式及各物理量的意义如何？引起吸收定律偏离的原因是什么？

8-3 如何理解红外光谱与分子基团之间的关系？

8-4 产生红外吸收的条件是什么？

8-5 为什么说能斯特方程式是电位分析的基础？

8-6 电位分析法中，指示电极和参比电极各自有何特点？

8-7 什么样的试样可以用高效液相色谱分离，而不能用气相色谱分离？

8-8 吸附色谱与分配色谱的主要区别是什么？

8-9 原子发射光谱是如何产生的？

8-10 原子发射光谱仪由哪几件大部件组成？各部件的主要作用是什么？

习　题

8-1 选择题（将正确答案的标号填入括号内）

(1) 下列四个电磁辐射区域中能量最大的是（　　）

(a) 红外区　　(b) 可见光区　　(c) 紫外光区　　(d) X 射线区

(2) 物质在同一电子能级水平下，当分子振动状态发生变化时，产生的光谱线波长范围属于（　　）

(a) 紫外光区　　(b) 可见光区　　(c) 红外区　　(d) 微波区

(3) 原子发射光谱是物质受外界能量作用后，由于（　　）跃迁产生的

(a) 分子转动能级　　(b) 分子振动能级

(c) 原子核内层电子能级　　(d) 原子核外层电子能级

(4) 以下材料中最适合用来制作红外分光光度计单色器的是（　　）

(a) 普通光学玻璃　　(b) 石英光学玻璃

(c) 卤化物单晶体　　(d) 有机玻璃

(5) 电位分析法中常用的参比电极是 SCE 电极，也就是（　　）

（a）Ag/AgCl 电极　（b）玻璃电极　（c）铂电极　（d）甘汞电极

（6）俄国植物学家茨维特最早分离植物色素时所采用的色谱方法是（　　）

（a）气-液色谱　（b）气-固色谱

（c）液-液色谱　（d）液-固色谱

（7）在色谱分析中，一般其特性与被测含量成正比的是（　　）

（a）保留时间　（b）保留体积

（c）相对保留值　（d）峰面积

8-2　举例说明本章中所提到的两种进行元素分析的仪器分析方法。

8-3　在进行紫外-可见分光光度分析时，通常选择什么吸收波长进行吸光度测定？

8-4　分别说明气相色谱热导检测器、高效液相色谱紫外可见吸收检测器的检测对象有无限制。

附录

附录1 我国法定计量单位

我国法定计量单位主要包括下列单位。

(1) 国际单位制（简称SI）的基本单位

量的名称	单位名称	单位符号
长度	米	m
质量	千克(公斤)	kg
时间	秒	s
电流	安[培]	A
热力学温度	开[尔文]	K
物质的量	摩[尔]	mol
发光强度	坎[德拉]	cd

(2) 国际单位制的辅助单位

量的名称	单位名称	单位符号
[平面]角	弧度	rad
立体角	球面度	sr

(3) 国际单位制中具有专门名称的导出单位（摘录）

量的名称	单位名称	单位符号	用SI基本单位和SI导出单位表示
频率	赫[兹]	Hz	s^{-1}
力	牛[顿]	N	$kg \cdot m/s^2$
压力,压强,应力	帕[斯卡]	Pa	N/m^2
能[量],功,热量	焦[耳]	J	$N \cdot m$
功率,辐[射能]通量	瓦[特]	W	J/s
电荷[量]	库[仑]	C	$A \cdot s$
电位(电势),电压,电动势	伏[特]	V	W/A
电容	法[拉]	F	C/V
电阻	欧[姆]	Ω	V/A
电导	西[门子]	S	Ω^{-1}
摄氏温度	摄氏度	℃	K

(4) 国家选定的非国际单位制单位（摘录）

量的名称	单位名称	单位符号	换算关系和说明
时间	分 [小]时 日，(天)	min h d	1min＝60s 1h＝60min＝3600s 1d＝24h＝86400s
[平面]角	[角]秒 [角]分 度	(″) (′) (°)	1″＝(π/648000)rad (π 为圆周率) 1′＝60″＝(π/10800)rad 1°＝60′＝(π/180)rad
质量	吨 原子质量单位	t u	$1t=10^3 kg$ $1u \approx 1.660540 \times 10^{-27} kg$
体积	升	L，(l)	$1L=1dm^3=10^{-3}m^3$
能	电子伏	eV	$1eV \approx 1.602177 \times 10^{-19} J$

(5) 用于构成十进倍数和分数单位的词头

所表示的因数	词头名称	词头符号	所表示的因数	词头名称	词头符号
10^{24}	尧[它]	Y	10^{-1}	分	d
10^{21}	泽[它]	Z	10^{-2}	厘	c
10^{18}	艾[可萨]	E	10^{-3}	毫	m
10^{15}	拍[它]	P	10^{-6}	微	μ
10^{12}	太[拉]	T	10^{-9}	纳[诺]	n
10^{9}	吉[咖]	G	10^{-12}	皮[可]	p
10^{6}	兆	M	10^{-15}	飞[母托]	f
10^{3}	千	k	10^{-18}	阿[托]	a
10^{2}	百	h	10^{-21}	仄[普托]	z
10^{1}	十	da	10^{-24}	幺[科托]	y

附录 2　一些基本物理常数

物理量	符号	数值
真空中的光速	c	$2.99792458 \times 10^{8} m \cdot s^{-1}$
元电荷(电子电荷)	e	$1.60217733 \times 10^{-19} C$
质子静止质量	m_p	$1.6726231 \times 10^{-27} kg$
电子静止质量	m_e	$9.1093897 \times 10^{-31} kg$
摩尔气体常数	R	$8.314510 J \cdot mol^{-1} \cdot K^{-1}$
阿伏伽德罗(Avogadro)常数	N_A	$6.0221367 \times 10^{23} mol^{-1}$
里德伯(Rydberg)常量	R_{∞}	$1.0973731534 \times 10^{7} m^{-1}$
普朗克(Planck)常量	h	$6.6260755 \times 10^{-34} J \cdot s$

续表

物理量	符号	数值
法拉第(Faraday)常数	F	$9.64853029\times10^{4}C\cdot mol^{-1}$
玻耳兹曼(Boltzmann)常数	κ	$1.380658\times10^{-23}J\cdot K^{-1}$
电子伏	eV	$1.60217733\times10^{-19}J$
原子质量单位	u	$1.6605402\times10^{-27}kg$

注：数据摘自参考文献［1］。

附录 3　标准热力学数据（$p^{\ominus}$= 100kPa，T= 298.15K）

物质的标准摩尔生成焓、标准摩尔熵、标准摩尔生成吉布斯自由能变及标准摩尔定压热容（$p^{\ominus}$=100kPa，298.15K）

物质	$\frac{\Delta_f H_m^{\ominus}}{kJ\cdot mol^{-1}}$	$\frac{S_m^{\ominus}}{J\cdot K^{-1}\cdot mol^{-1}}$	$\frac{\Delta_f G_m^{\ominus}}{kJ\cdot mol^{-1}}$	$\frac{C_{p,m}^{\ominus}}{J\cdot K^{-1}\cdot mol^{-1}}$
Ag(s)	0	42.55	0	25.351
Ag^{+}(aq)	105.579	72.68	77.107	/
AgF(s)	−204.6	/	/	/
AgBr(s)	−100.37	107.1	−96.90	52.38
AgCl(s)	−127.068	96.2	−109.789	50.79
AgI(s)	−61.84	115.5	−66.19	56.82
Ag_2O(s)	−31.05	121.3	−11.20	/
Ag_2CO_3(s)	−505.8	167.4	−436.8	/
$AgNO_3$(s)	−124.39	140.92	−33.4	/
Al^{3+}(aq)	−531	−321.7	−485	/
$AlCl_3$(s)	−704.2	110.67	−628.8	/
Al_2O_3(s、α、刚玉)	−1675.7	50.92	−1582.3	79.04
AlO_2^{-}(aq)	−918.8	−21	−823.0	/
Ba^{2+}(aq)	−537.64	9.6	−560.77	/
$BaCO_3$(s)	−1216.3	112.1	−1137.6	/
BaO(s)	−553.5	70.42	−525.1	/
$BaTiO_3$(s)	−1659.8	107.9	−1572.3	/
Br_2(l)	0	152.231	0	75.689
Br_2(g)	30.907	245.463	3.110	36.02

物质	$\frac{\Delta_f H_m^\ominus}{kJ \cdot mol^{-1}}$	$\frac{S_m^\ominus}{J \cdot K^{-1} \cdot mol^{-1}}$	$\frac{\Delta_f G_m^\ominus}{kJ \cdot mol^{-1}}$	$\frac{C_{p,m}^\ominus}{J \cdot K^{-1} \cdot mol^{-1}}$
Br^-(aq)	−121.55	82.4	−103.96	/
C(s，石墨)	0	5.740	0	8.527
C(s，金刚石)	1.895	2.377	2.900	6.113
CO(g)	−110.525	197.674	−137.168	29.142
CO_2(g)	−393.509	213.74	−394.359	37.11
CO_3^{2-}(aq)	−677.14	−56.9	−527.81	/
HCO_3^-(aq)	−691.99	91.2	−586.77	/
Ca(s)	0	41.42	0	/
Ca^{2+}(aq)	−542.83	−53.1	−553.58	/
CS_2(g)	117.36	237.84	67.12	45.40
CaC_2(s)	−59.8	69.96	−64.9	62.72
$CaCO_3$(s，方解石)	−1206.92	92.9	−1128.79	81.88
$CaCl_2$(s)	−795.8	104.6	−748.1	72.59
CaO(s)	−635.09	39.75	−604.03	42.80
$Ca(OH)_2$(s)	−986.09	83.39	−898.49	/
$CaSO_4$(s，不溶解的)	−1434.11	106.7	−1321.79	/
$CaSO_4 \cdot 2H_2O$(s，透石膏)	−2022.63	194.1	−1797.28	/
Cl_2(g)	0	223.066	0	33.907
Cl^-(aq)	−167.16	56.5	−131.26	/
Co(s，α)	0	30.04	0	/
$CoCl_2$(s)	−312.5	109.16	−269.8	/
Cr(s)	0	23.77	0	/
Cr^{3+}(aq)	−1999.1	/	/	/
Cr_2O_3(s)	−1139.7	81.2	−1058.1	/
$Cr_2O_7^{2-}$(aq)	−1490.3	261.9	−1301.1	/
Cu(s)	0	33.150	0	/
Cu^{2+}(aq)	64.77	−99.6	65.249	/
$CuCl_2$(s)	−220.1	108.07	−175.7	/
CuO(s)	−157.3	42.63	−129.7	42.30
Cu_2O(s)	−168.6	93.14	−146.0	/
CuS(s)	−53.1	66.5	−53.6	/
F_2(g)	0	202.78	0	31.30

续表

物质	$\Delta_f H_m^{\ominus}$ / $kJ \cdot mol^{-1}$	$S_m^{\ominus}$ / $J \cdot K^{-1} \cdot mol^{-1}$	$\Delta_f G_m^{\ominus}$ / $kJ \cdot mol^{-1}$	$C_{p,m}^{\ominus}$ / $J \cdot K^{-1} \cdot mol^{-1}$
Fe(s,α)	0	27.28	0	/
Fe^{2+}(aq)	−89.1	−137.7	−78.90	/
Fe^{3+}(aq)	−48.5	−315.9	−4.7	/
$Fe_{0.947}O$(s,方块铁)	−266.27	57.49	−245.12	/
FeO(s)	−272.0	60.75	/	/
Fe_2O_3(s,赤铁矿)	−824.2	87.40	−742.2	/
Fe_3O_4(s,磁铁矿)	−1118.4	146.4	−1015.4	/
$Fe(OH)_2$(s)	−569.0	88	−486.5	/
$Fe(OH)_3$(s)	−823.0	106.7	−696.5	/
H_2(g)	0	130.684	0	28.824
H^+(aq)	0	0	0	/
H_2CO_3(aq)	−699.65	178.4	−623.16	/
HBr(g)	−36.40	198.695	−53.45	29.142
HCl(g)	−92.307	186.908	−95.299	29.12
HF(g)	−271.1	173.779	−273.2	29.12
HI(g)	26.48	206.594	1.70	29.158
HCN(g)	135.1	201.78	124.7	35.86
HNO_3(l)	−174.10	155.60	−80.71	109.87
HNO_3(g)	−135.06	266.38	−74.72	53.35
H_2O(l)	−285.830	69.91	−237.129	75.291
H_2O(g)	−241.818	188.825	−228.572	33.577
H_2O_2(l)	−187.78	109.6	−120.35	89.1
H_2O_2(g)	−136.31	232.7	−105.57	43.1
H_2O_2(aq)	−191.17	143.9	−134.03	/
H_2S(g)	−20.63	205.79	−33.56	34.23
HS^-(aq)	−17.6	62.8	12.08	/
S^{2-}(aq)	33.1	−14.6	85.8	/
H_2SO_4(l)	−813.989	156.904	−690.003	138.91
Hg(g)	61.317	174.96	31.820	/
Hg(l)	0	76.02	0	/
HgO(s,红)	−90.83	70.29	−58.539	/
$HgCl_2$(s)	−224.3	146.0	−178.6	/

续表

物质	$\dfrac{\Delta_f H_m^\ominus}{kJ \cdot mol^{-1}}$	$\dfrac{S_m^\ominus}{J \cdot K^{-1} \cdot mol^{-1}}$	$\dfrac{\Delta_f G_m^\ominus}{kJ \cdot mol^{-1}}$	$\dfrac{C_{p,m}^\ominus}{J \cdot K^{-1} \cdot mol^{-1}}$
Hg_2Cl_2(s)	−265.22	192.5	−210.745	/
I_2(s)	0	116.135	0	54.438
I_2(g)	62.438	260.69	19.327	36.90
I^-(aq)	−55.19	111.3	−51.59	/
K(s)	0	64.18	0	/
K^+(aq)	−252.38	102.5	−283.27	/
KCl(s)	−436.747	82.59	−409.14	51.30
KI(s)	−327.900	106.32	−324.892	52.93
Mg(s)	0	32.68	0	/
Mg^{2+}(aq)	−466.85	−138.1	−454.8	/
$MgCl_2$(s)	−641.32	89.62	−591.79	/
MgO(s,粗粒的)	−601.70	26.94	−569.44	/
$Mg(OH)_2$(s)	−924.54	63.18	−833.51	/
Mn(s,α)	0	32.01	0	/
Mn^{2+}(aq)	−220.75	−73.6	−228.1	/
MnO(s)	−385.22	59.71	−362.90	/
N_2(g)	0	191.61	0	29.12
NH_3(g)	−46.11	192.45	−16.45	35.06
NH_3(aq)	−80.29	111.3	−26.50	/
NH_4^+(aq)	−132.43	113.4	−79.31	/
N_2H_4(l)	50.63	121.21	149.34	/
NH_4Cl(s)	−314.43	94.6	−202.87	84.1
$(NH_4)_2SO_4$(s)	−1180.85	220.1	−901.67	187.49
NO(g)	90.25	210.761	86.55	/
NO_2(g)	33.18	240.06	51.31	/
N_2O_4(g)	9.16	97.89	304.29	/
NO_3^-(aq)	−205.0	146.4	−108.74	/
Na(s)	0	51.21	0	/
Na^+(aq)	−240.12	59	−261.95	/
NaCl(s)	−411.153	72.13	−384.138	50.50
$NaNO_3$(s)	−467.85	116.52	−367.00	92.88
Na_2O(s)	−414.22	75.06	−375.47	/

物质	$\Delta_f H_m^\ominus$ / $kJ \cdot mol^{-1}$	$S_m^\ominus$ / $J \cdot K^{-1} \cdot mol^{-1}$	$\Delta_f G_m^\ominus$ / $kJ \cdot mol^{-1}$	$C_{p,m}^\ominus$ / $J \cdot K^{-1} \cdot mol^{-1}$
NaOH(s)	−425.609	64.455	−379.494	59.54
Ni(s)	0	29.87	0	/
NiO(s)	−239.7	37.99	−211.7	/
O_2(g)	0	205.138	0	29.355
O_3(g)	142.7	238.93	163.2	39.20
OH^-(aq)	−229.994	−10.75	−157.244	/
P(s,白)	0	41.09	0	/
Pb(s)	0	64.81	0	/
Pb^{2+}(aq)	−1.7	10.5	−24.43	/
$PbCl_2$(s)	−359.41	136.0	−314.1	/
PbO(s,黄)	−217.32	68.70	−187.89	/
PCl_3(g)	−287.0	311.78	−267.8	71.84
PCl_5(g)	−374.9	364.58	−305.0	112.80
S(s,正交)	0	31.80	0	22.64
SO_2(g)	−296.830	248.22	−300.194	39.87
SO_3(g)	−395.72	256.76	−371.06	50.67
SO_4^{2-}(aq)	−909.27	20.1	−744.53	/
Si(s)	0	18.83	0	/
SiO_2(s,α石英)	−910.94	41.84	−856.64	/
Sn(s,白)	0	51.55	0	/
SnO_2(s)	−580.7	52.3	−519.7	/
Ti(s)	0	30.63	0	/
$TiCl_4$(l)	−804.2	252.34	−737.2	/
$TiCl_4$(g)	−763.2	354.9	−726.7	/
TiN(s)	−722.2	/	/	/
TiO_2(s,金红石)	−944.7	50.33	−889.5	/
Zn(s)	0	41.63	0	/
Zn^{2+}(aq)	−153.89	−112.1	−147.06	/
ZnO(s)	−348.28	43.64	−318.30	40.25
CH_4(g)甲烷	−74.81	186.264	−50.72	35.309
C_2H_6(g)乙烷	−84.68	229.60	−32.82	52.63
C_3H_8(g)丙烷	−103.85	270.02	−23.37	73.51

续表

物质	$\dfrac{\Delta_f H_m^{\ominus}}{kJ \cdot mol^{-1}}$	$\dfrac{S_m^{\ominus}}{J \cdot K^{-1} \cdot mol^{-1}}$	$\dfrac{\Delta_f G_m^{\ominus}}{kJ \cdot mol^{-1}}$	$\dfrac{C_{p,m}^{\ominus}}{J \cdot K^{-1} \cdot mol^{-1}}$
C_4H_{10}(g)正丁烷	−126.15	310.23	−17.02	97.45
C_4H_{10}(g)异丁烷	−134.52	294.75	−20.75	96.82
C_5H_{12}(g)正戊烷	−146.44	349.06	−8.21	120.21
C_5H_{12}(g)异戊烷	−154.47	343.20	−14.65	118.78
C_6H_{14}(g)正己烷	−167.19	388.51	−0.05	143.09
C_7H_{16}(g)庚烷	−187.78	428.01	8.22	165.98
C_8H_{18}(g)辛烷	−208.45	466.84	16.66	188.87
C_2H_4(g)乙烯	52.26	219.56	68.15	43.56
C_3H_6(g)丙烯	20.42	267.05	62.79	63.89
C_4H_8(g)1-丁烯	−0.13	305.71	71.40	85.65
C_4H_6(g)1,3-丁二烯	110.16	278.85	150.74	79.54
C_2H_2(g)乙炔	226.73	200.94	209.20	43.93
C_3H_4(g)丙炔	185.43	248.22	194.46	60.67
C_3H_6(g)环丙烷	53.30	237.55	104.46	55.94
C_6H_{12}(g)环己烷	−123.14	298.35	31.92	106.27
C_6H_{10}(g)环己烯	−5.36	310.86	106.99	105.02
C_6H_6(l)苯	49.04	173.26	124.45	135.77
C_6H_6(g)苯	82.93	269.31	129.73	81.67
C_7H_8(l)甲苯	12.01	220.96	113.89	157.11
C_7H_8(g)甲苯	50.00	320.77	122.11	103.64
C_2H_6O(g)甲醚	−184.05	266.38	−112.59	64.39
C_3H_8O(g)甲乙醚	−216.44	310.73	−117.54	89.75
$C_4H_{10}O$(l)乙醚	−279.5	253.1	−122.75	/
$C_4H_{10}O$(g)乙醚	−252.21	342.78	−112.19	122.51
C_2H_4O(g)环氧乙烷	−52.63	242.53	−13.01	47.91
C_3H_6O(g)环氧丙烷	−92.76	286.84	−25.69	72.34
CH_3OH(l)甲醇	−238.66	126.8	−166.27	81.6
CH_4O(g)甲醇	−200.66	239.81	−161.96	43.89
C_2H_5OH(l)乙醇	−277.69	160.7	−174.78	111.46
C_2H_5OH(g)乙醇	−235.10	282.70	−168.49	65.44
C_3H_7OH(l)丙醇	−304.55	192.9	−170.52	/
C_3H_7OH(g)丙醇	−257.53	324.91	−162.86	87.11

续表

物质	$\frac{\Delta_f H_m^{\ominus}}{kJ \cdot mol^{-1}}$	$\frac{S_m^{\ominus}}{J \cdot K^{-1} \cdot mol^{-1}}$	$\frac{\Delta_f G_m^{\ominus}}{kJ \cdot mol^{-1}}$	$\frac{C_{p,m}^{\ominus}}{J \cdot K^{-1} \cdot mol^{-1}}$
C_3H_8O(l)异丙醇	−318.0	180.58	−180.26	/
C_3H_8O(g)异丙醇	−272.59	310.02	−173.48	88.74
$C_4H_{10}O$(l)丁醇	−325.81	225.73	−160.00	/
$C_4H_{10}O$(g)丁醇	−274.42	363.28	−150.52	110.50
$C_2H_5O_2$(l)乙二醇	−454.80	166.9	−323.08	149.8
CH_2O(g)甲醛	−108.57	218.77	−102.53	35.40
C_2H_4O(l)乙醛	−192.30	160.2	−128.12	/
C_2H_4O(g)乙醛	−166.19	250.3	−128.86	54.64
C_3H_6O(l)丙酮	−248.1	200.4	−133.28	124.73
C_3H_6O(g)丙酮	−217.57	295.04	−152.97	74.89
CH_2O_2(l)甲酸	−424.72	128.95	−361.35	99.04
$C_2H_4O_2$(l)乙酸	−484.5	159.8	−389.9	124.3
$C_2H_4O_2$(g)乙酸	−432.25	282.5	−374.0	66.53
$C_4H_6O_3$(l)乙酐	−624.00	268.61	−488.67	/
$C_4H_6O_3$(g)乙酐	−575.72	390.06	−476.57	99.50
$C_3H_4O_2$(g)丙烯酸	−336.23	315.12	−285.99	77.78
$C_7H_6O_2$(s)苯甲酸	−385.14	167.57	−245.14	155.2
$C_7H_6O_2$(g)苯甲酸	−290.20	369.10	−210.31	103.47
$C_4H_8O_2$(l)乙酸乙酯	−479.03	259.4	−332.55	/
$C_4H_8O_2$(g)乙酸乙酯	−442.92	362.86	−327.27	113.64
C_6H_6O(s)苯酚	−165.02	144.01	−50.31	/
C_6H_6O(g)苯酚	−96.36	315.71	−32.81	103.55
C_5H_5N(l)吡啶	100.0	177.90	181.43	/
C_5H_5N(g)吡啶	140.16	282.91	190.27	78.12
C_6H_7N(l)苯胺	31.09	191.29	149.21	199.6
C_6H_7N(g)苯胺	86.86	319.27	166.79	108.41
C_2H_3N(l)乙腈	31.38	149.62	77.22	91.46
C_2H_3N(g)乙腈	65.23	245.12	82.58	52.22
C_3H_3N(g)丙烯腈	184.93	274.04	195.34	63.76
CF_4(g)四氟化碳	−925	261.61	−879	61.09
C_2F_6(g)六氟乙烷	−1297	332.3	−1213	106.7
CH_3Cl(g)一氯甲烷	−80.83	234.58	−57.37	40.75

续表

物质	$\frac{\Delta_f H_m^\ominus}{kJ \cdot mol^{-1}}$	$\frac{S_m^\ominus}{J \cdot K^{-1} \cdot mol^{-1}}$	$\frac{\Delta_f G_m^\ominus}{kJ \cdot mol^{-1}}$	$\frac{C_{p,m}^\ominus}{J \cdot K^{-1} \cdot mol^{-1}}$
CH_2Cl_2(l)二氯甲烷	−121.46	177.8	−67.26	100.0
CH_2Cl_2(g)二氯甲烷	−92.47	270.23	−65.87	50.96
$CHCl_3$(l)氯仿	−134.47	201.7	−73.66	113.8
$CHCl_3$(g)氯仿	−103.14	295.71	−70.34	65.69
CCl_4(l)四氯化碳	−135.44	216.40	−65.21	131.75
CCl_4(g)四氯化碳	−102.9	309.85	−60.59	83.30
C_6H_5Cl(l)氯苯	10.79	209.2	89.30	/
C_6H_5Cl(g)氯苯	51.84	313.58	99.23	98.03
$C_{12}H_{22}O_{11}$(s)	−2225.5	360.2	−1544.6	/

附录 4　一些弱电解质在水溶液中的解离常数

酸	温度(t)/℃	K_a	pK_a
亚硫酸 H_2SO_3	18	(K_{a1})1.54×10^{-2}	1.81
	18	(K_{a2})1.02×10^{-7}	6.91
磷酸 H_3PO_4	25	(K_{a1})7.52×10^{-3}	2.12
	25	(K_{a2})6.25×10^{-8}	7.21
	18	(K_{a3})2.2×10^{-13}	12.67
亚硝酸 HNO_2	12.5	4.6×10^{-4}	3.37
氢氟酸 HF	25	3.53×10^{-4}	3.45
甲酸 HCOOH	20	1.77×10^{-4}	3.75
乙酸 CH_3COOH	25	1.76×10^{-5}	4.75
碳酸 H_2CO_3	25	(K_{a1})4.30×10^{-7}	6.37
	25	(K_{a2})5.61×10^{-11}	10.25
氢硫酸 H_2S	18	(K_{a1})9.1×10^{-8}	7.04
	18	(K_{a2})1.1×10^{-12}	11.96
次氯酸 HClO	18	2.95×10^{-8}	7.53
硼酸 H_3BO_3	20	7.3×10^{-10}	9.14
氢氰酸 HCN	25	4.93×10^{-10}	9.31
碱	温度(t)/℃	K_b	pK_b
氨 NH_3	25	1.77×10^{-5}	4.75

附录 5 一些共轭酸碱的解离常数

酸	K_a	碱	K_b
HNO_2	4.6×10^{-4}	NO_2^-	2.2×10^{-11}
HF	3.53×10^{-4}	F^-	2.83×10^{-11}
HAc	1.76×10^{-5}	Ac^-	5.68×10^{-10}
H_2CO_3	4.3×10^{-7}	HCO_3^-	2.3×10^{-8}
H_2S	9.1×10^{-8}	HS^-	1.1×10^{-7}
$H_2PO_4^-$	6.23×10^{-8}	HPO_4^{2-}	1.61×10^{-7}
NH_4^+	5.65×10^{-10}	NH_3	1.77×10^{-5}
HCN	5.8×10^{-10}	CN^-	1.72×10^{-5}
HCO_3^-	5.61×10^{-11}	CO_3^{2-}	1.78×10^{-4}
HS^-	1.1×10^{-12}	S^{2-}	9.1×10^{-3}
HPO_4^{2-}	2.2×10^{-13}	PO_4^{3-}	4.5×10^{-2}

注：离子酸、离子碱的数据根据 $K_a \cdot K_b = K_w$ 计算得到。

附录 6 一些配离子的稳定常数 K_f 和不稳定常数 K_i

配离子	K_f	$\lg K_f$	K_i	$\lg K_i$
$[AgBr_2]^-$	2.14×10^{7}	7.33	4.67×10^{-8}	−7.33
$[Ag(CN)_2]^-$	1.26×10^{21}	21.1	7.94×10^{-22}	−21.1
$[AgCl_2]^-$	1.10×10^{5}	5.04	9.09×10^{-6}	−5.04
$[AgI_2]^-$	5.5×10^{11}	11.74	1.82×10^{-12}	−11.74
$[Ag(NH_3)_2]^+$	1.12×10^{7}	7.05	8.93×10^{-8}	−7.05
$[Ag(S_2O_3)_2]^{3-}$	2.89×10^{13}	13.46	3.46×10^{-14}	−13.46
$[Co(NH_3)_6]^{2+}$	1.29×10^{5}	5.11	7.75×10^{-6}	−5.11
$[Cu(CN)_2]^-$	1×10^{24}	24.0	1×10^{-24}	−24.0
$[Cu(NH_3)_2]^+$	7.24×10^{10}	10.86	1.38×10^{-11}	−10.86
$[Cu(NH_3)_4]^{2+}$	2.09×10^{13}	13.32	4.78×10^{-14}	−13.32
$[Cu(P_2O_7)_2]^{6-}$	1×10^{9}	9.0	1×10^{-9}	−9.0

续表

配离子	K_f	$\lg K_f$	K_i	$\lg K_i$
$[Cu(SCN)_2]^-$	1.52×10^5	5.18	6.58×10^{-6}	−5.18
$[Fe(CN)_6]^{3-}$	1×10^{42}	42.0	1×10^{-42}	−42.0
$[HgBr_4]^{2-}$	1×10^{21}	21.0	1×10^{-21}	−21.0
$[Hg(CN)_4]^{2-}$	2.51×10^{41}	41.4	3.98×10^{-42}	−41.4
$[HgCl_4]^{2-}$	1.17×10^{15}	15.07	8.55×10^{-16}	−15.07
$[HgI_4]^{2-}$	6.76×10^{29}	29.83	1.48×10^{-30}	−29.83
$[Ni(NH_3)_6]^{2+}$	5.50×10^8	8.74	1.82×10^{-9}	−8.74
$[Ni(en)_3]^{2+}$	2.14×10^{18}	18.33	4.67×10^{-19}	−18.33
$[Zn(CN)_4]^{2-}$	5.0×10^{16}	16.7	2.0×10^{-17}	−16.7
$[Zn(NH_3)_4]^{2+}$	2.87×10^9	9.46	3.48×10^{-10}	−9.46
$[Zn(en)_2]^{2+}$	6.76×10^{10}	10.83	1.48×10^{-11}	−10.84

注：K_f、K_i、$\lg K_i$ 的数据是根据上述 $\lg K_f$ 的数据换算而得到的。

附录 7　一些物质的溶度积 $K_{sp}^{\ominus}$（25℃）

难溶电解质	$K_{sp}^{\ominus}$	难溶电解质	$K_{sp}^{\ominus}$
AgBr	5.35×10^{-13}	$Al(OH)_3$	4.57×10^{-33}
AgCl	1.77×10^{-10}	$BaCO_3$	2.58×10^{-9}
Ag_2CrO_4	1.12×10^{-12}	$BaSO_4$	1.1×10^{-10}
AgI	8.51×10^{-17}	$BaCrO_4$	1.17×10^{-10}
Ag_2S	6.69×10^{-50}（α型）	CaF_2	1.46×10^{-10}
	1.09×10^{-49}（β型）	$CaCO_3$	4.96×10^{-9}
Ag_2SO_4	1.40×10^{-5}	$Ca_3(PO_4)_2$	2.07×10^{-33}
$CaSO_4$	7.10×10^{-5}	$Mg(OH)_2$	5.61×10^{-12}
CdS	8.0×10^{-27}	$Mn(OH)_2$	2.06×10^{-13}
$Cd(OH)_2$	5.30×10^{-15}	MnS	4.65×10^{-14}
CuS	6.3×10^{-36}	$PbCO_3$	7.4×10^{-14}
$Fe(OH)_2$	4.87×10^{-17}	$PbCl_2$	1.17×10^{-5}
$Fe(OH)_3$	2.79×10^{-39}	PbI_2	8.40×10^{-9}
FeS	1.59×10^{-19}	PbS	9.04×10^{-29}
HgS	6.44×10^{-53}（黑）	$PbCrO_4$	2.8×10^{-13}
	2.00×10^{-53}（红）	$ZnCO_3$	1.19×10^{-10}
$MgCO_3$	6.82×10^{-6}	ZnS	2.93×10^{-25}

附录 8　标准电极电势

电对 （氧化态/还原态）	电极反应 （氧化态$+ne^- \rightleftharpoons$还原态）	标准电极电势 $\varphi^{\ominus}$/V
Li^+/Li	$Li^+(aq)+e^- \rightleftharpoons Li(s)$	−3.0401
K^+/K	$K^+(aq)+e^- \rightleftharpoons K(s)$	−2.931
Ca^{2+}/Ca	$Ca^{2+}(aq)+2e^- \rightleftharpoons Ca(s)$	−2.868
Na^+/Na	$Na^+(aq)+e^- \rightleftharpoons Na(s)$	−2.71
Mg^{2+}/Mg	$Mg^{2+}(aq)+2e^- \rightleftharpoons Mg(s)$	−2.372
Al^{3+}/Al	$Al^{3+}(aq)+3e^- \rightleftharpoons Al(s)(0.1mol \cdot dm^{-3} NaOH)$	−1.662
Mn^{2+}/Mn	$Mn^{2+}(aq)+2e^- \rightleftharpoons Mn(s)$	−1.185
Zn^{2+}/Zn	$Zn^{2+}(aq)+2e^- \rightleftharpoons Zn(s)$	−0.7618
Fe^{2+}/Fe	$Fe^{2+}(aq)+2e^- \rightleftharpoons Fe(s)$	−0.447
Cd^{2+}/Cd	$Cd^{2+}(aq)+2e^- \rightleftharpoons Cd(s)$	−0.4030
Co^{2+}/Co	$Co^{2+}(aq)+2e^- \rightleftharpoons Co(s)$	−0.28
Ni^{2+}/Ni	$Ni^{2+}(aq)+2e^- \rightleftharpoons Ni(s)$	−0.257
Sn^{2+}/Sn	$Sn^{2+}(aq)+2e^- \rightleftharpoons Sn(s)$	−0.1375
Pb^{2+}/Pb	$Pb^{2+}(aq)+2e^- \rightleftharpoons Pb(s)$	−0.1262
H^+/H_2	$H^+(aq)+e^- \rightleftharpoons \frac{1}{2}H_2(g)$	0
$S_4O_6^{2-}/S_2O_3^{2-}$	$S_4O_6^{2-}(aq)+2e^- \rightleftharpoons 2S_2O_3^{2-}(aq)$	+0.08
S/H_2S	$S(s)+2H^+(aq)+2e^- \rightleftharpoons H_2S$	+0.142
Sn^{4+}/Sn^{2+}	$Sn^{4+}(aq)+2e^- \rightleftharpoons Sn^{2+}(aq)$	+0.151
SO_4^{2-}/H_2SO_3	$SO_4^{2-}(aq)+4H^+(aq)+2e^- \rightleftharpoons H_2SO_3(aq)+H_2O$	+0.172
$AgCl/Ag$	$AgCl(s)+e^- \rightleftharpoons Ag(s)+Cl^-(aq)$	0.22233
Hg_2Cl_2/Hg	$Hg_2Cl_2(s)+2e^- \rightleftharpoons 2Hg(l)+2Cl^-(aq)$	+0.2415
Cu^{2+}/Cu	$Cu^{2+}(aq)+2e^- \rightleftharpoons Cu(s)$	+0.3419
O_2/OH^-	$\frac{1}{2}O_2(g)+H_2O+2e^- \rightleftharpoons 2OH^-(aq)$	+0.401
Cu^+/Cu	$Cu^+(aq)+e^- \rightleftharpoons Cu(s)$	+0.521
I_2/I^-	$I_2(s)+2e^- \rightleftharpoons 2I^-(aq)$	+0.5355
O_2/H_2O_2	$O_2(g)+2H^+(aq)+2e^- \rightleftharpoons H_2O_2(aq)$	+0.695
Fe^{3+}/Fe^{2+}	$Fe^{3+}(aq)+e^- \rightleftharpoons Fe^{2+}(aq)$	+0.771
Hg_2^{2+}/Hg	$\frac{1}{2}Hg_2^{2+}(aq)+e^- \rightleftharpoons Hg(l)$	+0.7973
Ag^+/Ag	$Ag^+(aq)+e^- \rightleftharpoons Ag(s)$	+0.7996
Hg^{2+}/Hg	$Hg^{2+}(aq)+2e^- \rightleftharpoons Hg(l)$	+0.851

续表

电对 （氧化态/还原态）	电极反应 （氧化态$+ne^-$⇌还原态）	标准电极电势 $\varphi^{\ominus}$/V
NO_3^-/NO	$NO_3^-(aq)+4H^+(aq)+3e^- \rightleftharpoons NO(g)+2H_2O$	+0.957
HNO_2/NO	$HNO_2(aq)+H^+(aq)+e^- \rightleftharpoons NO(g)+H_2O$	+0.983
Br_2/Br^-	$Br_2(l)+2e^- \rightleftharpoons 2Br^-(aq)$	+1.066
MnO_2/Mn^{2+}	$MnO_2(s)+4H^+(aq)+2e^- \rightleftharpoons Mn^{2+}(aq)+2H_2O$	+1.224
O_2/H_2O	$O_2(g)+4H^+(aq)+4e^- \rightleftharpoons 2H_2O$	+1.229
$Cr_2O_7^{2-}/Cr^{3+}$	$Cr_2O_7^{2-}(aq)+14H^+(aq)+6e^- \rightleftharpoons 2Cr^{3+}(aq)+7H_2O$	+1.232
Cl_2/Cl^-	$Cl_2(g)+2e^- \rightleftharpoons 2Cl^-(aq)$	+1.35827
MnO_4^-/Mn^{2+}	$MnO_4^-(aq)+8H^+(aq)+5e^- \rightleftharpoons Mn^{2+}(aq)+4H_2O$	+1.507
H_2O_2/H_2O	$H_2O_2(aq)+2H^+(aq)+2e^- \rightleftharpoons 2H_2O$	+1.776
$S_2O_8^{2-}/SO_4^{2-}$	$S_2O_8^{2-}(aq)+2e^- \rightleftharpoons 2SO_4^{2-}(aq)$	+2.010
F_2/F^-	$F_2(g)+2e^- \rightleftharpoons 2F^-(aq)$	+2.866

参考文献

[1] 钟福新，余彩莉，刘峥．大学化学［M］．2版．北京：清华大学出版社，2017.

[2] 大连理工大学无机化学教研室．无机化学［M］．5版．北京：高等教育出版社，2006.

[3] 浙江大学普通化学教研组，徐端钧，方文军，等．普通化学［M］．7版．北京：高等教育出版社，2020.

[4] 何凤娇．无机化学［M］．北京：科学出版社，2002.

[5] 柳青，王海水．多元弱酸（碱）溶液pH的简易通用计算方法［J］．大学化学，2016，31（11）：89-92.

[6] 许琳，王海水．估算一元弱酸溶液pH的近似式及约束条件［J］．化学通报，2017，80（11）：1077-1079.

[7] 王明文，闫红亮，李新学，等．普通化学简明教程［M］．北京：科学出版社，2014.

[8] 华彤文，王颖霞，卞江，等．普通化学原理［M］．4版．北京：北京大学出版社，2013.

[9] 孙为银．配位化学［M］．北京：化学工业出版社，2004.

[10] ZHANG S H，SONG Y，LIANG H，et al. Microwave-assisted synthesis，crystal structure and properties of a disc-like heptanuclear Co（Ⅱ）cluster and a heterometallic cubanic Co（Ⅱ）cluster［J］. CrystEngComm，2009，11（5）：865-872.

[11] KIM H，YANG S，RAO S R，et al. Water harvesting from air with metal-organic frameworks powered by natural sunlight［J］. Science，2017，356（6336）：430-434.

[12] 北京师范大学无机化学教研室，华中师范大学无机化学教研室，南京师范大学无机化学教研室．无机化学［M］．4版．北京：高等教育出版社，2002.

[13] 贾之慎，张仕勇．无机及分析化学［M］．2版．北京：高等教育出版社，2009.

[14] 西南石油大学化学教研室．大学化学教程［M］．北京：石油工业出版社，2007.

[15] 金继红．大学化学［M］．北京：化学工业出版社，2006.

[16] 袁存光，祝优珍，田晶，等．现代仪器分析［M］．北京：化学工业出版社，2012.